高等院校机械类创新型应用人才培养规划教材

机械设计基础

主　编　朱　玉
副主编　李　钢　冯　勇　马兆允
主　审　张　杰

北京大学出版社
PEKING UNIVERSITY PRESS

内 容 简 介

本书是根据教育部颁发的《高等学校机械设计基础课程教学基本要求》，并按照当前以创新精神为核心教学指导思想的需要而编写的。全书共16章，主要内容包括：绪论，机械设计基础知识，平面机构的结构分析，平面连杆机构，凸轮机构，间歇运动机构，齿轮传动，蜗杆传动，轮系，带传动与链传动，轴与轴毂连接，轴承，螺纹连接，联轴器、离合器和制动器，弹簧，机械的调速与平衡。每章均附有教学要点、导入案例、小结和习题，并在书末附有部分习题答案。

本书可作为高等学校近机械类和非机械类专业机械设计基础课程的教材，也可作为自考教材、高职高专工科机械类、机电类专业教材，并可供相关专业的师生和工程技术人员参考。

图书在版编目(CIP)数据

机械设计基础/朱玉主编. —北京：北京大学出版社，2013.8
(高等院校机械类创新型应用人才培养规划教材)
ISBN 978-7-301-22957-6

Ⅰ.①机… Ⅱ.①朱… Ⅲ.①机械设计—高等学校—教材 Ⅳ.①TH122

中国版本图书馆CIP数据核字(2013)第179564号

书　　名：机械设计基础
著作责任者：朱玉　主编
策 划 编 辑：童君鑫　宋亚玲
责 任 编 辑：宋亚玲
标 准 书 号：ISBN 978-7-301-22957-6/TH·0363
出 版 发 行：北京大学出版社
地　　址：北京市海淀区成府路205号　100871
网　　址：http://www.pup.cn　新浪官方微博：@北京大学出版社
电 子 信 箱：pup_6@163.com
电　　话：邮购部010-62752015　发行部010-62750672　编辑部010-62750667
印 刷 者：北京虎彩文化传播有限公司
经 销 者：新华书店
787毫米×1092毫米　16开本　20印张　459千字
2013年8月第1版　2021年3月第6次印刷
定　　价：49.00元

前　言

本书是根据教育部颁发的《高等学校机械设计基础课程教学基本要求》，并适应当前以创新精神为核心教学指导思想的需要，结合编者多年的教学经验及教改实践编写的。考虑工科近机械类和非机械类专业覆盖学科领域广、对机械设计基础知识要求不尽相同等特点，本书突出机械设计中的共性问题，以各种典型机构和零部件的种类、特点、应用范围、选择和设计方法为主线。在编写中，兼顾不同专业，适当拓宽基础，精选教材内容，并注重取材的先进性和实用性。与传统教材内容相比，本书具有如下特点：

1. 丰富内容表达形式：各章正文前均配有“教学要点”，为本章的教学提供参考指导；随后的“导入案例”将本章内容与具体案例结合，有利于创造学生主动学习的环境；各章最后有“小结”，采用框图形式描述内容的相互关系，有利于读者对本章知识点及重点的把握，提高学习效果；各章习题类型丰富，力求结合实际，方便训练学生掌握所学的内容，并在书末附有部分习题答案。

2. 兼顾内容的系统性：第 2 章内容简要地介绍了机械设计基础的相关先修知识，以弥补近机械类和非机械类专业学生不开设或少开设金属材料与热处理、极限与配合等课程的不足。

3. 机械零件设计内容的编排是以一级减速器相关零件设计顺序(齿轮→轴→轴承→连接→联轴器)为主线，例题的分析源自同一减速器的数据，强化机械设计知识的整体性。

4. 各章采用国家法定单位和最新国家标准：例如材料按照新标准采用 HBW 表示布氏硬度；普通 V 带的基准长度系列数据按照新标准表示；螺纹连接件的材料按照新标准按性能等级选用；弹簧材料按照新标准进行分类等。零件设计的公式符号也均采用最新国家标准表示。

参加本书编写的有：南京工程学院朱玉(第 1、2、3、4、9 章，并参与本书其余章节的编写)、李钢(第 6、7、8、14 章)、冯勇(第 5、11、13、16 章)、马兆允(第 10、12、15 章)。本书由朱玉担任主编，对全书统稿并定稿。李钢、冯勇、马兆允担任副主编。

本书承南京工程学院张杰教授审阅，提出了很多宝贵的意见和建议，编者在此深表感谢。

在出版本书过程中，北京大学出版社的领导和编辑给予了很大支持和帮助，并付出了辛勤劳动。编者在此谨向他们表示真挚的谢意！

由于编者水平所限，疏漏之处在所难免，殷切希望同行专家和广大读者批评指正。在使用本书的过程中如果遇到问题，请通过电子邮件(njgczy@163.com)与作者联系。

编　者

2013 年 4 月于南京

目　　录

第1章 绪论

本章教学要点

知识要点	掌握程度	相关知识
本课程的研究对象和主要内容	掌握本课程的研究对象； 熟悉本课程的主要内容	机器的基本组成； 机器、机械、机构、零件、构件等概念
本课程的性质和任务	了解本课程的性质、任务	本课程的性质和任务
机械设计的基本要求和一般步骤	掌握机械设计的基本要求和一般步骤	机械设计的基本要求； 机械设计步骤的阶段和要求
机械设计方法及其新发展	了解机械设计方法及其新发展	现代设计方法类型及其特点

导入案例

机械是伴随人类社会的不断进步逐渐发展与完善的。从原始社会早期人类使用的诸如石斧、石刀等最简单的工具，到杠杆、辘轳、人力脚踏车、兽力汲水车等简单工具，发展到较复杂的水力驱动、风力驱动的水碾和风车等较为复杂的机械。18世纪英国的工业革命以后，以蒸汽机、内燃机、电动机作为动力源的机械促进了制造业、运输业的快速发展，人类开始进入现代化的文明社会。20世纪电子计算机、自动控制技术、信息技术、传感技术的有机结合，使机械进入完全现代化的阶段。机器人、数控机床、高速运载工具、重型机械及其大量先进机械设备加速了人类社会的繁荣与进步，人类可以遨游太空、登陆月球、探测火星(图1.1是美国宇航局的“好奇号”火星探测器于2012年8月5日在火星上的盖尔火山口(Gale Crater)成功着陆)，可以探索辽阔的大海深处，可以在地面以下居住和通行，所有这一切都离不开机械，机械的发展已进入智能化阶段，机械已经成为现代社会生产和服务的重要因素之一。

图1.1 “好奇号”火星探测器

1.1 本课程的研究对象和主要内容

人类通过长期的生产实践逐渐创造了类型繁多、功能各异的机器，如缝纫机、洗衣机、自行车、汽车、机床、机器人等。

图1.2所示的单缸内燃机，是由齿轮1与11、连杆2、曲轴3、凸轮4、顶杆5、顶杆6、活塞7、气缸体(机架)8、排气阀9、进气阀10等实体组成的。当燃气推动活塞时，通过连杆将运动传至曲轴，使曲轴连续转动。内燃机的基本功能就是使燃气在缸内经过进气→压缩→爆燃→排气的循环过程，将燃烧的热能转变为使曲轴转动的机械能。

图1.3所示的颚式破碎机，是由机架1、偏心轴2、动颚板3、肘板4、带轮2′、定颚板5等组成的。偏心轴2与带轮2′固连，电动机通过传动带驱动偏心轴转动，使动颚板做平面运动，轧碎动颚板与定颚板之间的矿石。颚式破碎机就是通过动颚板的平面运动实现轧碎矿石来做有用机械功的。

又如起重运输机械、冶金矿山机械、轻纺食品机械等，它们的用途、功能要求、工作原理和构造各不相同，但一般都由原动机、执行部分及传动部分所组成。而对于较复杂和自动化程度较高的机械，往往还包括完成各种功能的操纵控制系统和信息处理、传递系统。

从上述示例可知，尽管机器的构造、用途和性能各不相同，但都有以下一些共同的特征：

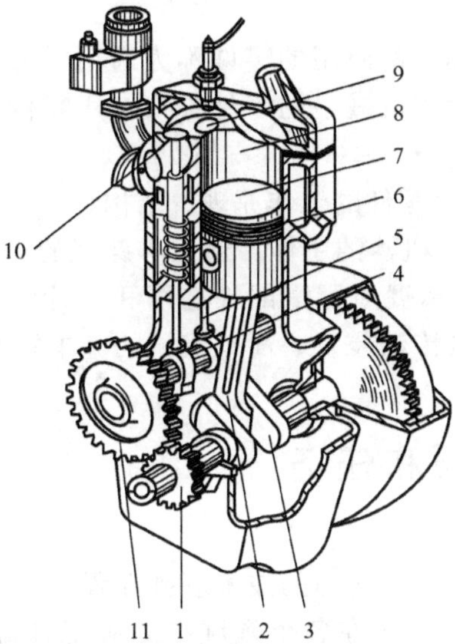

图 1.2 单缸内燃机

1，11—齿轮；2—连杆；3—曲轴；4—凸轮；
5，6—顶杆；7—活塞；8—气缸体(机架)；
9—排气阀；10—进气阀

(a)

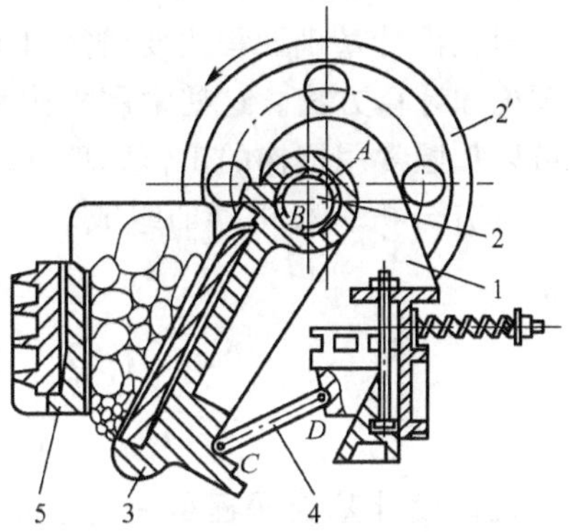

(b)

图 1.3 颚式破碎机

1—机架；2—偏心轴；2′—带轮；
3—动颚板；4—肘板；5—定颚板

(1) 都是许多人为实物的组合。

(2) 各实物之间具有确定的相对运动。

(3) 能完成有用的机械功或转换机械能。

凡具有以上三个特征的实物组合体称为机器，仅有前两个特征的称为机构。一部机器可以包含若干个机构，如内燃机(图 1.2)中曲轴 3、连杆 2、活塞 7 和气缸体 8 组成曲柄滑块机构，曲轴 3 称为曲柄，活塞 7 即是滑块，将活塞 7 的往复移动转变为曲轴 3 的连续转动；凸轮 4、顶杆 5 和气缸体 8 组成凸轮机构，将凸轮 4 的连续转动转变为顶杆 5 的往复移动；齿轮机构用来保证曲轴 3 与凸轮 4 之间的传动比。机器也可能只含一个机构，如颚式破碎机就只含一个曲柄摇杆机构。机构在机器中起着改变运动形式、改变速度大小或改变运动方向的作用。若撇开机器在做功和能量转换方面起的作用，仅从结构和运动的观点来看，机器和机构并无区别。习惯上用“机械”作为机器和机构的总称。机器中普遍使用的机构称为常用机构，如连杆机构、凸轮机构、齿轮机构等。组

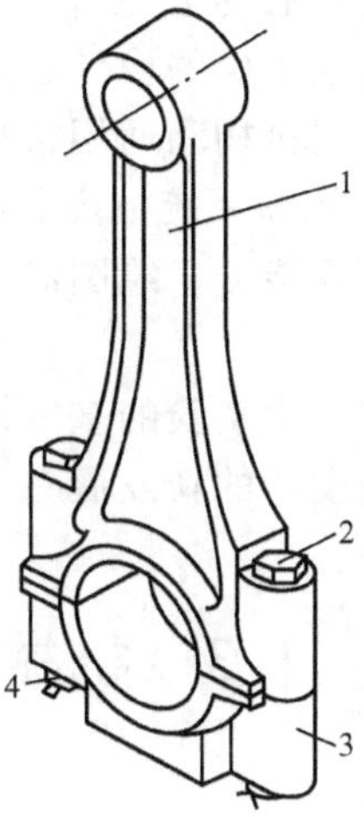

(a)

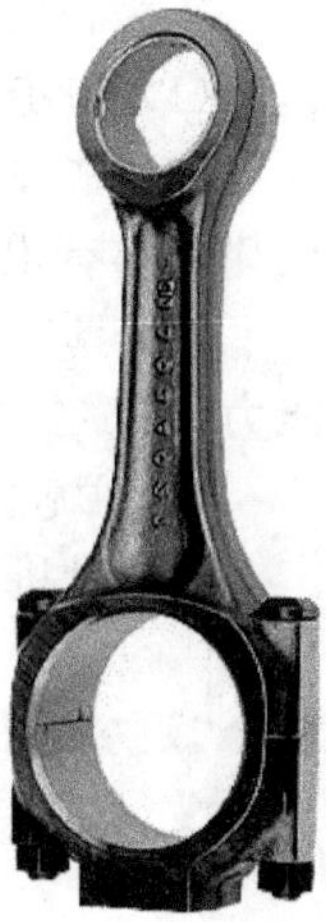

(b)

图 1.4 连杆

1—连杆体；2—螺栓；
3—连杆盖；4—螺母

成机构的各个相对运动部分称为构件。构件可以是单一的整体，也可以是若干个零件的刚性组合，如图 1.4 所示的内燃机中的连杆，它是由连杆体 1、螺栓 2、连杆盖 3、螺母 4 等零件组成的刚性结构，是一个构件。由此可知，构件是运动单元，零件是制造单元。另外，通常把为完成共同任务而结合起来的一组零件称为部件，是装配单元，如减速器、滚动轴承、联轴器等。

机器中的零件可分两大类，凡是在各种机械中都经常使用的零件称为通用零件，如螺栓、轴、齿轮、滚动轴承、弹簧等；只出现在某些专用机械中的零件称为专用零件，如活塞、曲轴、叶轮、铲斗等。

机械设计基础课程主要研究机械中常用机构和通用零件的工作原理、结构特点、基本设计理论和计算方法。这些常用机构和通用零部件构成了机器的主体。通过本课程的学习，学生可以掌握常用机构的工作原理和运动、动力特性，掌握通用零部件选用和设计的基本知识，具有分析一般机器的组成、工作原理和设计机械传动装置、简单机械的基本能力。

1.2 本课程的性质和任务

机械设计基础课程是一门培养学生具有一定机械设计能力的技术基础课程。

随着生产过程的机械化、自动化水平不断提高，机械在各个领域中的应用日益广泛。对于工程技术人员来说，必将遇到机械设备的使用、维护、管理等问题，并且需要解决技术创新中碰到的一般机械传动的设计问题。这就要求相关专业的工程技术人员，都应具备一定的机械方面的知识，以便更好地为国民经济现代化服务。

通过对本课程的学习和课程设计实践，使学生在设计一般机械传动装置或其他简单的机械方面得到初步训练，为学生进一步学习专业课程和今后从事机械设计工作打下基础。因此本课程在非机械类或近机械类专业教学计划中具有承前启后的重要作用，是一门主干课程。

本课程的主要任务是培养学生具备以下能力：

(1) 初步树立正确的设计思想。

(2) 掌握常用机构和通用机械零部件的设计或选用理论与方法，了解机械设计的一般规律，具有设计机械系统方案、机械传动装置和简单机械的能力。

(3) 具有计算能力、绘图能力和运用标准、规范、手册、图册及查阅有关技术资料的能力。

(4) 掌握本课程实验的基本知识，获得实验技能的基本训练。

(5) 对机械设计的新发展有所了解。

1.3 机械设计的基本要求和一般步骤

1.3.1 机械设计的基本要求

机械设计就是根据生产及生活上的某种需要，规划和设计出能实现预期功能的新机械或对原有机械进行改进的创造性工作过程。机械设计是机械生产的第一步，是影响机械产品制造过程和产品性能的重要环节。因此，尽管设计的机械种类繁多，但设计时都应满足下列基本要求。

1. 使用功能要求

要求所设计的机械应具有预期的使用功能，既能保证执行机构实现所需的运动(包括运动形式、速度、运动精度和平稳性等)，又能保证组成机械的零部件工作可靠，有足够的强度和使用寿命，而且使用、维护方便。这是机械设计的基本出发点。

2. 工艺性要求

所设计的机械无论总体方案还是各部分结构方案，在满足使用功能要求的前提下，应尽量简单、实用，在毛坯制造、机械加工与热处理、装配与维修诸方面都具有良好的工艺性。

3. 经济性要求

设计机械时，一定要反对单纯追求技术指标而不顾经济成本的倾向。经济性要求是一个综合指标，它体现于机械的设计、制造和使用的全过程中，因此，设计机械时，应全面综合地进行考虑。

提高设计、制造经济性的措施主要有：运用现代设计方法，使设计参数最优化；推广标准化、通用化和系列化；采用新工艺、新材料、新结构；改善零部件的结构工艺性；合理地规定制造精度和表面粗糙度等。

4. 其他要求

例如，劳动保护的要求，应使机械的操作方便、安全，便于装拆，满足运输的要求等。

1.3.2 机械设计的一般步骤

机械设计虽然是一个创造性的工作过程，但是也应尽可能多地利用已有的成功经验。把继承与创新结合起来才能设计出高质量的机器。一部完整的机器是一个复杂的技术系统，它的设计过程涉及许多方面。根据人们设计机器的长期经验，机械设计的一般步骤见表1-1。

表1-1 机械设计的一般步骤

设计的阶段	内容	应完成的工作
产品规划	1. 根据市场需求或受用户委托，提出设计任务； 2. 进行可行性研究； 3. 编制设计任务书	提交可行性研究报告和设计任务书
方案设计	1. 进行机器方案设计； 2. 方案评价	提出最佳设计方案——原理图或机器运动简图
技术设计	1. 设计装配草图和部件装配草图； 2. 设计、绘制零件图 3. 设计、绘制控制系统图和润滑系统图； 4. 完善机器装配图和部件装配图； 5. 编制计算说明书、使用说明书、工艺文件、外购件明细表等	提交机器总体设计图、机器装配图及部件装配图、零件图、技术资料

（续）

设计的阶段	内容	应完成的工作
试制试验	通过试制、试验发现问题，加以改进	提出试制、试验报告，提交改进措施
投产以后	产品投产后，根据用户的意见、使用中发现的问题以及市场的变化，做相应的改进和更新设计	市场调查，发现问题，更新设计

1.4 机械设计方法及其新发展

机械设计的方法通常可分为两类：一类是过去长期采用的传统(或常规的)设计方法，另一类是近几十年发展起来的现代设计方法。传统设计方法是以经验总结为基础，运用力学和数学形成经验公式、图表、设计手册等作为设计的依据，通过经验公式、近似系数或类比等方法进行设计的方法。随着科学技术的迅速发展以及计算机技术的广泛应用，在传统设计方法的基础上又发展了一系列新兴的现代设计理论与方法，如优化设计、可靠性设计、计算机辅助设计、有限元、模块化设计、虚拟成品设计、并行设计、反求工程设计、人机工程设计、智能设计等。现代设计方法是综合应用现代各个领域科学技术的发展成果于机械设计领域所形成的设计方法。计算机的广泛应用和现代信息科学与技术的发展，极大并迅速地推动了现代设计方法的发展。

与传统设计方法相比，现代机械设计方法具有如下一些特点：

(1) 以科学设计取代经验设计。

(2) 以动态的设计和分析取代静态的设计和分析。

(3) 以定量的设计计算取代定性的设计分析。

(4) 以变量取代常量进行设计计算。

(5) 以注重“人—机—环境”大系统的设计准则，如人机工程设计准则、绿色设计准则，取代偏重于结构强度的设计准则。

(6) 以优化设计取代可行性设计以及以自动化设计取代人工设计。

现代设计方法的应用将弥补传统设计方法的不足，从而有效地提高设计质量，但它并不能离开或完全取代传统设计方法。现代设计方法还将随着科学技术的飞速发展而不断地发展。

小　　结

1. 内容归纳

本章内容归纳如图 1.5 所示。

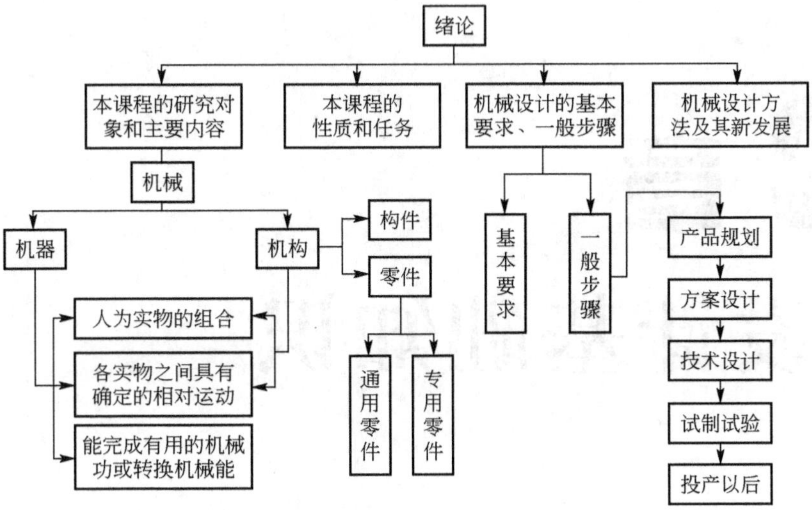

图 1.5 本章内容归纳

2. 重点和难点

重点：①机械、机构、构件、零件的概念；②本课程的任务；③机械设计的一般步骤。

难点：机器与机构的区别。

习　　题

1.1 机器、机械与机构有何不同？零件与构件又有何区别？

1.2 机械设计的基本要求是什么？

1.3 机械设计的一般步骤有哪些？

1.4 什么是传统设计方法？什么是现代设计方法？简述现代设计方法的特点。

第2章 机械设计基础知识

本章教学要点

知识要点	掌握程度	相关知识
机械零件应力及设计准则	掌握静应力、变应力及接触应力的分析； 掌握机械零件主要设计计算准则	静应力、变应力下的许用应力和极限应力分析； 机械零件失效形式
常用材料及其选择	掌握机械零件的常用材料选用原则	金属材料的力学性能指标； 常用金属材料分类及牌号； 钢的热处理工艺
极限与配合、表面粗糙度和优先数系	了解公差带的图形标注； 了解粗糙度的图形标注； 了解优先数系的基本系列	尺寸公差的基本概念、配合的分类、基孔制、基轴制； 常用加工方法得到的粗糙度值
机械零件的工艺性和标准化	了解工艺性的基本要求； 了解标准化的含义及分类	国内外部分标准或组织代号

导入案例

近年来，由于疲劳破坏所引起的灾难屡屡见诸报端。1998年6月3日，德国一列高速列车在行驶中突然出轨，造成100多人死亡的严重后果。事后经过调查，人们发现，因为一节车厢的车轮内部疲劳断裂，从而导致了这场德国惨重铁路事故的发生。2002年5月25日台湾“华航”空难事故造成机上225名旅客及机员全部罹难，原因后经证实是由于有多处机身出现金属疲劳导致飞机解体，且金属疲劳源自1980年机尾擦地产生的刮痕。实践证明，金属疲劳已经是十分普遍的现象，据150多年来的统计，金属部件中有80%以上的损坏是由于疲劳而引起的。

机械行业中，发生疲劳破坏的零部件最常见的有锻造用水压机门柱下端应力集中处、轧机闭式机架、运锭车机架、发动机内的曲轴、汽车半轴、运行中的叶轮机叶片、有些机械的连接螺栓、有内部缺陷的零部件等等。

以上实例可以看出，在各类设备中都可能发生疲劳破坏，它的危害很严重，因此，研究疲劳破坏的规律，做到合理选用和节约材料，在给定载荷条件下，使所设计的设备不发生或少发生疲劳破坏，是当前机械设计中迫切需要解决的问题。

2.1 机械零件应力及设计准则

2.1.1 载荷和应力

在理想的平稳工作条件下作用在零件上的载荷称为名义载荷。然而在机器运转时，零件还会受到各种附加载荷。通常用引入载荷系数 K(有时只考虑工作情况的影响，则用工作情况系数 K_A)的办法来估计这些因素的影响。载荷系数与名义载荷的乘积，称为计算载荷。按照名义载荷用力学公式求得的应力，称为名义应力；按照计算载荷求得的应力，称为计算应力。

按照随时间变化的情况，应力可分为静应力和变应力。不随时间变化或缓慢变化的应力称为静应力(图2.1(a))，如锅炉的内压力所引起的应力、拧紧螺母所引起的应力等。随时间变化的应力，称为变应力；具有周期性的变应力称为循环变应力。图2.1(b)所示为一般的非对称循环变应力，图中 T 为应力循环周期。从图2.1(b)中可知

平均应力 $$\sigma_m=\frac{\sigma_{max}+\sigma_{min}}{2}$$

应力幅 $$\sigma_a=\frac{\sigma_{max}-\sigma_{min}}{2}$$

应力循环中的最小应力与最大应力之比，可用来表示变应力中应力变化的情况，通常称为变应力的循环特性，用 r 表示，即 $r=\frac{\sigma_{min}}{\sigma_{max}}$。

当 $\sigma_{max}=-\sigma_{min}$ 时，循环特性 $r=-1$，称为对称循环变应力(图2.1(c))，其 $\sigma_a=\sigma_{max}=-\sigma_{min}$，$\sigma_m=0$。当 $\sigma_{max}\neq0$、$\sigma_{min}=0$ 时，循环特性 $r=0$，称为脉动循环变应力(图2.1(d))，

其中，$\sigma_a=\sigma_m=\frac{1}{2}\sigma_{max}$。静应力可看作变应力的特例，其 $\sigma_{max}=\sigma_{min}$，循环特性 $r=+1$。

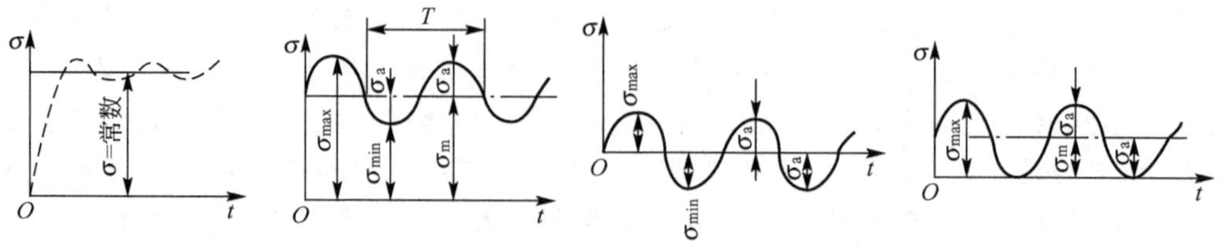

(a) 静应力　　(b) 非对称循环变应力　　(c) 对称循环变应力　　(d) 脉动循环变应力

图 2.1　应力的种类

2.1.2　许用应力和极限应力

1. 静应力下的许用应力和极限应力

在静应力条件下，零件材料有两种损坏形式：断裂和塑性变形。对于塑性材料，可按不发生塑性变形的条件进行计算。这时取材料的屈服点 σ_s 作为极限应力，故许用应力为

$$[\sigma]=\frac{\sigma_s}{S} \tag{2-1}$$

式中：S——安全系数。

对于用脆性材料制成的零件，应取强度极限 σ_b 作为极限应力，故许用应力为

$$[\sigma]=\frac{\sigma_b}{S} \tag{2-2}$$

2. 变应力下的许用应力和极限应力

在变应力条件下，零件的损坏形式是疲劳断裂。疲劳断裂不同于一般静力断裂，它是损伤到一定程度，即裂纹扩展到一定程度后，才发生的突然断裂。往往疲劳断裂的最大应力远比静应力下材料的强度极限低，甚至比屈服极限低。疲劳断裂与应力循环次数(即使用期限或寿命)密切相关。

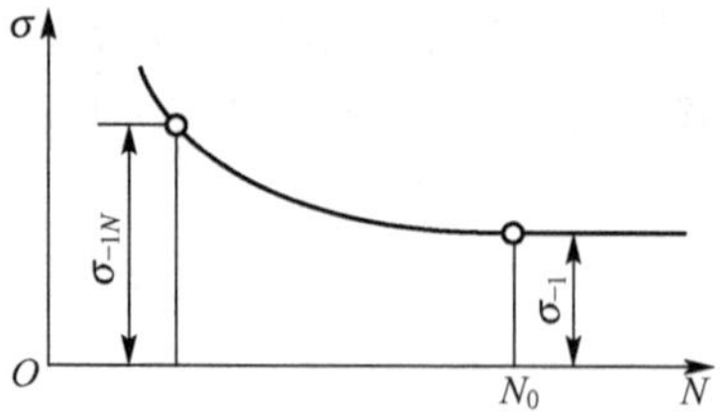

图 2.2　疲劳曲线

由工程力学可知，表示应力 σ 与应力循环次数 N 之间的关系曲线称为疲劳曲线，如图 2.2 所示，横坐标为循环次数 N，纵坐标为断裂时的对称循环变应力 σ，从图中可以看出，应力越小，试件能经受的循环次数就越多。

从大多数钢铁金属材料的疲劳试验可知，当循环次数 N 超过某一数值 N_0 以后，曲线趋向水平。N_0 称为应力循环基数，对于钢通常取 $N_0\approx10^7\sim25\times10^7$。对应于 N_0 的应力称为材料的持久疲劳极限。通常用 σ_{-1} 表示材料在对称循环变应力下的持久疲劳极限，用 σ_0 表示材料在脉动循环变应力下的持久疲劳极限。

对于图 2.2 疲劳曲线的左半部($N<N_0$)，可近似地表示为

$$\sigma_{-1N}^{m}N=\sigma_{-1}^{m}N_0=C \tag{2-3}$$

式中：σ_{-1N}——对应于对称循环变应力下的循环次数 N 的疲劳极限；

C——常数；

m——随应力状态而不同的幂指数，如对受弯的钢制零件，$m=9$。

从式(2-3)可求得对应于循环次数 N 的疲劳极限

$$\sigma_{rN}=\sigma_r\sqrt[m]{\frac{N_0}{N}}=k_N\sigma_r \tag{2-4}$$

式中：k_N——寿命系数，当 $N\geqslant N_0$时，取 $k_N=1$；

r——表示变应力的循环特性。对于对称循环，$r=-1$；对于脉动循环，$r=0$。

在变应力下确定许用应力，应取材料的持久疲劳极限作为极限应力。同时还应考虑零件的切口和沟槽等截面突变、绝对尺寸和表面状态等影响，许用应力为

$$[\sigma_r]=\frac{\varepsilon_\sigma\beta\sigma_r}{k_\sigma S} \tag{2-5}$$

式中：S——安全系数，可在有关设计手册中查得；

k_σ，ε_σ，β——有效应力集中系数、绝对尺寸系数及表面状态系数，其数值可在工程力学或有关设计手册中查得。

3. 安全系数

在设计各种机械零件时，安全系数可参考相关章节或有关的设计手册确定。

2.1.3 接触应力

若两个零件在受载前是点接触或线接触，受载后，由于变形，其接触处为一小面积，通常此面积甚小而表层产生的应力却很大，这种应力称为接触应力。在接触应力作用下，零件表层将产生初始疲劳裂纹，然后裂纹逐渐扩展，最后使表层金属呈小片状剥落下来，零件表面形成一些小坑，这种现象称为疲劳点蚀。疲劳点蚀减小了接触面积，损坏了零件的光滑表面，降低了承载能力，并引起振动和噪声。疲劳点蚀是齿轮、凸轮、滚动轴承常见的失效形式。

图 2.3 表示两个轴线平行的圆柱体接触受力后的示意图。

由弹性力学可知，两个平行圆柱体相压时，表层产生的最大接触应力为

$$\sigma_H=\sqrt{\frac{F_n}{\pi b}\cdot\frac{\dfrac{1}{\rho_1}\pm\dfrac{1}{\rho_2}}{\dfrac{1-\mu_1^2}{E_1}+\dfrac{1-\mu_2^2}{E_2}}} \tag{2-6}$$

式中：σ_H——最大接触应力或赫兹应力；

b——接触长度；

F_n——作用于接触面上的总压力；

ρ_1，ρ_2——圆柱体 1 和圆柱体 2 接触处的曲率半径，“+”用于外接触(图 2.3(a))，“-”用于内接触(图 2.3(b))；

μ_1，μ_2——圆柱体 1 和圆柱体 2 材料的泊松比；

E_1，E_2——圆柱体 1 和圆柱体 2 材料的弹性模量。

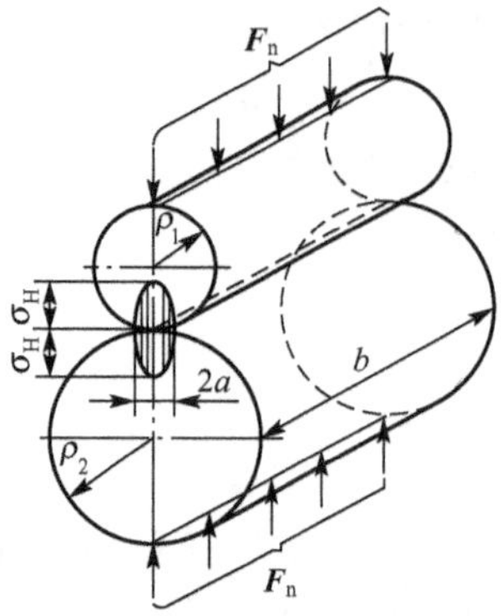

(a) 外接触

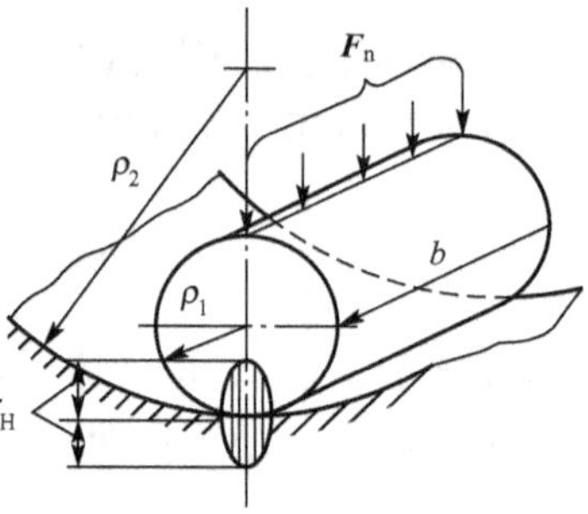

(b) 内接触

图 2.3　两圆柱体的接触应力

接触许用应力为

$$[\sigma_H]=\frac{\sigma_{Hlim}}{S_H} \tag{2-7}$$

式中：σ_{Hlim}——由实验测得的材料的接触疲劳极限；

S_H——接触疲劳安全系数。

2.1.4　机械零件的主要失效形式和设计准则

机械零件有很多种可能的失效形式：工作表面的过度磨损；断裂或塑性变形；连接的松弛；摩擦传动的打滑；压力容器、管道等的泄漏；运动精度达不到要求等。但归纳起来，最主要的是强度、刚度、耐磨性、稳定性和温度等方面对工作能力的影响。对于不同的失效形式，相应有不同的工作能力的判定条件。根据不同的失效原因，建立相应的工作能力判定条件，就成为零件设计计算准则，即以防止产生各种可能的失效为目的而拟定的零件工作能力计算依据的基本原则。主要的设计计算准则有强度准则、刚度准则、耐磨性准则、振动稳定性准则和可靠性准则等。

1. 强度准则

强度是指在外力作用下材料抵抗变形和断裂的能力，是零件应满足的基本要求。强度准则是指零件的工作应力不应超过零件材料的许用应力。对不同类型的载荷，在设计时需采用不同的强度计算准则。对静应力采用静强度判据，对变应力采用疲劳强度判据。其表达式为

$$\sigma\leqslant[\sigma]\quad 或\quad \tau\leqslant[\tau] \tag{2-8}$$

式中：σ，τ——零件的工作正应力和切应力(MPa)；

$[\sigma]$，$[\tau]$——材料的许用正应力和切应力(MPa)。

2. 刚度准则

材料在受力时抵抗弹性变形的能力称为刚度。刚度准则是指零件在载荷作用下的弹性变形应小于或等于机器工作性能允许的极限值(许用变形量)。其表达式为

$$y\leqslant[y],\quad \theta\leqslant[\theta],\quad \varphi\leqslant[\varphi] \tag{2-9}$$

式中：y，θ，φ——零件工作时的挠度、偏转角和扭转角；

$[y]$，$[\theta]$，$[\varphi]$——零件的许用挠度、许用偏转角和许用扭转角。

实践证明，能满足刚度要求的零件，一般地说，其强度总是足够的。

3. 耐磨性准则

耐磨性是指做相对运动的零件的工作表面抵抗磨损的能力。当零件的磨损量超过允许值后，将改变其尺寸和形状，削弱其强度，降低机械的精度和效率。因此，机械设计中，总是力求提高零件的耐磨性，减少磨损。

关于磨损的计算，目前尚无可靠、定量的计算方法，常采用条件性计算：一是验算压强 p 不超过许用值，以保证工作表面不致由于油膜破坏而产生过度磨损；二是对于滑动速度 v 比较大的摩擦表面，为防止胶合破坏，要考虑 p、v 及摩擦因数 f 的影响，即限制单位接触表面上单位时间产生的摩擦功不能过大。当 f 为常数时，可验算 pv 值不超过许用值，其验算式为

$$p \leqslant [p], \quad pv \leqslant [pv] \tag{2-10}$$

式中：$[p]$，$[pv]$——材料的许用压强和许用 pv 值。

4. 振动稳定性准则

为确保零件及系统工作振动稳定性，设计时要使机器中受激振作用的零件的固有频率 f 与激振源的频率 f_p 错开。通常的表达式为

$$0.85f > f_p \quad 或 \quad 1.15f < f_p \tag{2-11}$$

5. 可靠性准则

为了使机械在规定的工作条件和时间内，能够安全可靠地正常工作，必须从机械系统的整体设计、零部件结构设计、材料及热处理的选择、加工工艺的制订等方面加以保证。

具体到每一类型的零件，并不是都需要进行上述计算，而是从实际受载和工作条件出发，分析其主要失效形式，再确定其计算准则，必要时再按其他要求进行校核计算。例如，机床主轴，首先根据刚度确定尺寸，再校核其强度和振动稳定性。

2.2 机械设计中常用材料及其选择

本课程只简要介绍机械零件的材料及热处理问题，若要了解更多的有关材料的专门知识，请参考专门教材。在本书后续有关章节(如齿轮传动、蜗杆传动、轴和滑动轴承等)中，还将结合具体零件的设计分别介绍。

2.2.1 金属材料的力学性能指标

组成机器的零部件大多都由金属材料制造而成，材料的性能直接影响机器的性能或使用寿命。金属材料的性能包括力学性能、物理性能(密度、导电性、导热性等)、化学性能(耐酸、耐碱、抗氧化性等)和工艺性能(热处理性能、切削性能等)。下面简单介绍设计中涉及最多的力学性能指标。

1. 强度

在工程上用来表示金属材料强度指标的有强度极限 σ_b 和屈服极限 σ_s。对有些金属，工

程上规定产生0.2%塑性变形时的应力称为条件屈服极限，用$\sigma_{0.2}$表示。在变应力下，材料不产生疲劳断裂的最大应力称为疲劳极限σ_r，工程上常用的是对称循环疲劳极限σ_{-1}和脉动循环疲劳极限σ_0。这些强度指标在选定材料后都可以在材料手册中查取，从而可以按2.1.4节所述确定零件的强度准则。

2. 刚度

在材料的弹性范围内，应力σ和应变ε的关系为$\sigma=E\varepsilon$。E为弹性模量，表示材料抵抗弹性变形的能力。

3. 硬度

硬度是指材料表面抵抗局部变形或破坏的能力。硬度反映了金属材料的综合性能，它是衡量金属材料软硬程度的性能指标。材料的硬度是通过硬度试验来测定的。金属材料常用的硬度有维氏硬度、布氏硬度* 和洛氏硬度。维氏硬度以符号HV表示，硬度值一般标于符号前，如300HV表示该材料的硬度值为300维氏硬度；布氏硬度以符号HBW表示，如220HBW表示该材料的硬度值为220布氏硬度；洛氏硬度以符号HRA或HRB或HRC表示，如55 HRC表示该材料的硬度值为55洛氏硬度。维氏硬度HV、布氏硬度HBW和洛氏硬度HRC值换算关系见附表1。

4. 塑性

塑性是指在外力作用下材料产生塑性变形而不产生断裂的能力。工程上通常用试件拉断后所留下的残余变形来表示材料的塑性，一般用两个指标表征塑性。

(1) 延伸率。试件拉断后单位长度内产生残余伸长的百分数称为延伸率，用δ表示，即

$$\delta=\frac{l_1-l}{l}\times 100\% \tag{2-12}$$

式中：l_1——拉断后的长度；

l——拉伸前的长度。

(2) 收缩率。试件拉断后截面面积相对收缩的百分数称为收缩率，用ψ表示，即

$$\psi=\frac{A_1-A}{A}\times 100\% \tag{2-13}$$

式中：A_1——拉断后缩颈处的截面积；

A——拉伸前的截面积。

通常塑性材料的δ或ψ较大，而脆性材料的δ或ψ较小。塑性指标在工程技术中具有重要的意义，良好的塑性可使零件完成某些成型工艺，如冷冲压、冷拔等。

5. 冲击韧性

冲击韧性是指金属材料在塑性变形和断裂过程中吸收能量的能力，它是反映材料强度和塑性的综合指标，通常用冲击韧度α_k表示。α_k越高，表示材料的冲击韧性越好。材料的α_k值与很多因素有关，一般在选择材料时作参考。

---

* 国家标准GB/T 231.1—2009《金属材料　布氏硬度试验　第1部分：试验方法》中规定布氏硬度只用HBW表示，但是许多材料仍按照旧标准的试验方法采用HBS表示布氏硬度。

2.2.2 常用金属材料

机械设计中应用的金属材料分为钢、铸铁、有色金属几大类。其中钢按碳的质量分数分为低碳钢(碳的质量分数 $w_C<0.25\%$)、中碳钢(碳的质量分数为 $0.25\%\leqslant w_C\leqslant 0.6\%$)、高碳钢(碳的质量分数 $w_C>0.6\%$);按化学成分分为碳素钢、合金钢;按用途分为结构钢、工具钢。

1. 碳素钢

结合材料的用途和质量,碳素钢可分为碳素结构钢、优质碳素结构钢、碳素工具钢和铸钢等。

碳素结构钢的牌号由字母Q、屈服极限 σ_s、质量等级符号(A、B、C、D)及脱氧方法符号(F、Z、TZ)四部分按顺序组成。质量等级A级最低,D级最高;F表示沸腾钢,Z、TZ分别表示镇静钢和特殊镇静钢,是完全脱氧钢(Z、TZ可以省略不写)。如Q235AF,表示 $\sigma_s=235$MPa的A级沸腾钢。

优质碳素结构钢的牌号由两位数字表示,表示钢中碳的平均质量分数为万分之几,如45钢表示碳的质量分数 w_C 为0.45%左右的优质碳素结构钢。

碳素工具钢由"T+数字"表示,数字表示钢中碳的平均质量分数为千分之几,如T8钢表示碳的质量分数为0.8%的碳素工具钢。碳素工具钢主要用来制造刀具、量具和模具。

铸钢的牌号用"ZG+两组数字"表示,两组数字分别表示其屈服点和抗拉强度极限,如ZG270-500,前一组数字表示屈服点为 $\sigma_s=270$MPa,后一组数字表示抗拉强度 $\sigma_b=500$MPa。

2. 合金钢

合金钢是在碳素钢中有目的地加入一定量的其他合金元素,如铬、钼、锰、镍、钨、钛等形成的。这些元素的加入,增大了钢的淬透性,提高了合金钢的力学性能,增加了耐磨性,但合金钢冶炼工艺复杂,价格较高,另外也不是所有性能都优于碳素钢,如铸造性能、焊接性能都不如碳素钢,对应力集中也非常敏感。

合金结构钢的牌号是由"两位数字+元素符号+数字"表示的。前面的两位数字表示钢中碳的质量分数为万分之几,元素符号表示加入的合金元素,其后的数字表示该合金元素的质量分数为百分之几,当合金元素质量分数小于1.5%时,不标注其质量分数。如12GrNi2表示碳的平均质量分数为0.12%、铬的质量分数小于1.5%、镍的质量分数为2%的合金结构钢。

3. 铸铁

铸铁是碳的质量分数大于2.11%的铁碳合金。虽然铸铁的抗拉强度、塑性和韧性不如钢,无法进行锻造,但它有良好的铸造性、减振性和切削加工性,所以在工业中得到广泛应用。根据铸铁中碳的存在形态不同,可分为灰铸铁、可锻铸铁、球墨铸铁等。

灰铸铁中的碳主要以片状石墨的形式存在,铸造性能好,并具有良好的减摩性、耐磨性,常用来制造机床床身、带轮、箱体等,是使用最多的一种铸铁。灰铸铁的牌号由"HT+数字"表示。"数字"表示最低抗拉强度,如HT250表示最低抗拉强度为250MPa的灰铸铁。

可锻铸铁中的碳主要以团絮状石墨的形式存在，因此材料的力学性能有所改善，其强度、韧性都比灰铸铁高，但并不能锻造。可锻铸铁的牌号，如 KTH300－06、KTZ650－02，其中：KTH 表示黑心可锻铸铁，KTZ 表示珠光体可锻铸铁；前一组数字表示最低抗拉强度，即分别表示 $\sigma_{bmin}=300MPa$，$\sigma_{bmin}=650MPa$；后一组数字表示最低延伸率，06 表示最低延伸率为 6%，02 表示最低延伸率为 2%。

球墨铸铁中的碳主要以球状石墨的形式存在。球墨铸铁有良好的力学性能，有些指标接近于钢，韧性、耐磨性都比灰铸铁高。球墨铸铁的牌号与可锻铸铁相似，如 QT600－03，QT 表示球墨铸铁；前一组数字表示最低抗拉强度，其最低抗拉强度 $\sigma_{bmin}=600MPa$；03 表示最低延伸率为 3%。

4. 有色金属及其合金

通常将钢铁材料称为黑色金属，而其他金属则称为有色金属。在机械零件设计中最常用的有色金属是各种铜合金，如锡青铜、铝青铜、铅青铜等。由于铜合金具有较好的减摩性和耐磨性，在设计滑动速度较高的零件，如蜗轮齿圈、滑动轴承轴瓦等时，都要首选减摩材料。

2.2.3 钢的热处理

钢的热处理是将固态下的钢铁经过加热、保温、冷却，使其组织结构发生变化，从而获得所需性能的工艺方法。与铸、锻、焊及机械加工方法不同，热处理只改变材料的内部组织和性能，不改变工件的尺寸和形状。热处理不仅用于强化钢材，提高零件的使用性能，延长零件的使用寿命，而且还可以改善钢的加工性能，减少刀具磨损，提高零件的加工质量。

各种热处理工艺过程都可以包括加热、保温、冷却三个阶段。图 2.4 所示为热处理工艺曲线示意图。

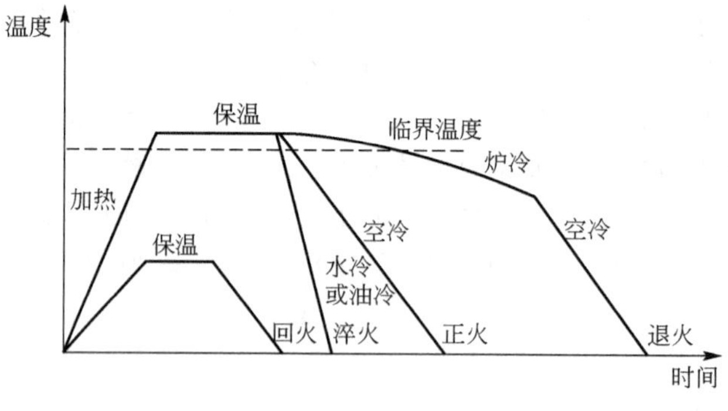

图 2.4 热处理工艺曲线示意图

在热处理工艺过程中，当加热与保温的温度超过一定值时，钢铁在固态下其内部组织发生转变，此温度称为临界温度。不同含碳量的钢材，其临界温度略有不同，一般取为 723℃。在临界温度以上保温一段时间，可以使金属的晶格结构转变充分，成分均匀，然后以不同的速度冷却之后，就会使钢获得不同的性能。根据热处理工艺曲线的不同，钢的热处理有退火、正火、淬火、回火四种主要的工艺。

1. 普通热处理

1）退火

退火是将钢加热到临界温度以上30～50℃，保温一段时间后，在热处理炉中缓慢冷却至500～600℃时出炉，在空气中冷却的热处理工艺。退火的目的是降低硬度以利于切削加工、细化晶粒、改善组织、消除内应力。

2）正火

正火的热处理工艺是将钢加热到临界温度以上30～50℃，保温一段时间后，从炉中取出，在空气中冷却。正火的作用与退火相似，不但能提高力学性能，而且操作简便，生产周期短，设备利用率高，所以正火工艺应用广泛。

3）淬火

淬火是将钢件加热到临界温度以上，通常在760～930℃，保温一段时间后，在水或油中急剧冷却的热处理工艺。淬火的主要目的是提高钢的硬度。各种工具、量具、模具、滚动轴承等都需通过淬火提高硬度和耐磨性。对低碳钢进行淬火是没有意义的。

4）回火

回火是将淬火后的工件重新加热到临界点温度以下，保温一段时间后，再以适当的冷却速度冷却到室温的热处理工艺。回火的目的是消除因淬火冷却速度过快而产生的内应力，防止工件变形和开裂，减小脆性。此外，回火可以使淬火组织趋于稳定，使工件获得适当的硬度、稳定的尺寸和较好的力学性能，故回火总是在淬火后进行。

根据加热温度不同，回火可分为低温回火、中温回火、高温回火。随着回火温度的提高，工件的韧性越好，内应力越小，但硬度和强度下降。

低温回火(加热温度为120～250℃)的目的是保持高硬度和耐磨性，降低淬火内应力和脆性，主要用于各种高碳的刃具、量具、滚动轴承等。回火后硬度可达55～64HRC。

中温回火(加热温度为350～500℃)可显著减小工件的内应力，提高弹性，常用于弹簧和模具。回火后硬度可达35～45HRC。

高温回火(加热温度为500～650℃)可消除淬火应力，使零件获得强度、硬度、塑性和韧性都较好的综合力学性能，广泛用于汽车、机床中重要的零件，如连杆、齿轮、轴等。回火后硬度一般为25～35HRC。通常把淬火后高温回火的热处理工艺称为调质处理。调质处理后的零件可以进行切削加工。

2. 表面热处理

动载荷或摩擦条件下工作的零件，如机床的导轨、变速器中的齿轮、内燃机中的曲轴、连杆等，不但要求表面有较高的硬度和耐磨性，还要求心部有足够的强度和韧性。如果只从材料方面考虑是无法满足上述要求的。为了兼顾零件表面和心部的要求，工业上广泛采用表面热处理的工艺方法。

表面热处理只对一定深度的表层进行强化，常用的方法有表面淬火和表面化学处理。

1）表面淬火

表面淬火是通过快速加热和立即冷却两道工序实现的，快速加热有火焰加热和感应加热。

火焰加热是利用燃气火焰加热零件表面，并随即喷水冷却。火焰加热表面淬火设备简单，淬硬速度快，但容易过热，效果不够稳定。

感应加热是利用电磁感应原理对零件表面加热。将钢件放入空心铜管绕成的感应线圈中，线圈通入一定频率的交流电，使零件表层产生感应电流，在极短的时间内加热到淬火温度后立即冷却。根据电流频率的不同，其可分为高频(100～1000kHz)、中频(1～10kHz)、工频(50Hz)表面淬火。高频淬火可得到0.5～2mm深的淬硬层，中频淬火可得到3～5mm的淬硬层，工频淬火可达到大于10mm深的淬硬层。

2）表面化学热处理

表面化学热处理是将钢件放在某种化学介质中，通过加热、保温，将介质中的元素渗入到工件表面，以改变表层的化学成分和组织，从而改变工件表层性能的热处理工艺。常见的表面化学热处理有渗碳、渗氮等。

2.2.4 机械设计中常用材料的选用原则

选择材料是设计中的一个重要环节，用不同材料制成的同一个零件，其力学性能、结构、尺寸、加工方法和工艺要求等都不同。选择材料应考虑的问题主要有以下三方面。

1. 满足使用要求

满足使用要求是选用材料的最基本原则和出发点。使用要求是指用所选材料做成的零件，在给定的工况条件下和预定的寿命期限内能正常工作。不同的机械，其侧重点又有差别。例如，当零件受载荷大并要求质量小、尺寸小时，可选强度较高的材料；滑动摩擦下工作的零件，应选用减摩性能好的材料；高温下工作的零件，应选用耐热材料；当承受静应力时，可选用塑性或脆性材料；而承受冲击载荷时，必须选用冲击韧性较好的材料。

2. 符合工艺要求

工艺要求是指所选材料的冷、热加工性能好，热处理工艺性好。例如，结构复杂而大批量生产的零件宜用铸件，单件生产宜用锻件或焊接件。简单盘状零件(齿轮或带轮)，其毛坯是采用铸件、锻件还是焊接件，主要决定于它们的尺寸、结构复杂程度及批量。单件小批量生产，宜用焊接件；尺寸小、批量大、结构简单，宜用锻件；结构复杂、大批量生产，则宜用铸件。

3. 综合经济效益要求

综合经济效益好是一切产品追求的最终目标，故在选择零件材料时，应尽可能选择能满足上述两项要求而价格低廉的材料。不能只考虑材料的价格，还应考虑加工成本及维修费用，即考虑综合经济效益。

2.3 极限与配合、表面粗糙度和优先数系

2.3.1 极限与配合

机械零件是机器的制造单元，由零件组装成构件或部件，再组装成机器。在加工过程中，不可能把机械零件的尺寸做得绝对准确，这样势必影响机器的性能。另外，现代化的

机械工业要求机械零件有互换性，即在同样规格的零件中，任取一件装在机器上都能保证机器的性能。这就要求必须把零件的尺寸误差限制在一定的范围内，即规定相应的公差。

1. 尺寸公差的基本概念

关于尺寸公差的一些名词，以图 2.5 所示的孔和轴作简要说明。

公称尺寸是指按机器设计所确定的尺寸，孔用 D、轴用 d 表示。制造零件时，不可能绝对准确地加工出公称尺寸，但必须将偏差控制在一定的范围内。因此，规定一个上极限尺寸 D_{max} 或 d_{max} 及下极限尺寸 D_{min} 或 d_{min}。如果加工后测量得到的实际要素在这两个极限尺寸之间，零件尺寸就合格。

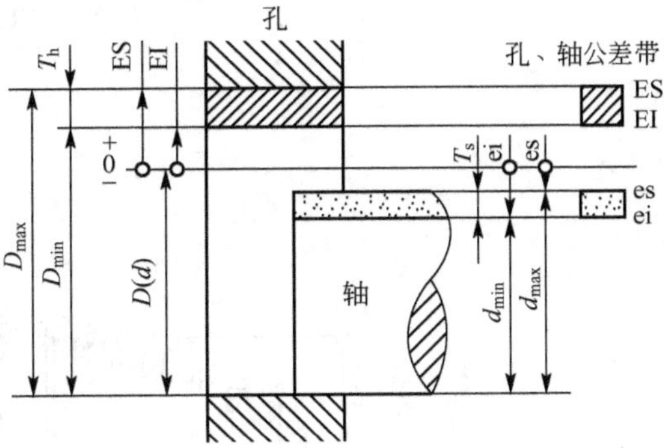

图 2.5 极限配合有关术语解释

在图样上，上、下极限尺寸用偏差表示简洁方便，孔和轴的上极限偏差分别用 ES 和 es 表示，孔和轴的下极限偏差分别用 EI 和 ei 表示，公式表示为

$$\mathrm{ES}=D_{max}-D;\quad \mathrm{es}=d_{max}-d$$
$$\mathrm{EI}=D_{min}-D;\quad \mathrm{ei}=d_{min}-d$$

尺寸公差(简称公差)就是允许尺寸的变动范围，即等于上极限尺寸减去下极限尺寸，用公式表示则为

$$\text{孔的公差 } T_h=D_{max}-D_{min}=\mathrm{ES}-\mathrm{EI}$$
$$\text{轴的公差 } T_s=d_{max}-d_{min}=\mathrm{es}-\mathrm{ei}$$

在图 2.5 的右侧，可以很直观地看出孔、轴公差的大小和相对零线的位置，也就是孔、轴尺寸的允许变动区域，这种示图称为孔、轴公差带示意图。可见，公差带由“大小”和“位置”两要素构成。

公差带的“大小”取决于标准公差等级，国家标准将公差等级分为 20 级，用 IT01，IT0，IT1，IT2，…，IT18 表示，从 IT01 至 IT18 等级依次降低。标准公差值见 GB/T 1800.1—2009 及 GB/T 1800.2—2009。

公差带的“位置”由基本偏差决定，基本偏差是指靠近零线的那个极限偏差。当公差带在零线上方时，基本偏差是下极限偏差；反之，则为上极限偏差。国家标准分别对孔和轴各规定了 28 个基本偏差，每种基本偏差代号用一或两个英文字母表示，孔用大写，轴用小写，如图 2.6 所示。基本偏差仅决定公差带中靠近零线的那个极限偏差，故图 2.6 中只画出公差带属于基本偏差的一端，另一端开口，其极限偏差取决于标准公差等级即公差带的“大小”，未画出。

这样一来，用基本偏差代号和公差等级代号即可组成孔或轴的公差带代号，也就是确定了孔、轴公差带。例如，ϕ50D9 表示公称尺寸为 ϕ50 的孔，基本偏差代号为 D，公差等级为 IT9。按 ϕ50D9 在公差表(GB/T 1800.2—2009)中即可查出孔的上、下极限偏差值，写为 $\phi 50^{0.142}_{+0.08}$。在零件图孔径处，可以采用三种形式标注：ϕ50D9、$\phi 50^{0.142}_{+0.08}$、$\phi 50\mathrm{D9}\left(^{+0.142}_{+0.08}\right)$。同理，对于 ϕ50f7，也可按 ϕ50f7 在公差表(GB/T 1800.2—2009)中查出轴的上、下极限偏差值，在零件图轴径处可标注 ϕ50f7、$\phi 50^{-0.025}_{-0.05}$ 或 $\phi 50\mathrm{f7}\left(^{-0.025}_{-0.05}\right)$。

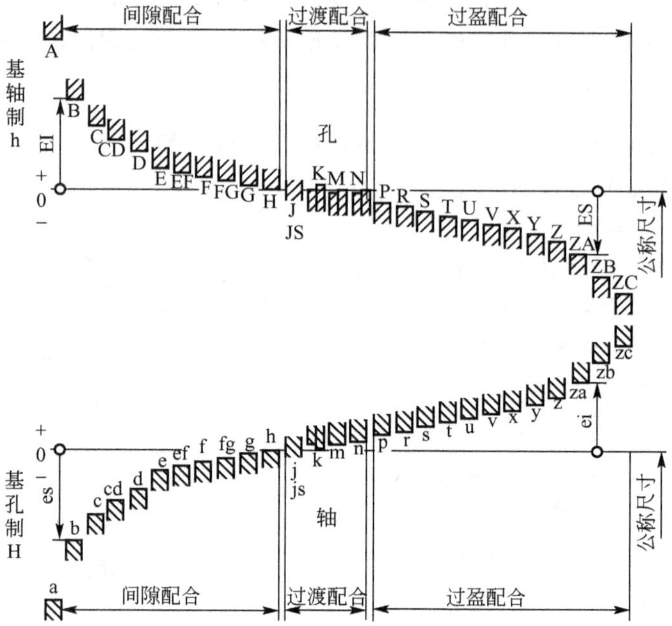

图 2.6　基本偏差系列示意图

2. 配合的基本概念及其类别

在机器中，经常遇见轴和孔组装的问题，如减速器中的齿轮需要紧紧地装在轴上，与轴一起转动；滑动轴承轴颈装入轴瓦孔中，要能使轴自由转动。这些都要通过改变轴和孔的公差带实现。这种公称尺寸相同的轴和孔结合时，公差带之间的关系称为配合。

根据机器设计的要求，配合分三大类：间隙配合、过盈配合、过渡配合。轴、孔装配后，轴与孔之间存在间隙(包括最小间隙为零)的配合称为间隙配合；孔比轴小，装配后有过盈(包括最小过盈为零)的配合称为过盈配合；装配后可能出现间隙或过盈的配合称为过渡配合。当轴和孔的公称尺寸确定后，要得到上述三类不同性质的配合，有两种办法：一是保持轴或孔其中的一个公差带不变，而改变另一个公差带；二是同时改变轴和孔的公差带。很明显，采用第一种办法可以给设计和制造带来方便。为此，国家标准规定了两种基准制，即基孔制和基轴制。

基孔制中孔是基准孔，基本偏差代号为 H，基准孔的下极限偏差为零，如图 2.6 所示，通过改变轴的公差带得到不同性质的配合。

基轴制中轴是基准轴，基本偏差代号为 h，基准轴的上极限偏差为零，如图 2.6 所示，通过改变孔的公差带得到不同性质的组合。

一般情况下优先选用基孔制。因为孔的加工比轴要困难，有时还需要定形刀具，而改变轴的尺寸则简单些。基轴制通常用于同一公称尺寸的轴，要与多个零件形成不同种类的配合处。另外，配合零件是标准件时，如滚动轴承外圈与轴承孔的配合，就要选用基轴制。

在机器装配图中，轴和孔配合处应标注配合代号，用以表示配合的基准制和类别，采用分式标注，分子为孔的公差带代号，分母为轴的公差带代号，如图 2.7 所示。零件图上公差带代号与装配图上配合代号相对应，如图2.8(a)、(b)所示，由此可确定零件的上、下极限偏差值。

在应用极限与配合制度时，上面所说的轴和孔不仅是指内、外圆柱表面，而是泛指包容面和被包容面。例如平键连接，轴上键槽是包容面(相当于孔)，键的表面是被包容面(相当于轴)，公称尺寸是键的宽度，同样可以选用相应的极限与配合。

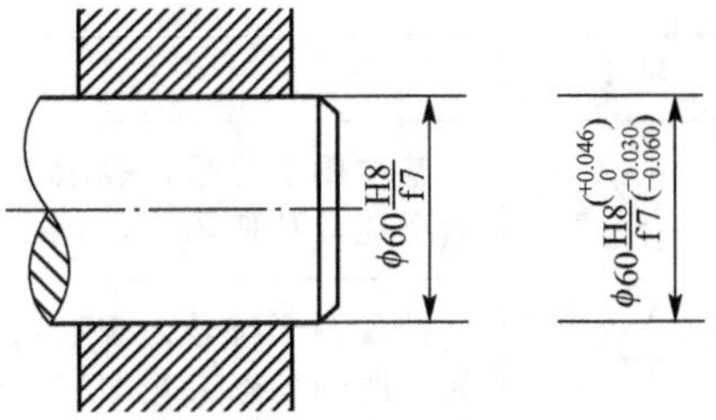

图2.7 装配图上尺寸公差的标注

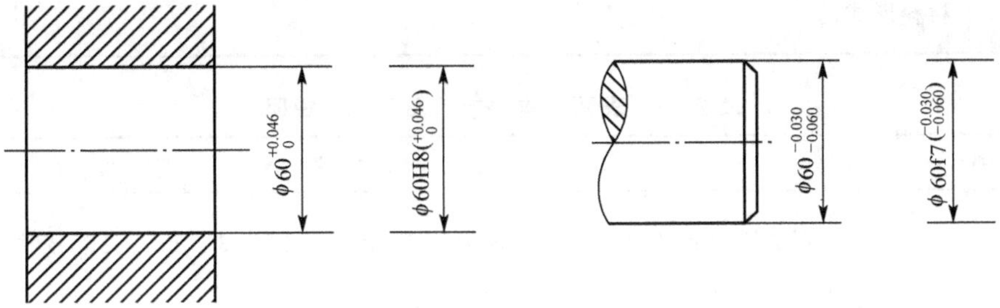

(a) 孔公差带在图样上的标注　　(b) 轴公差带在图样上的标注

图2.8 零件图上尺寸公差的标注

2.3.2 表面粗糙度

无论是用铸、锻、冲压还是用切削加工等方法得到的零件表面，都会存在间距较小的轮廓峰谷，这种微观几何形状特征称为表面粗糙度。表面粗糙度的高低会影响零件的耐磨性、零件间的配合性质、变应力下的疲劳强度等。因此，进行零件设计时必须合理地确定各表面粗糙度。

表面粗糙度是用轮廓算术平均偏差 Ra 或微观不平度十点高度 Rz 来评定的，常用 Ra。轮廓算术平均偏差 Ra 是指在规定的取样长度内，被测轮廓上各点(图2.9中 Y_1，Y_2，…)至基准线的绝对值的算术平均值，即 $Ra=\frac{1}{n}\sum_{i=1}^{n}|Y_i|$，式中 n 为取样长度 l 内的测点数。

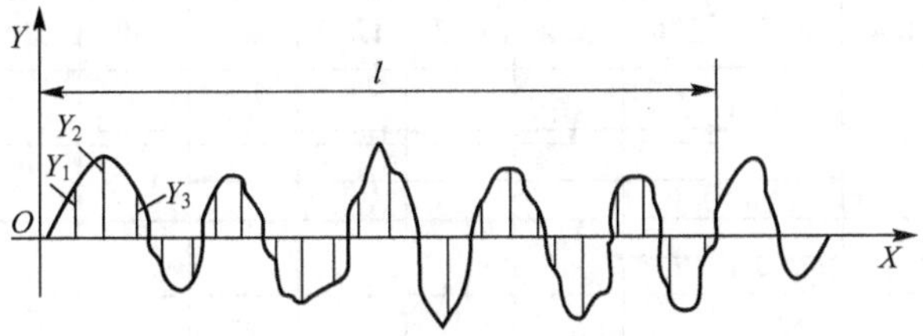

图2.9 轮廓算术平均偏差 *Ra*

在GB/T 1031—2009中，规定了 Ra 值(第一系列部分值，μm)：0.012，0.025，0.05，0.1，0.2，0.4，0.8，1.6，3.2，6.3，12.5，25，50，100。在GB/T 131—2006中，规定了技术产品文件中表面结构的表示法，表2-1给出了表面粗糙度符号及说明，表2-2中列出了表面结构要求的图形标注情况。各种常用加工方法能达到的 Ra 值见表2-3，可供选用参考。

在零件设计时，根据需要选择合适的表面粗糙度值，并标注在其轮廓线或引出线上，符号的尖端应从材料的外面指向被注表面。

表 2-1　表面粗糙度符号及说明

符号	含义及说明
	基本图形符号，表示未指定工艺方法的表面。仅适用于简化代号标注，没有补充说明时不能单独使用
	扩展图形符号，表示用去除材料方法获得的表面。例如，车、镗、钻、磨、剪切、抛光、腐蚀、电火花加工、气割等。仅当其含义是“被加工表面”时可单独使用
	扩展图形符号，表示用不去除材料的表面。例如，铸、锻、冲压变形。热轧、粉末冶金等也可用于表示保持上道工序形成的表面，不管这种状况是通过去除材料还是不去除材料形成的

表 2-2　表面结构要求的图形标注说明

示例	意　　义
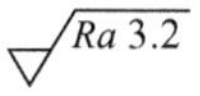	用去除材料的方法获得的表面的 *Ra* 的上限值为 3.2μm，“16%规则”（默认）
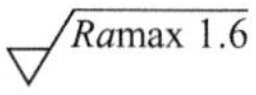	用去除材料的方法获得的表面 *Ra* 的最大值为 1.6μm，“最大规则”
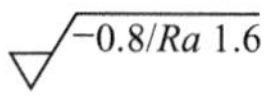	*Ra* 加取样长度，表示非标准取样长度为 0.8mm
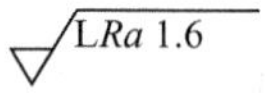	给定 *Ra* 的下限值
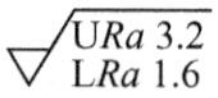	给定 *Ra* 的上、下限值

注：“16% 规则”——评定长度中所有实测值大于上限值的个数小于总数的 16%；
“最大规则”——被测表面上幅度参数所有的实测值皆不大于允许值。

表 2-3　用不同加工方法得到的 *Ra* 值

加工方法	***Ra***													
	0.012	0.025	0.05	0.1	0.2	0.4	0.8	1.6	3.2	6.3	12.5	25	50	100
刨削								←	精	→	←	粗	→	
钻孔							←	—	—	—	—	→		
铰孔				←	—	—	—	→						
镗孔						←	精	→		←	—	粗	→	
滚、铣						←	精	→	←	粗	→			
车					←	—	精	→		←	—	粗	→	
磨		←	—	精	—	→	←	—	粗	→				
研磨	←	—	精	→	←	—	粗	→						

2.3.3 优先数系

优先数系用来使型号、直径、转速、承载量和功率等量值得到合理的分级。这样可便于组织生产和降低成本。

GB/T 321—2005 规定的优先数系有四种基本系列，即 R5 系列，公比为 $\sqrt[5]{10}\approx1.6$；R10 系列，公比为 $\sqrt[10]{10}\approx1.25$；R20 系列，公比为 $\sqrt[20]{10}\approx1.12$；R40 系列，公比为 $\sqrt[40]{10}\approx1.06$。例如，R10 系列的数值为 1，1.25，1.6，2，2.5，3.15，4，5，6.3，8，10。其他系列的数值详见 GB/T 321—2005。优先数系中任何一个数值称为优先数。对于大于 10 的优先数，可将以上数值乘以 10、100 或 1000 等。优先数和优先数系是一种科学的数值制度，在确定量值的分级时，必须最大限度地采用上述优先数及优先数系。

2.4 机械零件的工艺性和标准化

2.4.1 机械零件的工艺性

设计机械零件时，不仅应使它满足使用要求，即具备所要求的工作能力，同时还应当满足生产要求，否则就可能制造不出来，或虽能制造但费工费料很不经济。

在具体生产条件下，如所设计的机械零件便于加工，费用又很低，则这样的零件就称为具有良好的工艺性。有关工艺性的基本要求如下：

(1) 毛坯选择合理。机械制造中毛坯制备的方法有直接利用型材、铸造、锻造、冲压和焊接等。毛坯的选择与具体的生产技术条件有关，一般取决于生产批量、材料性能和加工可能性等。

(2) 结构简单合理。设计零件的结构形状时，最好采用最简单的表面(如平面、圆柱面、螺旋面)及其组合，同时还应当尽量使加工表面数目最少和加工面积最小。

(3) 规定适当的制造精度及表面粗糙度。零件的加工费用随着精度的提高而增加，尤其在精度较高的情况下，这种增加极为显著。因此，在没有充分根据时，不应当追求高的精度。同理，零件的表面粗糙度也应当根据配合表面的实际需要，作出适当的规定。

2.4.2 机械零件的标准化

标准化为在一定范围内获得最佳秩序，对实际的或潜在的问题制定共同的和重复使用的规则的活动。标准化水平是衡量一个国家的生产技术和科学管理水平的尺度，是现代化的重要标志。有不少通用零件，如螺纹连接件、滚动轴承等，由于应用范围广、用量大，已经高度标准化而成为标准件，设计时只需根据设计手册或产品目录选定型号和尺寸，向专业商店或工厂订购即可。此外，有很多零件虽然使用范围极为广泛，但在具体设计时随着工作条件的不同，在材料、尺寸、结构等方面的选择也各不相同，在这种情况下可对其某些基本参数规定标准的系列化数列，如齿轮的模数等。产品标准化是指对产品的品种、规格、质量、检验或安全、卫生要求等制定标准并加以实施。

产品标准化包括三方面的含义：

(1) 产品品种的规格系列化。将同一类产品的主要参数、形式尺寸、基本结构等依次分档，制成系列化产品，以较少的品种规格满足用户的广泛需要。

(2) 零部件的通用化。对同一类型或不同类型产品中用途结构相似的零部件(如螺栓、轴承座、滚动轴承、联轴器、减速器等)经过统一实现通用互换。

(3) 产品质量标准化。产品质量关系到企业的生存，要保证产品的质量合格和稳定，就必须做好设计、加工工艺、装配检验，甚至包装储运等环节的标准化。

按照标准的层次，我国的标准分为国家标准(GB)、行业标准、地方标准和企业标准四种。按标准实施的强制程度，又分为强制性标准和推荐性标准两种。例如，《压力容器》(GB150.1～GB150.4—2011)、《管壳式换热器》(GB 151—1999)等都是强制性标准，必须执行；而《普通螺纹　基本尺寸》(GB/T 196—2003)、《渐开线圆柱齿轮精度　检验细则》(GB/T 13924—2008)等为推荐性标准，鼓励企业采用。各种标准可以查阅机械设计手册及机械工程手册，也可以查阅中国国家标准咨询服务网(http：//www.chinagb.org)或中国标准在线服务网(http：//www.gb168.cn)。

对产品实行标准化有着重大的意义。在制造上可以实行专业化大量生产，提高产品质量，降低成本；在设计方面可减少设计工作量；在管理维修方面，可以减少库存量和便于更换损坏的零件。由于标准化、系列化、通用化具有明显的优越性，所以在机械设计中应大力推广“三化”。随着全球经济一体化的发展，标准化已成为一个重要的国际性问题。企业在国际化经营过程中，经常遇到有关标准、质量认证、检测等方面的新问题。为了增强产品在国际市场的竞争能力，必须符合国际上公认的标准。我国鼓励企业积极采用国际标准和国外先进标准，特别是在我国加入 WTO 之后，现有标准已经尽可能向国际标准靠拢。

国内外部分标准或组织代号见表 2-4。

表 2-4　国内外部分标准或组织代号

国内	标准或组织	国外	标准或组织
CCEC	中国节能产品认证管理委员会	ANSI	美国国家标准协会标准
CNS	中国台湾标准	ASTM	美国材料和实验协会标准
GB	中国国家标准	BS	英国标准协会标准
HB	航空工业行业标准	DIN	德国标准
HG	化工行业标准	ГОСТ	俄罗斯标准
JB	机械行业标准	JIS	日本工业标准
QC	汽车行业标准	KS	韩国标准
YB	黑色冶金行业标准	EN	欧洲标准
YS	有色金属行业标准	ISO	国际标准化组织

小　　结

1. 内容归纳

本章内容归纳如图2.10所示。

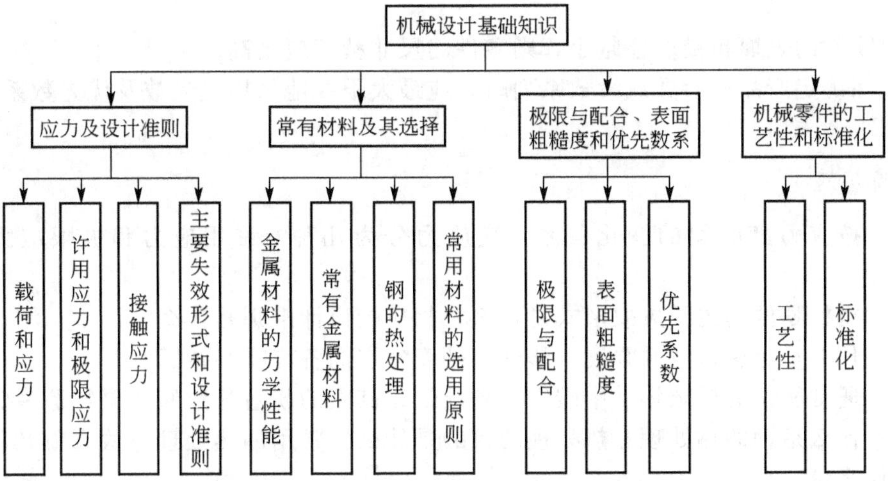

图 2.10　本章内容归纳

2. 重点和难点

重点：①应力的分类及接触应力计算；②机械零件的失效形式及设计准则；③机械零件的常用材料和选用原则。

难点：①静应力、变应力、接触应力分析；②机械零件设计中材料的合理选择。

习　　题

一、单项选择题

2.1　某四个结构及性能相同的零件甲、乙、丙、丁，若承受最大应力 σ_{max} 的值相等，而应力循环特性 r 分别为+1、0、−0.5、−1，则其中最易发生失效的零件是______。

A. 甲　　B. 乙　　C. 丙　　D. 丁

2.2　在进行疲劳强度计算时，其极限应力为材料的______。

A. 屈服点　　B. 疲劳极限　　C. 强度极限　　D. 弹性极限

2.3　45钢的持久疲劳极限 $\sigma_{-1}=270$MPa，设疲劳曲线方程的幂指数 $m=9$，应力循环基数 $N_0=5\times10^6$ 次，当实际应力循环次数 $N=10^4$ 次时的寿命疲劳极限为______ MPa。

A. 539　　B. 135　　C. 175　　D. 417

2.4　45钢的含碳量为______。

A. 45%　　B. 4.5%　　C. 0.45%　　D. 0.045%

2.5　采用调质热处理的材料是______。

A. 铸铁　　B. 低碳钢　　C. 中碳钢　　D. 高碳钢

二、判断题

2.6　间隙配合中，孔公差带在轴公差带之上，因此孔公差带一定在零线以上，轴公差带一定在零线以下。（　）

2.7　某孔要求尺寸为$\phi30_{-0.067}^{-0.046}$mm，今测得其实际尺寸为$\phi29.962$，可以判断该孔合格。（　）

2.8　零件的表面粗糙度值越小，则零件的尺寸精度应越高。（　）

2.9　在确定产品的参数或参数系列时，应最大限度地采用优先数及优先数系。（　）

三、简答题

2.10　按应力随时间的变化关系，变应力分为几种？许用应力和极限应力有什么不同？

2.11　机械零件的主要失效形式是什么？相应的设计准则是什么？

2.12　什么是金属材料的强度、塑性、硬度？它们各有哪些指标？

2.13　通常所说的低碳钢、中碳钢、高碳钢，其碳的质量分数的范围各是多少？

2.14　什么是钢的热处理？热处理的目的是什么？常用的热处理方法有哪几种？它们的作用是什么？

2.15　材料牌号Q255、45、HT300、QT500－07各表示什么材料？

2.16　说明公称尺寸、极限尺寸、偏差、公差的含义。

2.17　配合分几大类？什么是基孔制？什么是基轴制？

2.18　机械零件结构的工艺性应该从哪些方面考虑？

2.19　机械零部件标准化的意义是什么？

第3章 平面机构的结构分析

本章教学要点

知识要点	掌握程度	相关知识
平面机构的运动简图	掌握运动副及其分类； 掌握平面机构运动简图绘制的方法	构件的分类； 杆件和运动副的表示方法； 平面机构运动简图绘制步骤
平面机构的自由度计算	掌握自由度、约束的概念； 掌握平面机构自由度的计算； 掌握平面机构具有确定运动的条件	复合铰链、局部自由度和虚约束的识别和处理； 计算平面机构自由度的实用意义

导入案例

图 3.1 所示为一简易冲床的初拟设计方案简图，设计者的思路是：动力由凸轮 2 输入，驱动杠杆 3 使冲头 4 上下往复运动以达到冲压的目的。试问该设计方案能够实现冲压功能吗？若不能，该如何进行修改？

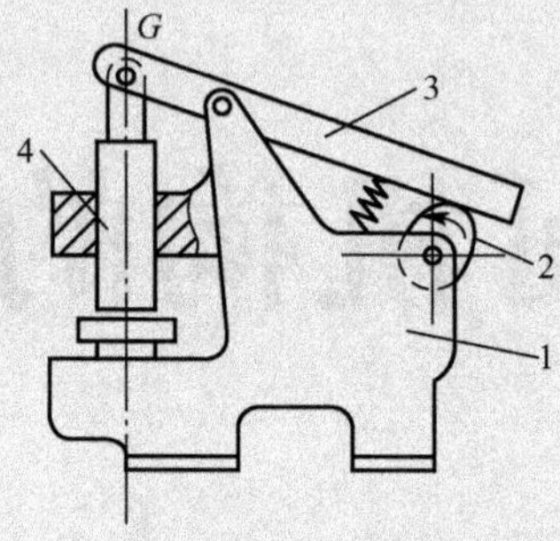

图 3.1　简易冲床设计方案

1—机架；2—凸轮；3—杠杆；4—冲头

3.1　平面机构的运动简图

机构由具有确定相对运动的构件组成，一部机器可以包含一个或多个机构。若机构中所有的构件都在相互平行的平面内运动，则称为平面机构，否则称为空间机构。本章只讨论平面机构。

3.1.1　运动副及其分类

构件是组成机构的运动单元。在机构中，两个构件直接接触又能产生一定相对运动的连接称为运动副。两个构件不外乎是通过点、线或面接触。通过面接触的运动副称为低副，通过点或线接触的运动副称为高副。

1. 低副

低副又分为转动副(图 3.2)和移动副(图 3.3)。

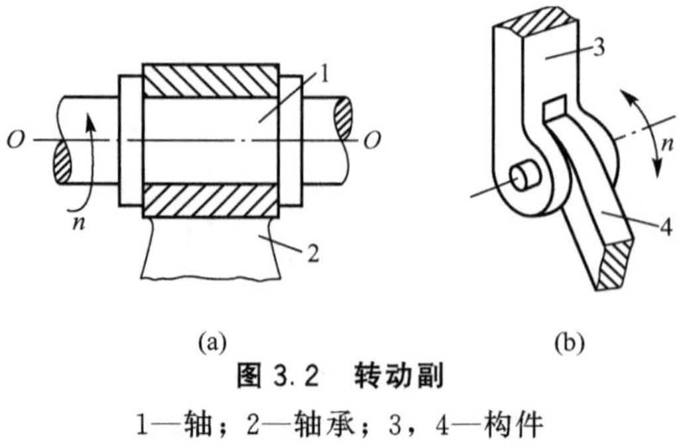

图 3.2　转动副

1—轴；2—轴承；3，4—构件

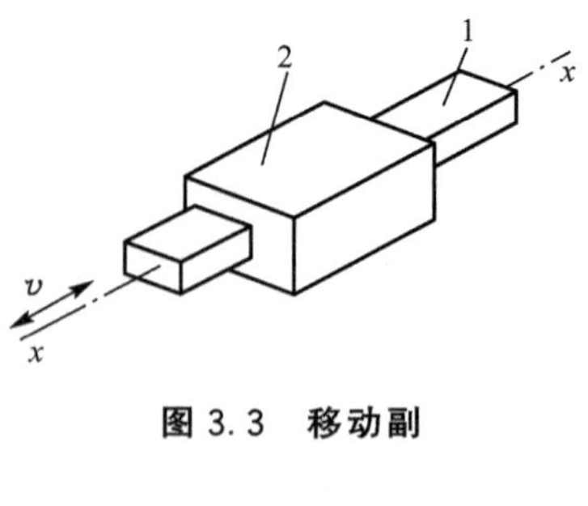

图 3.3　移动副

(1) 转动副。若运动副只允许两构件做相对转动，则称为转动副或回转副，又称为铰链。如图 3.2(a)所示的轴 1 与轴承 2，轴 1 可绕轴线 OO 相对转动而组成转动副，它有一个构件是固定的，故称为固定铰链。图 3.2(b)所示构件 3 与构件 4 也组成转动副，由于它的两个构件均未固定，故称为活动铰链。

(2) 移动副。若运动副只允许两构件做相对移动，则称为移动副。如图 3.3 所示，构件 1 与构件 2 可沿方向线 xx 相对移动而组成移动副。

2. 高副

两构件通过点或线接触组成的运动副称为高副。如图 3.4(a)所示的凸轮副和图 3.4(b)所示的齿轮副，构件 1 和 2 为点接触或线接触，形成高副，彼此间允许的相对运动是沿瞬时接触处切线 $t—t$ 方向的移动和绕瞬时接触点 A 的转动，而沿法线 $n—n$ 方向的移动受到约束。

上述各运动副中，两构件之间的相对运动均为平面运动，统称为平面运动副。若两构件间的相对运动为空间运动，则称为空间运动副，此不属于本章讨论范围。

[思考题 3.1] “机构中两构件互做一定相对运动的连接称为运动副”这种说法对不对？为什么？

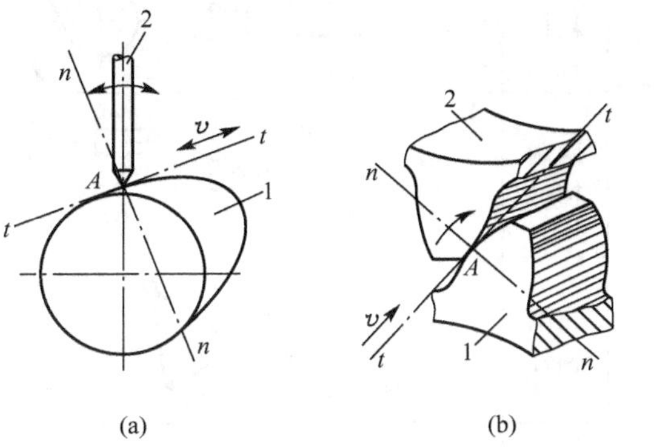

图 3.4 高副

3.1.2 构件

从运动的观点分析，机构中的构件有以下三类：

(1) 固定件。也称为机架，用来支承机构中的活动构件，如图 1.2 所示的内燃机气缸体 8、图 1.3 所示的颚式破碎机机架 1。

(2) 原动件。运动规律已知的活动构件，也称为主动件或输入构件，它的运动是外界输入的，如图 1.2 所示的内燃机中的活塞 7、图 1.3 所示的破碎机中的带轮 2′。

(3) 从动件。随原动件的运动而运动的其余活动构件，其中输出机构预期运动的构件称为输出构件，其他从动件起传递运动的作用。如图 1.2 所示的内燃机中的连杆 2 和曲轴 3 都是从动件，由于该机构是将直线运动转变为定轴转动，因此曲轴 3 是输出构件，连杆 2 起传动作用。图 1.3 所示的颚式破碎机是将电动机的转动变为动颚板 3 的往复摆动，因此动颚板 3 是输出构件，肘板 4 是起传动作用的从动件。

3.1.3 平面机构的运动简图

在设计新机械或分析研究现有机械时，当研究其机构的运动时，为了使问题简化，可以不考虑那些与运动无关的因素(如构件的外形和截面尺寸、组成构件的零件数目、运动副的具体构造等)，常用一些简单的线条和规定的符号来表示构件和运动副，并按比例定出各运动副的位置。这种说明机构各构件间相对运动关系的简单图形，称为机构运动简图，具有与原机构相同的运动特性。

平面机构运动简图中，部分构件和运动副的表示方法见表 3-1，其他常用零部件的表示方法可参看 GB/T 4460—1984《机械制图机构运动简图符号》。

表 3-1 机构运动简图中的常用符号

名称		符号	名称		符号
构件	固定件（机架）	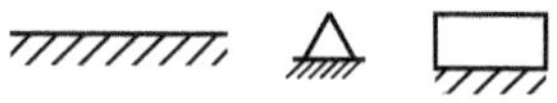	高副	齿轮副	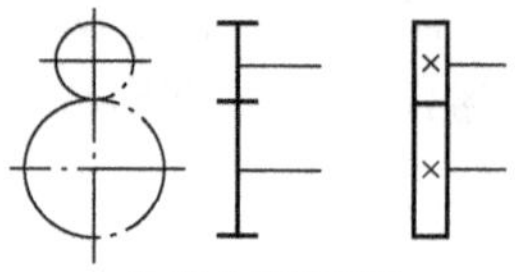 外啮合圆柱齿轮
	同一构件				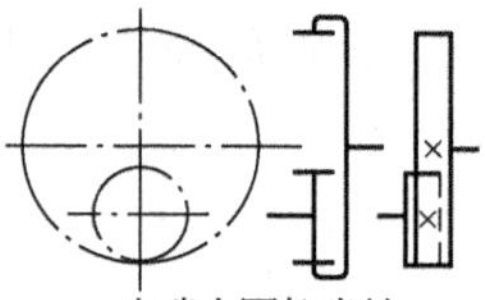 内啮合圆柱齿轮
	两副构件	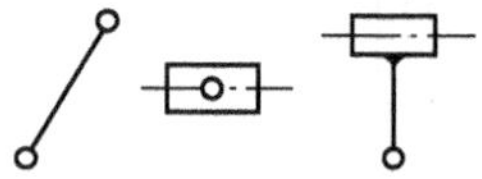			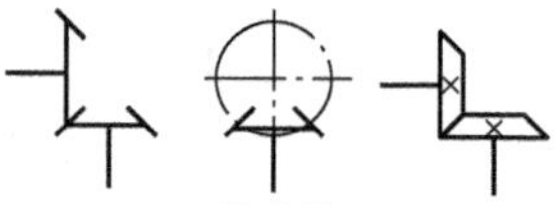 锥齿轮
	三副构件	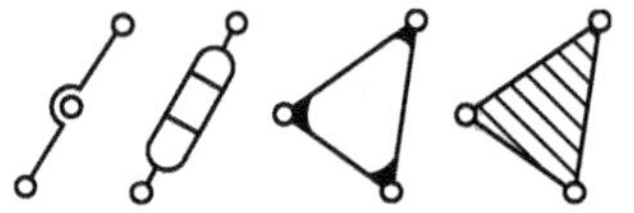			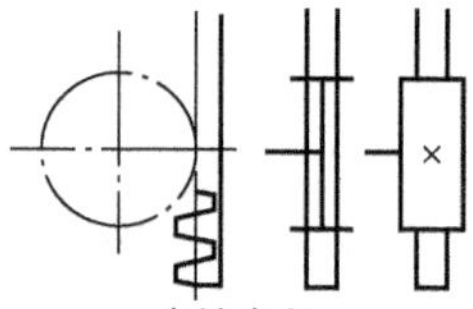 齿轮齿条
低副	转动副（铰链）	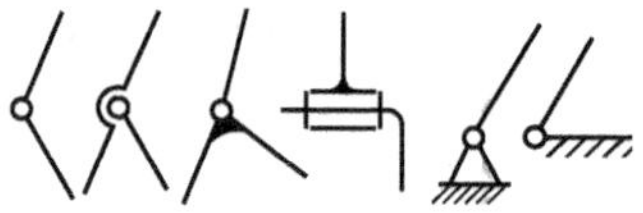			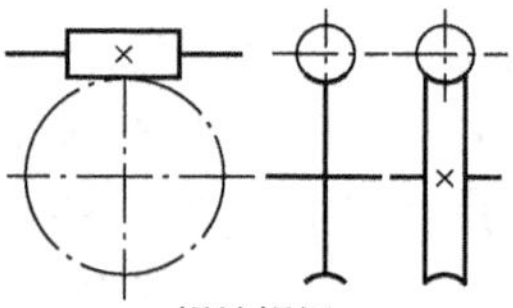 蜗轮蜗杆
	移动副	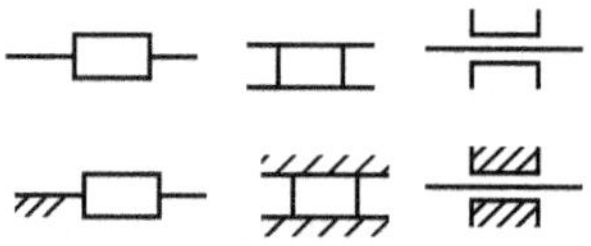			
高副	凸轮副	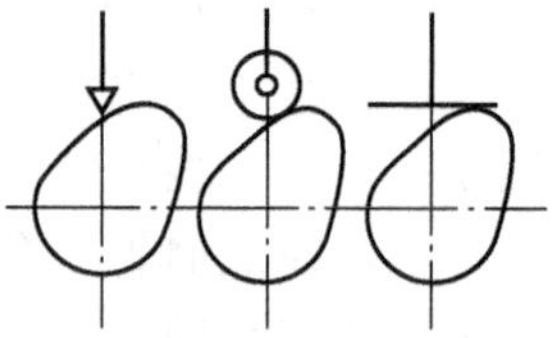			

注：1. 两副构件和三副构件指的是具有两个和三个运动副元素的构件。
2. 图中画有阴影线的构件代表固定构件。

绘制机器的机构运动简图的步骤如下：

(1) 分析机器的功能和组成，判定所用机构的类型，认清机架、主动件和从动件，按运动传递顺序，确定构件的数目(如 1，2，3，…)及运动副的类型和数目(如 A，B，C，…)。

(2) 选择视图平面，并确定机器的一个瞬时的工作位置。

(3) 选择合适的比例尺，测量出各运动副之间的相对位置和尺寸，按选定的比例尺和规定的符号绘制机构运动简图。

［例 3.1］ 绘制图 1.2 所示单缸内燃机的机构运动简图。

解：(1) 如前所述，此内燃机的主体机构是由气缸体 8、活塞 7、连杆 2 和曲轴 3 所组成的曲柄滑块机构。此外，还有齿轮机构、凸轮机构等。在燃气的压力作用下，活塞 7 首先运动，然后通过连杆 2 使曲轴 3 输出回转运动；而为了控制进气和排气，由固装于曲轴 3 上的小齿轮 1 带动大齿轮 11 使凸轮轴回转，再由凸轮轴上的两个凸轮 4，分别推动顶杆 5 及顶杠 6 以控制进气阀和排气阀。由此分析可知，该机构由 7 个构件组成。活塞 7 是原动件，气缸体 8 是机架，其余均是从动件。

各构件之间的连接如下：构件 7 与 8、5 与 8、6 与 8 为相对移动，分别构成移动副；构件 7 与 2、2 与 3、3 与 8、11 与 8 为相对转动，分别构成转动副；构件 1 与 11 组成齿轮副，构件 4 与 5、4 与 6 分别组成凸轮副。故整个机构中有 3 个移动副、4 个转动副、3 个高副共 11 个运动副。

(2) 画平面机构的运动简图时，一般取做平面运动构件所在的平面或与之相平行的平面作为视图平面。本例中，内燃机的主运动机构是平面机构，连杆 2 做平面运动，故可取其运动平面为视图平面。

(3) 根据测量所得出的运动特征尺寸和图纸幅面的大小选定适当的绘图比例尺 μ_l，用规定符号和线条画出所有构件和运动副，得到内燃机的机构运动简图，如图 3.5 所示，图中标有箭头的构件 7 表示该构件是主动件。

［例 3.2］ 绘制图 1.3 所示颚式破碎机的机构运动简图。

解：颚式破碎机的主体机构由机架 1(包括定颚板 5)、偏心轴 2、动颚板 3、肘板 4 四个构件组成。带轮 2′与偏心轴 2 固连成一整体，它是运动和动力输入构件，即原动件，构件 3 和 4 是从动件。当带轮和偏心轴绕轴线 A 转动时，驱使输出构件动颚板做平面复杂运动，从而将矿石轧碎。

在各构件之间的运动副类型：偏心轴 2 绕机架 A 点转动，是固定铰链；偏心轴 2 和动颚板 3 在 B 点构成活动铰链；动颚板 3 和肘板 4 在 C 点构成活动铰链；肘板 4 绕机架 D 点转动，是固定铰链。

测量出各转动副中心之间的长度尺寸，选择合适比例尺，按表 3－1 规定的符号绘制机构运动简图，如图 3.6 所示。

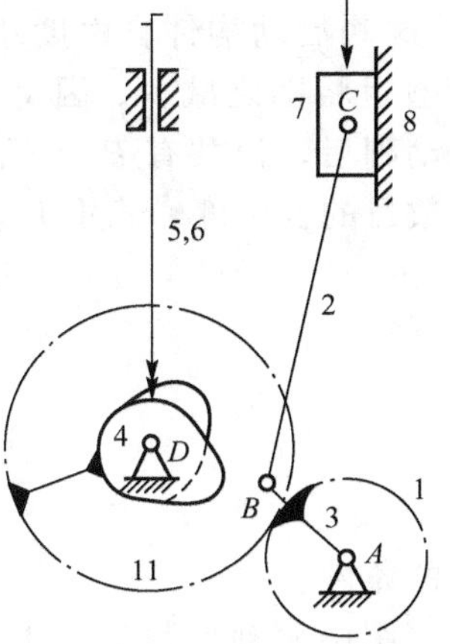

图 3.5 内燃机机构运动简图

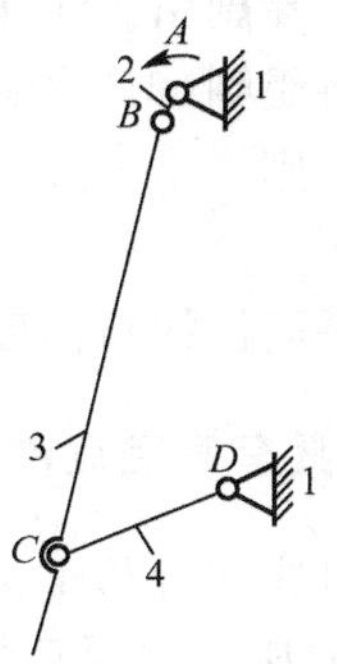

图 3.6 颚式破碎机机构运动简图

最后，将图中的机架画上阴影线，并在原动件 2 上标注箭头。需要指出，虽然动颚板 3 与偏心轴 2 是用一个半径大于 AB 的轴颈连接的，但是运动副的规定符号仅与相对运动的性质有关，而与运动副的结构尺寸无关，所以在简图中仍用小圆圈表示。

[思考题 3.2] 图 3.6 颚式破碎机的机构运动简图中杆 AB 为什么实际应用中要用偏心轴 2 替代?

3.2 平面机构的自由度

3.2.1 构件的自由度和约束

一个做平面运动的自由构件有三个独立运动的可能性。如图 3.7 所示，在 xOy 坐标系中，构件 S 可以沿 x 轴、y 轴方向移动和绕与运动平面垂直的轴线转动。这种构件相对于参考系的独立运动的数目称为自由度。因此，一个做平面运动的自由构件具有 3 个自由度。

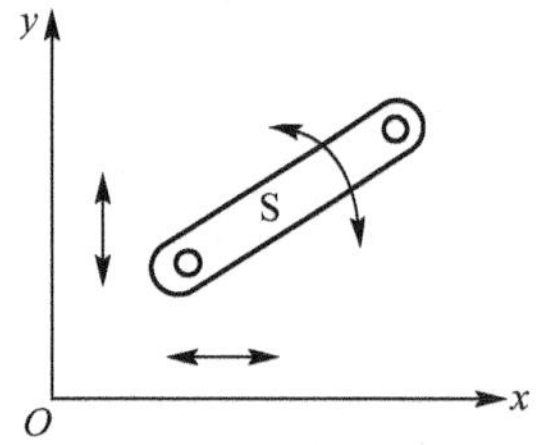

图 3.7 构件的自由度

当两个构件构成运动副之后，它们的独立运动就受到约束，自由度数随之而减少。对独立运动所加的限制称为约束。约束的多少和约束的特点完全取决于运动副即接触形式。例如，图 3.2(a)、(b)所示的转动副约束了两个移动的自由度，保留了一个转动的自由度；图 3.3 所示的移动副约束了沿某一轴方向的移动和在平面内转动的自由度，保留另一轴方向移动的自由度；而图 3.4(a)、(b)所示的高副则只约束了沿接触处公法线 $n-n$ 方向移动的自由度，保留了接触处公切线 $t-t$ 方向移动和绕接触处 A 转动的 2 个自由度。也就是说，在平面机构中，每个低副引入 2 个约束，使构件失去 2 个自由度；每个高副引入 1 个约束，使构件失去 1 个自由度。

3.2.2 平面机构自由度计算公式

机构的自由度是指机构所具有的独立运动的个数。在平面机构中，各构件只做平面运动。所以，每个自由构件具有 3 个自由度。设平面机构有 K 个构件，除去固定构件，机构中的活动构件数 $n=K-1$。在未用运动副连接之前，这些活动构件自由度总数为 $3n$。当用运动副连接后，各构件的自由度受到约束，自由度数目将随之减少。因每个低副引入 2 个约束，每个高副引入 1 个约束。而当各构件构成运动副后，设共有 P_L 个低副和 P_H 个高副，则机构将受到 $(2P_L+P_H)$ 个约束，即减少了同样数目的自由度。若用 F 表示该平面机构的自由度，则

$$F=3n-2P_L-P_H \tag{3-1}$$

式(3-1)为平面机构自由度计算公式。

3.2.3 机构具有确定运动的条件

下面通过实例分析平面机构具有确定的相对运动的条件。

图 3.8(a)所示为原动件数小于机构自由度的例子(图中原动件数等于 1，机构自由度 $F=3\times4-2\times5=2$)。当只给定原动件 1 的位置角 φ_1 时，从动件 2、3、4 的位置不能确定，

不具有确定的相对运动。

图 3.8(b)所示为原动件数大于机构自由度的例子(图中原动件数等于 2，机构自由度 $F=3\times3-2\times4=1$)。如果原动件 1 和原动件 3 的给定运动都要同时满足，机构中最弱的构件必将损坏，如将杆 2 拉断、杆 1 或杆 3 折断。

图 3.8(c)所示为机构自由度等于零的构件组合($F=3\times4-2\times6=0$)，它是一个刚性桁架。它的各构件之间不可能产生相对运动。

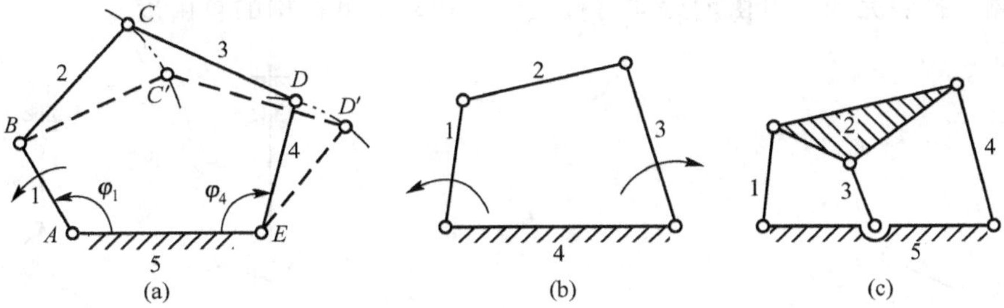

图 3.8 平面机构

由此可见，可以利用自由度去判别构件系统是否具有运动的可能。若 $F>0$，表示能运动；若 $F\leqslant0$，表示不能运动。

由于原动件是由外界给定的具有独立运动的构件，通常每个原动件只具有一种独立运动(如回转或移动)，因此机构具有确定运动的条件是：机构自由度 $F>0$，且 F 等于原动件数。

3.2.4 计算平面机构自由度的注意事项

在应用式(3-1)计算平面机构自由度时，必须要注意以下几种情况，否则就会出现计算结果与实际相矛盾的情况。

1. 复合铰链

由两个以上的构件组成的多个共轴线的转动副称为复合铰链。如图 3.9(a)所示，构件 1、2、3 在 A 处组成了两个共轴线的转动副，在侧视图 3.9(b)中，这两个转动副能比较明显地显示出来，但在俯视图 3.9(c)中，则只能显示一个转动副符号，在计算机构自由度时，很容易将其看成是一个转动副而出错。依此类推，m 个构件组成的复合铰链应具有 $(m-1)$ 个转动副。

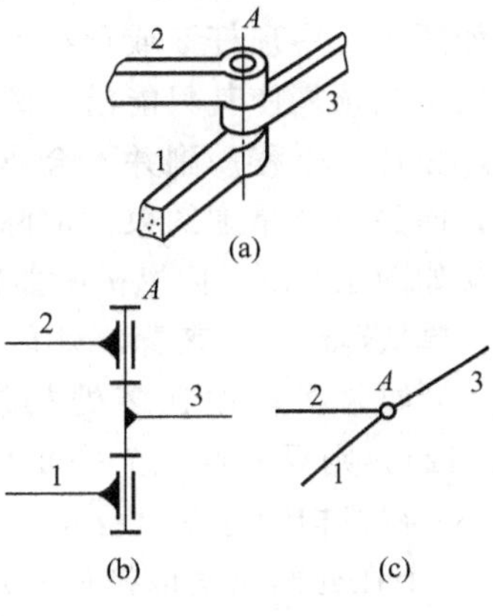

图 3.9 复合铰链

[例 3.3] 计算图 3.10 所示机构的自由度。

解： 此机构在 C 处构成复合铰链，该处含有 2 个转动副。所以该机构 $n=5$，$P_L=7$，$P_H=0$，由式(3-1)得

$$F=3\times5-2\times7-0=1$$

2. 局部自由度

在机构中不影响运动输出与输入关系的个别构件的独立运动自由度称为机构的局部自由度。在图3.11(a)所示的凸轮滚子机构中，滚子绕本身轴线的转动情况不影响凸轮和从动件间的相对运动，因此滚子绕其自身轴线的转动就是凸轮机构的局部自由度。

在计算机构自由度时，应首先排除机构中的局部自由度，排除方法是将产生局部自由度的两个构件看成一个整体即作为一个构件来对待，如图3.11(b)中将滚子和从动件固连成一个整体。排除完局部自由度后即可按式(3-1)来计算机构的自由度。

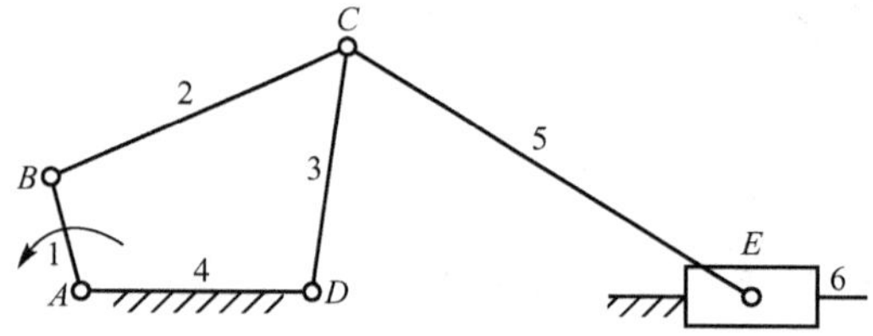

图3.10 例3.3图

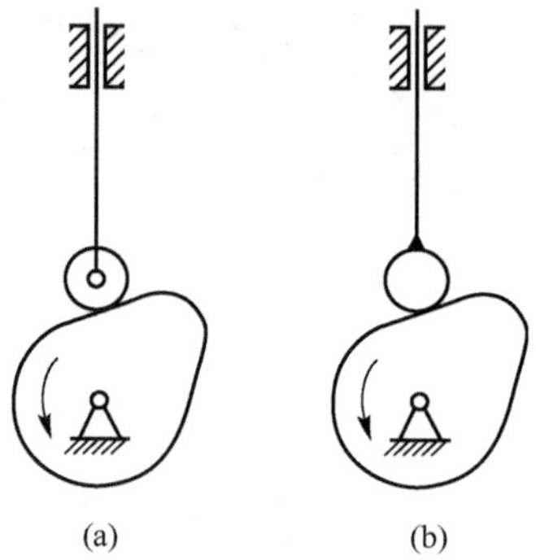

图3.11 局部自由度

[例3.4] 计算图3.11(a)所示凸轮机构的自由度。

解：由局部自由度的含义可知，该凸轮机构中滚子转动中心的自由度是局部自由度，排除后得到图3.11(b)所示机构，其中$n=2$，$P_L=2$，$P_H=1$，由式(3-1)得

$$F=3\times2-2\times2-1=1$$

3. 虚约束

在机构中与其他约束重复而不独立起限制运动作用的约束称为虚约束。在计算机构自由度时应先去除虚约束，否则按式(3-1)计算的结果就是错误的。虚约束常出现于下列情况。

(1) 如果两构件在多处接触而构成移动副，且移动方向彼此平行或重合，则只能算一个移动副。如果两构件在多处相配合而构成转动副，且转动轴线重合，则只能算一个转动副。

如图1.2中顶杆5或顶杠6与气缸体8之间上、下组成两个同轴线的移动副。它们都是用来限制顶杆使其只能沿轴线上下移动，从而达到气阀开闭的目的。如单从运动的观点来看，去掉一个移动副并不会影响顶杆的运动。因此在计算机构自由度时认为只有一个移动副，而另一个是虚约束，应除去不计。

又如图1.2所示内燃机中曲轴3与气缸体8之间有两个轴线重合的转动副(即主轴承)。同样，单从运动观点来看，只有一个转动副就够了，另一个转动副同样应视作虚约束。

(2) 如果两构件在多处相接触而构成平面高副，且各接触点处的公法线彼此重合(图3.12)，则只能算一个平面高副。

(3) 在机构的运动过程中，如两构件两点间的距离始终保持不变(如图3.13中E和F两点)，则在此两点间以构件及运动副相连所产生的约束，必定是虚约束。

(4) 机构中对运动不起独立作用的对称部分，如图3.14所示的定轴轮系，两个对称布置的齿轮2和$2'$中，只有一个起到约束作用，另一个是虚约束。

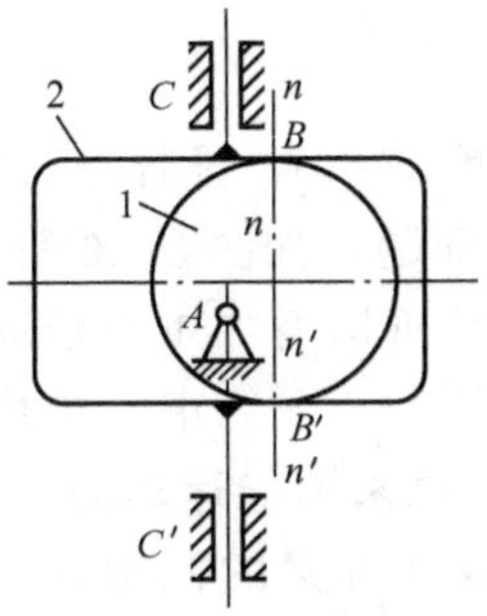

图 3.12　虚约束一

1—凸轮；2—从动件

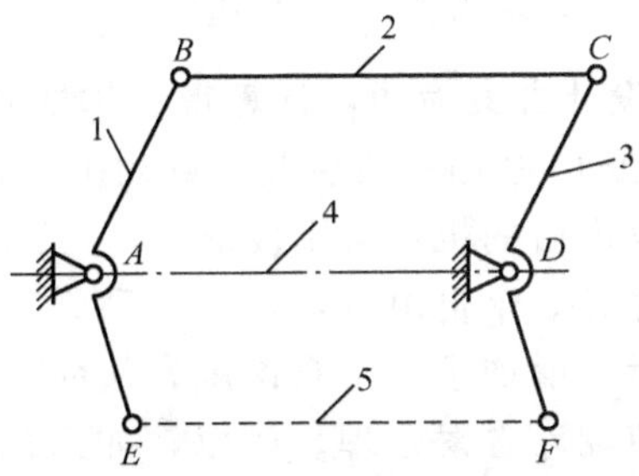

图 3.13　虚约束二

1，2，3，5—构件；4—机架

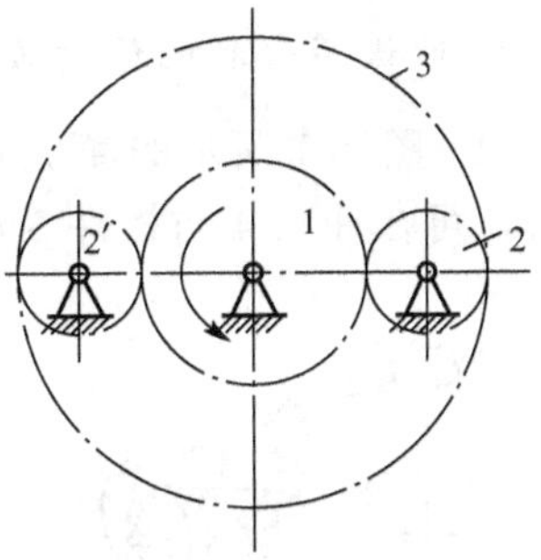

图 3.14　虚约束三

1，2，2′，3—齿轮

还有一些类型的虚约束需要通过复杂的数学证明才能判别，这里就不一一列举了。虚约束虽对运动不起独立的约束作用，但可改善机构受力状况(图 3.14)和增加构件刚性(图 1.2)。

［思考题 3.3］　既然虚约束对机构的运动不起直接的限制作用，为什么在实际机器中还要设计出虚约束?

［例 3.5］　计算图 3.15(a)所示冲压机构的自由度。

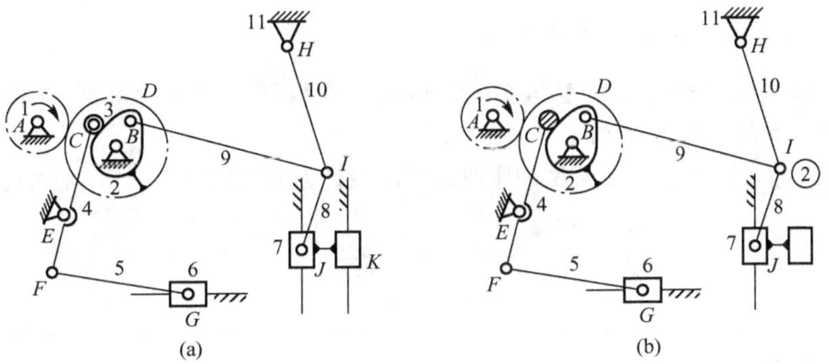

图 3.15　例 3.5 图

解：由图可知，机构 C 处滚子具有局部自由度。冲头 7 与机架 11 在 J 和 K 处组成两个导路平行的移动副，其中之一是虚约束。I 处是复合铰链。在计算自由度时，如图 3.15(b)所示将滚子 3 与摆杆 4 看成是连接在一起的一个整体，消除局部自由度，再去掉移动副 J 和 K 中的一个虚约束 K，复合铰链 I 含有两个转动副。因此，该机构的活动构件数为 $n=9$，低副数 $P_L=12$，高副数 $P_H=2$，由式(3-1)得

$$F=3n-2P_L-P_H=3\times9-2\times12-2=1$$

此机构的自由度等于 1，具有 1 个原动件。

3.2.5　计算机构自由度的实用意义

1. 判定机构运动设计方案是否合理

对于我们在机械创新设计中制定出的任何平面机构或其组合的运动方案设计，都可以根据式(3-1)计算所得的自由度来检验主动件的选择是否合理，主动件的数目是否正确，从而判断机构是否具有运动的确定性，进而得出其运动方案设计是否合理的结论。

2. 改进不合理的运动方案使其具有确定的相对运动

(1) 图 3.1 所示的简易冲床设计方案简图，计算得机构的自由度 $F=0$，设计不合理。这时，可在冲头 4 与构件 3 连接处 G 增加一滑块及一移动副即解决问题，如图 3.16 所示。改进后的机构自由度 $F=1$，其原因是机构增加 1 个活动构件有 3 个自由度，但一个移动副只引入 2 个约束，机构实际上增加了 1 个自由度，从而改变了原来不能运动的状况，使设计方案合理。所以，如果出现设计方案的机构自由度 $F=0$，而设计要求机构具有一个自由度时，一般可在该机构的适当位置，用增加一活动构件带一平面低副的办法来解决。

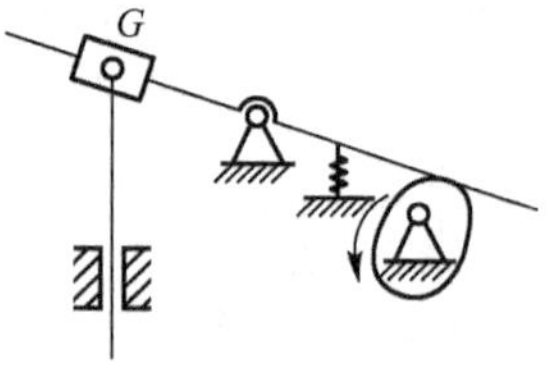

图 3.16　改进后设计方案

(2) 对于设计方案中运动不确定的构件系统，可采用增加约束或主动件的方法使其运动确定。如图 3.8(a)所示的五杆系统，计算得 $F=2$，当仅构件 1 为主动件时，运动是不确定的。一般可在转动副 C 处增加一杆 6 构成复合铰链，其另一端与机架铰接，从而使机构具有确定的相对运动，也可以用增加主动件，将构件 4 也定为主动件，使机构的主动件数与机构的自由度数相等，同样可达到使机构具有确定运动的目的。

3. 判断测绘的机构运动简图是否正确

通过计算所测绘机构的自由度与实际机构主动件数是否相等，可判定其运动的确定性和测绘的机构运动简图的正确性。

[思考题 3.4] 图 3.1 所示简易冲床改进后的设计方案除图 3.16 外，是否还有其他方案？

小　　结

1. 内容归纳

本章内容归纳如图 3.17 所示。

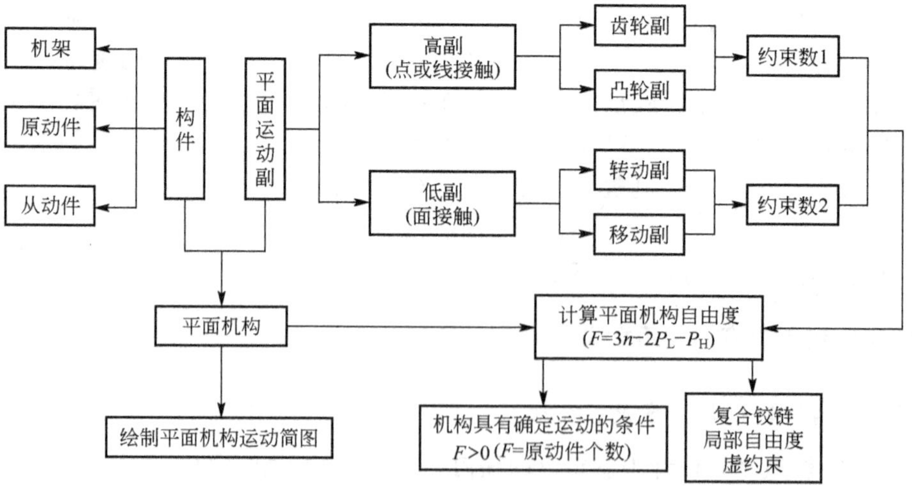

图 3.17　本章内容归纳

2. 重点和难点

重点：①绘制平面机构运动简图；②计算平面机构的自由度。

难点：计算平面机构自由度时复合铰链、局部自由度和虚约束的判断。

习　　题

一、单项选择题

3.1　在机构中主动件数目______机构自由度数目时，该机构具有确定的运动。

A. 小于　　B. 等于

C. 大于　　D. 大于或等于

3.2　平面机构中若引入一个低副将带入______个约束。

A. 0个　　B. 1个

C. 2个　　D. 3个

3.3　平面机构中若引入一个高副将带入______个约束。

A. 0个　　B. 1个

C. 2个　　D. 3个

3.4　若设计方案中，构件系统的自由度 $F=0$，改进方案使 $F=1$，可以在机构中适当位置______，以使其具有确定的运动。

A. 增加一个构件带一低副

B. 增加一个构件带一高副

C. 减少一个构件带一低副

D. 减少一个构件带一高副

二、判断题

3.5　凡两构件直接接触，而又相互连接的都称为运动副。　（　）

3.6　若机构的自由度数为2，那么该机构共需2个原动件。　（　）

三、简答题

3.7　什么是运动副、低副、高副？

3.8　什么是机构的自由度？机构具有确定运动的条件是什么？若不满足此条件将会产生什么后果？

3.9　什么是机构运动简图？如何绘制机构运动简图？

3.10　计算平面机构自由度时应注意哪些事项？

四、绘图计算题

3.11　绘制图3.18所示各机构的运动简图，并计算其自由度。

3.12　计算图3.19所示机构的自由度。若有复合铰链、局部自由度和虚约束需指明，并判断该机构的运动是否确定。

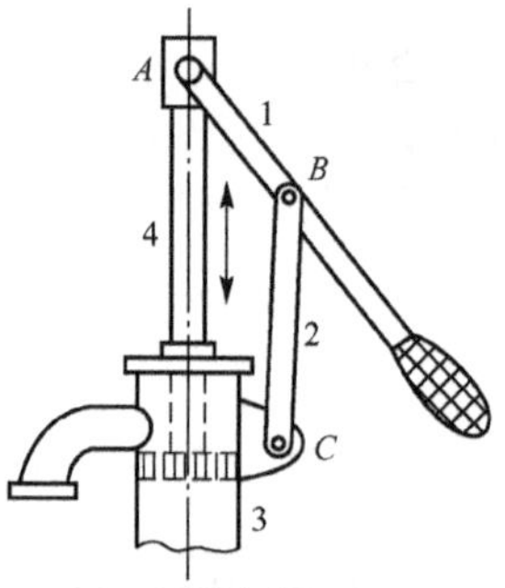

(a) 唧筒机构

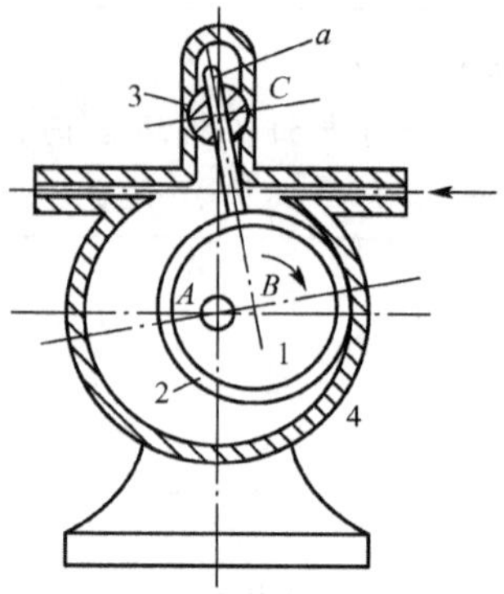

(b) 偏心油泵

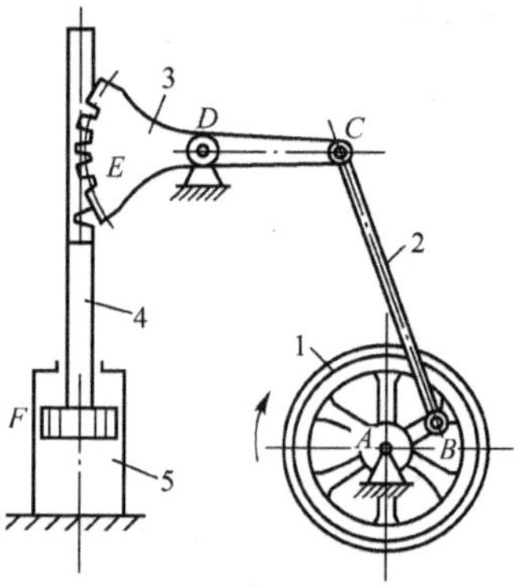

(c) 活塞泵

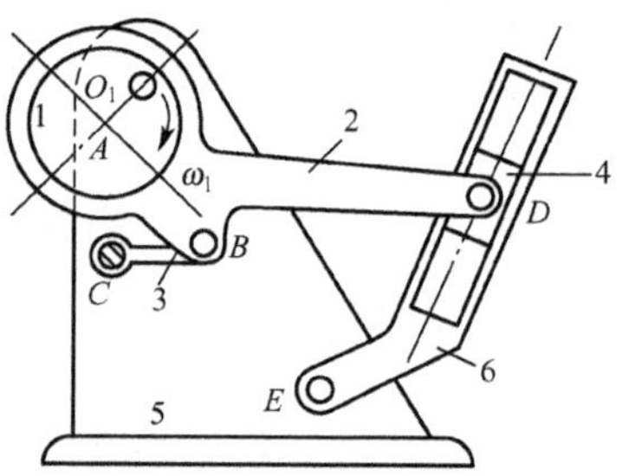

(d) 偏心轮传动机构

图 3.18 题 3.11 图

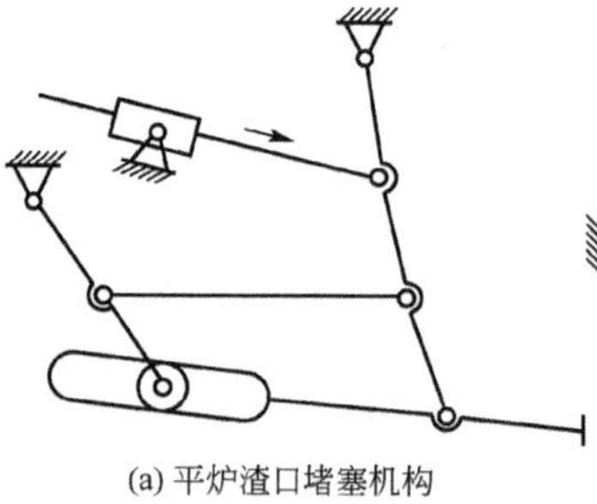

(a) 平炉渣口堵塞机构

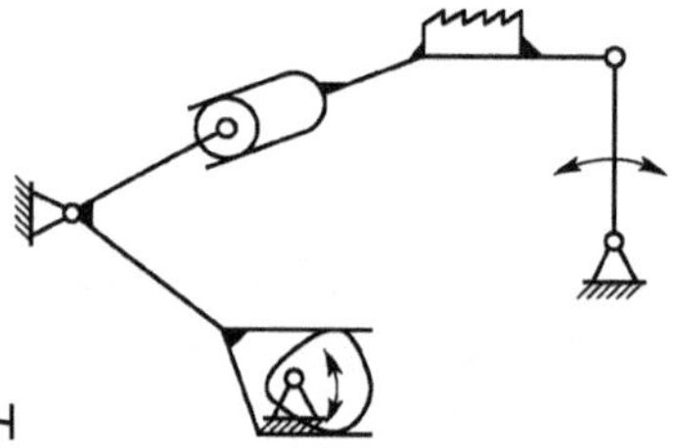

(b) 缝纫机送布机构

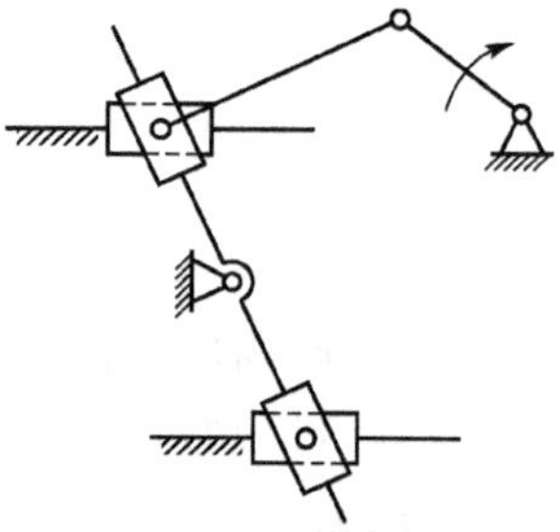

(c) 压缩机机构

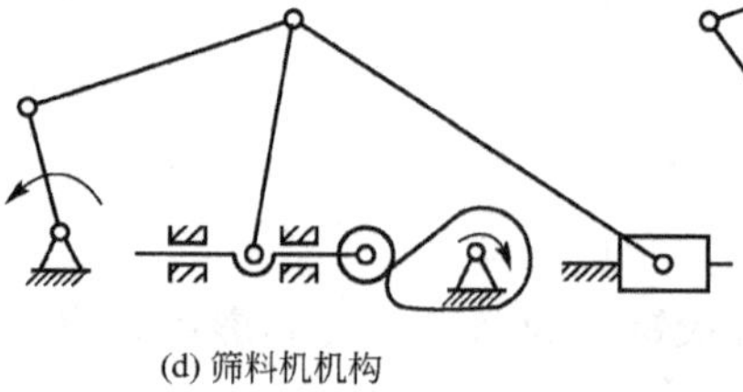

(d) 筛料机机构

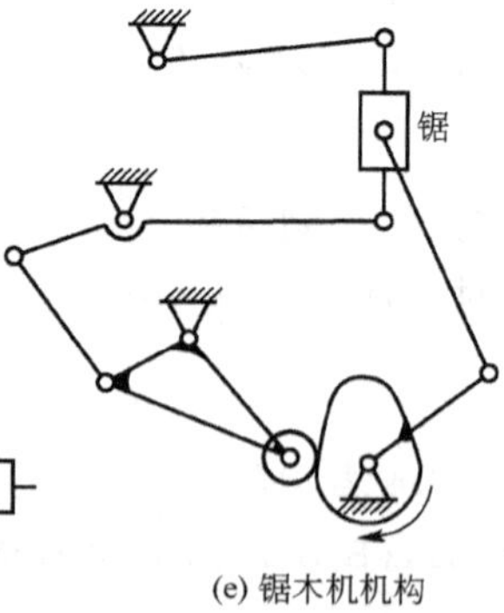

(e) 锯木机机构

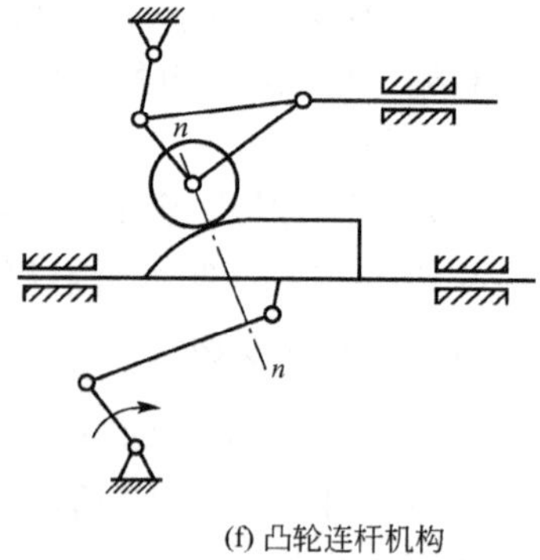

(f) 凸轮连杆机构

图 3.19 题 3.12 图

第 4 章

平面连杆机构

本章教学要点

知识要点	掌握程度	相关知识
平面四杆机构的基本形式及其演化	掌握铰链四杆机构的三种基本形式； 熟悉铰链四杆机构的演变方式	曲柄摇杆机构、双曲柄机构、双摇杆机构的特点
平面四杆机构的基本特性	掌握平面四杆机构的基本特性	铰链四杆机构曲柄存在的条件； 急回特性、压力角与传动角、死点位置的概念
平面四杆机构的设计	掌握平面四杆机构的图解法设计； 了解平面四杆机构的实验法设计	按给定的行程速比系数 K 设计四杆机构； 按给定的连杆位置设计四杆机构

导入案例

平面连杆机构是一种低副机构，能传递较大的力，磨损小，且易于加工和保证较高的制造精度，也能方便地实现转动、摆动和移动等基本运动形式，实现多种运动轨迹和运动规律，以满足不同的工作需要。因此，平面连杆机构在各种机械设备中和仪器仪表中得到广泛应用。图 4.1 所示八连杆叉装机是国内厂商为满足国内物流行业的迅速发展而推出的产品，图 4.2 所示工作装置为独特设计的共销共边双四边形机构，使得八连杆叉装机的作业机具具有高举升、大伸距的作业范围，能实现全程无自翻转升降及水平移送。

图 4.1　八连杆叉装机

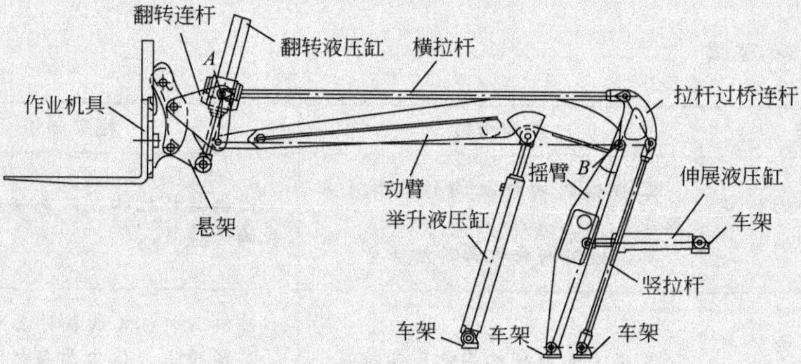

图 4.2　工作装置的基本结构

4.1　概　　述

平面连杆机构是由若干构件用低副(转动副、移动副)连接而成的平面机构，用以实现运动的传递、变换和传送动力。虽然它有上述优点，但由于运动副有间隙，当构件数目较多或精度较低时，运动积累误差较大，此外设计也比高副机构复杂，而且运动时惯性力难以平衡使得常被用于速度较低场合。

平面连杆机构被广泛应用的例子很多，除八连杆叉装机(图 4.1)以外，还有飞机起落架机构、折叠伞的收放机构、人体的假肢机构、内燃机(图 1.2)曲柄滑块机构和颚式破碎机(图 1.3)曲柄摇杆机构等。

连杆机构中的构件称为杆，一般连杆机构以其所含杆的数量而命名。最简单的平面连杆机构由四个构件组成，称为平面四杆机构。平面四杆机构不仅应用广泛，而且是组成多杆机构的基础。本章主要介绍平面四杆机构的基本形式和设计方法。

4.2 平面四杆机构的基本形式及其演化

4.2.1 平面四杆机构的基本形式

图 4.3(a)所示为铰链四杆机构，各构件用转动副连接，它是平面四杆机构中最基本的形式。该机构中，杆 4 是机架，与机架相对的杆 2 称为连杆，与机架相连的杆 1 和杆 3 称为连架杆。能做整周回转运动的连架杆称为曲柄，仅能在某一角度内摆动的连架杆称为摇杆。根据两连架杆运动形式的不同，铰链四杆机构有三种基本形式：曲柄摇杆机构(图 4.3(a))、双曲柄机构(图 4.3(b))和双摇杆机构(图 4.3(c))。

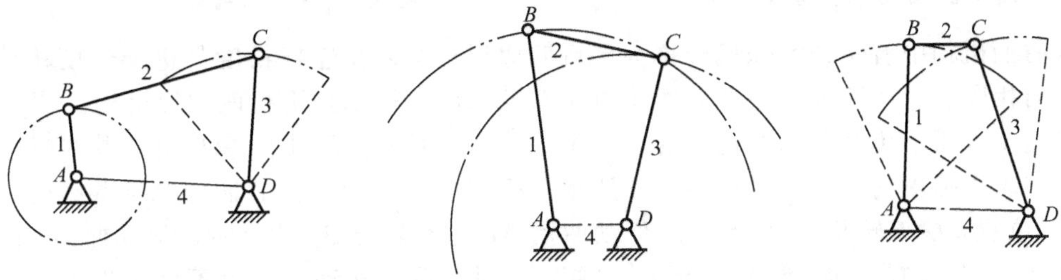

(a) (b) (c)

图 4.3 铰链四杆机构的基本类型

1. 曲柄摇杆机构

在铰链四杆机构中，若一个连架杆为曲柄，另一个连架杆为摇杆，则称为曲柄摇杆机构。当曲柄为原动件，摇杆为从动件时，可将曲柄的连续转动转变为摇杆的往复摆动，如图 1.3 所示的颚式破碎机的主体机构、图 4.4 所示的雷达天线俯仰角调整机构及图 4.5 所示的搅拌机构。若摇杆为原动件，则可将摇杆的往复摆动转变为曲柄的连续转动，如图 4.6 所示的缝纫机脚踏板机构等。

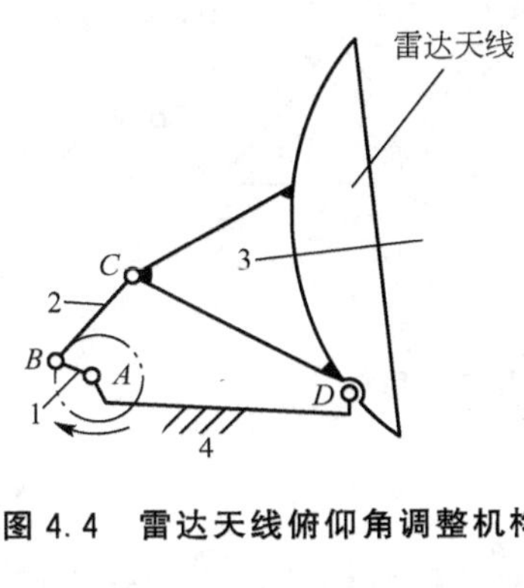

图 4.4 雷达天线俯仰角调整机构

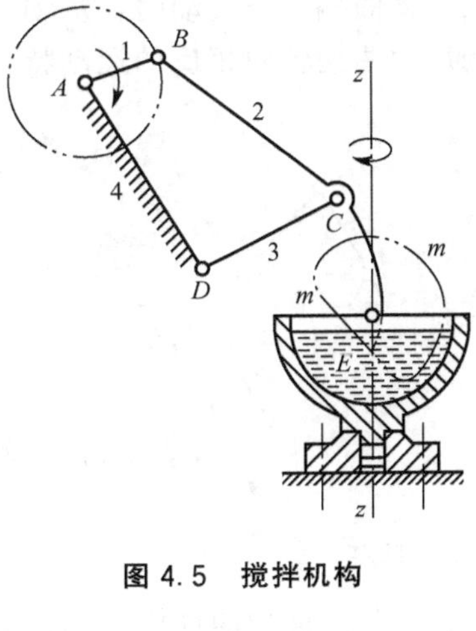

图 4.5 搅拌机构

2. 双曲柄机构

两连架杆均为曲柄的铰链四杆机构称为双曲柄机构。一般原动曲柄做等速转动，从动曲柄做变速转动。图 4.7 所示惯性筛机构正是利用从动曲柄做变速运动而带动筛子做变速运动，使颗粒物料因惯性作用而达到分筛的目的。

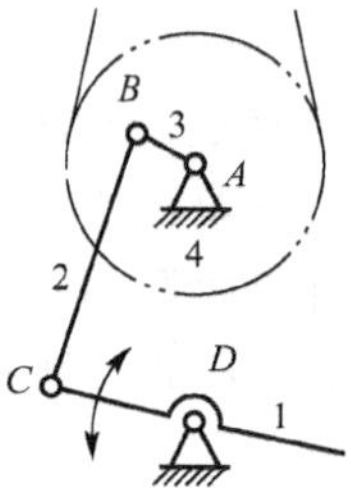

图 4.6　缝纫机脚踏板机构

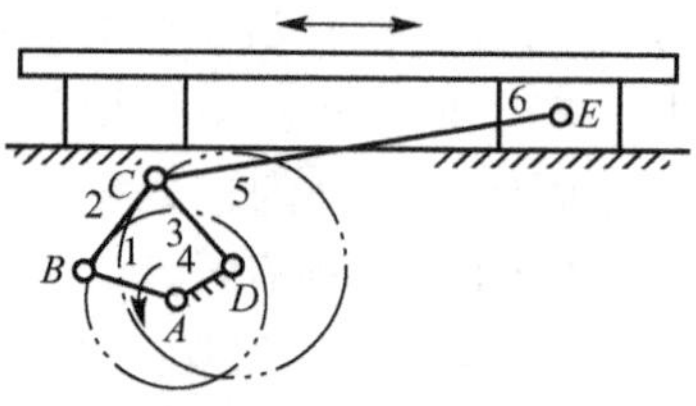

图 4.7　惯性筛机构

双曲柄机构中有一种特殊机构称为平行四边形机构，其连杆长度与机架长度相等，两曲柄转向相同、速度相等，图 4.8 所示机车车轮联动机构都是平行四边形机构。

在图 4.8 所示机车车辆机构中含有一个虚约束，目的是防止曲柄与机架共线时运动的不确定。若去掉虚约束，则得如图 4.9 所示平行四边形机构。在曲柄与机架共线时，B 点转到 B_1 位置，C 点转至 C_1 位置，当原动曲柄 AB 继续转至 B_2 位置时，从动曲柄 CD 则可能继续转至 C_2 位置，也可能反转至 C_2' 位置，这时出现了从动件运动不确定现象。为消除这种运动不确定现象，可采取两种措施：①依靠构件惯性；②添加辅助构件(图 4.8)。

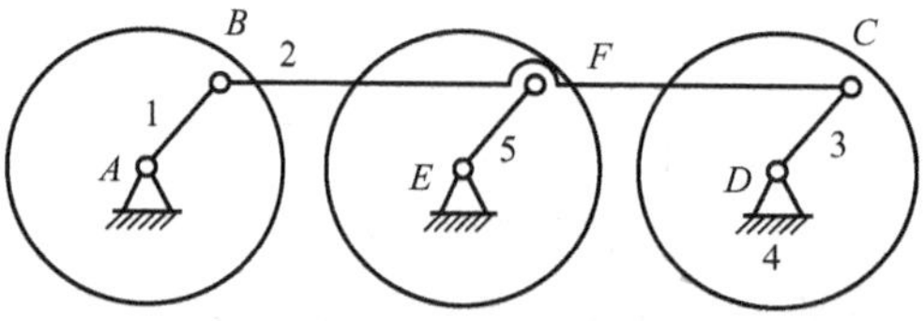

图 4.8　机车车轮联动机构

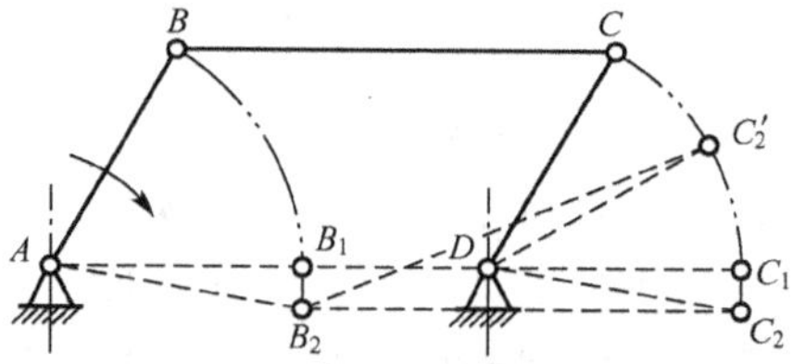

图 4.9　平行四边形机构的运动不确定性

图 4.10(a)所示为反平行四边形机构。相对杆的长度相等但不平行，称为反平行四边形机构。当主动曲柄等速转动时，从动曲柄做反向变速转动。图 4.10(b)所示的车门启闭机构就是利用两曲柄转向相反的运动特点，使两扇车门同时启闭的。

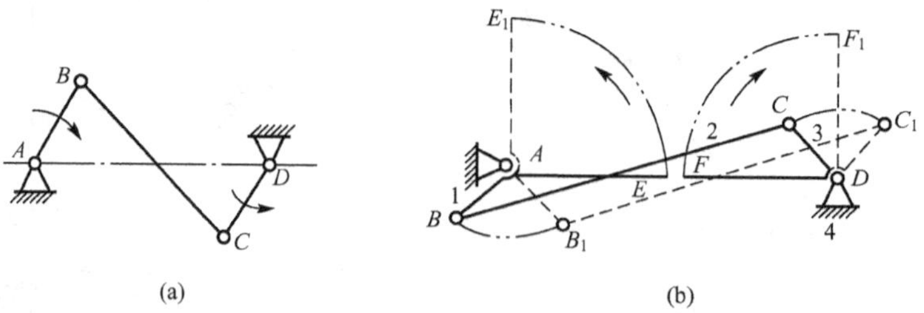

图 4.10　反平行四边形机构及其应用

3. 双摇杆机构

两连架杆均为摇杆的四杆机构称为双摇杆机构。双摇杆机构常用于操纵机构、仪表机构等。如图 4.11 所示的电风扇摇头机构，电动机安装在摇杆 4 上，在铰链 A 处有一个与连杆 1 固连成一体的蜗轮，电动机转动时，电动机轴上的蜗杆带动蜗轮迫使连杆 1 绕 A 点做整周转动，从而带动连架杆 2 和 4 做往复摆动，实现电风扇摇头的目的。在图 4.12 所示的飞机起落架机构中，$ABCD$ 即为一双摇杆机构。图中实线为起落架放下的位置，虚线为收起位置，此时整个起落架机构藏于机翼中。

在双摇杆机构中，若两摇杆长度相等，则形成等腰梯形机构。图 4.13 所示的汽车、拖拉机前轮的转向机构 $ABCD$ 即为等腰梯形机构。

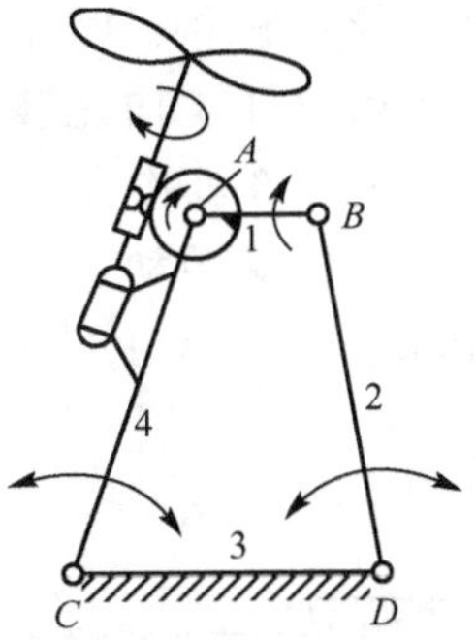

图 4.11 摇头机构

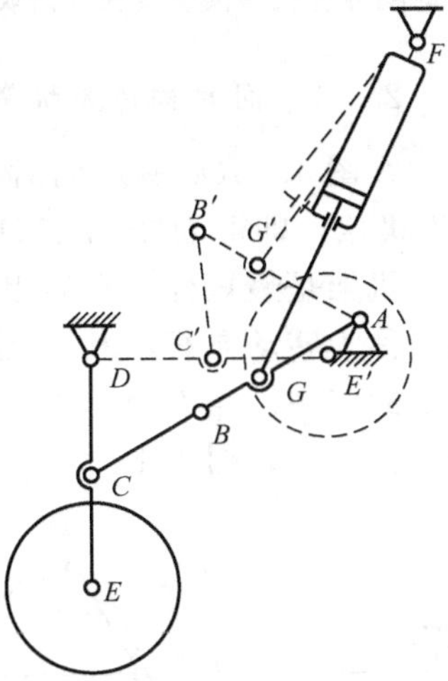

图 4.12 飞机起落架机构

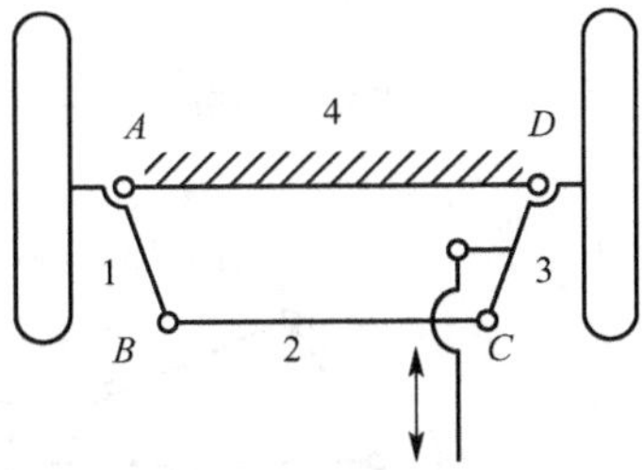

图 4.13 车轮转向机构

4.2.2 铰链四杆机构的演化

铰链四杆机构除了以上三种基本形式外，还有其他多种形式的四杆机构。这些不同形式的四杆机构，可以视为由铰链四杆机构演化而成。

1. 转动副转化成移动副

在图 4.14(a)所示的曲柄摇杆机构中，摇杆 3 上 C 点的轨迹是以 D 为圆心、CD 为半径的圆弧 mm。现将转动副 D 的半径扩大，并在机架 4 上做出弧形槽，杆 3 做成与弧形槽相配合的弧形滑块，如图 4.14(b)所示。此时，尽管转动副 D 的外形改变了，但机构的相对运动性质未变。若将弧形槽的半径增至无穷大，即转动副 D 的中心移至无穷远处，此时弧形槽变成了直槽，弧形滑块变成了平面滑块，滑块 3 上 C 点的轨迹变成了直线 mm，转动副 D 也就演化成了移动副，如图 4.14(c)所示，机构的相对运动性质也发生了变化。一个转动副演化为移动副后所得到的机构称为曲柄滑块机构。

在图 4.14(c)中，由于滑块的移动导路线 mm 不通过曲柄的转动中心 A，故称为偏置曲柄滑块机构，滑块移动导路线 mm 至曲柄的转动中心 A 的垂直距离称为偏距 e。当 $e=0$ 时，滑块移动导路线通过曲柄的转动中心，称为对心曲柄滑块机构，如图 4.15 所示。

曲柄滑块机构在冲床、空压机、内燃机(图 1.2)、自动送料机等机械设备中得到了广泛应用。

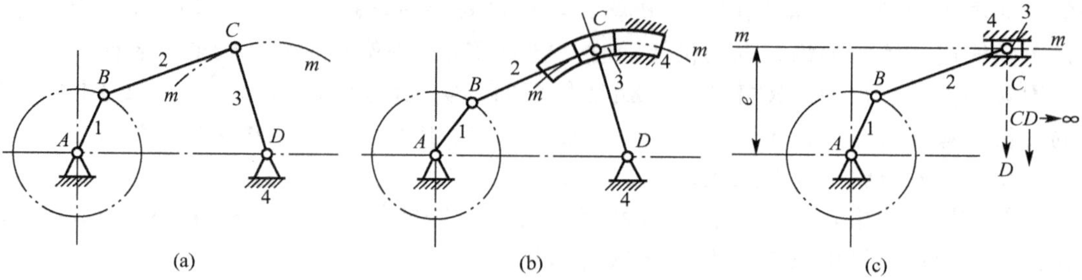

图 4.14 曲柄摇杆机构演化成曲柄滑块机构

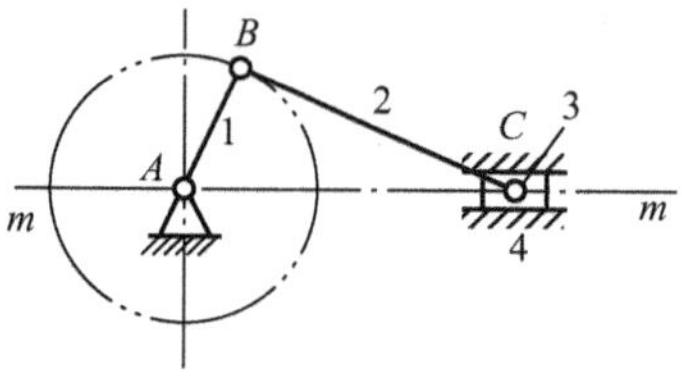

图 4.15 对心曲柄滑块机构

2. 取不同的构件为机架

在图 4.16(a)所示的对心曲柄滑块机构中，若取构件 1 为机架，即得如图 4.16(b)所示的导杆机构。当 $l_1<l_2$ 时，机架是最短杆，它的相邻构件 2 和导杆 4 均能整周转动，称为转动导杆机构，图 4.17 所示为该机构在小型刨床上的应用。当 $l_1>l_2$ 时，导杆 4 只能往复摆动，称为摆动导杆机构，图 4.18 所示为该机构在牛头刨床上的应用。

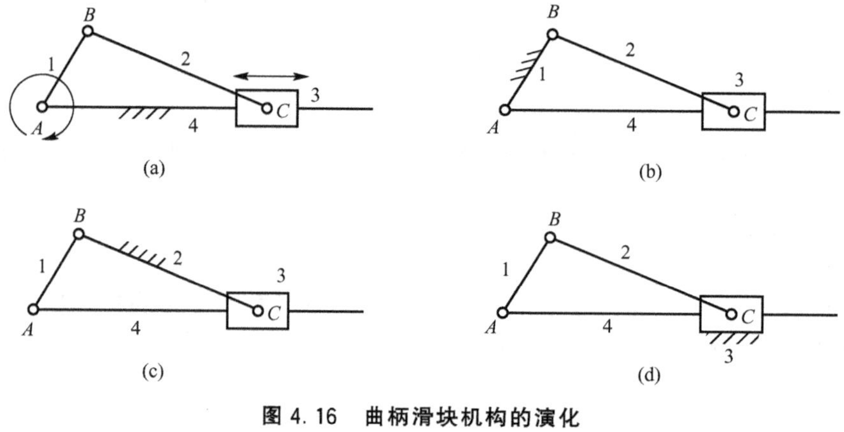

图 4.16 曲柄滑块机构的演化

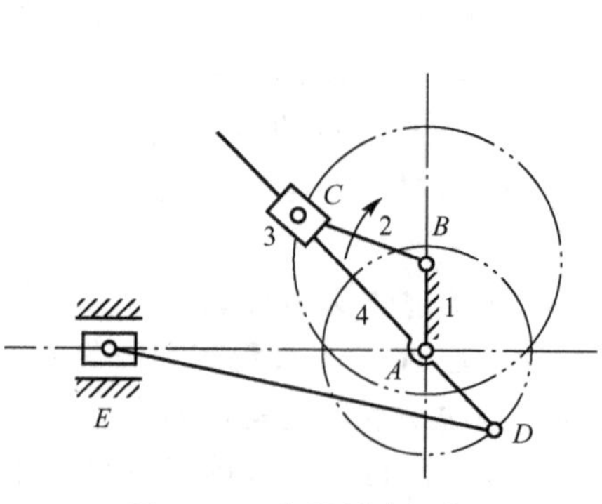

图 4.17 小型刨床机构

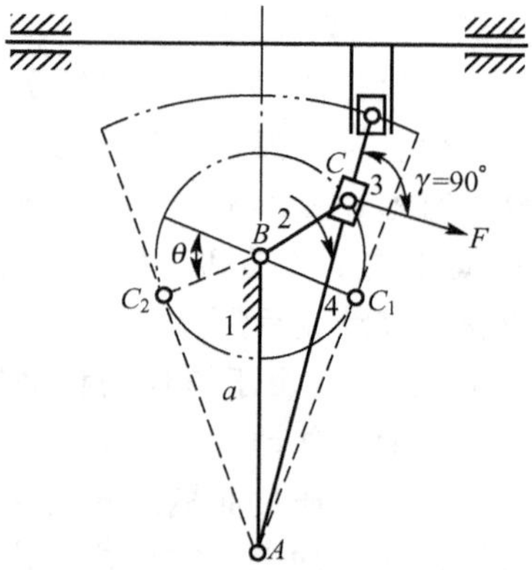

图 4.18 牛头刨床机构

如图 4.16(a)所示，若固定构件 2，得到如图 4.16(c)所示的曲柄摇块机构，或称摇块机构。图 4.19 所示为该机构在卡车自动卸料机构中的应用。

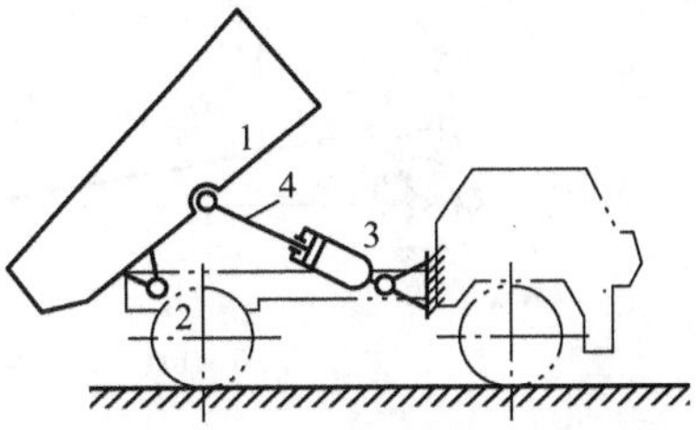

图 4.19 自动卸料机构

如图 4.16(a)所示，若固定构件 3，得到如图 4.16(d)所示的定块机构。手动唧筒机构即为应用实例(图 3.18(a))。

3. 其他演变

1) 变化含有两个移动副的四杆机构的机架

将图 4.3 所示的铰链四杆机构中转动副 C 和 D 同时转化为移动副，然后取不同构件为机架，即可得下列两种含两个移动副的四杆机构。

当取构件 4 为机架时(图 4.20(a))，该机构称为正弦机构。此时移动导杆 3 的位移方程为 $S=a\sin\varphi$。图 4.20(b)所示为其在缝纫机跳针机构中的应用。

当取构件 1 为机架(图 4.21(a))时，该机构称为双转块机构，图 4.21(b)所示的十字滑块联轴器应用了双转块机构。

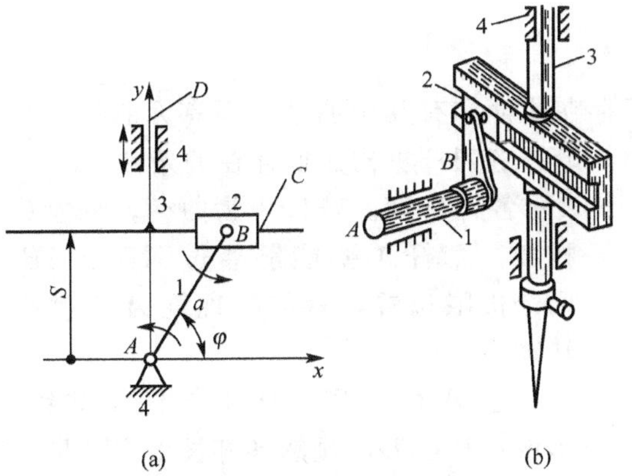

图 4.20 正弦机构

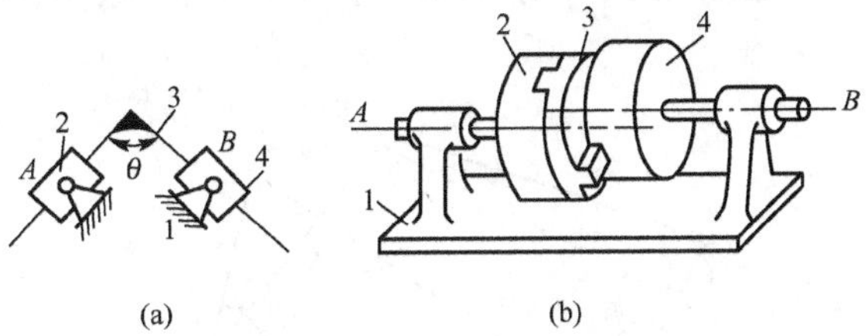

图 4.21 双转块机构

当取构件 3 为机架(图 4.22(a))时，该机构称为双滑块机构，图 4.22(b)所示的椭圆绘画器是这种机构的应用实例，连杆 1 上各点可描绘出不同离心率的椭圆曲线。

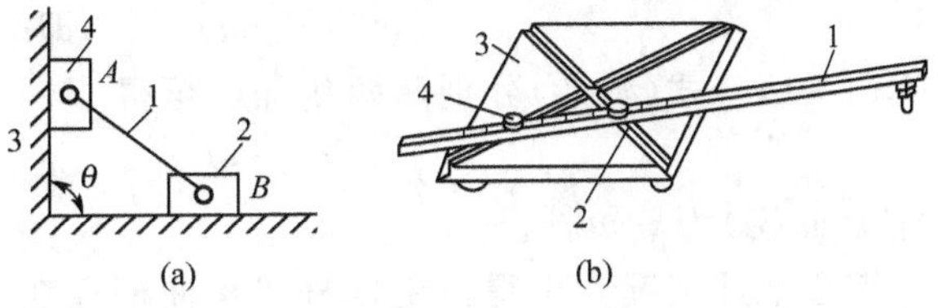

图 4.22 双滑块机构

2) 扩大回转副

在图 4.23(a)所示的曲柄滑块机构中，当曲柄 1 的尺寸较小时，根据结构的需要，常将其改成如图 4.23(b)所示的几何中心 B 不与其回转中心 A 相重合的圆盘。此圆盘称为偏心轮，其回转中心 A 与几何中心 B 之间的距离 e 称为偏心距，它等于曲柄长，这种机构则称为偏心轮机构。这样演化并不影响机构原有的运动情况，相反使机构结构的承载能力大大提高。它常用于冲床、剪床、颚式破碎机等机械中。图 1.3 所示的颚式破碎机就是偏心轮机构的应用实例。

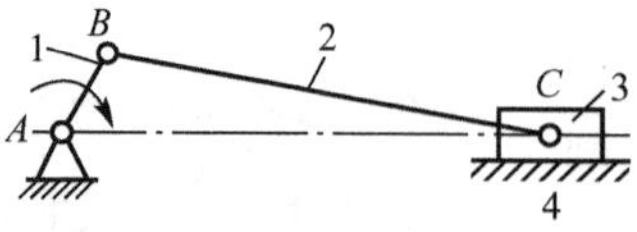

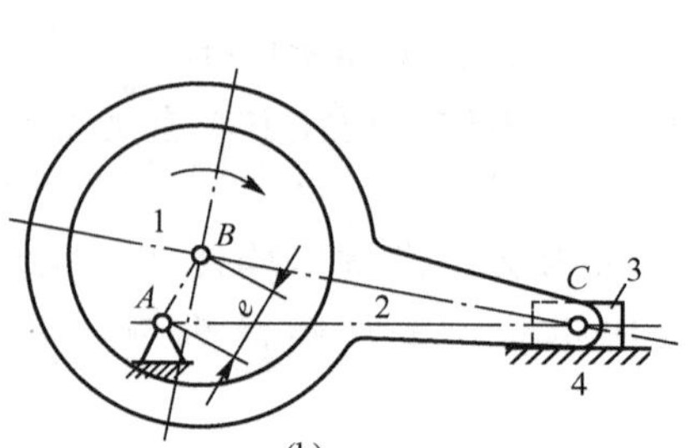

图 4.23 偏心轮机构

由上述分析可见，铰链四杆机构可以通过改变转动副为移动副，扩大转动副，选取不同构件作为机架等途径，演变成为其他形式的四杆机构，以满足各种工作需要。

［**思考题 4.1**］ 观察天平机构，它利用了哪种四杆机构的哪种特性？

4.3 平面四杆机构的基本特性

4.3.1 铰链四杆机构曲柄存在的条件

铰链四杆机构三种基本形式的区别在于是否存在曲柄和有几个曲柄，而有无曲柄则与机构中各杆的相对长度及机架的选择有关。下面讨论铰链四杆机构曲柄存在的条件。

如图 4.24 所示曲柄摇杆机构，用 a、b、c、d 表示各杆长度。若杆 1 为曲柄，杆 4 为机架，则杆 1 要能够通过 AB_1、AB_2 两个极限位置，就能实现绕 A 点整周转动。

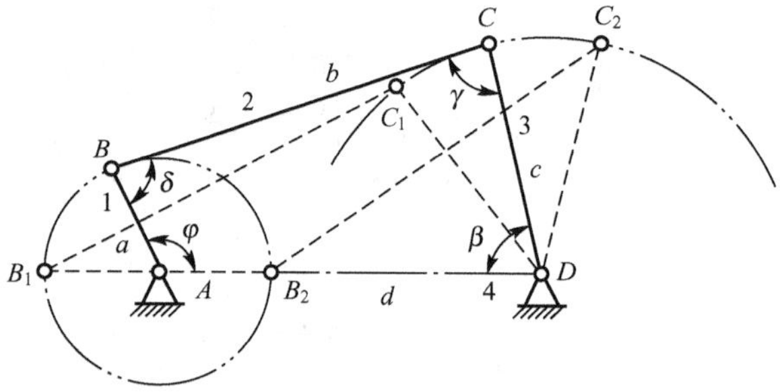

图 4.24 铰链四杆机构曲柄存在条件

在 AB_1 位置，杆 1 与杆 4 共线，形成$\triangle B_1C_1D$，显然各杆长度应满足

$$a+d\leqslant b+c \tag{4-1}$$

在 AB_2 位置，杆 1 与杆 4 重叠，形成$\triangle B_2C_2D$。设 $a\leqslant d$，根据三角形的边长关系，有

$$b\leqslant(d-a)+c \quad 即 \quad a+b\leqslant d+c \tag{4-2}$$

或

$$c\leqslant(d-a)+b \quad 即 \quad a+c\leqslant d+b \tag{4-3}$$

将式(4-1)～式(4-3)分别两两相加，可得

$$a\leqslant b,\quad a\leqslant c,\quad a\leqslant d \tag{4-4}$$

即杆 1(曲柄)为最短杆。

综合上述情况，可得铰链四杆机构曲柄存在条件如下：

(1) 最短杆与最长杆的长度之和小于或等于其余两杆的长度之和。

(2) 最短杆必为机架或连架杆。

条件(1)是铰链四杆机构曲柄存在的必要条件，也称杆长条件。如果铰链四杆机构满足杆长条件，则最短杆与相邻两杆之间均能整周转动。如图 4.24 所示的曲柄摇杆机构，当曲柄整周转动时，曲柄与邻杆的夹角 φ、δ 可以在 0°～360°内变化；而杆 3 与邻杆的夹角 γ、β 只能在一定角度内变化。

根据相对运动原理，当铰链四杆机构满足杆长条件时，取不同杆为机架，可得到不同形式的铰链四杆机构。

(1) 若取最短杆相邻的杆为机架，成为曲柄摇杆机构。

(2) 若取最短杆为机架，成为双曲柄机构。

(3) 若取最短杆的相对杆(杆 3)为机架，由于 γ、β 只能在一定角度内变化，成为双摇杆机构。

当“最短杆与最长杆的长度之和大于其余两杆的长度之和”时，该机构中不存在曲柄，无论固定哪个杆件，得到的都是双摇杆机构。可见，在满足杆长条件下，机构究竟有一个曲柄、两个曲柄或是没有曲柄，还需根据取何杆为机架来判断。

[思考题 4.2] 图 4.14(c)为偏置曲柄滑块机构，试求杆 AB 为曲柄的条件？

4.3.2 急回特性

如图 4.25 所示的曲柄摇杆机构，原动件曲柄 AB 在等速转动一周的过程中，两次与连杆 BC 共线(即图中 AB_1C_1、AB_2C_2 位置)。此时，摇杆 CD 分别处于两极限位置 C_1D 和 C_2D。摇杆 CD 两极限位置的夹角 ψ 称为摇杆的摆角；当摇杆 CD 处在两极限位置时，对应曲柄 AB 的两位置所夹的锐角 θ 称为极位夹角。

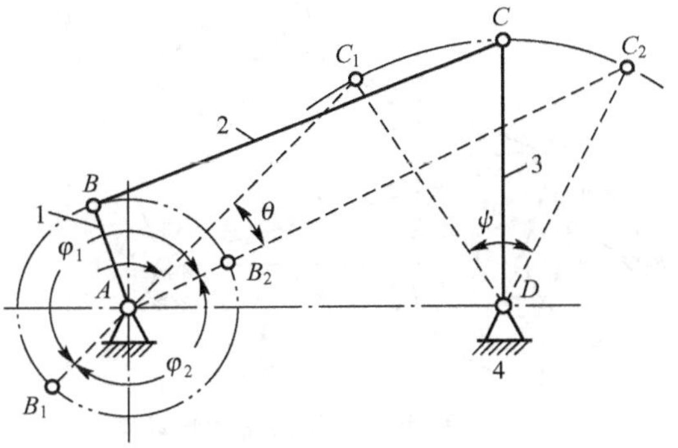

图 4.25 曲柄摇杆机构的急回特性

当曲柄顺时针由 B_1 转至 B_2 时，转角为 $\varphi_1=180°+\theta$，此时摇杆上 C 点由 C_1 摆动到 C_2，称为工作行程，设用时为 t_1；当曲柄继续顺时针转过 $\varphi_2=180°-\theta$ 时，摇杆从 C_2 摆回到 C_1，称为回程，设用时为 t_2。摇杆往复摆动的角度相同，但由于曲柄的转角不同，$\varphi_1>\varphi_2$，所以 $t_1>t_2$，则摇杆往返的平均角速度 $\omega_1<\omega_2$，即回程速度快。曲柄摇杆机构的这种运动特性称为急回特性。在往复工作的机械中，利用机构的急回特性缩短非生产时间，提高劳动生产率。

机构的急回特性可用行程速比系数 K 表示，即

$$K=\frac{\omega_2}{\omega_1}=\frac{\psi/t_2}{\psi/t_1}=\frac{t_1}{t_2}=\frac{\varphi_1}{\varphi_2}=\frac{180°+\theta}{180°-\theta} \tag{4-5}$$

式(4-5)表明，当曲柄摇杆机构有极位夹角 θ 时，机构便有急回特性。θ 角越大，K 值越大，急回特性也越明显。按上述分析方法，可以很容易得出：对心曲柄滑块机构(图 4.15)，极位夹角 $\theta=0$，无急回特性；偏置曲柄滑块机构(图 4.14(c))，极位夹角 $\theta\neq 0$，有急回特性；摆动导杆机构(图 4.18)，极位夹角 θ 等于摆动导杆的摆角 ψ，即 $\theta=\psi$，也有急回特性。

由式(4-5)，可得

$$\theta=180°\frac{K-1}{K+1} \tag{4-6}$$

在设计具有急回特性要求的机器(如牛头刨床、插床、往复式输送机等)时，通常先根据所需要的 K 值，由式(4-6)计算出极位夹角 θ，再确定各杆尺寸。

[思考题 4.3] 图 4.17 所示小型刨床机构中的转动导杆机构有无急回特性?

4.3.3 压力角与传动角

如图 4.26 所示的四杆机构中，忽略各构件的质量和运动副中的摩擦，原动件曲柄 1 通过连杆 2 作用在摇杆 3 上 C 点的力，沿 BC 方向。从动件 C 点受力方向与该点的绝对速度方向 v_C 所夹的锐角称为压力角，用 α 表示。由图可见，$\boldsymbol{F}$ 在 v_C 方向上的分力 $F_t=F\cos\alpha$，是推动摇杆运动的有效分力，而 $\boldsymbol{F}$ 沿从动摇杆 CD 方向上的分力 $F_n=F\sin\alpha$，只能增加铰链中的约束反力。α 越小，有效分力 F_t 越大，机构的传力性能越好。所以，压力角可作为判断机构传力性能的一个标志。在实际应用中，为方便测量，常用压力角的余角 γ(连杆与摇杆之间所夹的锐角)判断传力性能，γ 称为传动角。因为 $\gamma=90°-\alpha$，故压力角越小，传动角越大，机构传力性能越好。

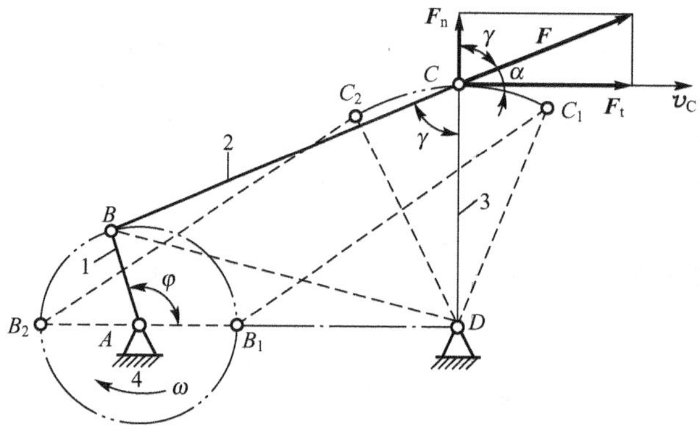

图 4.26 压力角和传动角

机构在运动过程中，传动角是变化的。为了保证从动件在整个工作行程内都有较好的传力性能，应限制传动角的最小值 γ_{min}，一般取 $\gamma_{min}\geqslant 40°$，对高速大功率机械则要求 $\gamma_{min}\geqslant 50°$。由图 4.26 可知，对曲柄摇杆机构，在曲柄与机架共线的两个位置处，$\triangle BCD$ 的 BD 边长达到最大(B_2D)和最小(B_1D)，此时 $\angle BCD$ 分别出现最大值($\angle B_2C_2D$)和最小值($\angle B_1C_1D$)。当 $\angle BCD$ 为锐角时，$\gamma=\angle BCD$；当 $\angle BCD$ 为钝角时，$\gamma=180°-\angle BCD$。因而，$\angle BCD$ 的最大值也可能对应着 γ_{min}。比较两个位置处的传动角 γ，其中较小者就是该机构的最小传动角 γ_{min}。图 4.26 所示的机构的最小传动角出现在曲柄位于 AB_1 处，即 $\angle B_1C_1D=\gamma_{min}$。

由图 4.18 可见，摆动导杆机构的传动角始终等于 90°，具有很好的传力性能。

4.3.4 死点位置

在图 4.27 所示的曲柄摇杆机构中，设摇杆 CD 为主动件，则当机构处于图示两个位置之一时，连杆 BC 与从动曲柄 AB 共线，出现了传动角 $\gamma=0°$ 的情况。这时主动件 CD 通过连杆作用于从动件 AB 上的力恰好通过其回转中心 A。因此，无论该力有多大，也不能推动曲柄 AB 转动。机构的这种位置称为死点位置。

从传动的角度来看，机构中存在死点是不利的，因为这时从动件会出现卡死或运动不确定现象(如缝纫机踏不动或倒车)。为克服死点位置对机构传动的不利影响，使机构顺利通过死点位置的方法与机构通过转折点的方法相同。

在工程中，也常利用死点位置实现机械工作的特定要求。如图 4.28 所示的夹紧机构，当工件被夹紧后，B、C、D 成一直线，机构在工件夹紧力 R 作用下处于的死点位置，去

掉操纵力 $\boldsymbol{F}$，仍能可靠地夹紧。

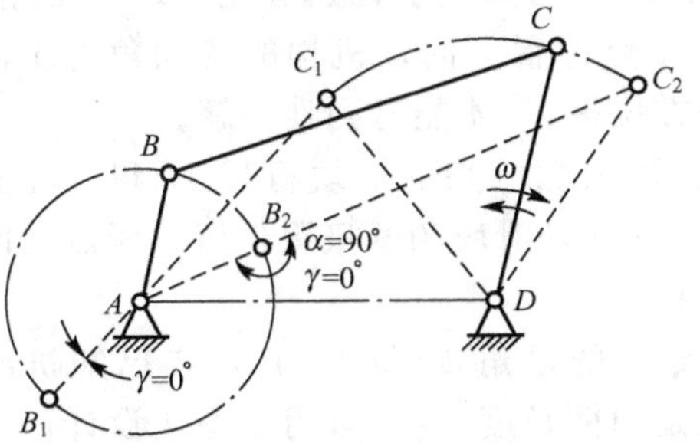

图 4.27　死点位置

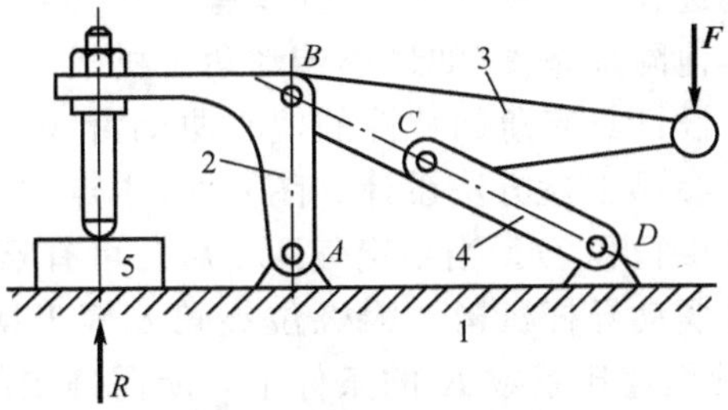

图 4.28　死点位置的应用

［思考题 4.4］　双摇杆机构有无死点位置？双曲柄机构有无死点位置？

4.4　平面四杆机构的设计

平面四杆机构的设计主要是根据给定的使用要求，选择机构的类型，确定机构的尺寸参数。平面四杆机构应用广泛，使用要求也多种多样，一般可归结为两类：①按给定的运动规律(如急回特性、对应位置等)设计；②按给定的运动轨迹设计。

铰链四杆机构的设计方法有图解法、解析法和实验法。下面应用图解法或实验法设计平面四杆机构。

4.4.1　按给定的行程速比系数 K 设计四杆机构

在设计曲柄摇杆机构时，一般都是根据机器的空间尺寸选定摇杆的长度 l_{CD} 和摆角 ψ，按给定的行程速比系数 K 设计其余杆的长度。设计步骤如下：

(1) 求极位夹角 θ。

$$\theta=180^\circ\frac{K-1}{K+1}$$

(2) 任选定固定铰链 D 的位置，根据摇杆的长度 l_{CD} 和摆角 ψ，作出摇杆的两极限位置 C_1D、C_2D，如图 4.29 所示。

(3) 连接 C_1 和 C_2，垂直于 C_1C_2 作 C_1N；作 $\angle C_1C_2M=90^\circ-\theta$，则 C_1N 与 C_2M 交于点 P。由三角形的内角之和等于 180°可知，$\angle C_1PC_2=\theta$。

(4) 作$\triangle C_1C_2P$ 的外接圆，在圆上任取一点 A，并连线 AC_1、AC_2，则$\angle C_1AC_2=\theta$。

(5) 因 AC_1、AC_2 分别是曲柄与连杆重叠、拉直共线的位置，即 $l_{AB}+l_{BC}=AC_2$，$l_{BC}-l_{AB}=AC_1$。所以，曲柄长度 $l_{AB}=(AC_2-AC_1)/2$，连杆长度 $l_{BC}=(AC_2+AC_1)/2$，机架长度 $l_{AD}=AD$。

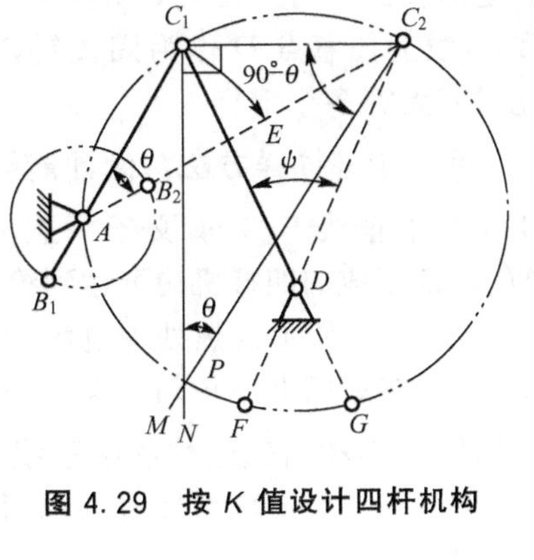

图 4.29　按 K 值设计四杆机构

作图时，可以直接以 A 为圆心，AC_1 为半径作弧，

交于 AC_2 于 E 点，则 $l_{AB}=EC_2/2$。

设计时，根据机器的总体布置，可在 C_1F 和 C_2G 两弧段上任选固定铰链 A 的位置(A 点不要选在 FG 弧段上)，所以有无穷多组解。A 点位置不同，机构的传动角也不同。如给出其他附加条件(如最小传动角、机架 AD 的方位等)，才能得到唯一解。

若设计具有急回特性的偏心曲柄滑块机构，可根据已知的滑块行程 H 和行程速比系数 K，参照上述方法设计。图 4.30 中点 C_1、C_2 分别是滑块的两极限位置，两点之间的距离为滑块行程 H。当给定偏距 e 后，可有唯一解。

对摆动导杆机构，因极位夹角 θ 等于摆动导杆的摆角 ψ(图 4.31)，在已知机架长度 l_{AD}和行程速比系数 K 的条件下，所需确定的仅是曲柄长度 l_{AC}，可用作图法设计，也可直接计算求出：$l_{AC}=l_{AD}\sin(\theta/2)$。

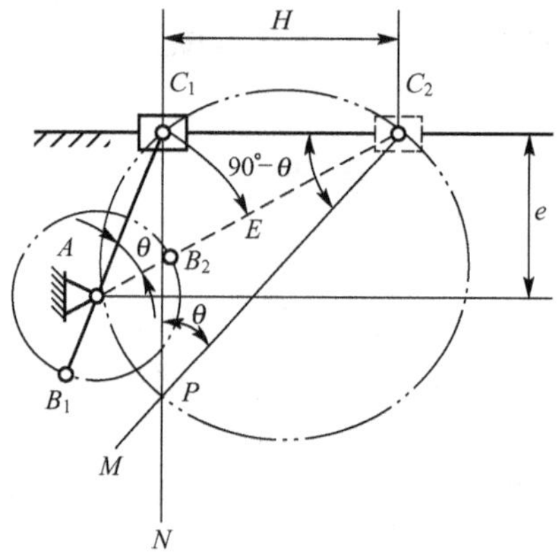

图 4.30　按 K 值设计偏心曲柄滑块机构

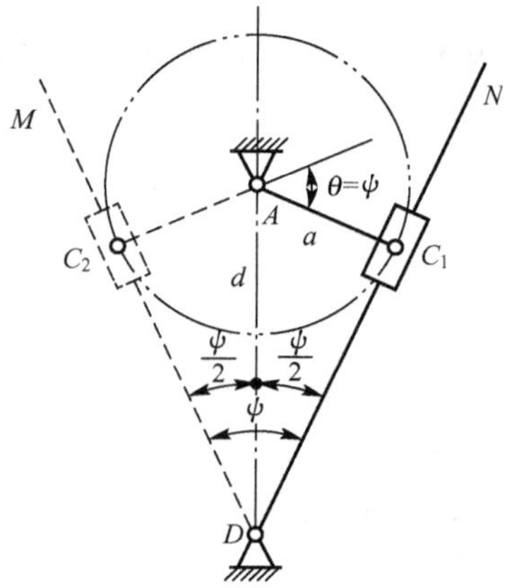

图 4.31　按 K 值设计摆动导杆机构

4.4.2　按给定的连杆位置设计四杆机构

如图 4.32 所示，已知连杆 BC 在工作时要达到的两个位置 B_1C_1 和 B_2C_2，设计满足这项工作要求的四杆机构。

根据前面对铰链四杆机构的认识可知，机构中活动铰链 B、C 两点的轨迹是两个圆弧，两个圆弧的中心就是固定铰链点 A、D 的位置。现在是已知每个圆弧上的两个点，要确定圆弧的中心。因此，分别作$\overline{B_1B_2}$和$\overline{C_1C_2}$连线的中垂线 b_{12} 和 c_{12}，以 b_{12} 线上任意点 A 和 c_{12} 线上任意点 D 作为固铰链点，机构 AB_1C_1D 即可达到给定的连杆另一位置。显然，此时有无穷多个解。

可用上述同样方法，设计能够实现连杆 BC 三个预定位置的四杆机构。分别作$\overline{B_1B_2}$和$\overline{B_2B_3}$的中垂线 b_{12}、b_{23} 交于一点 A，再作$\overline{C_1C_2}$和$\overline{C_2C_3}$的中垂线 c_{12}、c_{23} 交于一点 D，则由 AB_1C_1D 组成的四杆机构可达到给定的连杆另外两个位置。显然，三点定圆心，是唯一解。

图 4.33 所示为热处理电炉炉门开关机构，固定铰链点 A、D 装在炉箱上，活动铰链 B、C 装在炉门上，炉门的关门位置是 AB_1C_1D，开门位置是 AB_2C_2D。按上述设计方法，分别作$\overline{B_1B_2}$和$\overline{C_1C_2}$连线的中垂线 b_{12} 和 c_{12}，结合电炉的布置尺寸和结构，在 b_{12} 线上选 A 点，在 c_{12} 线上选 D 点即可。用简单的四杆机构，实现了开门后热面朝下，方便热处理件的装取。

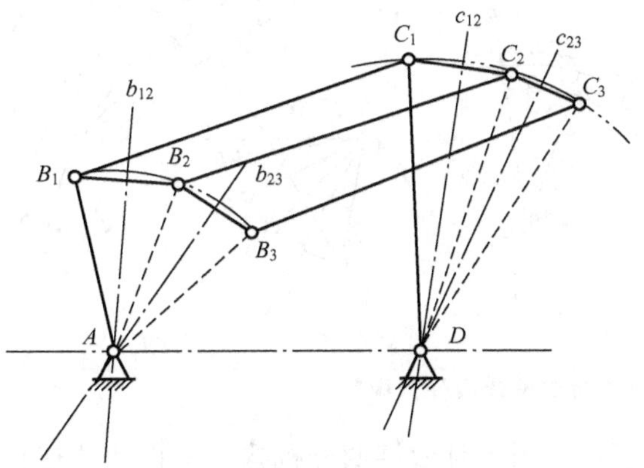

图 4.32 按给定连杆位置设计四杆机构

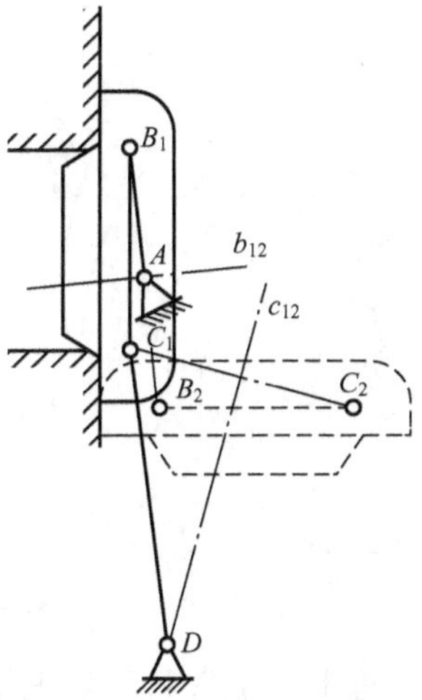

图 4.33 炉门开关机构

4.4.3 实验法设计四杆机构

如图 4.34 所示，已知两连架杆 1 和连架杆 3 的四对对应转角 φ_{12}、φ_{23}、φ_{34}、φ_{45} 和 ψ_{12}、ψ_{23}、ψ_{34}、ψ_{45}，试用实验法近似实现满足这一要求的四杆机构。

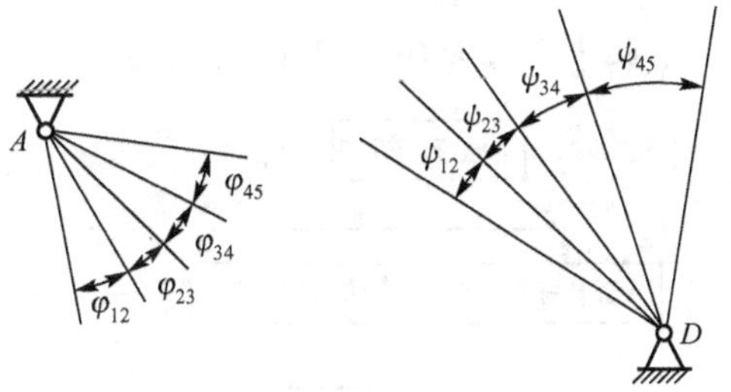

图 4.34 给定连架杆四对位置

(1) 如图 4.35(a)所示，在图纸上任取一点 A 作为连架杆 1 的转动中心，并任选 AB_1 作为连架杆 1 的长度 l_1，根据给定的 φ_{12}、φ_{23}、φ_{34} 和 φ_{45} 作出 AB_2、AB_3、AB_4 和 AB_5。

(2) 选取连杆 2 的合适长度 l_2，以 B_1、B_2、B_3、B_4 和 B_5 各点为圆心，以 l_2 为半径作圆弧 K_1、K_2、K_3、K_4 和 K_5。

(3) 如图 4.35(b)所示，在透明纸上选定一点 D 作为连架杆 3 的转动中心，并任选 Dd_1 作为连架杆 3 的第一位置，根据给定的 ψ_{12}、ψ_{23}、ψ_{34} 和 ψ_{45} 作出 Dd_2、Dd_3、Dd_4 和 Dd_5。再以点 D 为圆心，以连架杆 3 可能的不同长度为半径作一系列同心圆弧。

(4) 将画在透明纸上的图 4.35(b)覆盖在图 4.35(a)上进行试凑，如图 4.35(c)所示，使圆弧 K_1、K_2、K_3、K_4、K_5 分别与连架杆 3 的对应位置 Dd_1、Dd_2、Dd_3、Dd_4 和 Dd_5 的交点 C_1、C_2、C_3、C_4、C_5 位于(或近似位于)以 D 为圆心的某一同心圆周上，则图形 AB_1C_1D 即为所要求的四杆机构。

若移动透明纸，不能使交点 C_1、C_2、C_3、C_4、C_5 落在同一圆弧上，则需要改变连杆 2 的长度，然后重复以上步骤，直到这些交点正好落在或近似落在透明纸的同一圆弧上。

上述方法求出的图形 AB_1C_1D 只表达所求机构各杆的相对长度。各杆的实际尺寸只要与 AB_1C_1D 保持同样的比例，都能满足设计要求。

这种几何实验法方便、实用，并相当精确，在机械设计中被广泛使用。这种方法同样适用于曲柄滑块机构的设计。

四杆机构运动时，连杆做平面复杂运动，连杆上每一点都描出一条封闭曲线——连杆

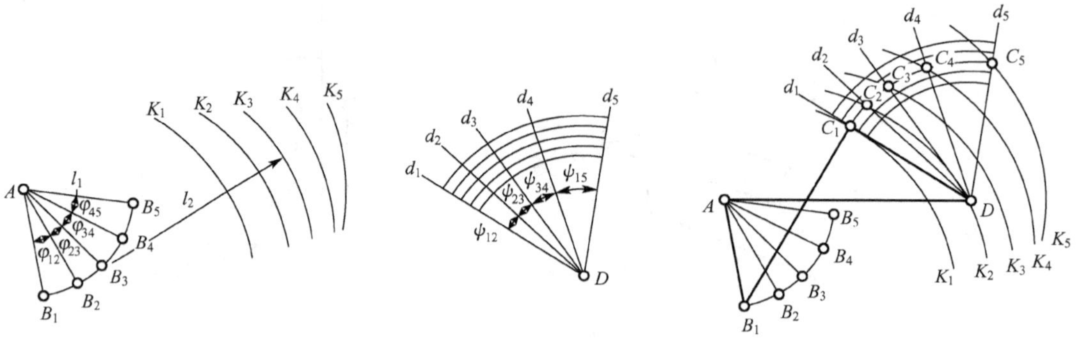

(a)　(b)　(c)

图 4.35　几何实验法设计四杆机构

曲线。在工程上，常常利用事先编就的连杆曲线谱设计铰链四杆机构，所设计的连杆机构能近似地实现按照给定的运动轨迹进行工作的要求。

小　　结

1. 内容归纳

本章内容归纳如图 4.36 所示。

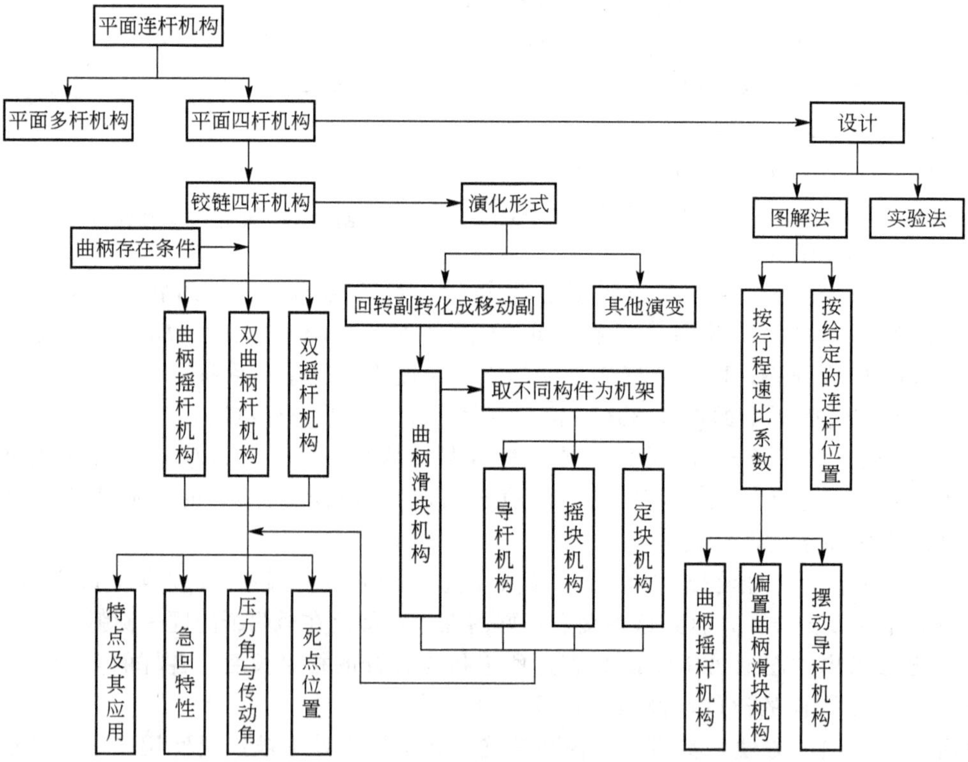

图 4.36　本章内容归纳

2. 重点和难点

重点：①平面四杆机构的基本类型；②平面四杆机构的基本特性；③平面四杆机构的设计。

难点：①平面四杆机构的演化；②图解法设计平面四杆机构。

习　题

一、单项选择题

4.1 对于曲柄摇杆机构，当______时，机构处于死点位置。

A. 曲柄为原动件、曲柄与机架共线　　B. 曲柄为原动件、曲柄与连杆共线

C. 摇杆为原动件、曲柄与机架共线　　D. 摇杆为原动件、曲柄与连杆共线

4.2 在曲柄摇杆机构中，当取曲柄为原动件时，______死点位置。

A. 有一个　　B. 没有　　C. 有两个　　D. 有三个

4.3 对于平面连杆机构，当______时，机构处于死点位置。

A. 传动角 $\gamma=0°$　　B. 传动角 $\gamma=90°$

C. 压力角 $\alpha=0°$　　D. 压力角 $\alpha=45°$

4.4 对于铰链四杆机构，当满足杆长之和的条件时，若取______为机架，将得到双曲柄机构。

A. 最短杆　　B. 与最短杆相对的构件

C. 最长杆　　D. 与最短杆相邻的构件

4.5 对于铰链四杆机构，当从动件的行程速比系数______时，机构必有急回特性。

A. $K>0$　　B. $K>1$　　C. $K<1$　　D. $K=1$

二、判断题

4.6 双摇杆机构一定存在整转副。　（　）

4.7 曲柄摇杆机构的极位夹角一定大于零。　（　）

4.8 平面四杆机构的压力角大小不仅与机构中主、从动件的选取有关，而且还随构件尺寸及机构所处位置的不同而变化。　（　）

4.9 对于双摇杆机构，最短构件与最长构件长度之和一定大于其余两构件长度之和。　（　）

4.10 摆动导杆机构一定存在急回特性。　（　）

三、简答题

4.11 死点在什么情况下出现？举例说明死点的危害以及死点在机械工程中的应用。

4.12 如何判断机构有无急回特性？$K=1$ 的铰链四杆机构的结构特征是什么？

四、计算题

4.13 根据图 4.37 所示的尺寸，判断各四杆机构的类型。

4.14 在图 4.38 所示铰链四杆机构中，已知：$l_{BC}=50\text{mm}$，$l_{CD}=35\text{mm}$，$l_{AD}=$

30mm，AD 为机架。

（1）如果能成为曲柄摇杆机构，且 AB 是曲柄，求 l_{AB}的极限值；

（2）如果能成为双曲柄机构，求 l_{AB}的取值范围；

（3）如果能成为双摇杆机构，求 l_{AB}的取值范围。

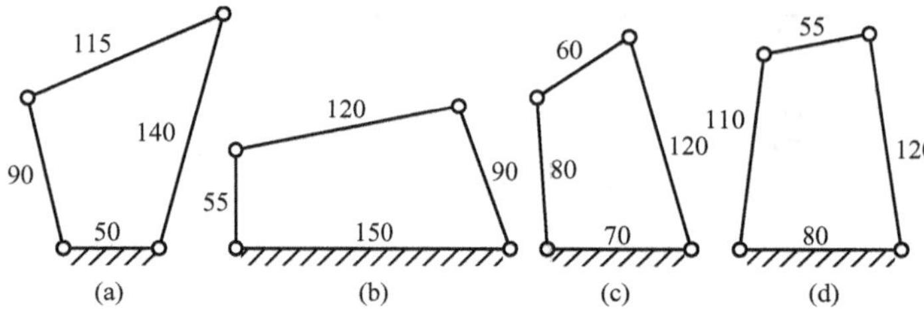

图 4.37　题 4.13 图

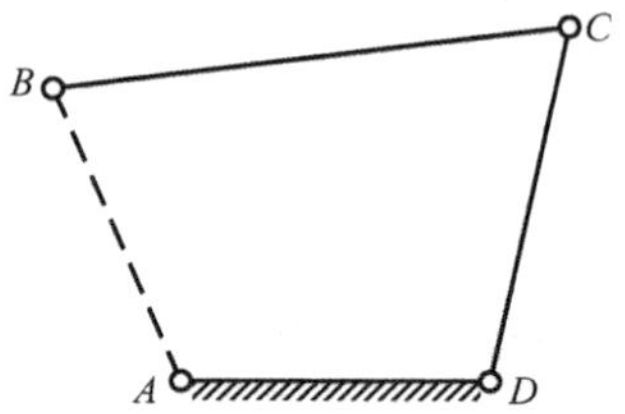

图 4.38　题 4.14 图

五、作图设计题

4.15　如图 4.39 所示的偏置曲柄滑块机构，试求：

（1）画出机构的极位，标出极位夹角；

（2）标出图示位置滑块的压力角 α、传动角 γ，画出最小传动角 γ_{min}出现的位置。

4.16　试用图解法设计一曲柄摇杆机构，已知摇杆长度 $l_{CD}=80mm$，摆角 $\psi=30°$，行程速比系数 $K=1.4$，机架长度 $l_{AD}=60mm$。

4.17　如图 4.40 所示的偏置曲柄滑块机构，已知滑抉的行程 $H=60mm$，机构的行程速比系数 $K=1.4$，偏距 $e=20mm$。试用图解法设计曲柄和连杆的长度。

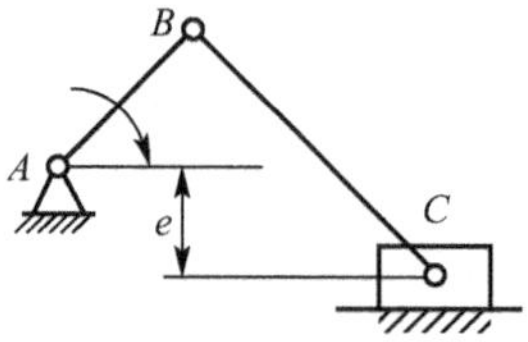

图 4.39　题 4.15 图

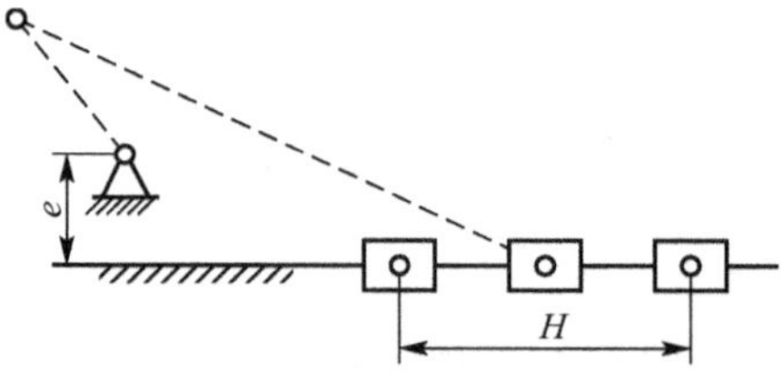

图 4.40　题 4.17 图

4.18　设计图 4.28 所示的夹紧工件的铰链四杆机构。已知连杆长度 $l_{BC}=40mm$，连杆的两个位置如图 4.41 所示，放松工件时 B_1C_1 处于水平位置，夹紧工件时 B_2C_2 机构处于死点位置，此时要求连架杆 AB 处于铅垂位置。

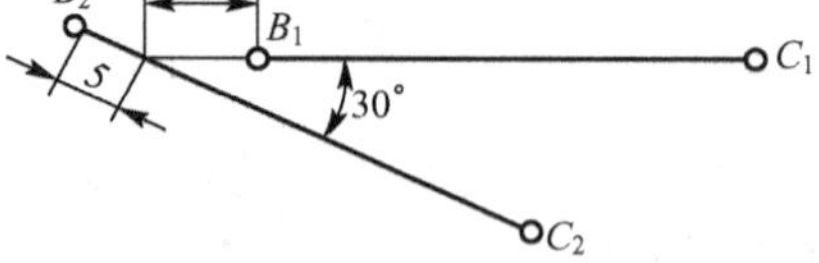

图 4.41　题 4.18 图

第5章 凸轮机构

本章教学要点

知识要点	掌握程度	相关知识
凸轮机构的应用和分类	了解凸轮机构的应用； 掌握凸轮机构的分类及特点	高副机构，各种凸轮的形状，各种不同从动件凸轮，从动件的运动形式
从动件的常用运动规律	熟悉从动件运动线图； 熟悉常用从动件运动规律	等速运动线图； 等加速等减速运动线图； 简谐运动线图； 摆线运动线图
图解法设计凸轮轮廓	掌握图解法设计凸轮轮廓	反转法原理； 直动从动件盘形凸轮轮廓； 摆动从动件盘形凸轮轮廓
凸轮设计中的几个问题	了解凸轮设计中的几个问题	压力角； 基圆半径； 滚子半径

导入案例

机械凸轮(图 5.1)是实物，利用凸轮的转动来实现顶杆的上下位移(或角位移)。电子凸轮(图 5.2)是模拟机械凸轮的一种智能控制器，它通过位置传感器(如旋转变压器或编码器等)将位置信息反馈给 CPU，CPU 将接收到的位置信号进行解码、运算处理，并按设定要求在指定位置将电平信号进行设置并输出。

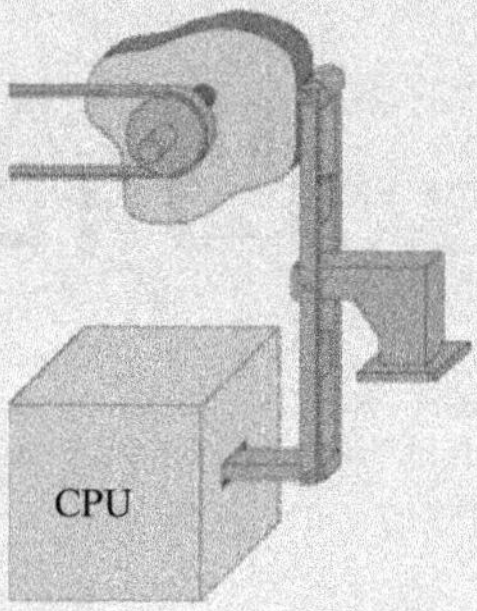

图 5.1　机械凸轮

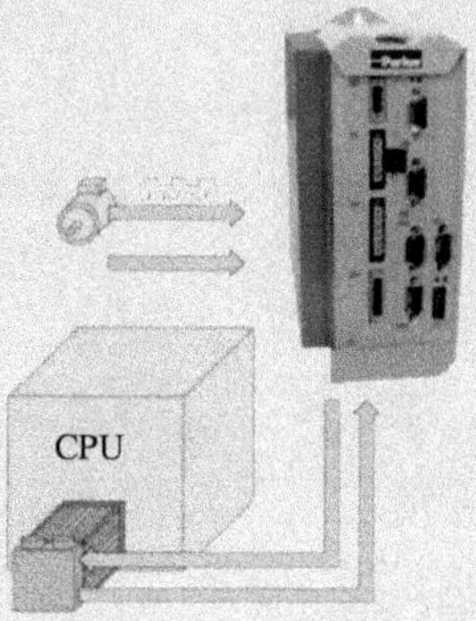

图 5.2　电子凸轮

电子凸轮可以应用在汽车制造、冶金、机械加工、纺织、印刷、食品包装、水利水电等各个领域。

相比较机械凸轮其优势为：凸轮轮廓易于改变；成本低廉；噪声小；占空间小；效率和稳定性高。

5.1　凸轮机构的应用和分类

5.1.1　凸轮机构的应用

凸轮机构是机械中的一种常用机构，在自动化和半自动化机械中得到广泛应用。它是一种由凸轮、从动件和机架组成的高副机构。其中凸轮是一个具有曲线轮廓或凹槽的构件，它运动时，通过高副接触可以使从动件获得连续或不连续的任意预期往复运动。

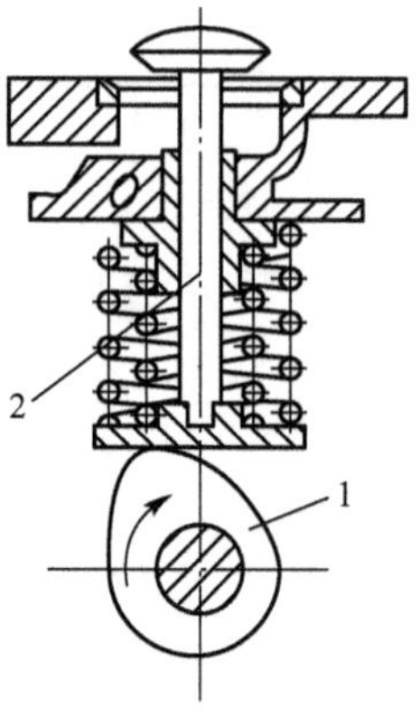

图 5.3　内燃机配气凸轮机构

1—凸轮；2—气阀

图 5.3 所示为内燃机(图 1.2)配气凸轮机构，当具有一定曲线轮廓的凸轮 1 以等角速度转动时，其轮廓迫使从动件 2(气阀)按预期运动规律往复移动，适时地开启或关闭进、排气阀门。

图 5.4 所示为绕线机中用于排线的凸轮机构。当绕线轴 3 快速转动时，经齿轮带动凸轮 1 缓慢地转动，通过凸轮轮廓与尖底 A 之间的作用，驱使从动件 2 往复摆动，因而使线均匀地缠绕在绕线轴上。

图 5.5 所示为靠模车削凸轮机构。当工件 1 转动时，靠模板 3 和工件 1 一起向右移动，借助靠模板曲线轮廓的变化，使刀架 2 带动车刀按一定规律移动，从而车削出与靠模表面轮廓相同的手柄。

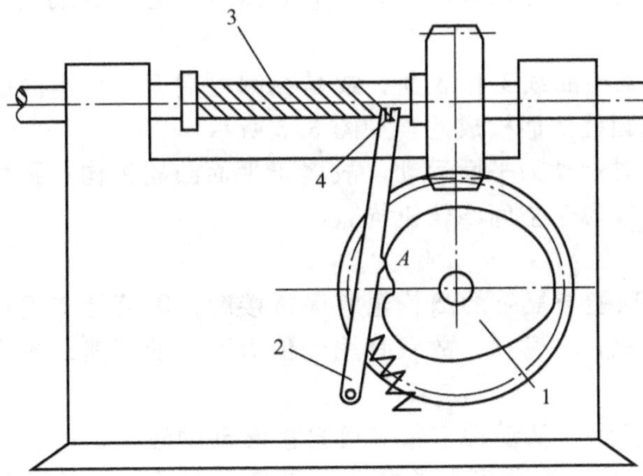

图 5.4 绕线机的凸轮机构

1—凸轮；2—从动件；3—绕线轴；4—线

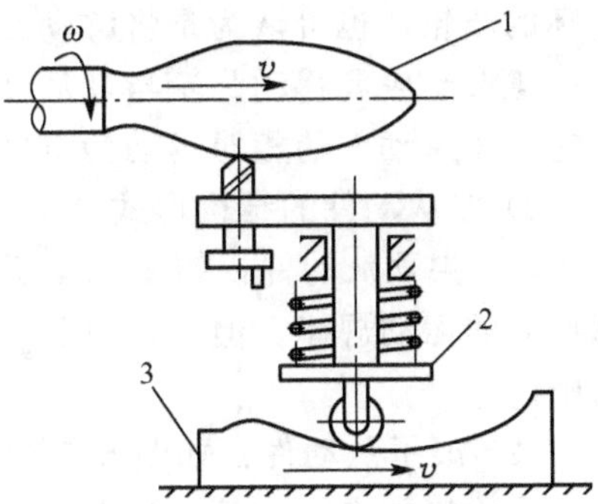

图 5.5 靠模车削凸轮机构

1—工件；2—刀架；3—靠模板

图 5.6 所示为专用车床的凸轮控制机构。在凸轮轴上装有两个圆柱凸轮 1、2 和一个盘形凸轮 3。当凸轮轴 4 转动时，通过与这三个凸轮接触的从动件分别控制原材料 8、钻头 9 和刀架 10 的运动状态，实现自动送料、车端面、割槽、钻孔和割断等加工工序，完成零件的自动切削加工。

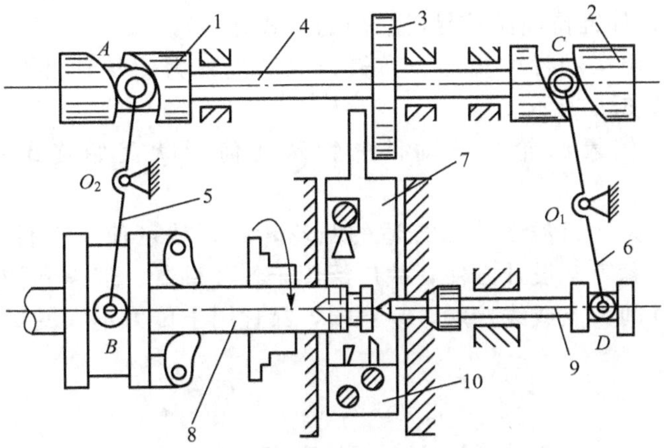

图 5.6 专用车床的凸轮控制机构

1，2—圆柱凸轮；3—盘形凸轮；4—凸轮轴；5，6，7—从动件；

8—原材料；9—钻头；10—刀架

5.1.2 凸轮机构的分类

凸轮机构的类型繁多，从不同角度出发可进行如下分类。

1）按凸轮的形状分

（1）盘形凸轮：这种凸轮是一个绕固定轴线转动并且具有变化向径的盘形零件，如图 5.3 和图 5.4 所示。这是凸轮最基本的形式。

（2）移动凸轮：这种凸轮相对于机架做往复直线移动，如图 5.5 所示。它可看成是轴心在无穷远处的盘形凸轮。

（3）圆柱凸轮：这是在圆柱表面上加工出曲线工作表面，或是在圆柱端面上作出曲线轮廓的凸轮，也可认为是将移动凸轮卷成圆柱体而构成的，如图 5.6 所示。

盘形凸轮和移动凸轮与其从动件的相对运动为平面运动，故属于平面凸轮机构；圆柱凸轮与其从动件的相对运动为空间运动，故属于空间凸轮机构。

2）按从动件的结构形式分

（1）尖顶从动件：如图 5.4 所示，尖顶能与复杂的凸轮轮廓保持接触，因而能实现任意预期的运动规律。但尖顶与凸轮是点接触，易磨损，故只宜用于传力不大的低速凸轮机构中。

（2）滚子从动件：如图 5.5 和图 5.6 所示。从动件上带有可自由转动的滚子，由于滚子和凸轮轮廓之间为滚动摩擦，耐磨损，可以承受较大的载荷，是最常用的一种从动件形式。

（3）平底从动件：如图 5.3 所示。从动件与凸轮轮廓表面接触的端面为一平面，这种凸轮机构的传力性能好，且速度较高时，接触面间易于形成油膜，有利于润滑，常用于高速凸轮机构中。但这种从动件不能与内凹的凸轮轮廓相接触。

3）按从动件的运动形式分

（1）直动从动件：从动件相对于机架做往复直线运动，如图 5.3 和图 5.5 所示。

（2）摆动从动件：从动件相对于机架做往复摆动，如图 5.4 和图 5.6 所示。

4）按凸轮与从动件维持高副接触(锁合)的方式分

（1）力锁合：利用从动件的重力、弹簧力或其他外力使从动件和凸轮保持接触，如图 5.3 、图 5.4 和图 5.5 所示。

（2）几何锁合：依靠凸轮与从动件的特殊几何形状而始终维持接触，如图 5.6 所示。

凸轮机构的优点是：只需设计出合适的凸轮轮廓，就可使从动件获得所需的运动规律，并且结构简单、紧凑、设计方便，故广泛用于各种机器、仪表和控制装置中。它的缺点是：凸轮与从动件间为点或线接触，易磨损，只宜用于传力不大的场合；凸轮轮廓加工较困难。

5.2 从动件的常用运动规律

5.2.1 凸轮运动规律简述

在凸轮机构中，从动件的运动通常就是凸轮机构的输出运动，其规律与特性会直接影响到整个凸轮机构的运动学、动力学、精度、冲击、振动和噪声等特性，而且凸轮的轮廓曲线形状也取决于从动件的运动规律。

从动件的运动规律是指其运动参数(位移 s、速度 v 和加速度 a)随时间 t 变化的规律，常用运动线图来表示。因凸轮一般做匀速转动，其转角 δ 与时间 t 成正比($\delta=\omega t$)，此时从动件的运动规律也可用从动件的运动参数随凸轮转角的变化规律来表示，即 $s=s(\delta)$，$v=v(\delta)$，$a=a(\delta)$。

现以对心移动尖顶从动件盘形凸轮机构为例进行运动分析。如图 5.7(a)所示，凸轮轮廓由非圆弧曲线 AB、CD 及圆弧曲线 BC 和 DA 组成。以凸轮轮廓曲线的最小向径 r_0 为半径所作的圆称为凸轮的基圆，r_0 称为基圆半径。当尖顶与凸轮轮廓上的点 A 接触时，从动件处于上升的起始位置。当凸轮以等角速度 ω_1 顺时针方向转过角度 δ_t 时，向径渐增的轮廓 AB 将从动件以一定的运动规律由离凸轮轴心 O 最近的位置 A 推到离凸轮轴心 O 最远的位置 B'，这个过程称为推程，这时从动件移动的距离 h 称为升程，对应的凸轮转角 δ_t 称为推程运动角。当凸轮继续转动 δ_s 时，凸轮轮廓 BC 段向径不变，此时从动件处于最远位置停留不动，相应的凸轮转角 δ_s 称为远休止角。当凸轮继续转动 δ_h 时，凸轮轮廓 CD 段的向径逐渐减小，从动件在重力或弹簧力的作用下，以一定的运动规律回到起始位置，这个过程称为回程，即回程是从动件移向凸轮轴心的行程。对应的凸轮转角 δ_h 称为回程运动角。当凸轮继续转动 δ_s' 时，凸轮轮廓 DA 段的向径不变，此时从动件在最近位置停留不动，相应的凸轮转角 δ_s' 称为近休止角。在凸轮的一个运动周期中，远休止和近休止过程根据机构的实际要求可有可无，但推程和回程是必不可少的。

当凸轮再继续转动时，从动件重复上述运动循环。此时若以直角坐标系的纵坐标代表从动件位移 s_2，横坐标代表凸轮的转角 δ，则可画出从动件位移 s_2 与凸轮转角 δ 之间的关系线图，如图 5.7(b)所示，这种曲线称为从动件位移曲线，也可用它来描述从动件的运动规律。由上述分析可知，从动件位移曲线取决于凸轮轮廓曲线的形状。反之，要设计凸轮的轮廓曲线，则必须首先知道从动件的运动规律。

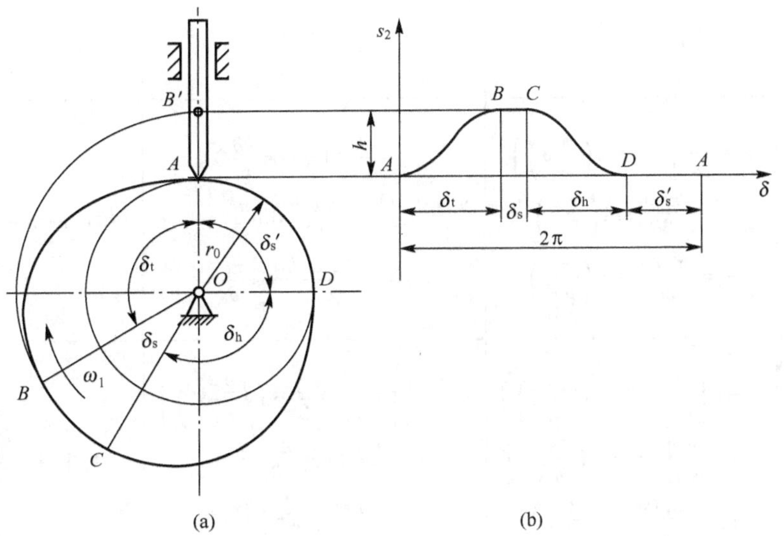

图 5.7　凸轮运动分析

[思考题 5.1]　凸轮机构的一个运动周期通常可分解为哪几个运动过程?

5.2.2 从动件的常用运动规律

从动件的运动规律有很多种，常用的运动规律有等速运动规律、等加速等减速运动规律、余弦加速度运动规律、正弦加速度运动规律等。它们的运动线图如图 5.8 所示，运动方程见表 5-1。

表 5-1 凸轮运动分析

运动规律	推程($0^\circ\leqslant\delta\leqslant\delta_t$)	回程($0^\circ\leqslant\delta'\leqslant\delta_h$)	冲击性质	适用范围
等速运动	$s_2=\frac{h}{\delta_t}\delta$ $v_2=\frac{h}{\delta_t}\omega_1$ $a_2=0$	$s_2=h\left(1-\frac{\delta'}{\delta_h}\right)$ $v_2=-\frac{h}{\delta_h}\omega_1$ $a_2=0$	刚性冲击	低速轻载
等加速等减速运动	$0^\circ\leqslant\delta\leqslant\delta_t/2$ $s_2=\frac{2h}{\delta_t^2}\delta^2$ $v_2=\frac{4h\omega_1}{\delta_t^{2}}\delta$ $a_2=\frac{4h\omega_1^2}{\delta_t^2}$	$0^\circ\leqslant\delta'\leqslant\delta_h/2$ $s_2=h\left(1-\frac{2\delta'^2}{\delta_h^2}\right)$ $v_2=-\frac{4h\omega_1}{\delta_h^2}\delta'$ $a_2=-\frac{4h\omega_1^2}{\delta_h^2}$	柔性冲击	中速轻载
	$\delta_t/2<\delta\leqslant\delta_t$ $s_2=h-\frac{2(\delta-\delta_t)^2}{\delta_t^2}h$ $v_2=\frac{4h\omega_1(\delta-\delta_t)}{\delta_t^2}$ $a_2=-\frac{4h\omega_1^2}{\delta_t^2}$	$\delta_h/2<\delta\leqslant\delta_h$ $s_2=\frac{2h(\delta_h-\delta')^2}{\delta_h^2}$ $v_2=-\frac{4h\omega_1(\delta_h-\delta')}{\delta_h^2}$ $a_2=\frac{4h\omega_1^2}{\delta_h^2}$		
余弦加速度运动(简谐运动)	$s_2=\frac{h}{2}\left[1-\cos\left(\frac{\pi}{\delta_t}\delta\right)\right]$ $v_2=\frac{\pi h\omega_1}{2\delta_t}\sin\left(\frac{\pi}{\delta_t}\delta\right)$ $a_2=\frac{\pi^2h\omega_1^2}{2\delta_t^2}\cos\left(\frac{\pi}{\delta_t}\delta\right)$	$s_2=\frac{h}{2}(1+\cos\frac{\pi\delta'}{\delta_h})$ $v_2=-\frac{\pi\omega_1h}{2\delta_h}\sin\frac{\pi\delta'}{\delta_h}$ $a_2=-\frac{\pi^2\omega_1^2h}{2\delta_h^{2}}\cos\frac{\pi\delta'}{\delta_h}$	柔性冲击	中低速中载或重载
正弦加速度运动(摆线运动)	$s_2=h\left[\frac{\delta}{\delta_t}-\frac{1}{2\pi}\sin\left(\frac{2\pi}{\delta_t}\delta\right)\right]$ $v_2=\frac{h\omega_1}{\delta_t}\left[1-\cos\left(\frac{2\pi}{\delta_t}\delta\right)\right]$ $a_2=\frac{2\pi h\omega_1^2}{\delta_t^2}\sin\left(\frac{2\pi}{\delta_t}\delta\right)$	$s_2=h\left[1-\frac{\delta'}{\delta_h}+\frac{1}{2\pi}\sin\left(\frac{2\pi}{\delta_h}\delta'\right)\right]$ $v_2=\frac{h\omega_1}{\delta_h}\left(\cos\frac{2\pi\delta'}{\delta_h}-1\right)$ $a_2=-\frac{2\pi h\omega_1^2}{\delta_h^2}\sin\left(\frac{2\pi}{\delta_h}\delta'\right)$	无冲击	中高速重载

由图 5.8 的运动线图可知，从动件做等速运动(图 5.8(a))时，在行程开始和终止的两个位置，速度发生突变，因此在理论上有无穷大的加速度，要产生无穷大的惯性力，使机

构产生强烈的“刚性冲击”现象，故等速运动规律只能用于低速轻载的场合；从动件做等加速等减速运动(图 5.8(b))时，在加速度线图上的 A、B、C 三点发生加速度的有限突变，使机构产生有限的“柔性冲击”，因此这种运动规律可用于中速轻载场合；从动件按余弦加速度规律运动(图 5.8(c))时，在行程开始和终止的两个位置，加速度也发生有限突变，导致机构产生“柔性冲击”，故这种运动规律可用于中速场合；从动件按正弦加速度规律运动(图 5.8(d))时，在整个行程中无速度和加速度的突变，不会使机构产生冲击，所以适用于高速场合。常用从动件运动规律的运动方程及其性质见表 5-1。

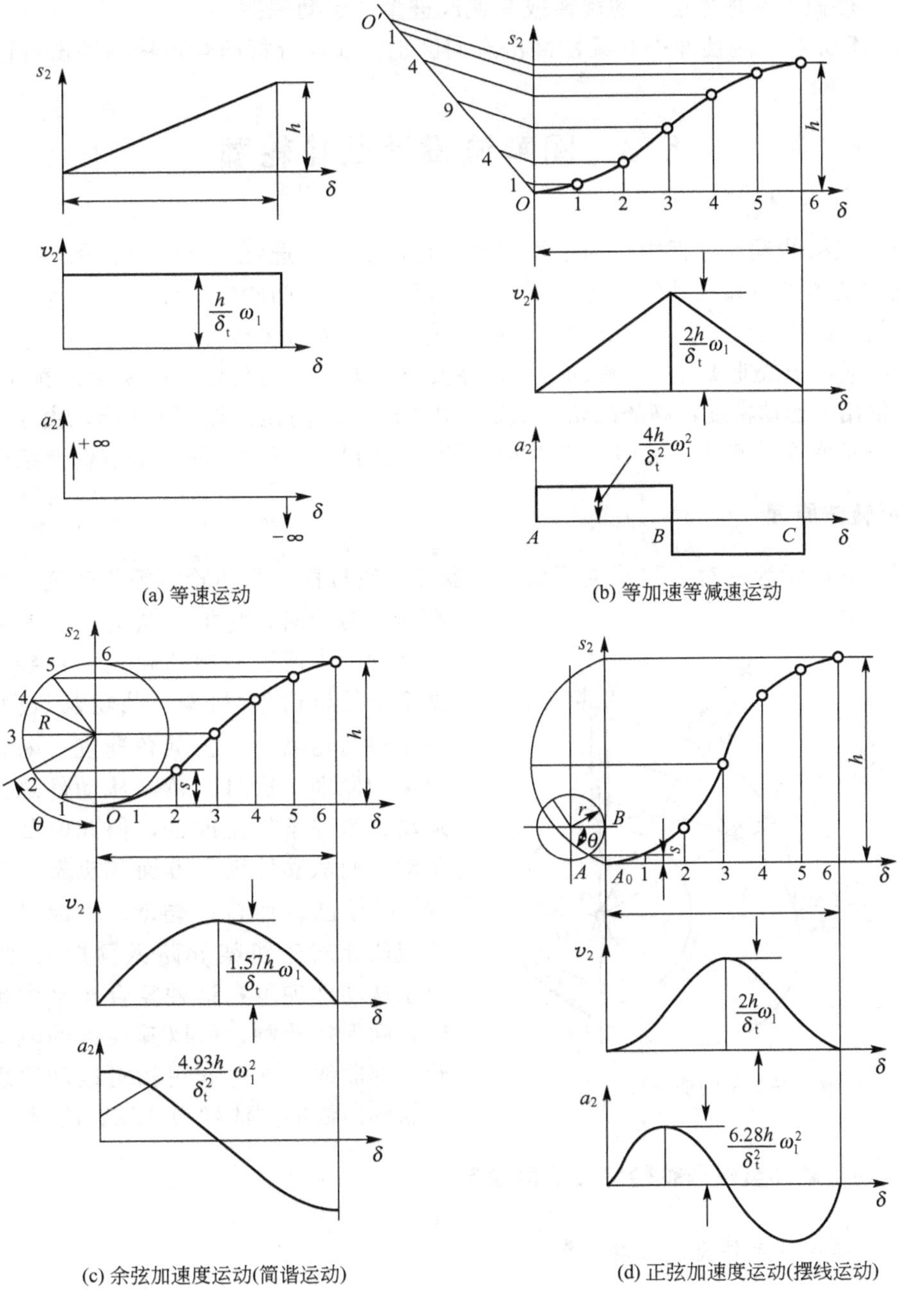

(a) 等速运动　(b) 等加速等减速运动

(c) 余弦加速度运动(简谐运动)　(d) 正弦加速度运动(摆线运动)

图 5.8　常用的从动件运动规律

应该指出，除了以上几种常用的从动件运动规律外，有时还要求从动件实现特定的运动规律，其动力性能的好坏及适用场合仍可参考上述方法进行分析。

在选择从动件的运动规律时，应根据机器工作时的运动要求来确定。例如，机床中控制刀架进刀的凸轮机构，要求刀架进刀时做等速运动，所以应选择从动件做等速运动的运动规律，至于行程始末端，可以通过拼接其他运动规律的曲线来消除冲击。对无一定运动要求，只需要从动件有一定位移量的凸轮机构，如夹紧、送料等凸轮机构，可只考虑加工方便，采用圆弧、直线等组成的凸轮轮廓。对于高速机构，应减小惯性力所造成的冲击，多选择从动件做正弦加速度运动规律或其他改进型的运动规律。

[思考题 5.2] 刚性冲击和柔性冲击有何区别？如何分析凸轮机构的冲击特性？

5.3 图解法设计凸轮轮廓

在凸轮机构的设计过程中，当根据工作条件的要求，选定了凸轮机构的型式、凸轮转向、凸轮的基圆半径和从动件的运动规律后，就可以进行凸轮轮廓曲线的设计。

凸轮轮廓曲线的设计方法有图解法和解析法。图解法简便易行，比较直观，但设计精度较低，一般适用于低速或对从动件的运动规律要求不太严格的凸轮机构设计。解析法设计精度较高，常用于运动精度较高的凸轮(如仪表中的凸轮或高速凸轮等)设计，由于其计算工作量较大，适宜在计算机上计算。但两种设计方法的基本原理相同，本节仅介绍图解法。

5.3.1 反转法原理

如图 5.9 所示为一对心移动尖顶从动件盘形凸轮机构，当凸轮以等角速度 ω_1 绕轴心 O 顺时针转动时，将推动从动件沿其导路做往复移动。为便于绘制凸轮轮廓曲线，设想给整个凸轮机构(含机架、凸轮及从动件)加上一个绕凸轮轴心的公共角速度 $-\omega_1$，根据相对运动原理，这时凸轮与从动件之间的相对运动关系并不发生改变，但此时凸轮将静止不动，而从动件则一方面和机架一起以角速度 $-\omega_1$ 绕凸轮轴心 O 转动，同时又以原有运动规律相对于机架导路做预期的往复运动。由于从动件尖顶在这种复合运动中始终与凸轮轮廓保持接触，所以其尖顶的轨迹就是凸轮轮廓曲线。这种利用相对运动原理设计凸轮轮廓曲线的方法称为“反转法”。

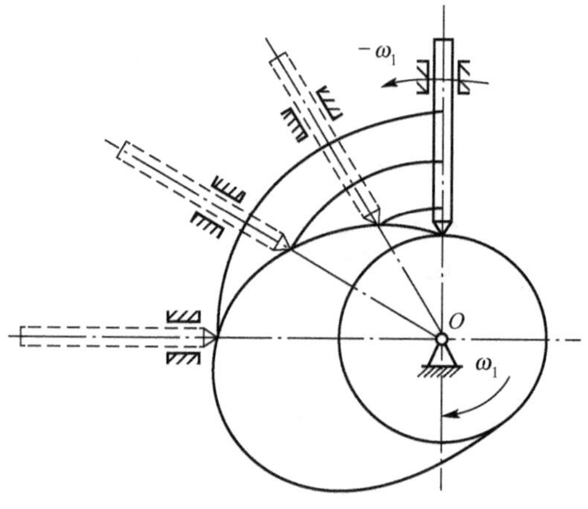

图 5.9 反转法原理

5.3.2 直动从动件盘形凸轮轮廓曲线的绘制

1. 直动尖顶从动件盘形凸轮

对心直动尖顶从动件盘形凸轮，已知凸轮以等角速度 ω_1 顺时针转动，凸轮基圆半径为

r_0，从动件的位移线图如图 5.10(a)所示。根据“反转法”，该凸轮轮廓曲线可按如下步骤作出：

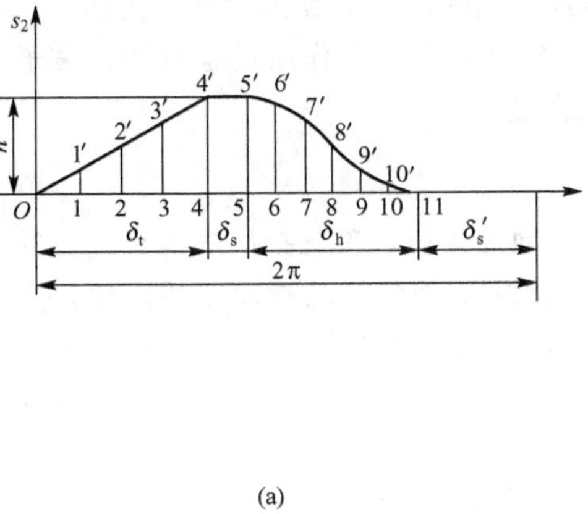

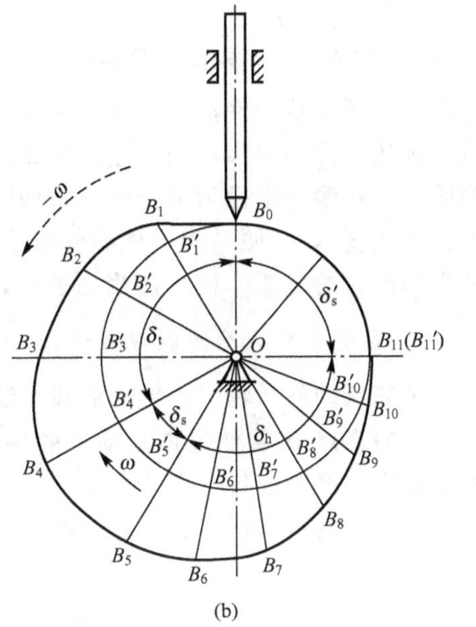

图 5.10　对心直动尖顶从动件盘形凸轮轮廓曲线绘制

(1) 根据已知从动件的运动规律(即位移线图)，选定适当比例尺 μ_s 作出位移曲线，并将横坐标分段等分，通过各等分点作横坐标的垂线并与位移曲线相交，即得相应凸轮各转角时从动件的位移 11′，22′，…，如图 5.10(a)所示。

(2) 以基圆半径 r_0 为半径按所选比例尺 μ_s 作出基圆，如图 5.10(b)所示。此基圆与从动件导路的交点 B_0 即为从动件的起始位置。

(3) 自 OB_0 沿 ω_1 的相反方向取角度 δ_t、δ_s、δ_h、δ_s'，并将它们各分成与图 5.10(a)对应的若干等份，得 B_1'，B_2'，B_3'，…各点。连接 OB_1'，OB_2'，OB_3'，…，并延长各径向线，它们便是反转后从动件导路线的各个位置。

(4) 在位移曲线中量取各个位移量，并取 $B_1'B_1=11'$、$B_2'B_2=22'$、$B_3'B_3=33'$、…，得反转后从动件尖顶的一系列位置 B_1，B_2，B_3，…。

(5) 将 B_0，B_1，B_2，…连成光滑的曲线，即是所要求的凸轮轮廓曲线，如图 5.10(b)所示。

对于偏置直动尖顶从动件盘形凸轮，其轮廓曲线的设计方法如图 5.11 所示。

由于从动件的导路与凸轮回转中心之间存在偏距 e，因此，在绘制凸轮轮廓曲线时，应以 O 点为圆心，画出偏距圆和基圆，以导路与基圆的交点作为从动件的起始位置，沿 $-\omega_1$ 方向将基圆分

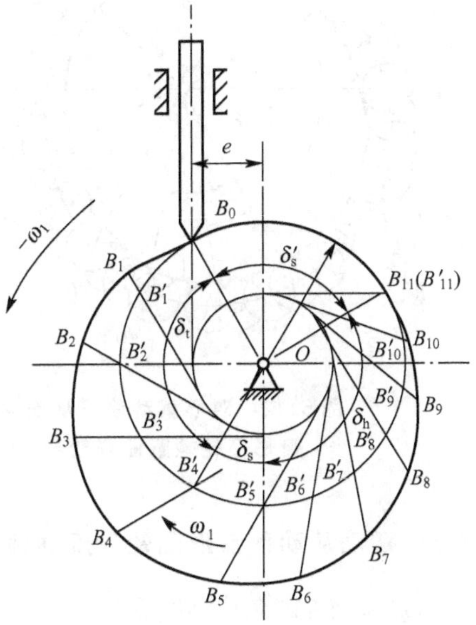

图 5.11　偏置直动尖顶从动件盘形凸轮轮廓曲线绘制

成与位移线图相应的等分点，再过这些等分点分别作偏距圆的切线，这就是反转后导路的一系列位置，其余的步骤均可参照对心直动尖顶从动件盘形凸轮轮廓曲线的绘制方法进行。

2. 直动滚子从动件盘形凸轮

直动滚子从动件盘形凸轮轮廓曲线的设计方法如图 5.12 所示。首先，把滚子中心看成尖顶从动件的尖顶，按上述方法先求得一条理论轮廓曲线 β_0；再以理论轮廓曲线上各点为圆心，以滚子半径为半径作一系列圆；最后作这些圆的内包络线 β(对于凹槽凸轮还应作外包络线 β')，它便是滚子从动件盘形凸轮的实际轮廓曲线。由作图过程可知，滚子从动件盘形凸轮的基圆半径 r_0 应当在理论轮廓曲线上度量。

3. 直动平底从动件盘形凸轮

平底从动件凸轮工作轮廓曲线的绘制与滚子从动件相仿，首先把平底与从动件的导路中心线的交点 B_0 看作尖顶从动件的尖顶，按照尖顶从动件凸轮轮廓曲线的画法，求出导路中心线与平底的各交点 B_1，B_2，B_3，…；其次，过以上各交点 B_1，B_2，B_3，…作一系列表示平底的直线；然后作此直线族的包络线，即得到该凸轮的工作轮廓曲线，如图 5.13 所示。

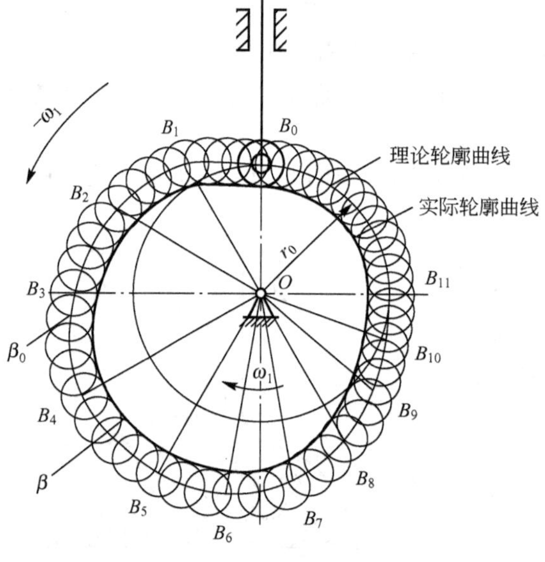

图 5.12 对心直动滚子从动件盘形凸轮轮廓曲线绘制

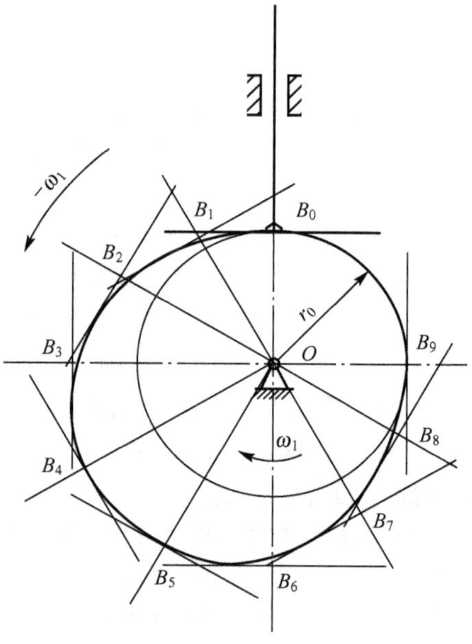

图 5.13 平底从动件盘形凸轮轮廓曲线绘制

5.3.3 摆动从动件盘形凸轮轮廓曲线的绘制

已知从动件的角位移线图(图 5.14(a))，凸轮与摆动从动件的中心距 l_{OA}、摆动从动件的长度 l_{AB}、凸轮的基圆半径 r_0，以及凸轮以等角速度 ω_1 顺时针方向回转，要求绘出此凸轮的轮廓曲线。用“反转法”原理绘制摆动尖顶从动件盘形凸轮轮廓曲线的步骤如图 5.14(b)所示。

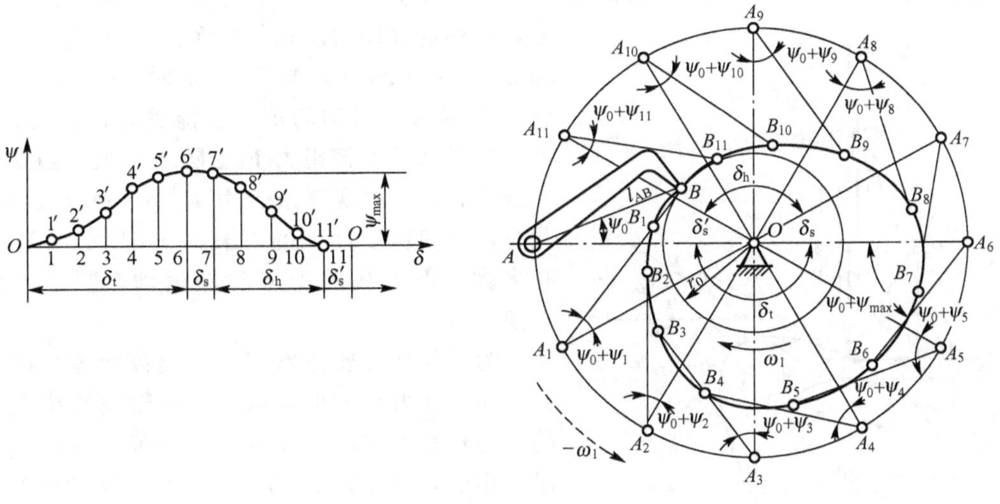

(a)　　　　(b)

图 5.14　摆动尖顶从动件盘形凸轮轮廓曲线绘制

(1) 根据 l_{OA}定出 O 点和 A 点的位置，以 O 点为圆心，以 r_0为半径作基圆，再以 A 点为中心，以 l_{AB}为半径作圆弧交基圆于 B 点，该点即为从动件尖顶的起始位置，ψ_0称为从动件的初位角。

(2) 以 O 点为圆心，以 OA 为半径画圆，并沿 $-\omega_1$ 的方向取角 δ_t、δ_s、δ_h、δ_s'，再将 δ_t、δ_h各分为与图 5.14(a)相对应的若干等份，得径向线 OA_1，OA_2，OA_3，…，这些线即为机架 OA 在反转过程中所占的各个位置。

(3) 画出摆动从动件相对于机架的一系列位置 A_1B_1，A_2B_2，A_3B_3，…，即$\angle OA_1B_1=\psi_0+\psi_1$、$\angle OA_2B_2=\psi_0+\psi_2$、$\angle OA_3B_3=\psi_0+\psi_3$，…

(4) 以 A_1，A_2，A_3，…各点为圆心，l_{AB}为半径画圆弧截 A_1B_1于 B_1点，截 A_2B_2于 B_2点，截 A_3B_3于 B_3点，…，最后将 B，B_1，B_2，…各点连成光滑曲线，便得到尖顶从动件的凸轮轮廓曲线。

综上所述，如果采用滚子或平底从动件，则上述凸轮轮廓即为理论轮廓，只要在理论轮廓曲线上选一系列点作滚子或平底，最后作它们的包络线，便可求出相应的实际轮廓曲线。

5.4　凸轮设计中的几个问题

5.4.1　凸轮机构的压力角和基圆半径

在设计凸轮机构时，不仅要保证从动件的运动规律，还要保证机构具有良好的传力性能及紧凑的结构尺寸，由此涉及凸轮机构的压力角的校核和基圆半径的选择。

图 5.15 所示为尖顶直动从动件凸轮机构，若不计摩擦力，凸轮作用给从动件的力 $\boldsymbol{F}_n$ 的方向是沿接触点 B 的法线方向，$\boldsymbol{F}_n$与从动件运动方向所夹的锐角为压力角 α。$\boldsymbol{F}_n$可分解

为沿从动件运动方向的分力 $\boldsymbol{F}_y$ 和垂直运动方向的分力 $\boldsymbol{F}_x$。$\boldsymbol{F}_y$ 是推动从动件运动的有效分力，$\boldsymbol{F}_x$ 引起导路对从动件的摩擦阻力 $\boldsymbol{F}_f$。$F_y=F_n\cos\alpha$，$F_x=F_n\sin\alpha$，当 $\boldsymbol{F}_n$ 一定时，α 越小，有效分力 $\boldsymbol{F}_y$ 越大，机构的传力性能越好；反之，α 越大，$\boldsymbol{F}_x$ 越大，摩擦阻力 $\boldsymbol{F}_f$ 也随之增大。当 α 大到一定值时，会出现有效分力 $\boldsymbol{F}_y$ 小于摩擦阻力 $\boldsymbol{F}_f$。此时，即使从动件上的外载荷 $\boldsymbol{F}_Q$ 为零，无论 $\boldsymbol{F}_n$ 有多大，都无法推动从动件运动，即机构发生自锁。

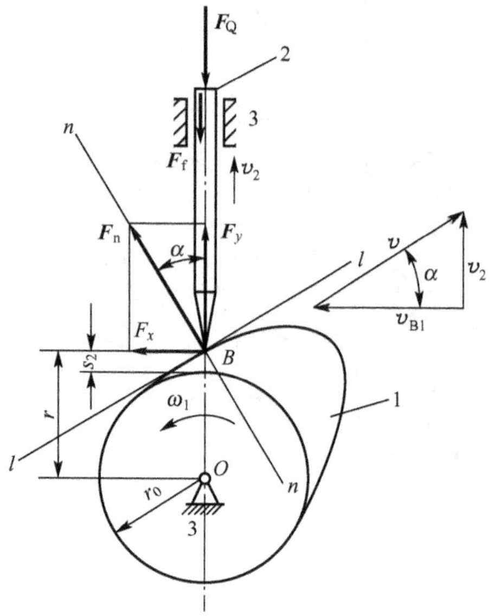

图 5.15　凸轮机构的受力分析

为了保证凸轮正常工作，提高效率，减小磨损，应对压力角 α 加以限制。凸轮轮廓线上各点的压力角是不同的，设计时应使最大压力角不超出许用值，即 $\alpha_{max}\leqslant[\alpha]$。一般直动从动件推程中许用压力角 $[\alpha]=30°$。凸轮机构中，从动件大多靠弹簧或重力作用返回，所以回程发生自锁的可能性很小，因而可以有较大的压力角。

由上述分析可知，压力角越小对传动越有利，而凸轮机构的压力角与基圆半径有关。从图 5.15 可以看出，从动件在与凸轮 B 点接触时的位移 $s_2=r-r_0$，r 为 B 点处凸轮半径。从图中的速度三角形可知 $v_2=v_{B1}\tan\alpha=r\omega_1\tan\alpha$，即

$$r=\frac{v_2}{\omega_1\tan\alpha}$$

所以

$$r_0=r-s_2=\frac{v_2}{\omega_1\tan\alpha}-s_2 \tag{5-1}$$

由式(5-1)可知，当从动件运动规律(s_2、v_2)确定后，要想得到较小的压力角，就要加大基圆半径，凸轮的结构尺寸就偏大。若要求凸轮机构结构紧凑，可以在满足 $\alpha_{max}\leqslant[\alpha]$ 的条件下，减小基圆半径。由于凸轮可直接做在轴上或安装在轴上，故基圆半径必须大于轴或轮毂半径。当已知凸轮轴的直径 d 时，通常可按下列经验公式选择基圆半径

$$r_0=(0.8\sim1)d+r_T \tag{5-2}$$

式中：r_T——滚子半径。

5.4.2　滚子半径的选择

滚子从动件盘形凸轮的实际轮廓曲线，是以理论轮廓曲线上各点为圆心作一系列滚子圆，然后作该圆簇的包络线得到的。因此，凸轮实际轮廓曲线的形状将受滚子半径大小的影响。若滚子半径选择不当，有时可能使从动件不能准确地实现预期的运动规律。设 ρ' 为实际轮廓的最小曲率半径，ρ_{min} 为理论轮廓的最小曲率半径，r_T 为滚子半径。对于凸轮轮廓的内凹部分，由于 $\rho'=\rho_{min}+r_T\geqslant\rho_{min}$，不管 r_T 如何变化均能保证得到实际轮廓线。对于凸轮轮廓的外凸部分，有 $\rho'=\rho_{min}-r_T$，若 $\rho_{min}>r_T$ 时(图 5.16(a))，此时 $\rho'>0$，实际轮廓为平滑曲线；若 $\rho_{min}=r_T$ 时(图 5.16(b))，此时 $\rho'=0$，实际轮廓出现尖点，这种尖点极易

磨损，从而造成运动规律的改变；若 $\rho_{\min}<r_T$ 时(图 5.16(c))，此时 $\rho'<0$，实际轮廓出现交叉点，交叉点以上部分的轮廓曲线在加工时被切除，将无法实现预定运动规律。

根据上述分析可知，滚于半径 r_T 必须小于凸轮理论轮廓外凸部分的最小曲率半径 $\rho_{\min}$，从结构上考虑，r_T 还必须小于基圆半径 r_0。实际设计时，r_T 应满足以下两个经验公式：

$$\left.\begin{aligned} r_T &\leqslant 0.8\rho_{\min} \\ r_T &\leqslant 0.4r_0 \end{aligned}\right\} \tag{5-3}$$

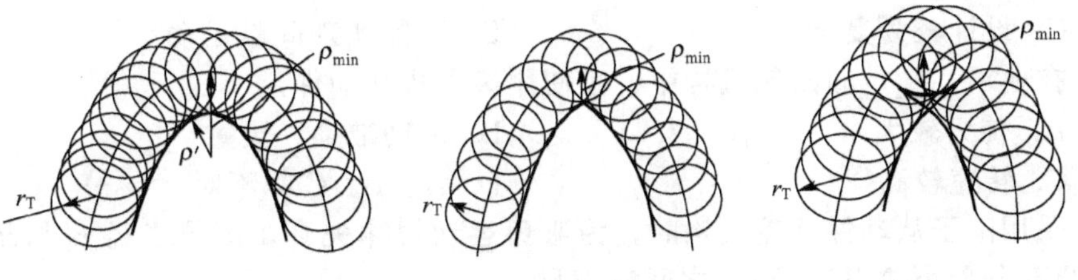

(a) $\rho_{\min}>r_T$　　(b) $\rho_{\min}=r_T$　　(c) $\rho_{\min}<r_T$

图 5.16　滚子半径对凸轮轮廓的影响

[思考题 5.3]　若凸轮机构的滚子损坏，能否任选另一个来代替？为什么？

小　　结

1. 内容归纳

本章内容归纳如图 5.17 所示。

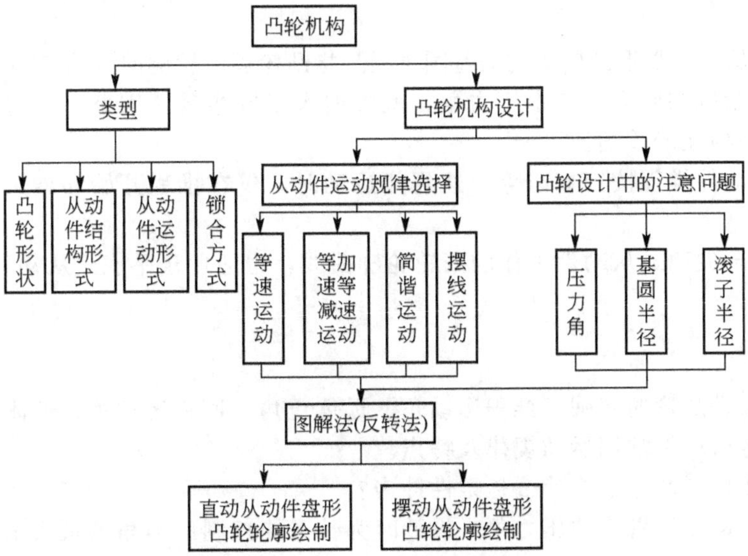

图 5.17　本章内容归纳

2. 重点和难点

重点：①从动件的运动规律；②凸轮轮廓曲线设计。

难点：反转法设计凸轮轮廓曲线。

习　题

一、单项选择题

5.1　与连杆机构相比，凸轮机构最大的缺点是______。

A. 惯性力难以平衡　　B. 点、线接触，易磨损

C. 设计较为复杂　　D. 不能实现间歇运动

5.2　在要求______的凸轮机构中，宜使用滚子式从动件。

A. 传力较大　　B. 传动准确、灵敏

C. 转速较高　　D. A、B、C 都不对

5.3　采用滚子从动件凸轮机构时，为避免运动规律失真，滚子半径 r_T 与凸轮理论轮廓曲线外凸部分最小曲率半径 ρ_{min} 之间应满足______。

A. $r_T > \rho_{min}$　　B. $r_T = \rho_{min}$　　C. $r_T < \rho_{min}$　　D. 都可以

5.4　______盘形凸轮机构的压力角恒等于常数。

A. 摆动尖顶推杆　　B. 直动滚子推杆

C. 摆动平底推杆　　D. 摆动滚子推杆

5.5　下述几种运动规律中，______既不会产生柔性冲击，也不会产生刚性冲击，可用于高速场合。

A. 等速运动规律　　B. 摆线运动规律(正弦加速度运动规律)

C. 等加速等减速运动规律　　D. 简谐运动规律(余弦加速度运动规律)

二、判断题

5.6　滚子从动件盘形凸轮机构的基圆半径是指凸轮理论轮廓曲线的最小半径。（　　）

5.7　对凸轮机构而言，减小压力角，就要增大基圆半径，因此，改善机构受力和减小凸轮的尺寸是相互矛盾的。（　　）

5.8　当从动件推程按等加速等减速规律运动时，仅在推程开始和结束位置存在柔性冲击。（　　）

5.9　适用于尖顶式从动件工作的凸轮轮廓曲线，也适用于平底式从动件工作。（　　）

三、简答题

5.10　什么是凸轮的基圆、推程运动角、远休止角、回程运动角、近休止角？

5.11　简述从动件常用运动规律及特点。

5.12　什么是刚性冲击？什么是柔性冲击？

5.13　什么是凸轮机构的压力角？设计时为什么要控制压力角的最大值？基圆与压力角之间有何关系？

5.14　什么是凸轮的理论轮廓曲线？尖顶从动件、滚子从动件和平底从动件凸轮机构的实际轮廓曲线与理论轮廓曲线各有何区别？

四、作图题

5.15　在图 5.18 所示的对心直动滚子从动件盘形凸轮机构中，凸轮的实际轮廓曲线

为一圆，圆心在点 A，半径 $R=40\text{mm}$，凸轮绕轴心 O 逆时针方向转动，$l_{OA}=25\text{mm}$，滚子半径 $r_T=10\text{mm}$，试求：①凸轮的理论轮廓曲线；②凸轮的基圆半径 r_0；③从动件行程 h；④图示位置的压力角。

5.16 一对心直动滚子从动件盘形凸轮机构，已知基圆半径 $r_0=50\text{mm}$，滚子半径 $r_T=10\text{mm}$，凸轮逆时针等速转动。凸轮转过 140°，从动件按简谐运动规律上升 30 mm；凸轮继续转过 40°时，从动件保持不动。在回程中，凸轮转过 120°时，从动件以等加速等减速运动规律返回原处。凸轮转过其余 60°时，从动件保持不动。试用图解法设计凸轮的轮廓曲线。

5.17 题 5.16 中的各项条件不变，只是将对心改为偏置，其偏距 $e=20\text{mm}$，从动件偏在凸轮中心的右边，试用图解法设计凸轮的轮廓曲线。

5.18 如图 5.19 所示，一摆动滚子推杆盘形凸轮机构，已知 $l_{OA}=60\text{mm}$，$r_0=25\text{mm}$，$l_{AB}=50\text{mm}$，$r_T=8\text{mm}$。凸轮逆时针等速转动，要求当凸轮转过 180°时，推杆以余弦加速度运动向上摆动 25°；转过一周中的其余角度时，推杆以正弦加速度运动摆回到原位置。试以图解法设计凸轮的实际轮廓曲线。

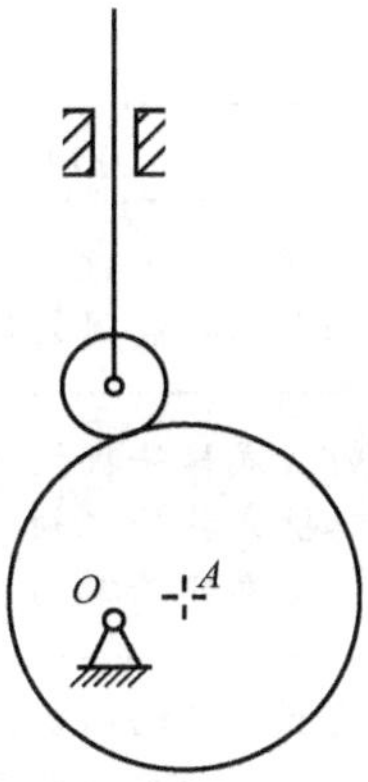

图 5.18 题 5.15 图

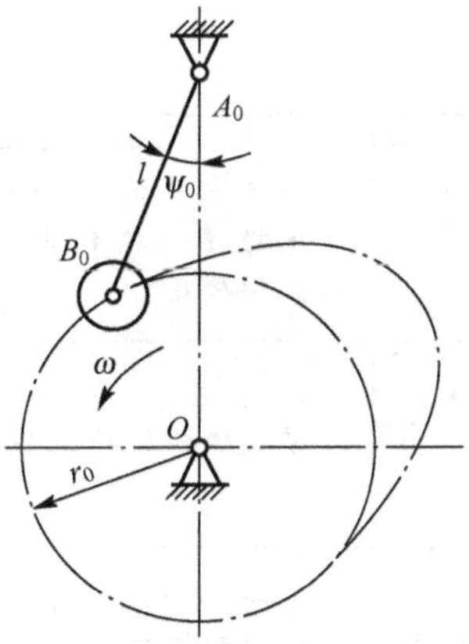

图 5.19 题 5.18 图

第6章 间歇运动机构

本章教学要点

知识要点	掌握程度	相关知识
槽轮机构	掌握槽轮机构工作原理、主要参数的确定	运动特性系数； 径向槽数和圆销数
棘轮机构	掌握棘轮机构工作原理	轮齿式棘轮机构； 摩擦式棘轮机构； 可变向棘轮机构
不完全齿轮机构 凸轮式间歇运动机构	了解不完全齿轮机构、凸轮式间歇运动机构的工作原理	圆柱形凸轮间歇运动机构； 蜗杆形凸轮间歇运动机构

导入案例

在机械和仪表中，常常需要原动件做连续运动，而从动件则产生周期性时动时停的间歇运动，实现这种间歇运动的机构称为间歇运动机构。牛头刨床进给系统中的间歇机构设计如图 6.1 所示，矩形齿棘轮机构与牛头刨床的丝杆固连在同一轴上，工作台 3 的进给由螺母带动，螺母与丝杠 2 配合，丝杠 2 的转动由棘轮 1 带动。当刨刀工作时，棘轮 1 停歇，工作台 3 不动；当刨刀回程时，棘轮 1 带动丝杠 2 转动，从而使棘轮的间歇转动转变为工作台 3 的横向进给运动。

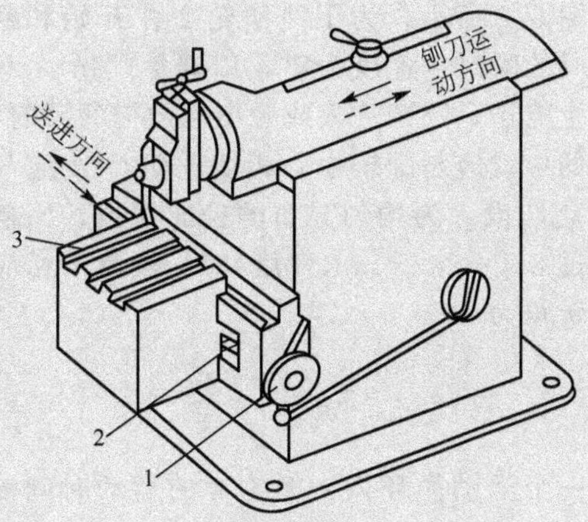

图 6.1　牛头刨床进给传动系统

1—棘轮；2—丝杠；3—工作台

6.1　槽轮机构

6.1.1　槽轮机构的工作原理

槽轮机构是应用最为广泛的步进运动机构。图 6.2 所示为外啮合槽轮机构，它由带圆销 A 的主动拨盘 1，具有径向槽的从动槽轮 2 和机架组成。拨盘做匀速转动时，驱动槽轮做时转时停的单向间歇运动。当拨盘上圆销 A 未进入槽轮径向槽时，由于槽轮的内凹锁止弧 β 被拨盘的外凸圆弧 α 卡住，故槽轮静止。图示位置是圆销 A 刚开始进入槽轮径向槽时的情况，这时锁止弧刚被松开，因此槽轮受圆销 A 的驱动开始沿逆时针方向转动；当圆销 A 离开径向槽时，槽轮的下一个内凹锁止槽又被拨盘的外锁止槽卡住，致使槽轮静止，直到圆销 A 在进入槽轮另一径向槽时，两者又重复上述的运动循环。

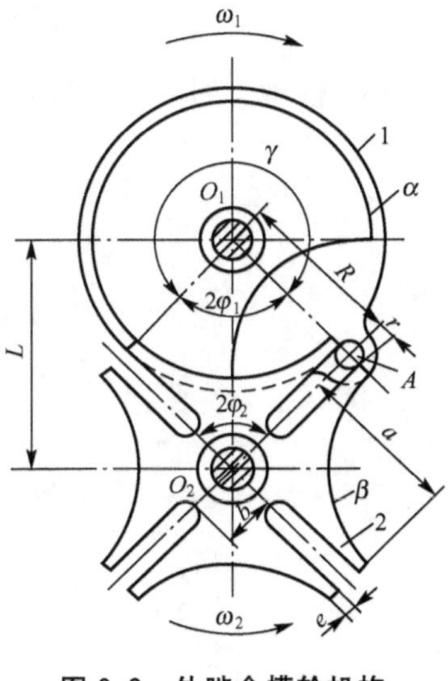

图 6.2　外啮合槽轮机构

1—拨盘；2—槽轮

槽轮机构的特点是结构简单，工作可靠，机械效率高，在进入和脱离接触时运动较平稳，能准确控制转动的角度，但槽轮的转角不可调节，故只能用于定转角的间歇运动机构中，如自动机床、电影机械、包装机械等。图 6.3 为槽轮机构在电影放映机卷片机构中的应用。

6.1.2 槽轮的主要参数及基本尺寸

如图 6.2 所示，为了使槽轮 2 在开始和终止转动时的瞬时角速度为零，以避免圆销 A 与槽轮发生撞击，圆销进入或脱出径向槽的瞬时，径向槽的中线应与圆销中心相切，即 O_2A 应与 O_1A 垂直。设 z 为均匀分布的径向槽数，当槽轮 2 转过 $2\varphi_2=2\pi/z$ rad(弧度)时，拨盘 1 相应转过的转角为

$$2\varphi_1=\pi-2\varphi_2=\pi-\frac{2\pi}{z} \qquad (6-1)$$

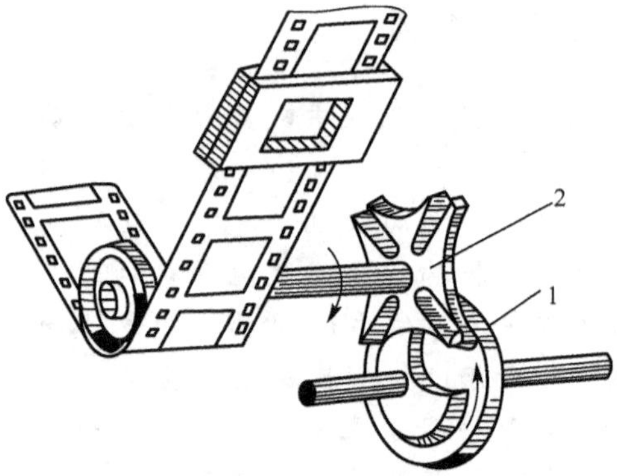

图 6.3 放映机的卷片机构
1—拨盘；2—槽轮

在一个运动循环内，槽轮 2 的运动时间 t' 与主动拨盘 1 转一周的总时间 t 之比，称为槽轮机构的运动特性系数，用 τ 表示。当拨盘匀速转动时，这个时间之比可用槽轮与拨盘相应的转角之比来表示。如图 6.2 所示，对于只有一个圆销的槽轮机构，t'、t 分别对应于拨盘的转角为 $2\varphi_1$、2π。因此，该槽轮机构的运动系数 τ 为

$$\tau=\frac{t'}{t}=\frac{2\varphi_1}{2\pi}=\frac{\pi-\frac{2\pi}{z}}{2\pi}=\frac{z-2}{2z}=\frac{1}{2}-\frac{1}{z} \qquad (6-2)$$

因为运动系数 τ 应大于零，故 $z\geqslant3$。又由式(6－2)知 $\tau<0.5$(因 $z>0$)，即槽轮的运动时间总小于静止时间。如需得到 $\tau>1/2$ 的槽轮机构，则须在构件 1 上安装多个圆销。设 K 为均匀分布的圆销数，则一个循环中槽轮的运动时间比只有一个圆销时增加 K 倍，故有

$$\tau=\frac{K(z-2)}{2z}<1 \qquad (6-3)$$

由式(6－3)可知，当 $z=3$ 时，圆销的数目可为 1～5；当 $z=4$ 或 5 时，圆销数目可为 1～3；当 $z\geqslant6$ 时，圆销的数目为 1 或 2。

槽轮机构的基本尺寸(图 6.2)可以按下列计算式计算

$$b\leqslant L-(R+r)$$

$$R=L\sin\varphi_2$$

$$a=L\cos\varphi_2$$

式中：r——圆销的半径。

6.2 棘轮机构

如图 6.4 所示，轮齿式外啮合棘轮机构的棘爪 4 用销子连于曲柄摇杆机构 $ABCD$ 的摇杆 3 上。当曲柄 1 连续转动时，通过连杆 2 使摇杆 3 做往复摆动。当摇杆左摆时，棘

爪4插入棘轮5的齿内推动棘轮转过某一角度。当摇杆右摆时，棘爪4在棘轮上滑过而棘轮静止不动。制动爪6是用来防止棘轮自动反转的。棘轮每次前进的角度大小可以由改变曲柄 AB 的长度来加以控制。但是这种有齿的棘轮其进程的变化最少是一个齿距，也就是说，其进程的增减是有级的，而且工作时有响声。欲避免以上缺点，可以采用摩擦棘轮(或称无声棘轮)。如图6.5所示，在外套筒1与内套筒2之间的槽中装有受压缩弹簧作用的滚子3。弹簧使滚子卡紧在内、外套筒之间。当外套筒逆时针转动时，滚子楔紧而使内套筒也随着转动；反之，当外套筒顺时针转动时，滚子松开而内套筒不动。由于摩擦传动会发生打滑现象，因此要求从动件转角必须精确的地方，不宜采用摩擦棘轮机构。

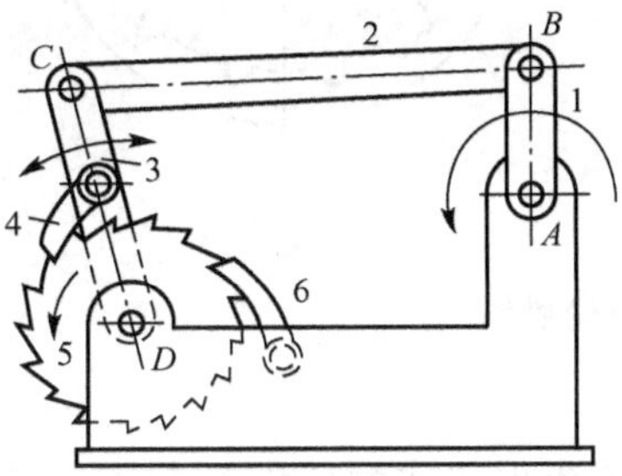

图6.4 棘轮机构

1—曲柄；2—连杆；3—摇杆；4—棘爪；5—棘轮；6—制动爪

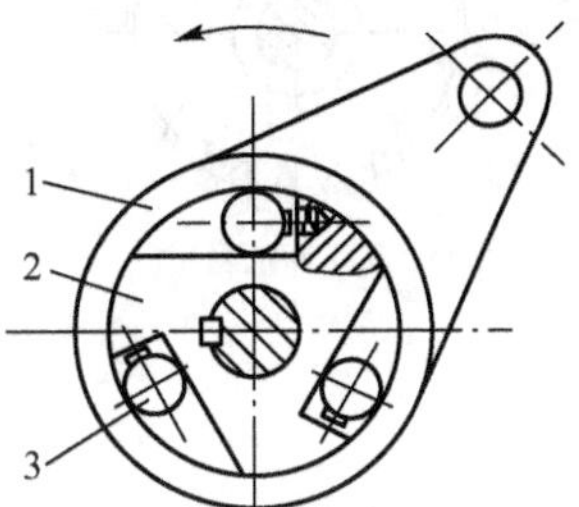

图6.5 摩擦式棘轮机构

1—外套筒；2—内套筒；3—滚子

如果棘轮的回转方向需要经常改变，那么只需在摇杆上装一双向棘爪即可。如图6.6所示，将棘轮齿做成方形，棘爪与棘轮齿接触的一面做成平面；这样，当曲柄向左摆动时，棘爪推动棘轮逆时针转动。棘爪的另一面做成曲面，以便摆回来时可以在轮齿上滑过。若需棘轮顺时针转动，只需将棘爪绕 A 点转至双点画线所示的位置即可。

棘轮机构的结构简单，故广泛应用于各种自动机床的进给机构、钟表机构及电气设备中。它的缺点是运动开始和终了时，速度骤变而产生冲击，所以不宜用于高速的机构中，也不宜用在需要使转动惯量很大的轴做间歇运动的场合。

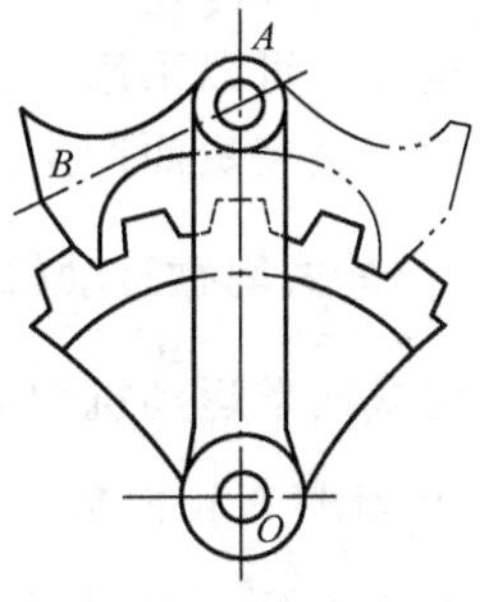

图6.6 可变向棘轮机构

6.3 不完全齿轮机构和凸轮式间歇运动机构

6.3.1 不完全齿轮机构

不完全齿轮机构是由齿轮机构(见第7章)演变而来的一种步进传动机构，与齿轮机构类似，也有外啮合(图6.7(a))和内啮合(图6.7(b))之分。不完全齿轮机构的主动轮上只有一个或数个轮齿，而从动轮上的轮齿分布视机构运动时间与静止时间的要求而定。如

图 6.7(a)所示，主动轮 1 连续转动一周，从动轮 2 转 1/4 周，达到主动轮连续转动，从动轮做间歇转动的目的。为防止从动轮在静止时间内游动，主、从动轮上分别有外凸圆弧 S_1 和内凹锁住弧 S_2。

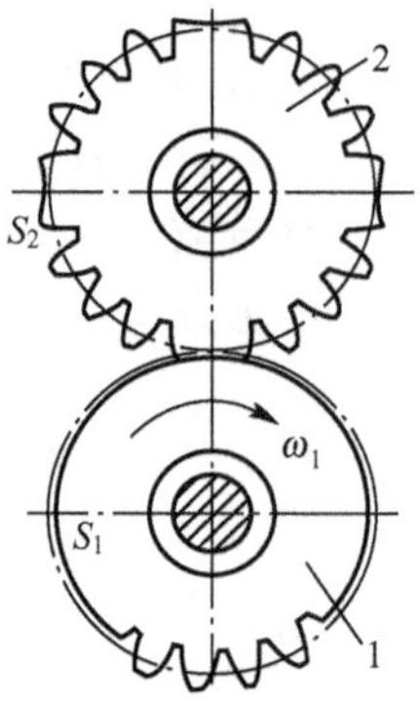

(a) 外啮合

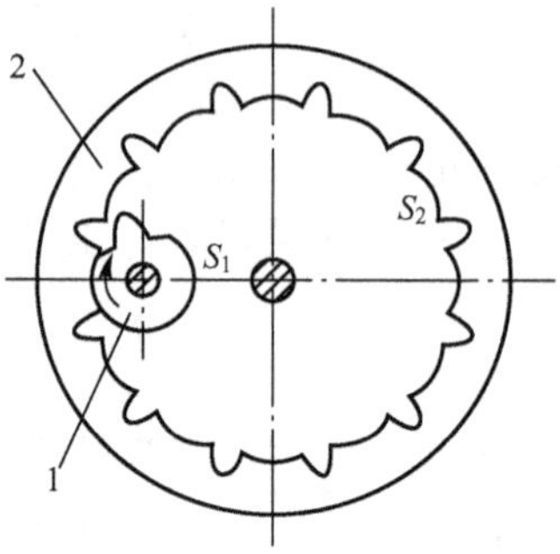

(b) 内啮合

图 6.7　不完全齿轮机构

1—主动轮；2—从动轮

不完全齿轮机构与其他间歇机构相比，只要适当地选取齿轮的齿数、锁住弧的段数和锁住弧之间的齿数，就能使从动轮得到预期的停歇次数、停歇时间及每次转过的角度。

不完全齿轮机构与其他机构相比，结构简单，制造方便，从动轮的运动时间和静止时间的比例可不受机构结构的限制。但由于齿轮传动为定传动比运动，所以从动轮从静止到转动或从转动到静止时，速度有突变，冲击较大，所以一般只用于低速或轻载场合。若用于高速运动，可以采用一些附加装置(如具有瞬心线附加杆的不完全齿轮机构)等，来降低因从动轮速度突变而产生的冲击。

6.3.2　凸轮式间歇运动机构

凸轮式间歇运动机构通常有两种型式。

1. 圆柱形凸轮间歇运动机构

如图 6.8 所示的圆柱形凸轮间隙运动机构。凸轮 1 呈圆柱形，滚子 3 均匀分布在转盘 2 的端面，滚子中心与转盘中心的距离等于 R_2。当凸轮转过角度 δ_t 时，转盘以某种运动规律转过的角度 $\delta_{2\max}=2\pi/z$ (式中 z 为滚子数目)；当凸轮继续转过其余($2\pi-\delta_t$)时，转盘静止不动。当凸轮继续转动时，第二个圆销与凸轮槽相作用，进入第二个运动循环。这样，当凸轮连续转动时，转盘实现单向间歇转动。这种机构实质上是一个摆杆长度等于 R_2、只有推程和远休止角的摆动从动件圆柱凸轮机构。

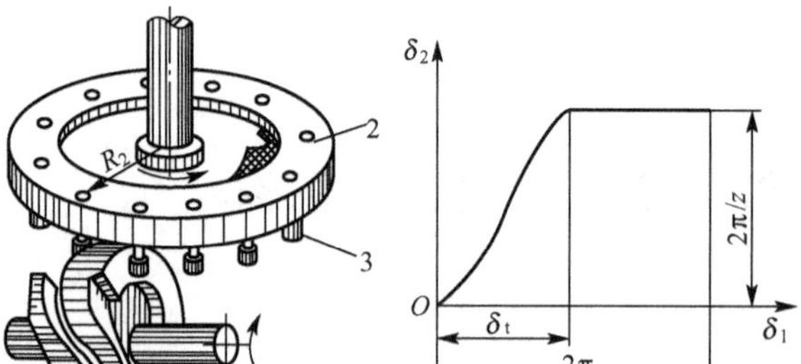

图 6.8　圆柱形凸轮间歇运动机构

1—凸轮；2—轮盘；3—滚子

2. 蜗杆形凸轮间歇运动机构

如图 6.9 所示的蜗杆形凸轮间歇运动机构。凸轮形状如同圆弧面蜗杆一样，滚子均匀分布在转盘的圆柱面上，犹如蜗轮的齿。这种凸轮间歇运动机构可以通过调整凸轮与转盘的中心距来消除滚子与凸轮接触面间的间隙以补偿磨损。

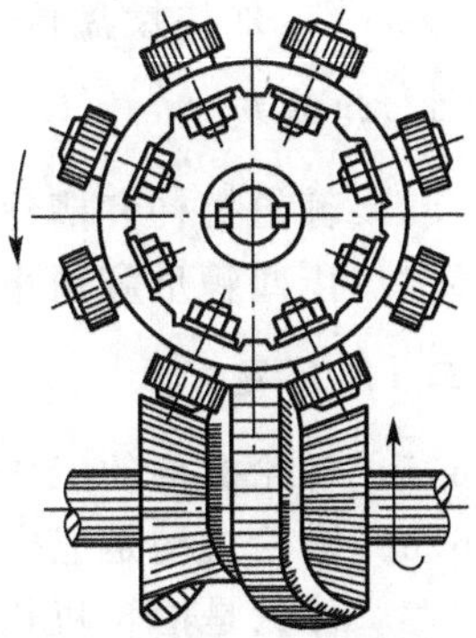

图 6.9 蜗杆形凸轮间歇运动机构

凸轮间歇运动机构的优点是运转可靠、传动平稳、转盘可以实现任何运动规律，还可以用改变凸轮推程运动角来得到所需要的转盘转动与停歇时间的比值。

凸轮间歇运动机构常用于传递交错轴间的分度运动和需要间歇转位的机械装置中。

小 结

1. 内容归纳

本章内容归纳如图 6.10 所示。

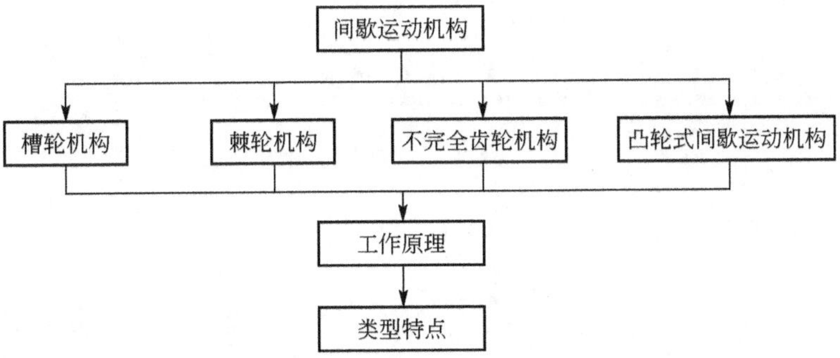

图 6.10 本章内容归纳

2. 重点和难点

重点：①棘轮机构的工作原理、运动设计；②槽轮机构的工作原理、运动特性。

难点：①槽轮机构参数的确定。

习 题

一、单项选择题

6.1 棘轮机构的主动件是______。

A. 棘轮　　B. 棘爪　　C. 止回棘爪　　D. 以上均不是

6.2 若使槽轮机构 τ 增大，需要______。

A. 增加圆销数　　B. 减少径向槽数

C. 加快拨盘转速　　D. 以上均不是

二、判断题

6.3　棘轮机构和槽轮机构的主动件，都是做往复摆动运动的。（　）

6.4　止回棘爪和锁止圆弧的作用是相同的。（　）

三、简答题

6.5　棘轮机构的工作原理及运动特点是什么？

6.6　槽轮机构是怎样组成的？它如何实现从动件的单向间歇运动？

6.7　什么是槽轮机构的运动系数 τ？为什么运动系数必须大于0？槽轮的槽数常取多少？

6.8　如何避免不完全齿轮机构在啮合开始和终止时产生的冲击？从动轮停歇期间，如何防止其运动？

四、计算题

6.9　已知一槽轮机构的槽数 $z=6$，圆销数 $k=1$，若主动转臂转速为 $n_1=60\text{r/min}$，求槽轮的运动系数 τ 的大小。

第7章 齿轮传动

本章教学要点

知识要点	掌握程度	相关知识
齿轮传动的特点和分类	熟悉齿轮传动的类型、特点及应用	齿轮传动分类
齿轮传动的啮合原理	掌握齿廓啮合基本定理； 掌握渐开线和渐开线齿廓齿轮的啮合特性； 掌握直齿圆柱齿轮的几何尺寸计算	渐开线的形成和性质； 四线合一、传动平稳性、中心距可分性； 齿轮基本参数
齿轮传动的运动特性及加工	掌握正确啮合条件； 了解连续传动条件； 了解齿轮的加工方法和根切现象	重合度； 成形法与展成法； 变位齿轮
直齿圆柱齿轮的强度计算	了解齿轮材料选择； 掌握轮齿的失效形式与设计准则； 掌握直齿圆柱齿轮的受力分析； 掌握直齿圆柱齿轮的强度计算	赫兹公式； 齿轮传动设计参数的选择
斜齿圆柱齿轮传动	掌握斜齿圆柱齿轮的几何尺寸计算； 掌握斜齿圆柱齿轮的受力分析； 熟悉斜齿圆柱齿轮的强度计算	直齿齿廓面与斜齿齿廓面比较； 当量齿轮与当量齿数； 左、右手定则
直齿锥齿轮传动	了解直齿锥齿轮的基本参数； 掌握直齿锥齿轮的受力分析； 熟悉直齿锥齿轮的强度计算	背锥与当量齿轮
齿轮的结构设计与润滑	熟悉齿轮的结构设计； 了解齿轮传动的润滑	齿轮轴、实心式、腹板式、轮辐式

导入案例

齿轮是各类机械和仪表中应用极为广泛的重要传动零件。目前全国仅直齿轮年产量就达数亿只。第一代齿轮可追溯到4000年以前，各个文明古国发明水利机械，从而伴生出木制齿轮，最原始的木制齿轮齿形是直线形，此为第一代齿轮。

从公元前200年—公元1800年，随着社会生产力的发展和冶炼技术的开发，用铜和铸铁制造的耐用性好得多、承载能力大得多的第二代齿轮逐渐取代了第一代木制齿轮。中国古代用来指示方向的指南车(图7.1)使齿轮(第二代齿轮)技术达到了第一个辉煌点。图7.2所示为利用差速齿轮原理及齿轮传动系统，根据车轮的转动，由车上木人指示方向的一种机械装置。不论车子转向何方，木人的手始终指向南方，“车虽回转而手常指南”。它是世界上第一次发明了差动机构，第一次实现半自动控制机构，第一次出现有走向功能的机器人。

图7.1　指南车

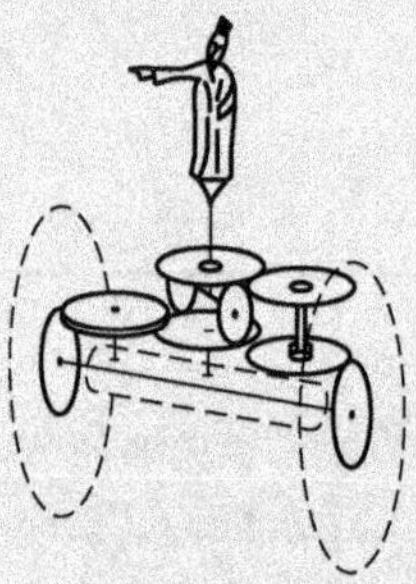

图7.2　指南车齿轮传动示意图

第三代齿轮产生于1800年，瓦特发明蒸汽机，引起了工业革命，继而出现了内燃机、电动机等新动力机械，并采用了钢制齿轮。美国、前苏联、德国、日本等经济发达国家带头把齿轮推向第二个辉煌高峰。其科学技术发展之快、成果之多，远远超过两千年前的第2代齿轮时期。先是发展摆线齿轮，18世纪后，渐开线齿轮逐渐得到广泛应用。20世纪初，美国人首先提出圆弧齿形，50年代完成这项研究，60年代被命名为W.N齿轮。近几十年来，由于航空工业及其他机械工业的不断发展，传统的渐开线齿形逐渐被渐开线修形齿形所取代。近代渐开线齿形(包括修形齿)、摆线齿形、圆弧齿形同时共存，其中渐开线齿形占主导地位，但他们各自有其独到的优越性，不可能被其中任何一种齿形完全取代。

未来50年齿轮创新的趋势，是追求小、净、静、高可靠性、高强度、高转速、低材耗、低能耗、低重量等。

7.1 概　　述

齿轮传动通过轮齿的啮合来传递两轴之间的运动和动力，它是现代机械中最基本、最重要，也是应用最广泛的传动形式。

齿轮传动的主要优点是：传动比准确稳定，传动平稳；功率和圆周速度适用范围广；传动效率高；工作可靠、寿命长；可实现平行轴、相交轴和交错轴之间的传动。其主要缺点是：制造和安装精度要求较高，故成本较高；不适宜用于两轴间距离较大的传动。

齿轮机构的分类方法很多，按照轴线间相互位置、齿向和啮合情况可做如下分类。

- 齿轮传动
  - 轴线平行的齿轮传动（平面齿轮传动）
    - 直齿圆柱齿轮传动
      - 外啮合(图 7.3(a))
      - 内啮合(图 7.3(b))
      - 齿轮齿条啮合(图 7.3(c))
    - 斜齿圆柱齿轮传动(图 7.3(d))
    - 人字齿圆柱齿轮传动(图 7.3(e))
  - 轴线不平行的齿轮传动（空间齿轮传动）
    - 相交轴齿轮传动
      - 直齿锥齿轮传动(图 7.3(f))
      - 曲齿锥齿轮传动(图 7.3(g))
    - 交错轴齿轮传动
      - 交错轴斜齿轮传动(图 7.3(h))
      - 蜗轮蜗杆传动(图 7.3(i))

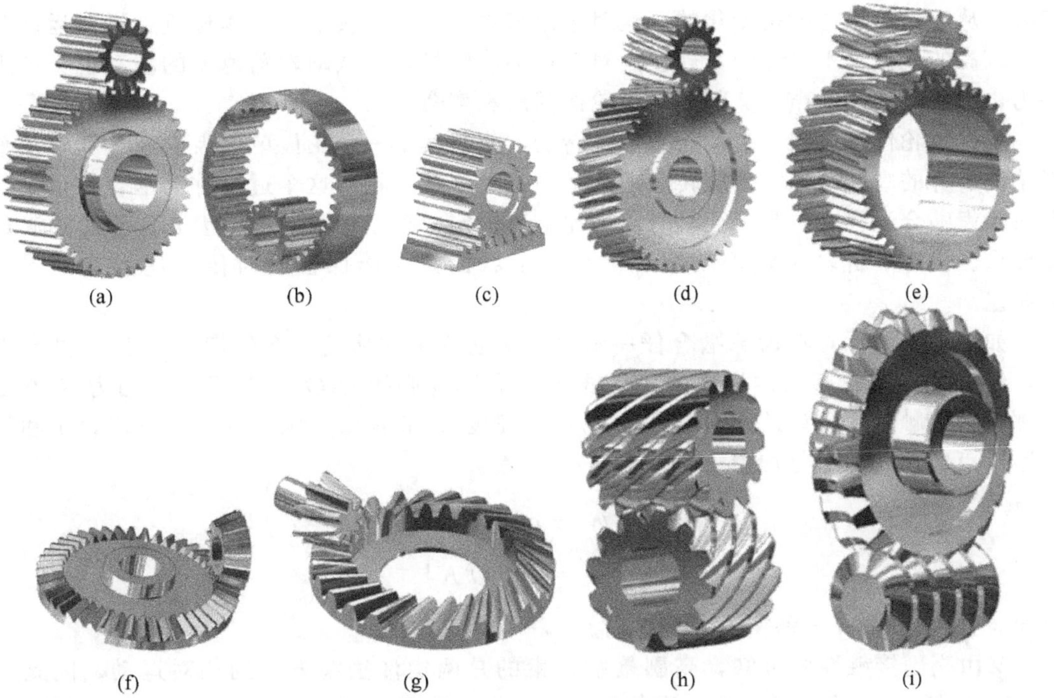

图 7.3 齿轮传动的主要类型

按照齿轮轮齿的齿廓曲线，可分为渐开线齿轮传动、摆线齿轮传动和圆弧齿轮传动。其中以渐开线齿轮传动应用最广泛。

按照齿轮传动的工作条件不同，可分为开式齿轮传动和闭式齿轮传动。开式齿轮传动的齿轮完全外露，而闭式齿轮传动的齿轮则封闭在密闭箱体内，具有良好的润滑和工作条件。

按照齿轮传动齿轮齿面的硬度不同，可分为软齿面(≤350HBW)齿轮传动和硬齿面(>350HBW)齿轮传动。

[思考题 7.1] 圆形齿轮机构传动最大的特点和优势是传动比准确恒定，观察齿轮传动过程，试分析传动比准确恒定可能和齿轮机构哪些要素有关?

7.2 齿廓啮合基本定理

一个齿轮机构至少包含三个构件：主动轮、从动轮和机架。主动轮、从动轮以转动副形式和机架连接并做定轴转动。某一瞬时主动轮和从动轮的角速度(或转速)比值，称为瞬时传动比，用 i_{12} 来表示。因此，不考虑转动方向时，传动比为

$$i_{12}=\frac{\omega_1}{\omega_2}=\frac{n_1}{n_2} \tag{7-1}$$

式中：ω_1、n_1、ω_2、n_2——分别表示主动轮和从动轮的角速度和转速。

齿轮传动基本要求之一就是要保证瞬时传动比准确恒定，否则，当主动轮等角速度回转时，从动轮的角速度是变化的。这对于诸如钟表、工业仪表、工作母机这样对运动精度要求较高的机械是不允许的，即便是对普通的旋转机械，从动轮角速度的波动也会产生惯性力，造成振动和噪声，从而影响齿轮的强度和寿命。

观察齿轮传动过程：主动轮做定轴转动，依靠其中一个轮齿单侧齿廓和从动轮某个轮齿单侧齿廓的高副接触，将旋转运动和动力传送给从动轮，这个过程称为啮合。可见，在单对轮齿啮合过程中，要保证瞬时传动比准确恒定，高副接触的两个齿轮齿廓必须满足一定要求。齿廓啮合基本定理就回答了什么形状的齿廓能保证瞬时传动比准确恒定这一问题。

如图 7.4 所示，在齿轮啮合任一瞬时，主动轮 1 和从动轮 2 的齿廓在 K 点处高副接触，作 K 点处高副接触两齿廓的公法线 $n—n$，和连心线 O_1O_2 交于 C 点。因为 K 点是两齿廓高副接触点，齿廓又分别绕 O_1、O_2 以角速度 ω_1 和 ω_2 做定轴转动，所以齿轮 1 和齿轮 2 上 K 点的速度大小分别为

$$\left.\begin{aligned} v_{K1}&=\omega_1\cdot O_1K \\ v_{K2}&=\omega_2\cdot O_2K \end{aligned}\right\} \tag{7-2}$$

方向与公法线 $n—n$ 分别夹 α_{K1} 和 α_{K2} 角。

又由高副接触性质可知，高副接触约束的是两构件法线方向的相对运动，因此 v_{K1}、v_{K2} 在公法线 $n—n$ 上的分速度一定相等，否则将出现两齿廓相互分离或相互嵌入而无法传动，即有

$$v_{K1}\cdot\cos\alpha_{K1}=v_{K2}\cdot\cos\alpha_{K2} \tag{7-3}$$

联解式(7-2)和式(7-3)，可得

$$\frac{\omega_1}{\omega_2}=\frac{O_2K\cdot\cos\alpha_{K2}}{O_1K\cdot\cos\alpha_{K1}}$$

过 O_1、O_2分别作垂线垂直于公法线 $n—n$，垂足为 N_1、N_2，则由几何关系

$$\frac{\omega_1}{\omega_2}=\frac{O_2K\cdot\cos\alpha_{K2}}{O_1K\cdot\cos\alpha_{K1}}=\frac{O_2N_2}{O_1N_1}=\frac{O_2C}{O_1C} \tag{7-4}$$

式(7-4)表明，互相啮合的一对齿轮，在任一位置啮合时的传动比，都与其连心线O_1O_2被过接触点 K 所作这对齿廓的公法线 $n—n$ 所分成的两段长度成反比。

因此，要使两齿轮做定传动比传动，则两齿廓必须满足的条件是：不论两齿廓在何位置接触，过接触点所作的两齿廓公法线必须与两齿轮的连心线相交于一定点。这个条件称为齿廓啮合基本定理。

过两齿廓啮合点所作的齿廓公法线与两齿轮连心线 O_1O_2 的交点 C 称为节点。当两齿轮做定传动比传动时，节点 C 在轮 1 和轮 2 的运动平面上的轨迹分别是以 O_1、O_2 为圆心，以 O_1C、O_2C 为半径的两个圆，此圆称为节圆，齿轮的节圆半径分别记作 r_1'、r_2'。

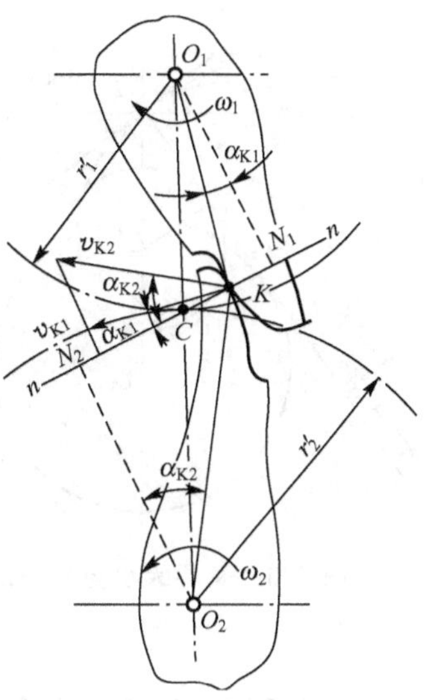

图 7.4 齿廓啮合基本定理

[思考题 7.2] 齿廓形状满足齿廓啮合基本定理的一对齿轮，在单对齿啮合过程中能保持传动比恒定，那么现实生活中有没有这样形状的齿廓呢？

7.3 渐开线与渐开线齿廓

7.3.1 渐开线的形成和性质

如图 7.5 所示，一条直线(称为发生线，虚线表示初始位置)沿着半径为 r_b的圆周(称为基圆)做纯滚动时，直线上任意点 K 的轨迹 AK 称为该基圆的渐开线。

由渐开线的形成过程可知它具有以下特性：

(1) 当发生线从位置Ⅰ滚到位置Ⅱ时，因它与基圆之间为纯滚动，没有相对滑动，所以 $BK=\overset{\frown}{AB}$。

(2) 当发生线在位置Ⅱ沿基圆做纯滚动时，B 点是它的速度瞬心，因此直线 BK 是渐开线上 K 点的法线，且线段 BK 为其曲率半径，B 点为其曲率中心。又因发生线始终切于基圆，故渐开线上任意一点的法线必与基圆相切。

(3) 渐开线上各点的压力角不相等。渐开线上任一点法线压力 $\boldsymbol{F}_n$的方向线，与该点速度方向线所夹的锐角 α_K(图 7.5)，称为该点的压力角。今以 r_b表示基圆半径，由图可知

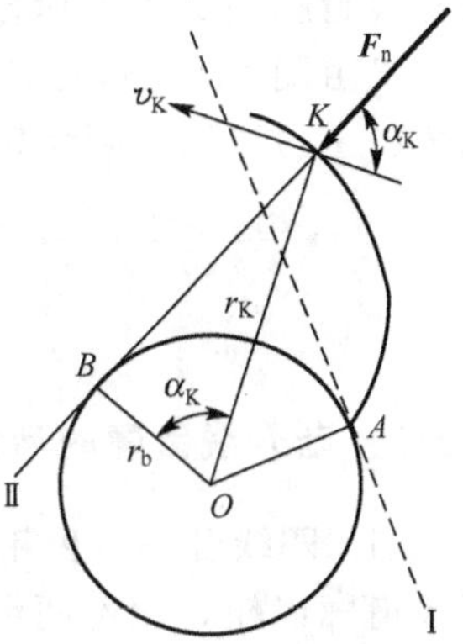

图 7.5 渐开线的形成

$$\cos\alpha_K=\frac{OB}{OK}=\frac{r_b}{r_K} \tag{7-5}$$

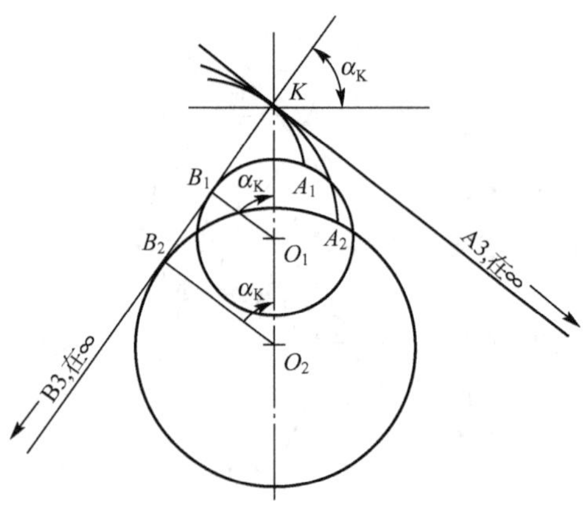

图 7.6　基圆大小与渐开线的形状

式(7－5)表示渐开线齿廓上各点压力角不等，向径 r_K 越大(即 K 点离轮心越远)，其压力角越大。

(4) 渐开线的形状取决于基圆的大小。大小相等的基圆其渐开线形状相同，大小不等的基圆其渐开线形状不同。如图 7.6 所示，取大小不等的两个基圆使其渐开线上压力角相等的点在 K 点相切。由图可见，基圆越大，它的渐开线在 K 点的曲率半径越大，即渐开线愈趋平直。当基圆半径趋于无穷大时，其渐开线将成为垂直于 B_3K 的直线，它就是渐开线齿条的齿廓。

(5) 基圆以内无渐开线。

7.3.2　渐开线齿廓满足齿廓啮合基本定理

以渐开线为齿廓曲线的齿轮称为渐开线齿轮。

设图 7.7 中渐开线齿廓 E_1、E_2 在任意点 K 接触，过 K 点作两齿廓的公法线 $n—n$ 与两轮连心线 O_1O_2 交与 C 点。根据渐开线性质，该公法线必与两个齿轮的基圆都相切，即为两基圆的内公切线。又因为齿轮制成后渐开线固定，故基圆是定圆。在同一方向两定圆的内公切线只有一条，所以无论两齿廓在任何位置接触，过接触点所作的两齿廓公法线为一固定直线，必然与两齿轮的连心线相交于一定点。因此，渐开线齿廓满足齿廓啮合基本定理。

又由图 7.7 知，$\triangle O_1N_1C \backsim \triangle O_2N_2C$，根据式(7－4)可知，两齿轮传动比为

$$i_{12}=\frac{\omega_1}{\omega_2}=\frac{O_2C}{O_1C}=\frac{r_2'}{r_1'}=\frac{O_2N_2}{O_1N_1}=\frac{r_{b2}}{r_{b1}}=\text{常数} \tag{7-6}$$

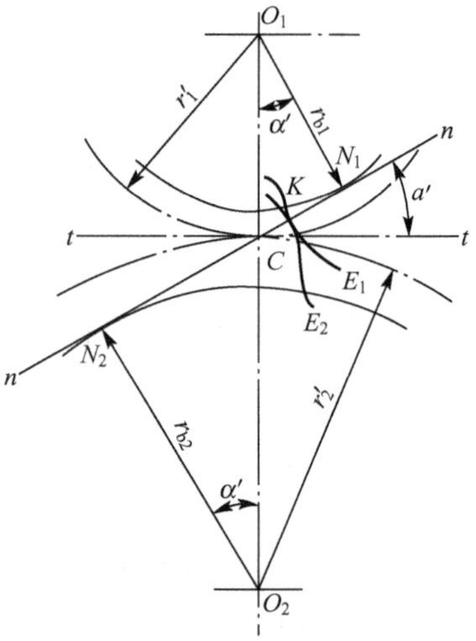

图 7.7　渐开线齿廓定传动比证明

7.3.3　渐开线齿廓的啮合特性

(1) 四线合一。齿轮传动时其齿廓啮合点的轨迹称为啮合线。如图 7.7 所示，对于渐开线齿廓齿轮，无论两齿廓在哪点接触，过接触点齿廓公法线 $n—n$，亦即两基圆的内公切线，为一固定直线。故接触点也在这条线上变动，渐开线齿廓的啮合线就是内公切线 N_1N_2。由于齿轮传动时正压力沿着公法线方向传递，因此，对于渐开线齿廓的齿轮传动，啮合线、过啮合点的公法线、正压力作用线和两基圆的内公切线为同一直线，称为四线合一。

(2) 齿轮传递的压力方向不变。如图 7.7 所示，过节点 C 作两节圆的公切线 $t—t$，它

与啮合线 N_1N_2 间的夹角称为啮合角。啮合角在数值上等于齿廓在节圆上的压力角，用 α' 表示。渐开线齿轮传动时，啮合角保持不变表示齿廓间压力方向不变。当传递的转矩不变时，压力大小也不变，故传动较平稳。

(3) 中心距可分性。渐开线齿轮制成后基圆是定圆，根据式(7－6)，即使两轮中心距稍有改变，瞬时传动比仍保持恒定且恒等于两基圆直径的反比，这种性质称为渐开线齿轮传动的中心距可分性，这为其加工和安装带来方便。

［**思考题 7.3**］ 渐开线齿廓形状满足齿廓啮合基本定理，但是齿轮上除了齿廓外，还有很多其他几何要素，那么我们应如何来构造一个渐开线齿廓齿轮呢？

7.4 渐开线标准直齿圆柱齿轮的参数及几何尺寸计算

7.4.1 齿轮参数与几何尺寸计算

为了使齿轮在两个方向都能传动，齿轮轮齿两侧取形状相同，方向相反的渐开线作为齿廓。

1. 轮齿和齿厚

如图 7.8 所示，齿轮上均布的每一个齿称为轮齿。在任意直径为 d_k 的圆周上，一个轮齿左、右两侧齿廓之间的弧长称为该圆上的齿厚，用 s_k 表示。

2. 齿槽和齿槽宽

相邻两轮齿的空间称为齿槽。在任意直径为 d_k 的圆周上，相邻两轮齿齿槽间的弧长称为该圆上的齿槽宽，用 e_k 表示。

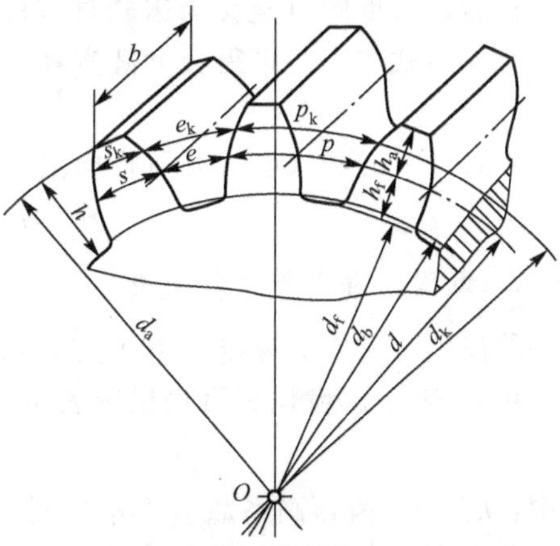

图 7.8 外齿轮各部分名称、代号

3. 齿距

在任意直径为 d_k 的圆周上，相邻两轮齿的同侧齿廓之间的弧线长称为该圆上的齿距，用 p_k 表示，显然

$$p_k = s_k + e_k$$

又由齿数为 z 齿轮上直径为 d_k 的圆周的周长可得

$$d_k = \frac{p_k}{\pi} \cdot z$$

假设对于不同齿轮，我们都取其上一个直径为 d(齿距为 p)的特定圆作为基准，则有

$$d = \frac{p}{\pi} \cdot z \tag{7-7}$$

4. 模数

式(7－7)中含有无理数“π”，这对齿轮的计算和测量都不方便。故可人为规定 p/π 等于整数或简单有理数。又为了便于齿轮的互换使用和简化刀具，必须限制有理数的数量。

因此，将齿轮的 p/π 标准化，称为模数，记作 m，单位为 mm，即

$$m=\frac{p}{\pi} \tag{7-8}$$

模数是齿轮的一个重要参数，是齿轮所有几何尺寸计算的基础。显然，m 越大，p 越大，轮齿的尺寸也越大，轮齿抗弯能力也越强，所以模数 m 是轮齿抗弯能力的重要标志。齿轮模数的标准系列见表 7－1。

表 7－1　渐开线圆柱齿轮模数(GB/T 1357－2008)

第一系列	1，1.25，1.5，2，2.5，3，4，5，6，8，10，12，16，20，25，32，40，50
第二系列	1.125，1.375，1.75，2.25，2.75，3.5，4.5，5.5，(6.5)，7，9，11，14，18，22，28，36，45

注：1. 本表适用于通用机械和重型机械用直齿和斜齿渐开线圆柱齿轮的法面模数。
2. 优先采用第一系列，括号内的尽量不用。

5. 压力角

渐开线齿廓上各点的压力角不同。为了便于设计和制造，将压力角标准化，记作 α。规定齿轮基准位置的压力角只能取标准值，我国标准规定 $\alpha=20°$。

6. 分度圆

齿轮上作为各部分几何尺寸计算基准的特定圆就是分度圆，分度圆直径以 d 表示，齿厚用 s 表示，齿槽宽用 e 表示，齿距用 p 表示(均不带字母下标)。

显然，分度圆可定义为齿轮具有标准模数和标准压力角的那个圆。每个齿轮上有且只有一个。由式(7－7)可得分度圆直径

$$d=mz \tag{7-9}$$

由式(7－5)和式(7－9)可推出基圆直径

$$d_b=d\cdot\cos\alpha=m\cdot z\cdot\cos\alpha \tag{7-10}$$

7. 齿顶、齿顶高和齿顶圆

轮齿以分度圆为基准，其上直到轮齿顶端的部位称为齿顶。齿顶的径向高度称为齿顶高，用 h_a 表示，齿顶高可用模数表示为

$$h_a=h_a^*\cdot m \tag{7-11}$$

式中：h_a^*——齿顶高系数。正常齿制时，$h_a^*=1$；短齿制时，$h_a^*=0.8$。

分度圆加上两侧齿顶高得到一个以 d_a 为直径的圆作为轮齿的顶部，称为齿顶圆。

$$d_a=d+2h_a=m\cdot z+2h_a^*\cdot m \tag{7-12}$$

8. 齿根、齿根高和齿根圆

分度圆以下直到轮齿底端的部位称为齿根。齿根的径向高度称为齿根高，用 h_f 表示。同样齿根高可用模数表示为

$$h_f=h_a^*\cdot m+c^*\cdot m \tag{7-13}$$

式中：c^*——顶隙系数。正常齿制时，$c^*=0.25$；短齿制时，$c^*=0.3$。

分度圆减去两侧齿根高得到一个以 d_f 为直径的圆作为轮齿的根部，称为齿根圆。

$$d_f=d-2h_f=m\cdot z-2(h_a^*+c^*)m \tag{7-14}$$

齿顶圆与齿根圆之间的径向高度称为全齿高，记作 h。

$$h=h_a+h_f \tag{7-15}$$

9. 齿宽

轮齿沿齿轮轴线方向的宽度称为齿宽，用 b 表示。

10. 中心距

安装后两个齿轮中心之间的距离称为中心距，用 a 表示。

7.4.2 标准齿轮

凡模数、压力角、齿顶高系数与顶隙系数等于标准数值，且分度圆上齿厚与齿槽宽相等的齿轮称为标准齿轮。因此，对于标准齿轮

$$e=s=\frac{p}{2}=\frac{\pi m}{2} \tag{7-16}$$

[**思考题 7.4**] 给出一个渐开线标准直齿圆柱齿轮实物，如何在其上找到分度圆的大致位置。如果有游标卡尺一把，你能否推测出该齿轮的模数？又能否据此在齿轮找到基圆的大致位置，并验证渐开线齿廓的形成过程。

7.5 渐开线直齿圆柱齿轮的啮合传动

[**思考题 7.5**] 通过对前几节的学习，我们理解了齿轮如何依靠渐开线齿廓实现单对齿啮合过程中瞬时传动比恒定，以及如何构造单个的渐开线标准直齿圆柱齿轮。但是当把两个渐开线标准直齿圆柱齿轮放在一起进行啮合传动时，又会有新的问题出现。

问题1：是否任意的两个渐开线齿轮都能配对啮合？满足怎样的条件的两个渐开线齿轮才能配对啮合？

问题2：两个能配对啮合渐开线齿轮怎样安装能使啮合传动最平稳顺畅？

问题3：我们知道渐开线齿廓能实现单对齿啮合过程中瞬时传动比恒定。但是齿轮传动是多对齿连续交替传动。在前一对脱离啮合瞬间，后一对齿必须已经或者至少是正好开始啮合以接替前者工作，否则传动将中断而无法保证传动比恒定。那么如何才能保证齿轮传动的连续性呢？

7.5.1 正确啮合条件

齿轮传动时，它的每一对齿仅啮合一段时间便要分离，而由后一对齿接替。如图7.9所示，一对渐开线齿轮传动时，其齿廓啮合点都应在啮合线 N_1N_2 上，当前一对齿在啮合线上的 K 点接触时，其后一对齿应在啮合线上另一点 K' 接触。如此当前一对齿分离时，后一对齿才能不中断地接替传动。定义齿轮上相邻两齿的同侧齿廓沿法线方向的距离为齿轮的法线齿距，记为 p_n。为了保证前后两对齿同时在啮合线上接触，KK' 必须既是齿轮1的法向齿距，又是齿轮2的法向齿距，即两齿轮若能够正确啮合，则它们的法向齿距应相

等，即有

$$p_{n1}=KK'=p_{n2}$$

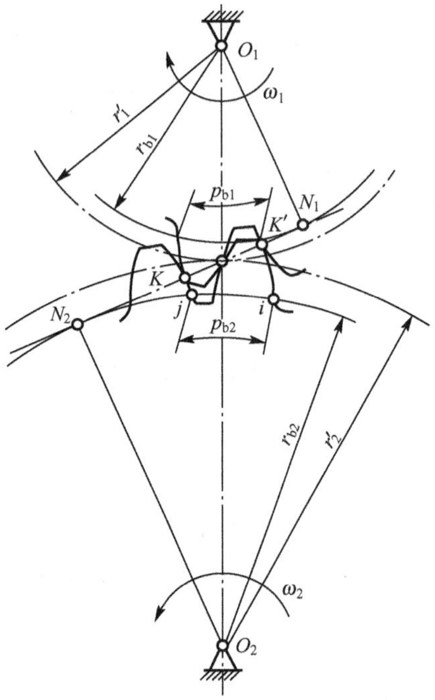

图 7.9　渐开线齿轮正确啮合条件

根据渐开线的性质，发生线参加滚动的线段长和基圆上被滚过的弧长相等，对齿轮 2 有

$$p_{n2}=KK'=N_2K'-N_2K=\overset{\frown}{N_2i}-\overset{\frown}{N_2j}=\overset{\frown}{ji}=p_{b2}$$
$$=\frac{\pi d_{b2}}{z_2}=\frac{\pi d_2\cos\alpha_2}{z_2}=\frac{\pi m_2 z_2\cos\alpha_2}{z_2}=\pi m_2\cos\alpha_2$$

同理，对齿轮 1 有

$$p_{n1}=KK'=\pi m_1\cos\alpha_1$$

由此可得

$$\pi m_1\cos\alpha_1=\pi m_2\cos\alpha_2$$

由于模数和压力角已经标准化，为满足上式，则应使

$$\left.\begin{aligned}m_1=m_2=m\\ \alpha_1=\alpha_2=\alpha\end{aligned}\right\}\tag{7-17}$$

式(7－17)表明，渐开线直齿圆柱齿轮正确的啮合条件是：两齿轮的模数和压力角必须分别相等。

根据齿轮传动的正确啮合条件，齿轮的传动比又可写成

$$i_{12}=\frac{\omega_1}{\omega_2}=\frac{d_2'}{d_1'}=\frac{d_{b2}}{d_{b1}}=\frac{d_2\cos\alpha_2}{d_1\cos\alpha_1}=\frac{d_2}{d_1}=\frac{m_2z_2}{m_1z_1}=\frac{z_2}{z_1}\tag{7-18}$$

7.5.2　正确安装条件和标准中心距

一对齿轮传动时，一齿轮节圆上的齿槽宽与另一齿轮节圆上的齿厚之差称为齿侧间隙。在齿轮传动中，为了消除反向转动空间和减少冲击，要求齿侧间隙等于零。

顶隙是指一对齿轮啮合时，一个齿轮的齿顶圆到另一个齿轮的齿根圆的径向距离。顶隙作用有两个：①可以避免一个齿轮的齿顶与另一个齿轮的齿槽底部发生顶死现象；②为了储存润滑油。顶隙已标准化，标准顶隙等于 $c=c^*m$。

故所谓正确安装就是要保证齿轮传动无齿侧间隙($s_1'=e_2'$或 $s_2'=e_1'$)而有标准顶隙。

由前所述已知，标准齿轮分度圆的齿厚和齿槽宽相等，一对正确啮合的渐开线齿轮的模数相等，即有 $s_1=e_1=\pi m/2=s_2=e_2$。分度圆是单个齿轮就具有的，而节圆只有两个齿轮相互啮合时才出现。若将两标准齿轮的分度圆相切安装，中心距固定，可得 $d_2'+d_1'=d_2+d_1$，又由式(7－18)知 $d_2'/d_1'=d_2/d_1$，则 $d_1'=d_1$，$d_2'=d_2$，此时分度圆和节圆重合，有 $s_1'=s_1=\pi m/2=e_2=e_2'$，齿侧间隙等于零。如此安装的中心距称为标准中心距，用 a 表示。

$$a=r_1'+r_2'=r_1+r_2=\frac{m}{2}(z_1+z_2)\tag{7-19}$$

可见标准齿轮按标准中心距安装即满足正确安装条件。

7.5.3 连续传动条件和重合度

若要一对渐开线齿轮连续不断地传动，就必须使前一对齿终止啮合之前后续的一对齿及时进入啮合。图 7.10 所示为一对互相啮合的齿轮。设齿轮 1 为主动轮，齿轮 2 为从动轮。进入啮合时，主动轮 1 的齿根推动从动轮的齿顶，起始点是从动轮 2 齿顶圆与理论啮合线 N_1N_2 的交点 B_2，随着轮 1 推动轮 2 转动，两齿廓的啮合点沿着啮合线移动。当啮合点移动到齿轮 1 的齿顶圆与啮合线的交点 B_1 时(图中虚线位置)，这对齿廓终止啮合，两齿廓即将分离。故啮合线 N_1N_2 上的线段 B_1B_2 为齿廓啮合点的实际轨迹，称为实际啮合线，线段 N_1N_2 称为理论啮合线。因基圆内无渐开线，故理论啮合线为理论上可能的最大啮合线段。由图可见，当一对轮齿在 B_2 点开始啮合时，前一对轮齿仍在 K 点啮合，说明前一对齿终止啮合之前后续的一对齿及时进入啮合，则传动就能连续进行。这时实际啮合线段 B_1B_2 的长度大于单个齿轮的法向齿距。所以，保证连续传动的条件是使实际啮合线长度大于或至少等于齿轮的法向齿距 $p_n(p_n=p_b)$。

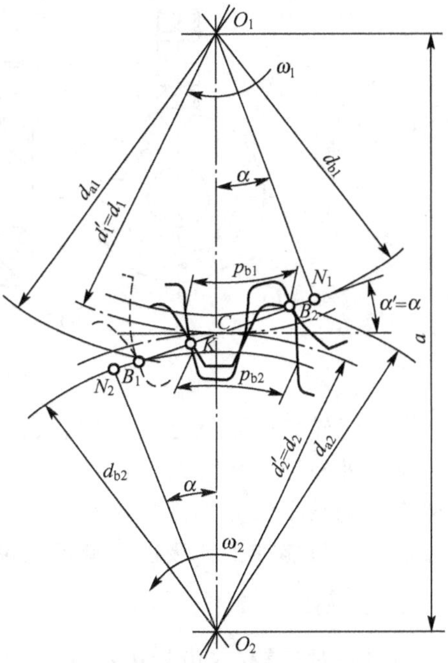

图 7.10 连续传动条件

通常将实际啮合线长度与基圆齿距之比称为齿轮的重合度，用 ε 表示，即

$$\varepsilon=\frac{\overline{B_1B_2}}{p_b}\geqslant 1 \tag{7-20}$$

由于制造安装的误差，为保证齿轮连续传动，重合度 ε 必须大于 1。ε 大，表明同时参加啮合的齿对数多，传动平稳；且每对齿所受平均载荷小，从而能提高齿轮的承载能力。对于渐开线标准直齿圆柱齿轮传动，其重合度 ε 都大于 1，故不必验算。

7.6 渐开线圆柱齿轮的加工

7.6.1 渐开线齿轮加工方法

齿轮的齿廓加工方法有铸造、热轧、冲压、粉末冶金和切削加工等。最常用的是切削加工法，根据切齿原理的不同，可分为成形法和展成法两种。

1. 成形法

用与渐开线齿槽形状相同的成形刀具直接切出齿形的方法称为成形法。

单件小批量生产中，加工精度要求不高的齿轮，常在万能铣床上用成形铣刀加工。成形铣刀分盘形铣刀(图 7.11(a))和指形铣刀(图 7.11(b))两种。这两种刀具的轴向剖面均做成渐开线齿轮齿槽的形状。加工时齿轮毛坯固定在铣床上，每切完一个齿槽，工件退出，分度头使齿坯转过 360°/z(z 为齿数)再进刀，依次切出各齿槽。

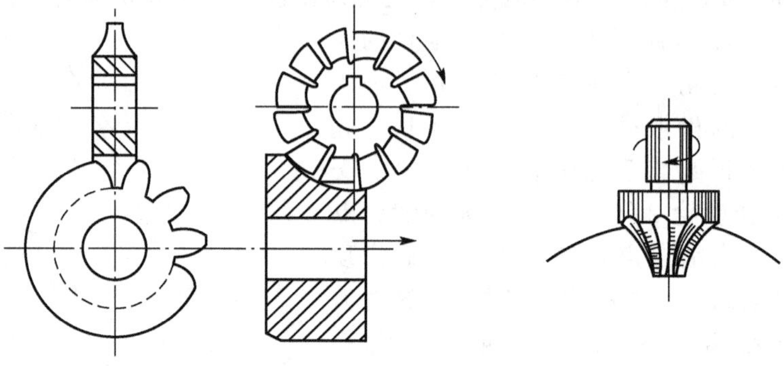

图 7.11　成形法铣齿

渐开线轮齿的形状是由模数、齿数、压力角三个参数决定的。为减少标准刀具种类，相对每一种模数、压力角，设计 8 把或 15 把成形铣刀，在允许的齿形误差范围内，用同一把铣刀铣某个齿数相近的齿轮。成形法铣齿不需要专用机床，但齿形误差及分齿误差都较大，一般只能加工 9 级以下精度的齿轮。

2. *展成法*

利用一对齿轮(或齿轮齿条)啮合时其共轭齿廓互为包络线原理切齿的方法称为展成法(又称范成法或包络线法)。目前生产中大量应用的插齿、滚齿、剃齿、磨齿等都采用展成法原理。

1) 插齿

插齿是利用一对齿轮啮合的原理进行展成加工的方法(图 7.12)。

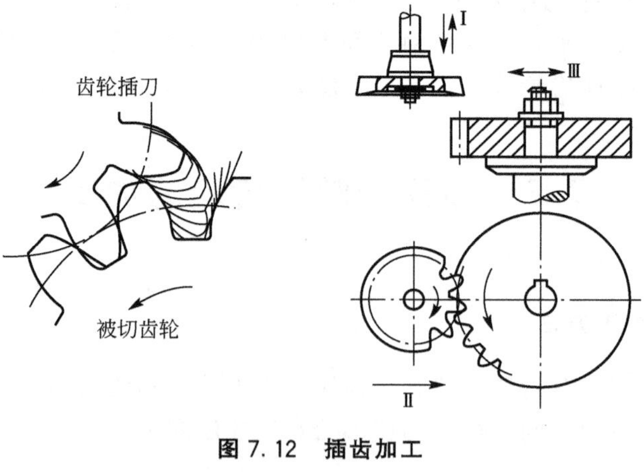

图 7.12　插齿加工

插齿刀实质上是一个淬硬的齿轮，但齿部开出前、后角，具有刀刃，其模数和压力角与被加工齿轮相同。插齿时，插齿刀沿齿坯轴线做上下往复切削运动，同时通过专用机床(插齿机)的传动链系统强制性地使插齿刀的转速 $n_{刀具}$ 与齿坯的转速 $n_{工件}$ 保持一对渐开线齿轮啮合的运动关系，称为展成运动，即

$$\frac{n_{刀具}}{n_{工件}}=\frac{z_{工件}}{z_{刀具}} \tag{7-21}$$

式中：$z_{刀具}$——插齿刀齿数；

$z_{工件}$——被切齿轮齿数。

由于插齿刀上下往复切削运动的速度很快，在齿坯与刀具做展成运动转过微小角度的过程中，刀具已上下往复切削很多次，每一次切削，刀具都在齿坯留下一道渐开线刀刃切痕。而在每个齿加工过程中，所有这些渐开线刀刃切痕(对应刀具每次切削相对于齿槽占据的位置)的包络线就构成了被加工齿轮的渐开线齿廓。如此就能加工出与插齿刀有相同模数、压力角并具有给定齿数的渐开线齿轮。

图 7.13 为齿条插刀加工齿轮的情况。当齿轮插刀的齿数增至无穷多时，其基圆半径变为无穷大，渐开线齿廓变为直线齿廓，齿轮插刀便变为齿条插刀。其加工原理与齿轮插刀切削齿轮相同，但制造容易，精度高，生产效率低。图 7.14 所示为齿条插刀的刀刃形状，其刀顶高比齿条的齿顶高高出 c^*m，以便切出齿轮的齿根，保证传动时的顶隙。

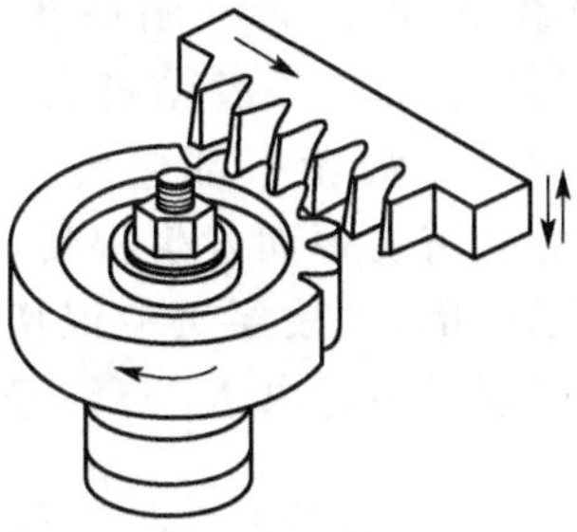

图 7.13 齿条插刀加工齿轮

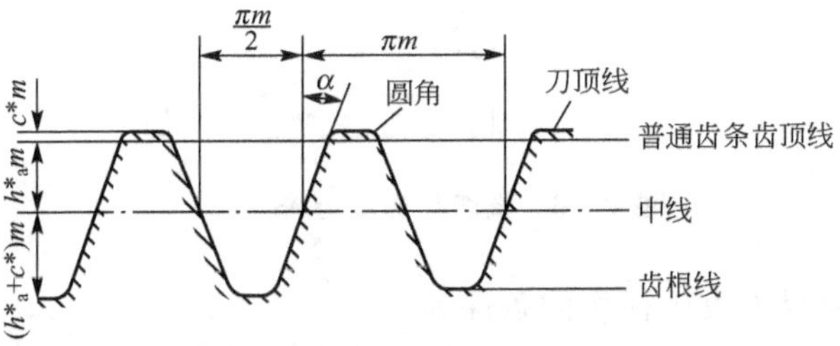

图 7.14 齿条插刀的齿廓形状

2) 滚齿

图 7.15 为齿轮滚刀加工轮齿的情况。齿轮滚刀是开有纵向槽(排屑和形成刀具刀刃)的蜗杆形状的刀具(蜗杆有关内容见第 8 章)。由于滚刀轴向截面是齿条形状，所以滚刀与轮坯分别绕本身轴线转动时，在轮坯回转面内，齿条在移动，相当于齿条与齿轮的啮合传动，同时，滚刀还沿轮坯轴线做进给运动，从而切出一系列渐开线外形。它也是按展成法原理加工齿轮，刀具多次切削刀痕的包络线形成被切齿轮的渐开线齿廓。

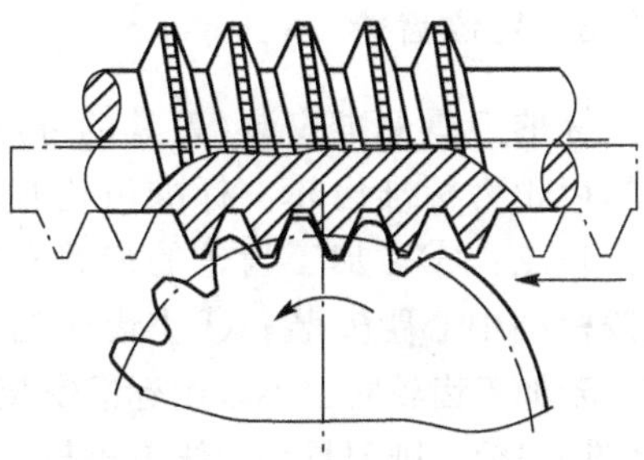

图 7.15 滚齿加工齿轮

由于滚刀加工是连续切削，而插刀加工是断续切削。所以，滚刀加工生产率较高，是目前应用最为广泛的加工方法。但是在切削时，被切齿廓略有误差，因此，加工精度略低。

7.6.2 渐开线标准齿轮的根切现象以及不发生根切的最少齿数

标准刀具标准安装采用展成法原理加工标准齿轮时，如果齿轮的齿数太少，会出现靠近轮齿根部的渐开线齿廓被刀具切削掉一部分的现象，称为根切，如图 7.16 虚线部位所示。根切使轮齿根部削弱，降低轮齿的弯曲强度，还会使重合度减小，影响运转平稳性，故应设法避免根切的发生。

为什么会发生根切呢？以用齿条插刀加工标准齿轮为例(图 7.16)，N_1 点为被加工齿轮基圆与啮合线的切点，由于基圆内部没有渐开线，故该点为刀具齿条和被加工齿轮按范成原理做假想啮合中齿廓上啮合的理论极限点。当刀具的齿顶线正好经过 N_1 时(图中实线位置)，由于一对齿轮实际上是从主动轮(刀具)的齿顶线与啮合线的交点脱离啮合，显然，当刀具与被加工齿轮啮合到 N_1 后即脱离接触，可加工出完整的齿廓渐开线段(图中实线所示齿廓)。但是，若刀具的顶线超出了 N_1(图中虚线位置)，刀具与被加工齿轮啮合到 N_1 后没有脱离，齿轮根部包含部分渐开线齿廓会被切掉而发生根切(图中虚线所示齿廓)。故要避免根切就必须使刀具顶线不超出 N_1 点。经几何推导可得不发生根切的条件为

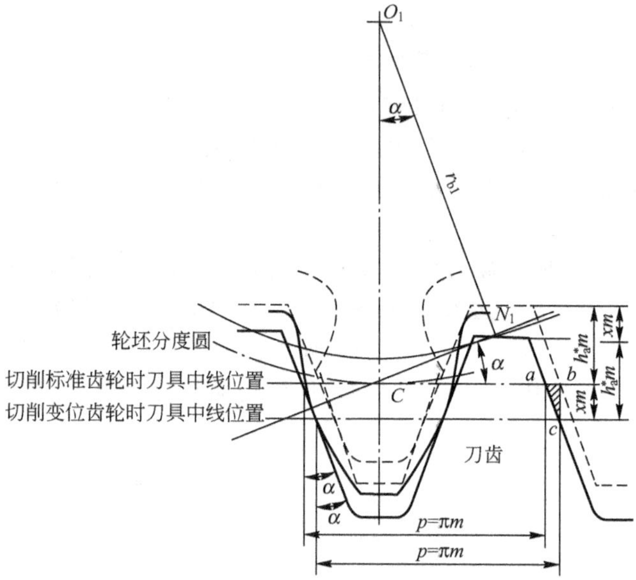

图 7.16　根切与变位齿轮

$$z \geqslant \frac{2h_a^*}{\sin^2\alpha} \tag{7-22}$$

可见为了避免根切，则齿数 z 不得少于某一最少限度，用展成法加工齿轮时，对于被加工的正常齿制标准直齿圆柱齿轮的最少齿数的数值为：当 $h_a^*=1$ 和 $\alpha=20°$时，$z_{min}=17$。

7.6.3　变位齿轮

标准刀具标准安装(刀具的分度圆(或线)与轮坯的分度圆相切)范成加工，这样加工出来的齿轮为标准齿轮。标准齿轮有设计简单、互换性好的优点，但在实际应用中也暴露出如下缺点：①被加工齿轮的齿数不得小于最少齿数，否则用会产生根切；②两齿轮啮合只能按标准中心距安装；③小齿轮的齿根厚度小于大齿轮的，使小齿轮更容易损坏。

若加工齿轮时，不采用标准安装，而是将刀具相对于轮坯中心向外移出或向内移近一段距离(图 7.16)，则刀具的中线不再与轮坯的分度圆相切。刀具移动的距离 xm 称为变位量，其中 m 为模数，x 称为变位系数，并规定刀具相对于轮坯中心向外移出的变位系数为正，反之为负。对应于 $x>0$、$x=0$ 及 $x<0$ 的变位分别称为正变位、零变位和负变位。这种用改变刀具与轮坯相对位置来加工齿轮的方法称为变位修正法，采用变位修正法加工出来的齿轮称为变位齿轮。

与标准齿轮相比，变位齿轮分度圆和基圆不变，分度圆上模数和压力角也不变，但齿厚和齿槽宽改变不再相等，齿顶高和齿根高也变了。齿廓曲线和标准齿轮的齿廓曲线是同一基圆形成的渐开线，只是截取的部位不同而已，如图 7.17 所示。正变位齿轮分度圆齿厚和齿根圆齿厚增大，轮齿强度增大，负变位齿轮齿厚的变化恰好相反，轮齿强度削弱。

变位齿轮传动与标准齿轮传动相比，有如下优点：①可以制出齿数小于 z_{min} 而无根切

的小齿轮，从而可以减小齿轮机构的尺寸和质量；②合理选择两轮的变位系数，使大小齿轮的强度接近并降低两轮齿根部位的磨损，从而提高了传动的承载能力和耐磨性能；③等移距变位齿轮传动能保持标准中心距，故可取代标准齿轮传动并改善传动质量。主要缺点是：①互换性差，必须成对设计、制造和使用；②重合度略为降低。由于变位齿轮与标准齿轮相比具有很多优点，而且并不增加设计制造难度，因此，变位齿轮在机械中得到广泛应用。

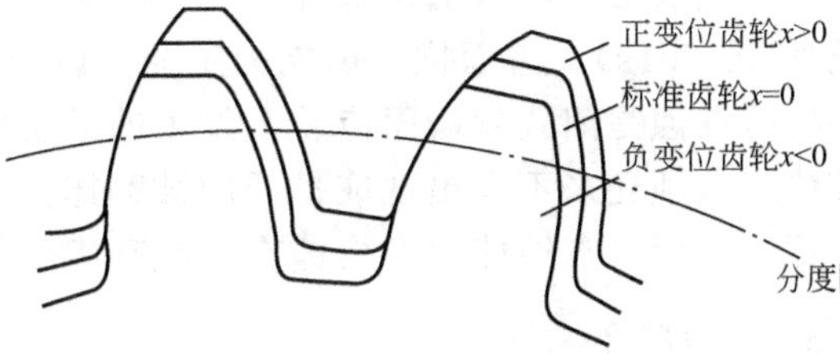

图 7.17 变位齿轮齿廓

[**思考题 7.6**] 变位齿轮和标准齿轮比较，哪些参数发生了变化？

7.7 齿轮的失效形式及齿轮材料

7.7.1 齿轮轮齿的失效形式

齿轮传动的失效一般是轮齿的失效。常见的失效形式有轮齿折断、齿面点蚀、齿面磨损、齿面胶合及塑性变形等几种形式。

1. 轮齿折断

齿轮受力后，相当于悬臂梁受载，齿根处弯曲应力最大，且齿根处有较大的应力集中，故折断一般都发生在齿根(图 7.18)。

从现象上分，宽度不大的直齿轮，折断是沿齿根的全齿宽方向，称为整体折断。而斜齿因接触线倾斜，轮齿受载后，如有载荷集中时就会发生沿接触线方向的局部折断。

从原因上看，受冲击载荷或短时过载作用，突然发生的轮齿折断(尤其见于脆性材料淬火钢、铸钢)，称为过载折断。而在交变载荷反复作用下，齿根弯曲应力超过允许限度时，齿根受拉一侧产生疲劳裂纹，齿根应力集中(形状突变、刀痕等)加速裂纹扩展发生的轮齿折断，称为疲劳折断。

轮齿折断是闭式硬齿面齿轮上发生的最主要的失效形式。

图 7.18 轮齿折断

增大齿根过渡圆角半径，消除加工刀痕可减小齿根应力集中；增大轴支承的刚性，可使轮齿接触线上受载较为均匀；采用合适的热处理方法使齿芯材料具有足够的韧性；采用喷丸、滚压等工艺措施对齿根表层进行强化处理都可提高齿轮抗弯曲疲劳能力。

2. 齿面点蚀

齿轮啮合传动属于高副接触，接触线上存在表面接触应力。若齿面接触应力超出材料允许的接触疲劳极限时，在载荷的多次重复作用下，齿面表层就会产生细微的疲劳裂纹，裂纹的蔓延扩展最终闭合使闭合区域内金属材料剥落下来而形成小的凹坑，称为疲劳点蚀。疲劳点蚀可使轮齿啮合情况恶化而报废。实践表明疲劳点蚀首先出现在齿根表面靠近节线处(图 7.19)。齿面抗点蚀能力主要与齿面硬度有关，硬度越高，抗点蚀能力越强。

疲劳点蚀是闭式软齿面齿轮上发生的最主要的失效形式。在开式传动中，由于齿面磨损较快，点蚀还来不及出现或扩展即被磨掉。所以一般看不到点蚀现象。

提高齿面抗点蚀能力的措施有：提高齿轮材料的硬度；在啮合的轮齿间加注润滑油。

3. 齿面胶合

在高速重载传动中，齿面压力大，相对滑动速度高，常因啮合区温度升高而引起润滑失效，致使两齿面金属直接接触并相互粘连。当两齿面相对运动时，较软的齿面沿滑动方向被撕脱形成沟纹状伤痕(图 7.20)，这种现象称为齿面胶合。在低速重载传动中，由于齿面间的润滑油膜不易形成也可能产生胶合破坏。

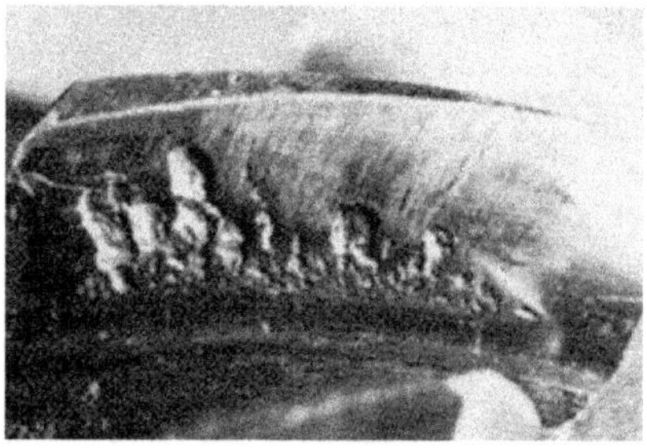

图 7.19 齿面点蚀

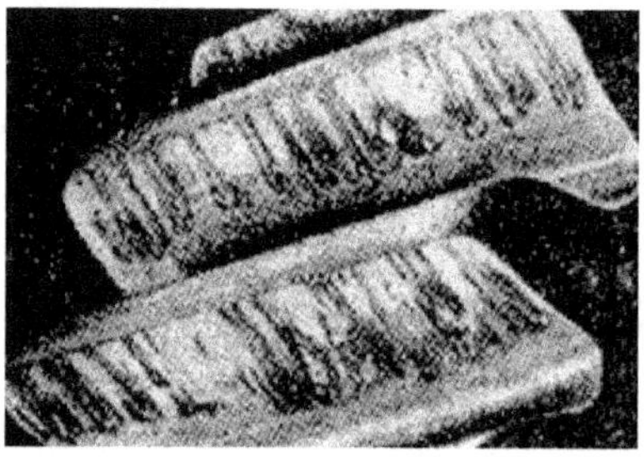

图 7.20 齿面胶合

提高齿面硬度和减小粗糙度值能增强抗胶合能力，对于低速传动采用黏度较大的润滑油；对于高速传动采用含抗胶合添加剂的润滑油也很有效。

4. 齿面磨损

齿面磨损是指齿轮啮合过程中由于表面摩擦而引起的材料损耗，它会使齿廓失去准确形状(图 7.21)，传动不平稳，噪声、冲击增大或无法工作。

图 7.21 齿面磨损

齿面磨损通常有跑合磨损和磨粒磨损两种形式。

跑合磨损特指由于新的齿轮加工后表面具有一定的粗糙度，受载时实际上只有部分峰顶接触，接触处压强很高，因而在开始运转期间，磨损速度和磨损量都较大，磨损到一定程度后，摩擦面逐渐光洁，压强减小、磨损速度趋于缓慢的磨损现象。生产中人们常常有意识地对新齿轮副在轻载下进行跑合，为随后的正常磨损创造有利条件。但应注意，跑合结束后，必须清洗和更换润滑油。

磨粒磨损通常指在开式传动中，由于灰尘、硬屑粒等进入齿面啮合区充当磨料而引起的磨损。它是开式齿轮传动的主要失效形式。

采用闭式传动、减小齿面粗糙度值和保持良好的润滑可以防止或减轻齿面磨损。

5. 塑性变形

软齿面齿轮在低速重载或有短时过载的传动中，由于摩擦力的作用可能出现齿面表层金属沿滑动方向流动而发生塑性变形(图 7.22)。

对于主动轮，在节线以上和以下啮合时的齿面相对滑动速度方向都指向节线，所以对应摩擦力背离节线，塑变后在齿面节线处产生凹槽。对于从动轮相对滑动速度方向背离节线，摩擦力指向节线，塑变后在齿面节线处形成凸脊。

提高轮齿抗塑性变形能力的措施：提高轮齿齿面硬度；采用高黏度的或加有极压添加剂的润滑油等。

图 7.22 塑性变形

7.7.2 齿轮传动的设计准则

齿轮传动设计时，针对不同的工作情况及失效形式，都应分别确立相应的设计准则，即先针对主要失效形式进行齿轮强度计算，确定齿轮的主要参数和几何尺寸，然后再针对其他次要的失效形式进行必要的校核。

常见工作情况下的设计准则，见表 7-2。

表 7-2 齿轮传动的设计准则

齿轮工作条件	主要失效形式	设计准则
软齿面闭式齿轮传动	齿面点蚀	按齿面接触疲劳强度设计 校核齿根弯曲疲劳强度
硬齿面闭式齿轮传动	齿根折断	按齿根弯曲疲劳强度设计 校核齿面接触疲劳强度
开式齿轮传动	磨损	只按齿根弯曲疲劳强度设计，确定模数 m，再将 m 值加大 10%～15%，以考虑磨损的影响

7.7.3 齿轮材料及热处理

由轮齿的失效分析可知，对齿轮材料的基本要求是：齿面硬度高、齿芯韧性好。选择材料和热处理方法时，主要根据工作条件、结构尺寸、毛坯成形方法、经济性等方面的要求来确定。最常用的齿轮材料是锻钢，其次是铸钢、铸铁，以及非金属材料。

对于软齿面齿轮(齿面硬度≤350HBW)，常选用中碳钢和中碳合金钢轮坯进行调质或正火处理，然后进行插齿或滚齿加工。软齿面齿轮适用于强度、精度要求不高的场合，成本较低。在确定大、小齿轮硬度时应使小齿轮齿面硬度比大齿轮齿面硬度高 30～50 HBW。这是因为小齿轮受载荷更频繁，且小齿轮齿根较薄，为使两齿轮的轮齿接近等强度，小齿轮的齿面要比大齿轮的齿面硬一些。

对于硬齿面齿轮(齿面硬度>350HBW)，常选用中碳钢经表面淬火处理，或低碳钢渗碳淬火处理，精度高时热处理后须磨齿加工。当大小齿轮都是硬齿面时，小齿轮的齿面硬度应略高，也可和大齿轮相同。硬齿面齿轮一般适用于高速重载及尺寸受结构限制要求紧凑的场合。

当齿轮的尺寸较大(大于 400mm)时，一般采用铸造毛坯。低速轻载时可选用铸铁，球墨铸铁的力学性能和抗冲击能力比灰铸铁高，可代替铸钢铸造大直径齿轮。

非金属材料的弹性模量小，且能减轻动载和降低噪声，适用于高速轻载、精度要求不高的场合，常用的有夹布胶木、尼龙和工程塑料等。

齿轮常用材料参见表 7－3。

表 7－3　常用齿轮材料及性能

材料	材料牌号	热处理方法	齿面硬度	应用范围
优质碳素钢	45	正火	156～217 HBW	低速轻载
		调质	197～286 HBW	低速中载
		表面淬火	40～50HRC	高速中载或冲击很小
合金钢	40Cr	调质	217～286HBW	中速中载
		表面淬火	48～55HRC	高速中载，无剧烈冲击
	42SiMn	调质	217～269HBW	
		表面淬火	45～55 HRC	
	20Cr	渗碳淬火	56～62 HRC	高速中载，承受冲击
	20CrMnTi	渗碳淬火	56～62HRC	
铸钢	ZG310－570	正火	163～197 HBW	中速中载，小冲击
	ZG340－640		179～207 HBW	
灰铸铁	HT300	—	187～255 HBW	低速轻载，冲击很小
	HT350		197～269HBW	
球墨铸铁	QT500－5	正火	147～241 HBW	低、中速轻载，小冲击
	QT600－2		220～280 HBW	

注：不同硬度指标 HBW、HRC、HV 之间的换算，参见附表 1。

7.8　渐开线直齿圆柱齿轮传动的强度计算

7.8.1　受力分析和计算载荷

为计算齿轮强度，设计轴、轴承等轴系零件，需要分析轮齿上的作用力和工作载荷。

设一对标准直齿圆柱齿轮按标准中心距安装，以两轮齿在节点 C 处啮合时齿宽中点作为力的作用点(计算点)，若忽略齿面间的摩擦力，则轮齿间相互作用力为法向压力 $\boldsymbol{F}_n$，其方向始终沿啮合线且大小不变。如图 7.23 所示，法向压力 $\boldsymbol{F}_n$可分解为两个互相垂直的分力，即切于分度圆上的圆周力 $\boldsymbol{F}_t$ 和指向齿轮中心的径向力 $\boldsymbol{F}_r$。根据力的平衡条件可得

$$\left.\begin{aligned}&\text{圆周力}\quad F_{t1}=\frac{2T_1}{d_1}(\mathrm{N})\\&\text{径向力}\quad F_{r1}=F_{t1}\tan\alpha(\mathrm{N})\\&\text{法向力}\quad F_{n1}=\frac{F_{t1}}{\cos\alpha}(\mathrm{N})\end{aligned}\right\}\qquad(7-23)$$

式中：T_1——主动轮转矩 $T_1=9.55\times10^6P_1/n_1$（N·mm），其中 P_1 为齿轮传递功率（kW），n_1 为主动轮转速（r/min）；

d_1——主动轮分度圆直径（mm）；

α——压力角，对标准齿轮 $\alpha=20°$。

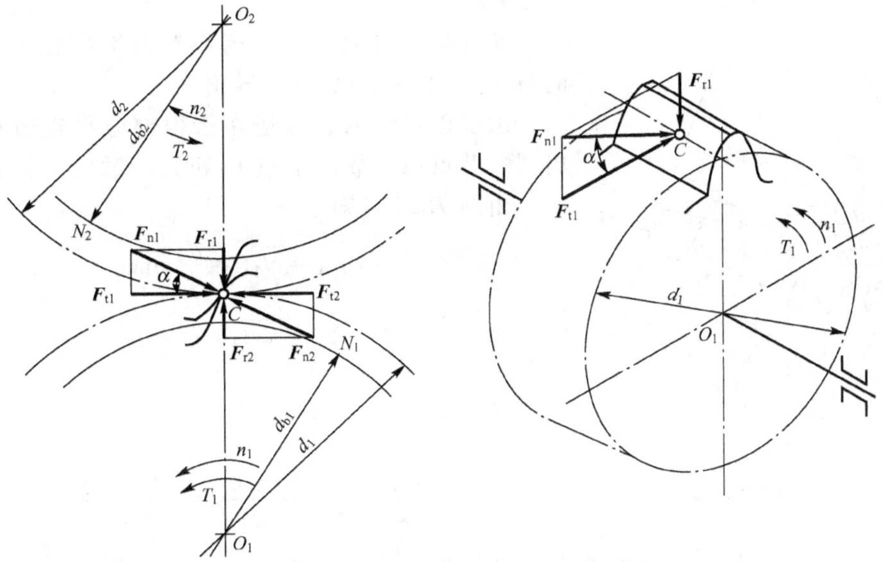

图 7.23 直齿圆柱齿轮传动的作用力

主、从动轮上对应的分力大小相等、方向相反：$F_{t1}=-F_{t2}$；$F_{r1}=-F_{r2}$；$F_{n1}=-F_{n2}$。主、从动齿轮的径向力方向由作用点指向各自圆心。主动齿轮所受的力是阻力，故圆周力 $\boldsymbol{F}_{t1}$ 方向与主动齿轮上 C 点的速度方向相反，从动齿轮所受的力是驱动力，圆周力 $\boldsymbol{F}_{t2}$ 与从动齿轮上 C 点的速度方向相同。

上述载荷 $\boldsymbol{F}_n$、$\boldsymbol{F}_t$、$\boldsymbol{F}_r$ 均是作用在轮齿上理想状态下的名义载荷，但由于制造安装误差或变形等原因，使得载荷沿齿宽方向分布不均，各轮齿间载荷分布不均以及原动机和工作机载荷特点不同，都会产生附加动载荷，造成齿轮工作时所承受的实际载荷大于名义载荷。故用计算载荷 KF_n 代替名义载荷 F_n 以考虑载荷集中和附加动载荷的影响，K 称为载荷系数，表 7-4 中给出 K 估值范围，仅供做练习参考。

表 7-4 载荷系数 K

载荷状态	工作机举例	原动机		
		电动机	多缸内燃机	单缸内燃机
平稳轻微冲击	均匀加料的运输机、发电机、透平鼓风机和压缩机、机床辅助传动等	1～1.2	1.2～1.6	1.6～1.8
中等冲击	不均匀加料的运输机、重型卷扬机、球磨机、多缸往复式压缩机等	1.2～1.6	1.6～1.8	1.8～2.0
较大冲击	冲床、剪床、钻机、轧机、挖掘机、重型给水泵、破碎机、单缸往复式压缩机等	1.6～1.8	1.9～2.1	2.2～2.4

注：斜齿或圆周速度低、传动精度高、齿宽系数小时，取小值；直齿或圆周速度高、传动精度低时，取大值；齿轮在轴承间不对称布置时取大值。

7.8.2 齿面接触疲劳强度计算

齿面接触疲劳强度是指轮齿表面抵抗点蚀失效的能力。为避免齿面发生点蚀失效，应进行齿面接触疲劳强度计算。其计算准则为计算点的齿面计算接触疲劳应力应小于或等于齿轮材料的许用接触疲劳应力，即 $\sigma_H \leqslant \sigma_{HP}$。

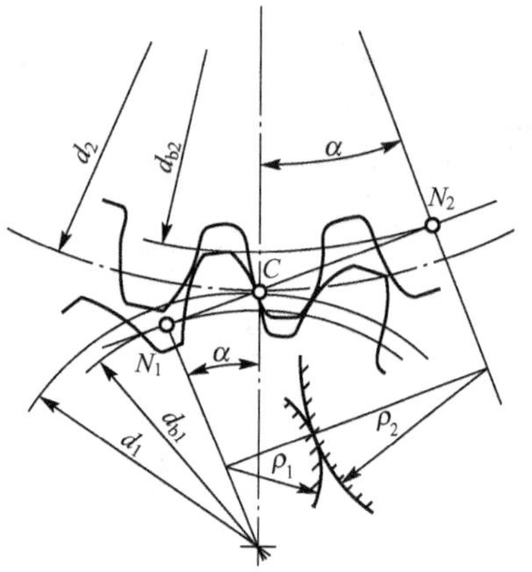

图 7.24　齿面接触应力

实际表面接触应力可用弹性力学中关于接触应力的赫兹公式(见式(2-6))导出。

由齿面点蚀内容知道在齿根部分靠近节点处最易出现疲劳点蚀，故取节点 C 处的接触应力作为计算依据，由图 7.24 可知

$$\rho_1=\overline{N_1C}=\frac{d_1}{2}\sin\alpha$$

$$\rho_2=\overline{N_2C}=\frac{d_2}{2}\sin\alpha$$

设齿数比 $u=\frac{z_2}{z_1}\geqslant 1$，有

$$\frac{1}{\rho_1}\pm\frac{1}{\rho_2}=\frac{\rho_2\pm\rho_1}{\rho_1\rho_2}=\frac{2}{d_1\sin\alpha}\frac{u\pm 1}{u}$$

在节点处，一般仅有一对齿啮合，即载荷由一对齿承担，并由计算载荷 $KF_n=KF_t/\cos\alpha=2KT_1/(d_1\cos\alpha)$，将齿轮节点 C 处的相应参数代入式(2-6)，可得到齿轮齿面接触疲劳应力

$$\sigma_H=\sqrt{\frac{KF_n\times\frac{2}{d_1\sin\alpha}\times\frac{u\pm 1}{u}}{\pi b\left(\frac{1-\mu_1^2}{E_1}+\frac{1-\mu_2^2}{E_2}\right)}}=\sqrt{\frac{1}{\pi\left(\frac{1-\mu_1^2}{E_1}+\frac{1-\mu_2^2}{E_2}\right)}}\sqrt{\frac{2}{\sin\alpha\cos\alpha}}\sqrt{\frac{2KT_1}{bd_1^2}\frac{u\pm 1}{u}}$$

令 $Z_E=\sqrt{\frac{1}{\pi\left(\frac{1-\mu_1^2}{E_1}+\frac{1-\mu_2^2}{E_2}\right)}}$，$Z_H=\sqrt{\frac{2}{\sin\alpha\cos\alpha}}$

式中：Z_E——齿轮材料弹性系数，与齿轮材料特性有关，可从表 7-5 中查取；

Z_H——节点区域系数，对于标准直齿轮，$Z_H=2.5$。

表 7-5　材料弹性系数 $Z_E(\sqrt{\text{MPa}})$

小齿轮材料	大齿轮材料			
	钢	铸钢	球墨铸铁	灰铸铁
钢	189.8	188.9	181.4	162.0
铸铁	—	188.0	180.5	161.4
球墨铸铁	—	—	173.9	156.6
灰铸铁	—	—	—	143.7

按现行国家标准：渐开线圆柱齿轮承载能力计算方法(GB/T 3480—1997)和渐开线直齿和斜齿圆柱齿轮承载能力计算方法—工业齿轮应用(GB/T 19406—2003)的规定，齿轮齿面计算接触疲劳计算应力尚需引入多项修正系数，经适当简化(忽略近似为1的修正系数)。齿面计算接触疲劳计算应力为

$$\sigma_H = Z_H Z_E \sqrt{\frac{2KT_1}{bd_1^2}\frac{u\pm1}{u}}$$

可得标准齿轮传动的齿面接触疲劳强度校核公式为

$$\sigma_H = Z_H Z_E \sqrt{\frac{2KT_1}{bd_1^2}\frac{u\pm1}{u}} \leqslant \sigma_{HP} \tag{7-24}$$

为将式(7-24)中尺寸参数提到不等号一侧，引入齿宽系数 $\psi_d = b/d_1$，则式(7-24)可转化为按齿面接触疲劳强度设计公式

$$d_1 \geqslant \sqrt[3]{\frac{2KT_1}{\psi_d}\frac{u\pm1}{u}\left(\frac{Z_H Z_E}{\sigma_{HP}}\right)^2} \tag{7-25}$$

式中：ψ_d——由表7-6查取。

表7-6 齿宽系数 ψ_d

齿轮相对于轴承的布置	齿面硬度	
	软齿面	硬齿面
对称布置	0.8～1.4	0.4～0.9
不对称布置	0.6～1.2	0.3～0.6
悬臂布置	0.3～0.4	0.2～0.25

注：1. 斜齿轮与人字齿轮可取较大值。
2. 载荷平稳、轴的刚度较大时可取大值；变载荷、轴的刚度小时宜选小值。

一对齿轮啮合，两齿面接触应力相等，但两轮的许用接触应力 σ_{HP} 可能不同，应将 σ_{HP1} 与 σ_{HP2} 中之较小值代入式(7-25)中进行计算。

影响齿面接触疲劳的主要参数是齿轮直径 d(或中心距 a)、齿宽 b，d 的效果更明显些。决定 σ_{HP} 的因素主要是材料及齿面硬度，所以提高齿面接触疲劳强度的途径有加大齿轮直径 d、适当增大齿宽 b(或齿宽系数)、选择强度较高的材料和热处理方式、提高轮齿表面硬度。

7.8.3 齿根弯曲强度计算

为了避免齿轮工作时发生轮齿折断失效，应进行齿根弯曲强度计算。其计算准则为危险截面的计算弯曲应力应小于或等于齿轮材料的许用弯曲应力，即 $\sigma_F \leqslant \sigma_{FP}$。

假定载荷仅由一对轮齿承担，轮齿受弯力学模型可按悬臂梁计算(图7.25)。在齿顶啮合时，齿根弯矩最大，且齿根圆角部分又有应力集中，故齿根受拉应力边裂纹易扩展，是弯曲疲劳的危险区。故取轮齿在渐开线齿廓

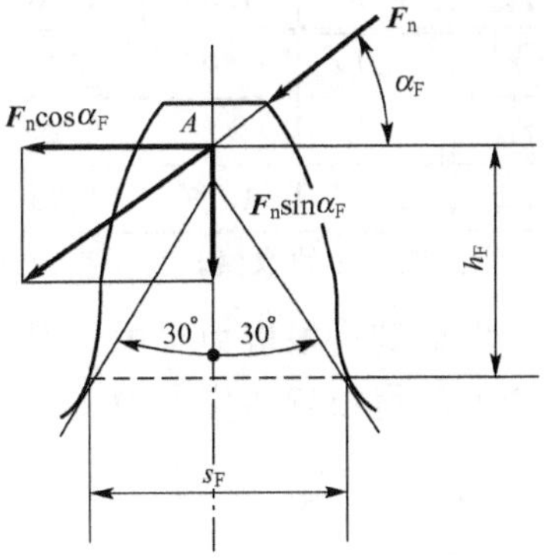

图7.25 齿根危险截面

与齿顶圆交点处啮合时啮合线与轮齿对称中心线交点 A 为计算点。

齿根折断危险截面可用 30°切线法确定，即作两条与轮齿对称中心线均成 30°夹角且与两齿根过渡圆角分别相切的斜线，两切点连线处即为危险截面位置。令危险截面到受力计算点 A 的垂直距离为 h_F，危险截面处轮齿厚为 s_F。

作用在计算点 A 沿啮合线方向作用于齿顶的法向力 F_n 可分解为互相垂直的两个分力 $F_n\cos\alpha_F$ 和 $F_n\sin\alpha_F$。前者使齿根产生弯曲应力，后者使齿根产生压缩应力。因压缩变形可忽略不计，故在计算轮齿弯曲疲劳强度时只考虑弯曲应力。根据工程力学知识，危险剖面上的弯曲应力为

$$\sigma_F=\frac{M}{W}=\frac{KF_n\cos\alpha_F\times h_F}{\frac{bs_F^2}{6}}=\frac{6KF_t\cos\alpha_F\times h_F}{bs_F^2\cos\alpha}=\frac{KF_t}{bm}\cdot\frac{6\left(\frac{h_F}{m}\right)\cos\alpha_F}{\left(\frac{s_F}{m}\right)^2\cos\alpha}$$

令

$$Y_{Fa}=\frac{6\left(\frac{h_F}{m}\right)\cos\alpha_F}{\left(\frac{s_F}{m}\right)^2\cos\alpha}$$

Y_{Fa} 称为齿形系数。代入 $F_t=2T_1/d_1$ 和 $d_1=mz_1$，可得

$$\sigma_F=\frac{2KT_1Y_{Fa}}{bd_1m}=\frac{2KT_1Y_{Fa}}{bm^2z_1}$$

对于齿形系数 Y_{Fa}，因 h_F 和 s_F 均与模数 m 成正比，故 Y_{Fa} 值只与齿形中的尺寸比例有关，而与模数 m 无关，对于标准齿轮仅与齿数 z 有关。正常齿制标准齿轮的 Y_{Fa} 值可根据齿数 z 由表 7－7 查得。

表 7－7　标准齿轮齿形系数 Y_{Fa} 和应力修正系数 Y_{Sa}

z	12	14	16	17	18	19	20	21	22	23
Y_{Fa}	3.47	3.22	3.03	2.97	2.91	2.85	2.80	2.76	2.72	2.69
Y_{Sa}	1.44	1.47	1.51	1.52	1.53	1.54	1.55	1.56	1.57	1.58
z	24	25	26	27	28	29	30	35	40	45
Y_{Fa}	2.65	2.62	2.60	2.57	2.55	2.53	2.52	2.45	2.40	2.35
Y_{Sa}	1.58	1.59	1.60	1.60	1.61	1.62	1.63	1.65	1.67	1.68
z	50	60	70	80	90	100	120	150	200	∞
Y_{Fa}	2.32	2.28	2.24	2.22	2.20	2.18	2.16	2.14	2.12	2.06
Y_{Sa}	1.70	1.73	1.75	1.77	1.78	1.79	1.81	1.83	1.87	1.97

注：表中 z 的取值，对于直齿圆柱齿轮取其实际齿数；对于斜齿圆柱齿轮取其当量齿数 z_v。

考虑到齿根应力集中，引入应力修正系数 Y_{Sa}（根据齿数 z 由表 7－7 查得），可得危险剖面上的齿根弯曲应力为

$$\sigma_F=\frac{2KT_1Y_{Fa}Y_{Sa}}{bm^2z_1}$$

由此可得标准齿轮传动的齿根弯曲强度校核公式为

$$\sigma_F=\frac{2KT_1Y_{Fa}Y_{Sa}}{bm^2z_1}\leqslant\sigma_{FP} \tag{7-26}$$

以 $\psi_d=b/d_1$ 代入式(7-26)，得按齿根弯曲疲劳强度设计公式

$$m\geqslant\sqrt[3]{\frac{2KT_1}{\psi_d z_1^2}\cdot\frac{Y_{Fa}Y_{Sa}}{\sigma_{FP}}} \tag{7-27}$$

通常一对齿轮啮合时两齿轮的齿根弯曲应力 σ_F 是不相等的，而两齿轮的许用弯曲应力 σ_{FP} 也可能不同，故按式(7-26)进行标准齿轮传动的齿面弯曲强度校核时两个齿轮应分别进行。注意：不论计算 σ_{F1} 或 σ_{F2}，都是用 T_1 和 z_1 代入式(7-26)计算；而按式(7-27)弯曲强度设计计算时，则应取 $\frac{Y_{Fa1}Y_{Sa1}}{\sigma_{FP1}}$ 和 $\frac{Y_{Fa2}Y_{Sa2}}{\sigma_{FP2}}$ 中较大者代入。

影响齿根弯曲强度的主要参数有模数 m、齿宽 b 和齿数 z_1 等，而加大模数对降低齿根弯曲应力效果最显著。齿轮模数按强度设计公式(7-27)计算后，在标准模数系列(表7-1)中选取。对传递动力的齿轮，模数不应小于2mm。

7.8.4 许用应力

1. 许用接触疲劳应力 σ_{HP}

许用接触疲劳应力 σ_{HP}(单位为MPa)按下式计算：

$$\sigma_{HP}=\frac{Z_N\sigma_{Hlim}}{S_H} \tag{7-28}$$

式中：σ_{Hlim}—试验齿轮的接触疲劳极限(MPa)，与材料及硬度有关，由表7-8查取；

Z_N——接触疲劳寿命系数，是考虑寿命内应力循环次数的修正系数，由图7.26查取。图中应力循环次数 N 的计算方法是：设 n 为齿轮的转速(r/min)；j 为齿轮每转一圈时，同一齿面啮合的次数；L_h 为齿轮的工作寿命(h)，则齿轮的工作应力循环次数 N 按下式计算

$$N=60njL_h \tag{7-29}$$

S_H——安全系数，由表7-9查取。

表7-8 σ_{Hlim} 和 σ_{Flim} 的计算(摘自GB/T 3480.5—2008)

材料	材质及热处理	齿面硬度 x	σ_{Hlim}/MPa	σ_{Flim}/MPa
正火低碳钢铸钢	正火态低碳锻钢	110～210HBW	$1.000x+190$	$0.455x+69$
	铸钢	140～210HBW	$0.986x+131$	$0.313x+62$
铸铁材料	可锻铸铁	135～250HBW	$1.371x+143$	$0.345x+77$
	球墨铸铁	175～300HBW	$1.434x+211$	$0.350x+119$
	灰铁	150～240HBW	$1.033x+132$	$0.256x+8$
调质锻钢	碳钢	135～210HV	$0.925x+360$	$0.240x+163$
	合金钢	200～360HV	$1.313x+373$	$0.425x+187$

（续）

<table>
<tr><th>材料</th><th>材质及热处理</th><th colspan="2">齿面硬度 x</th><th>σ_{Hlim}/MPa</th><th colspan="2">σ_{Flim}/MPa</th></tr>
<tr><td rowspan="2">调质铸钢</td><td>碳钢</td><td colspan="2">130～215HV</td><td>0.831x+300</td><td colspan="2">0.224x+117</td></tr>
<tr><td>合金钢</td><td colspan="2">200～360HV</td><td>1.276x+298</td><td colspan="2">0.364x+161</td></tr>
<tr><td rowspan="4">渗碳钢</td><td rowspan="4"></td><td colspan="2" rowspan="4">660～800HV</td><td rowspan="4">1500</td><td>心部硬度</td><td></td></tr>
<tr><td>=25HRC 偏下</td><td>425</td></tr>
<tr><td>=25HRC 偏上</td><td>461</td></tr>
<tr><td>=30HRC</td><td>500</td></tr>
<tr><td rowspan="3">火焰及感应淬火锻钢和铸钢</td><td rowspan="3"></td><td>接触</td><td>500～615 HV</td><td>0.541x+882</td><td colspan="2"></td></tr>
<tr><td rowspan="2">弯曲</td><td>500～570 HV</td><td rowspan="2"></td><td colspan="2">0.138x+290</td></tr>
<tr><td>570～615 HV</td><td colspan="2">369</td></tr>
<tr><td rowspan="2">氮化锻钢，氮化钢，调质氮化钢</td><td>氮化钢</td><td colspan="2">650～900HV</td><td>1200</td><td colspan="2">420</td></tr>
<tr><td>调质钢</td><td colspan="2">450～650HV</td><td>998</td><td colspan="2">363</td></tr>
<tr><td>碳氮共渗锻钢</td><td>调质钢</td><td colspan="2">300～450HV</td><td>1.167x+425</td><td colspan="2">0.653x+94</td></tr>
</table>

注：1. 表中的 σ_{Hlim}、σ_{Flim} 适用于材质和热处理质量达到中等要求。

2. 不同硬度指标之间的换算，参见附表 1。

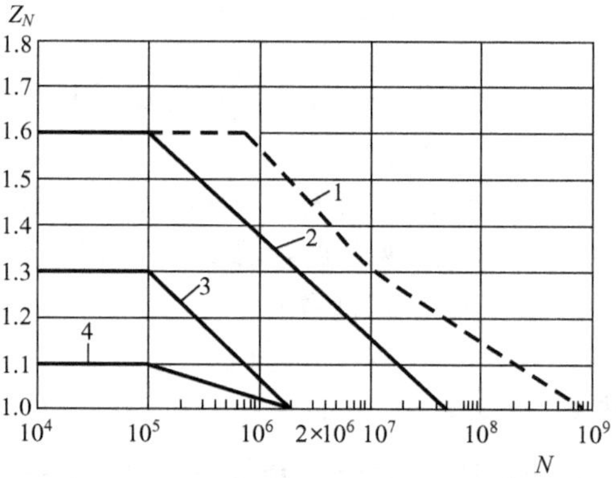

图 7.26　接触疲劳寿命系数 Z_N

1—碳素钢正火、调质、表面淬火及渗碳，球墨铸球(允许一定的点蚀)；

2—同 1，不允许出现点蚀；3—碳素钢调质气体氮化、氮化钢气体氮化，灰铸铁；

4—碳素钢调质后液体氮化

表 7－9　最小安全系数 S_H 和 S_F 的参考值

使用要求	失效概率	S_{Fmin}	S_{Hmin}
高可靠度	1/10000	2	1.5～1.6
较高可靠度	1/1000	1.6	1.25～1.3
一般可靠度	1/100	1.25	1.0～1.1
低可靠度	1/10	1.00	0.85

注：对于一般工业齿轮，可用一般可靠度。

2. 许用弯曲应力 σ_{FP}

许用弯曲应力 σ_{FP}(单位为 MPa)按下式计算：

$$\sigma_{FP}=\frac{Y_N\sigma_{FE}}{S_F} \tag{7-30}$$

式中：σ_{FE}——修正后的试验齿轮的弯曲疲劳极限，$\sigma_{FE}=Y_{ST}\sigma_{Flim}$。其中 σ_{Flim} 为试验齿轮的弯曲疲劳极限，由表 7-8 查得。若轮齿两面工作时，应将表中的 σ_{Flim} 数值乘以系数 0.7；Y_{ST} 为试验齿轮的应力修正系数，一般取 2。

Y_N——弯曲疲劳寿命系数，是考虑寿命内应力循环次数的修正系数，由图 7.27 查取。

S_F——安全系数，由表 7-9 查取。

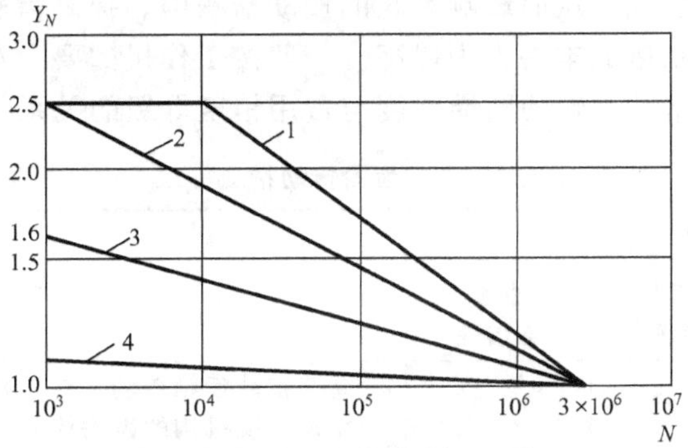

图 7.27 弯曲疲劳寿命系数 Y_N

1—碳素钢正火、调质、球墨铸铁；2—碳素钢经表面淬火、渗碳；

3—氮化钢气体氮化，灰铸铁；4—碳素钢调质后液体氮化

7.8.5 传动参数的选择

齿轮设计时，部分参数可以根据生产实践的经验加以选择。

1) 齿数比

齿数比 $u=\frac{z_2}{z_1}\geqslant1$。当给定传动比 i 时，若传动比 $i>1$，则 $u=i$；若增速传动 $i<1$，则 $u=1/i$。齿数取整后可能会影响实际传动比数值，误差一般控制在 5%以内。

一级齿轮传动的传动比不宜选择过大，一般 $i<8$，传动比过大，则会使尺寸庞大，设备笨重，且大小齿轮的尺寸相差悬殊，难以合理选择材料和热处理使两者强度达到均衡。若 i 为 8～40，可分成两级传动；若 i 大于 40，可分成三级或以上传动。

一般对于直齿圆柱齿轮传动 $i<3$，最大可达 5；对于斜齿圆柱齿轮传动 $i<5$，最大可达 8。直齿锥齿轮 $i<3$，最大可达 7.5。

2) 小齿轮齿数

为避免根切，标准直齿圆柱齿轮最小齿数 $z_{min}=17$。

中心距一定时，增加齿数能使重合度增大，提高传动平稳性；同时，齿数增多，相应模数减小，对相同分度圆的齿轮，齿顶圆直径小，可以节约材料，减轻重量，并能节省轮齿加工的切削量。所以，在满足弯曲强度的前提下，应适当减小模数，增大齿数。

软齿面闭式传动的承载能力主要取决于齿面接触疲劳强度，故齿数宜选多些，模数宜选小些，从而提高传动的平稳性并减少轮齿的加工量。推荐取 $z_1=24$～40。

硬齿面闭式传动及开式传动的承载能力主要取决于齿根弯曲疲劳强度，故模数宜选大些，齿数宜选少些，从而控制齿轮传动尺寸不必要的增加。推荐取 $z_1=17\sim24$。

对于重要的传动或重载高速传动，大小轮齿互为质数，这样轮齿磨损均匀，有利于提高寿命。

3）齿宽

为防止两齿轮因装配引起的轴向错位而导致啮合齿宽减小，小齿轮齿宽 b_1 比大齿轮齿宽 b_2 略宽，故按 $b_2=\psi_d d_1$ 求出大齿轮齿宽并取整后，由 $b_1=b_2+(5\sim10)\text{mm}$ 取得小齿轮齿宽。

4）齿轮精度

国家标准 GB/T 10095—2008 对“渐开线圆柱齿轮精度”规定有 12 个精度等级，1 级最高，12 级最低。齿轮精度等级的高低，直接影响着内部动载荷、齿间载荷分配与齿向载荷分布、润滑油膜的形成，从而影响齿轮的振动与噪声。提高齿轮加工精度，可以有效地减少振动及噪声，但制造成本将大为提高。一般按工作机的要求和齿轮的圆周速度确定精度等级。表 7－10 列出了齿轮的圆周速度与常用精度等级的关系及应用举例。

表 7－10　齿轮传动精度等级

精度等级	圆周速度 v/(m/s)			应用
	直齿圆柱齿轮	斜齿圆柱齿轮	直齿锥齿轮	
6 级	≤15	≤25	≤9	高速重载齿轮传动，如飞机、汽车和机床中的重要齿轮；分度机构的齿轮传动
7 级	≤10	≤17	≤6	高速中载或低速重载齿轮传动，如飞机、汽车和机床中的重要齿轮；分度机构的齿轮传动
8 级	≤5	≤10	≤3	机械制造中对精度无特殊要求的齿轮
9 级	≤3	≤3.5	≤2.5	低速及对精度要求低的齿轮

［例 7.1］　设计一级减速器中的标准直齿圆柱齿轮传动。已知：用电动机驱动，载荷平稳，齿轮相对于支承位置对称，单向运转，高速轴的输入功率 $P_1=9\text{kW}$，主动轮转速 $n_1=960\text{r/min}$，传动比 $i=3.8$，使用寿命 10 年，单班制工作。

解：1. 选择齿轮材料、确定许用应力及精度等级

1）选择材料

根据题设，属中低速、轻载传动。查表 7－3，小轮选用 40Cr 钢，调质，硬度要求达到 240 HBW(查附表 1 相当于 252HV)；大轮选用 45 钢，调质，硬度要求为 200 HBW(查附表 1 相当于 210HV)。满足小齿轮比大齿轮硬度高 30～50 HBW 要求。

2）确定许用应力

由表 7－8 查得调质合金钢 $\sigma_{\text{Hlim}}=1.313x+373$；调质碳钢 $\sigma_{\text{Hlim}}=0.925x+360$。代入大、小齿轮硬度数据，得小齿轮 $\sigma_{\text{Hlim1}}=703.8\text{MPa}$，大齿轮 $\sigma_{\text{Hlim2}}=554\text{MPa}$。

同理查得调质合金钢 $\sigma_{\text{Flim}}=0.425x+187$；调质碳钢 $\sigma_{\text{Flim}}=0.240x+163$。得小齿轮 $\sigma_{\text{Flim1}}=294.1\text{MPa}$，大齿轮 $\sigma_{\text{Flim2}}=213.4\text{MPa}$。则 $\sigma_{\text{FE1}}=\sigma_{\text{Flim1}}\times Y_{\text{ST}}=294.1\text{MPa}\times2=588.2\text{MPa}$，$\sigma_{\text{FE2}}=\sigma_{\text{Flim2}}\times Y_{\text{ST}}=213.4\text{MPa}\times2=426.8\text{MPa}$。

由表 7－9 查得 $S_{\text{H}}=1.05$，$S_{\text{F}}=1.25$。

由式(7－29)计算应力循环次数，得

$$N_1=60n_1 jL_h=60\times960\times(10\times52\times40)\approx1.2\times10^9$$

$$N_2=N_1/i=1.2\times10^9/3.8\approx3.16\times10^8$$

由图7.26查得$Z_{N1}=1$，$Z_{N2}=1.05$；由图7.27查得$Y_{N1}=1$，$Y_{N2}=1$。

由式(7-28)得

$$\sigma_{HP1}=\frac{Z_{N1}\sigma_{Hlim1}}{S_H}=\frac{1\times703.8\text{MPa}}{1.05}\approx670.3\text{MPa};\quad \sigma_{HP2}=\frac{Z_{N2}\sigma_{Hlim2}}{S_H}=\frac{1.05\times554\text{MPa}}{1.05}=554\text{MPa}$$

由式(7-30)得

$$\sigma_{FP1}=\frac{Y_{N1}\sigma_{FE1}}{S_F}=\frac{1\times588.2\text{MPa}}{1.25}\approx470.6\text{MPa};\quad \sigma_{FP2}=\frac{Y_{N2}\sigma_{FE2}}{S_F}=\frac{1\times426.8\text{MPa}}{1.25}=341.4\text{MPa}$$

3）选择精度等级

因为是普通减速器，查表7-10选8级精度。

由于该齿轮传动为闭式软齿面齿轮传动，应按齿面接触疲劳强度设计(式(7-25))，再校核齿根弯曲疲劳强度(式(7-26))。

2. 按齿面接触强度设计

(1) 转矩：$T_1=9.55\times10^6\times\dfrac{P_1}{n_1}=9.55\times10^6\times\dfrac{9}{960}\text{N}\cdot\text{mm}\approx8.95\times10^4\text{N}\cdot\text{mm}$。

(2) 载荷系数：查表7-4，得$K=1.1$。

(3) 选择齿数和齿宽系数：取小齿轮齿数$z_1=26$，则$z_2=iz_1=26\times3.8=98.8$，圆整取$z_2=99$。则实际传动比$i'=\dfrac{99}{26}\approx3.81$，传动比误差$\dfrac{|i'-i|}{i}=\dfrac{|3.81-3.8|}{3.8}\approx0.3\%<5\%$，得$u=3.81$。

查表7-6，软齿面对称布置，取$\psi_d=1$。

(4) 由表7-5查得材料弹性系数$Z_E=189.8\sqrt{\text{MPa}}$。

(5) $\sigma_{HP}=\min\{\sigma_{HP1},\sigma_{HP2}\}=\min\{670.3, 554\}=554\text{MPa}$

(6) 按设计公式计算

$$d_1\geqslant\sqrt[3]{\frac{2KT_1}{\psi_d}\cdot\frac{u+1}{u}\cdot\left(\frac{Z_HZ_E}{\sigma_{HP}}\right)^2}=\sqrt[3]{\frac{2\times1.1\times8.95\times10^4}{1}\times\frac{3.81+1}{3.81}\times\left(\frac{2.5\times189.8}{554}\right)^2}\text{mm}$$

$$\approx56.71\text{mm}$$

则$m\geqslant\dfrac{d_1}{z_1}=\dfrac{56.71\text{mm}}{26}\approx2.18\text{mm}$。查表7-1，取标准模数$m=2.5\text{mm}$。

3. 计算齿轮传动的主要几何尺寸

$$d_1=mz_1=2.5\text{mm}\times26=65\text{mm}$$

$$d_2=mz_2=2.5\text{mm}\times99=247.5\text{mm}$$

$$b=\psi_d d_1=1\times65\text{mm}=65\text{mm}，取\ b_2=65\text{mm},\ b_1=b_2+5\text{mm}=70\text{mm}$$

$$a=\frac{m(z_1+z_2)}{2}=156.25\text{mm}$$

4. 按齿根弯曲疲劳强度校核

1）齿形系数和应力修正系数

由表7-7插值取得

$$Y_{Fa1}=2.6;\quad Y_{Fa2}=2.182;\quad Y_{Sa1}=1.6;\quad Y_{Sa2}=1.79$$

2）按校核公式计算

$$\sigma_{F1}=\frac{2KT_1Y_{Fa1}Y_{Sa1}}{bm^2z_1}=\frac{2\times1.1\times89500\times2.6\times1.6}{65\times2.5^2\times26}\text{MPa}\approx77.5\text{MPa}<\sigma_{FP1}$$

$$\sigma_{F2}=\sigma_{F1}\frac{Y_{Fa2}Y_{Sa2}}{Y_{Fa1}Y_{Sa1}}=77.5\times\frac{2.182\times1.79}{2.6\times1.6}\text{MPa}\approx72.7\text{MPa}<\sigma_{FP2}$$

齿根弯曲疲劳强度满足要求，不会发生折断。

5. 验算齿轮圆周速度

$$v=\frac{\pi d_1n_1}{60\times1000}=\frac{\pi\times65\times960}{60\times1000}\text{m/s}\approx3.3\text{m/s}$$

对照表 7－10 可知选 8 级精度是合适的。

6. 结构设计并绘制齿轮零件图（略）。

7.9　平行轴渐开线斜齿圆柱齿轮传动

7.9.1　斜齿圆柱齿轮的形成及啮合特点

考虑齿轮的宽度，前面直齿圆柱齿轮中提到的节点、发生线及节圆都是空间的节线、发生面及节圆柱。直齿圆柱齿轮的齿廓曲面是发生面 S 沿基圆柱做纯滚动时，S 上一条与齿轮轴线平行的直线 KK 所展出的渐开面（图 7.28(a)）。由此可见，直齿圆柱齿轮啮合时，齿面接触线与轴线平行（图 7.28(b)）。齿轮传动时，整个齿宽同时进入或退出啮合，轮齿也随之突然加载或卸载，易引起冲击、振动和噪声，传动的平稳性差。

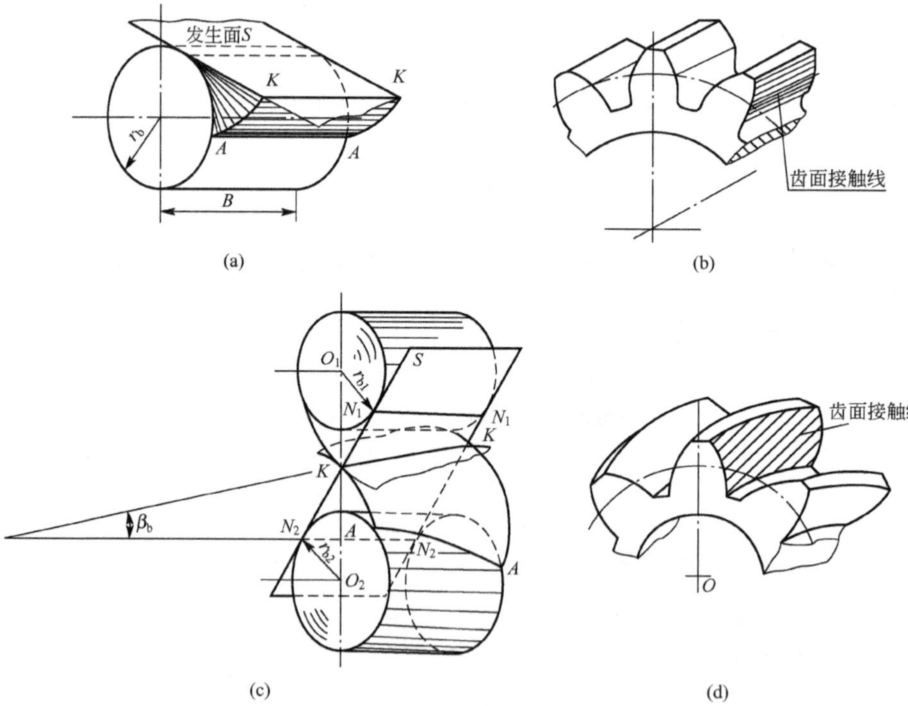

图 7.28　圆柱齿轮齿廓曲面和接触线

图 7.28(c)表示相互啮合的一对渐开线斜齿轮齿廓曲面的形成。平面 S 为轴线平行的两基圆柱的内公切面，面上有一条与基圆柱母线 N_1N_1(或 N_2N_2)成 β_b 角的斜直线 KK。当平面 S 分别在两基圆柱上纯滚动时，直线 KK 上各点都展成一渐开线，这些渐开线的集合即为斜齿轮 1、2 的齿廓曲面。这样形成的两个齿廓曲面一定能沿直线 KK 接触，即两齿廓的接触线 KK 是与轴线夹角为 β_b 的斜直线。

因齿高有限，在两齿廓的啮合过程中，接触线长度由零逐渐增长，再由长变短直至脱离啮合(图 7.28(d))。因此，斜齿轮是逐渐进入和退出啮合的，故传动平稳，冲击、振动和噪声小。

7.9.2 斜齿圆柱齿轮的几何参数和尺寸计算

由于斜齿轮齿向倾斜，其端面(垂直于齿轮轴线的平面)齿形与法面(垂直于轮齿螺旋方向)齿形是不同的，故斜齿轮同时具有端面与法面两套参数，分别用下标 n(法面)和下标 t(端面)加以区别。

1. 螺旋角 β

如图 7.29 所示，斜齿轮按分度圆柱展开，螺旋线展成为一条倾斜直线。该线与轴线的夹角为斜齿轮分度圆柱上的螺旋角，一般定义该螺旋角为斜齿轮的螺旋角，记作 β。

螺旋角按轮齿倾斜方向(称为旋向)分为左旋和右旋。判别方法如图 7.30 所示，将齿轮垂直地面放置，齿左端高即为左旋，反之右旋。

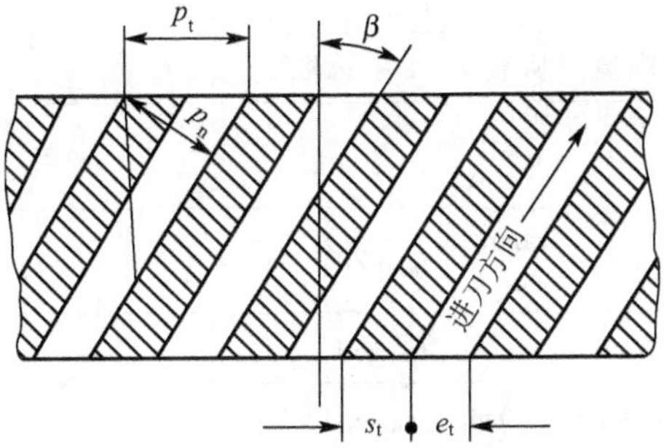

图 7.29 斜齿轮分度圆柱展开图

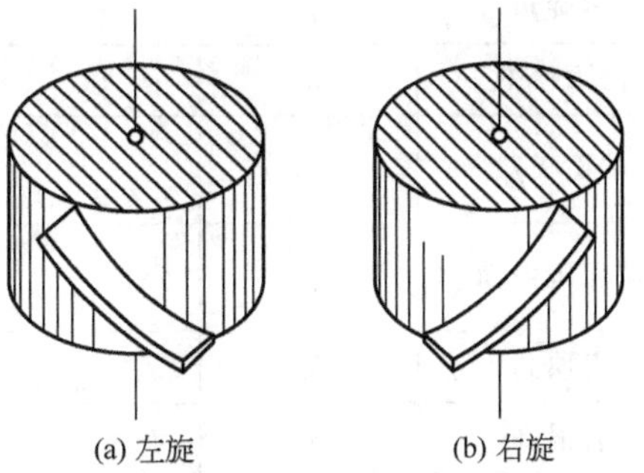

图 7.30 斜齿轮的旋向

斜齿轮的螺旋角一般在 8°～20°之间选取。一对外啮合的齿轮，螺旋角大小相等，旋向相反(内啮合旋向相同)。

2. 端面参数与法面参数的关系

由图 7.29 可知，斜齿轮的法面齿距 p_n 与端面齿距 p_t 的关系为

$$p_n = p_t\cos\beta$$

因 $p=\pi m$，故斜齿轮的法面模数 m_n 与端面模数 m_t 的关系为

$$m_n = m_t\cos\beta \tag{7-31}$$

图 7.31 所示为斜齿条的一个轮齿，法面(A_1B_1D 面)压力角 α_n 与端面(ABD 面)压力角 α_t 之间的关系

$$\tan\alpha_n = \frac{B_1D}{A_1B_1}, \qquad \tan\alpha_t = \frac{BD}{AB}$$

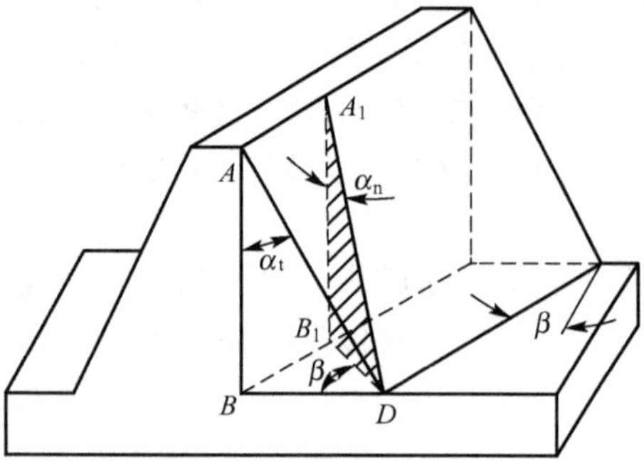

图 7.31 法面和端面压力角

因 $A_1B_1=AB$，$B_1D=BD\cos\beta$，所以有

$$\tan\alpha_n=\tan\alpha_t\cos\beta \tag{7-32}$$

斜齿条的齿顶高和齿根高，无论从法面还是从端面看都是相同的，同直齿轮计算方法一样，即

$$h_a=h_{an}^*m_n=h_{at}^*m_t \tag{7-33}$$

$$h_f=(h_{an}^*+c_n^*)m_n=(h_{at}^*+c_t^*)m_t \tag{7-34}$$

斜齿轮加工时刀具沿螺旋线方向切削，为了采用切削直齿轮的刀具来切削斜齿轮，故规定斜齿圆柱齿轮的法面参数(m_n、α_n、h_{an}^*、c_n^*)为标准值，且斜齿轮参数的标准值等于直齿轮中规定的标准值。

3. 斜齿轮的几何尺寸

因一对斜齿轮传动在端面上相当于一对直齿轮传动，故可将直齿轮的几何尺寸计算公式用于斜齿轮的端面。其计算公式见表 7－11。

表 7－11 渐开线标准斜齿圆柱齿轮几何尺寸计算公式

名称	符号	计算公式
螺旋角	β	$\beta=8°\sim20°$
法面模数	m_n	标准值，从表 7－1 中选取
端面模数	m_t	$m_t=\dfrac{m_n}{\cos\beta}$
端面压力角	α_t	$\tan\alpha_t=\dfrac{\tan\alpha_n}{\cos\beta}$ $\alpha_n=20°$
齿顶高	h_a	$h_a=h_{an}^*m_n$ $h_{an}^*=1$
齿根高	h_f	$h_f=(h_{an}^*+c_n^*)m_n$ $c_n^*=0.25$
全齿高	h	$h=(2h_{an}^*+c_n^*)m_n$
分度圆直径	d	$d=m_tz=\dfrac{m_n}{\cos\beta}z$
齿顶圆直径	d_a	$d_a=d+2h_a=m_n(z/\cos\beta+2h_{an}^*)$
齿根圆直径	d_f	$d_f=d-2h_f=m_n(z/\cos\beta-2h_{an}^*-2c_n^*)$
基圆直径	d_b	$d_b=d\cos\alpha_t$
中心距	a	$a=\dfrac{m_n}{2\cos\beta}(z_1+z_2)$

7.9.3 斜齿圆柱齿轮传动的正确啮合条件

一对斜齿轮的正确啮合条件，除了与直齿轮一样要保证模数和压力角相等外，它们的螺旋角也必须相匹配，即啮合处两齿轮的齿向应一致。因此斜齿轮正确啮合条件为

$$\left.\begin{aligned} &m_{n1}=m_{n2}=m_n \\ &\alpha_{n1}=\alpha_{n2}=\alpha_n \\ &\beta_1=\beta_2(\text{内啮合}) \quad \beta_1=-\beta_2(\text{外啮合}) \end{aligned}\right\} \tag{7-35}$$

7.9.4 斜齿轮连续传动条件和重合度

图7.32所示为两个端面参数完全相同的标准直齿轮和标准斜齿轮的啮合面展开图。直齿轮轮齿在B_2B_2线处全齿宽b进入啮合，又在B_1B_1线处全齿宽脱离啮合，两线之间区域为实际啮合区。

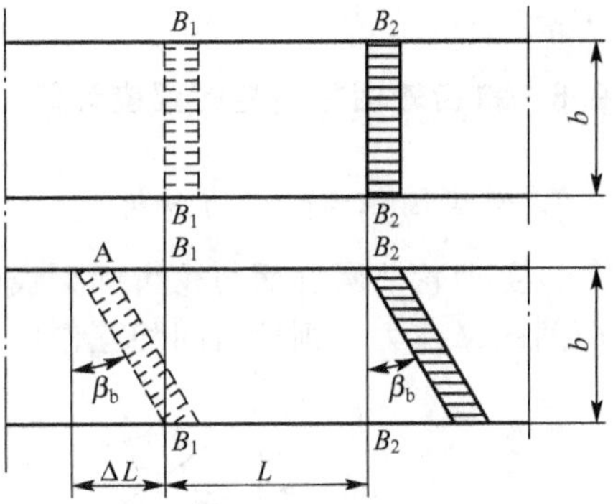

图7.32 斜齿轮的重合度图

对比分析，如斜齿轮也在B_2B_2开始啮合，但它只是轮齿一端进入啮合；在B_1B_1线脱离啮合时，也只是在一端先脱离接触，直至到虚线位置时，这时轮齿才完全脱离啮合。故斜齿轮传动的啮合区比直齿轮传动增大了$\Delta L=b\tan\beta_b$一段。

由于$\tan\beta_b=\pi d_b/l=\pi d\cos\alpha_t/l=\tan\beta\cdot\cos\alpha_t$（式中$l$为螺旋线的导程，内容参见13.1节），因此斜齿轮传动的重合度为

$$\begin{aligned}\varepsilon&=\frac{L+\Delta L}{p_{bt}}=\frac{L}{p_{bt}}+\frac{b\tan\beta_b}{p_{bt}}=\frac{L}{p_{bt}}+\frac{b\tan\beta\cos\alpha_t}{p_t\cos\alpha_t}=\frac{L}{p_{bt}}+\frac{b\tan\beta}{p_n/\cos\beta}\\&=\frac{L}{p_{bt}}+\frac{b\sin\beta}{\pi m_n}=\varepsilon_\alpha+\varepsilon_\beta\end{aligned} \tag{7-36}$$

式中：ε_α——端面重合度；

ε_β——纵向重合度。

由式(7-36)可见，斜齿轮传动的重合度随齿宽b和螺旋角β的增大而增大，可达到很大的数值，这是斜齿轮承载能力较强、传动平稳的主要原因之一。

7.9.5 斜齿轮的当量齿轮和当量齿数

无论是进行齿轮的强度计算还是选择加工刀具型号，都需要掌握斜齿轮的法面齿形。

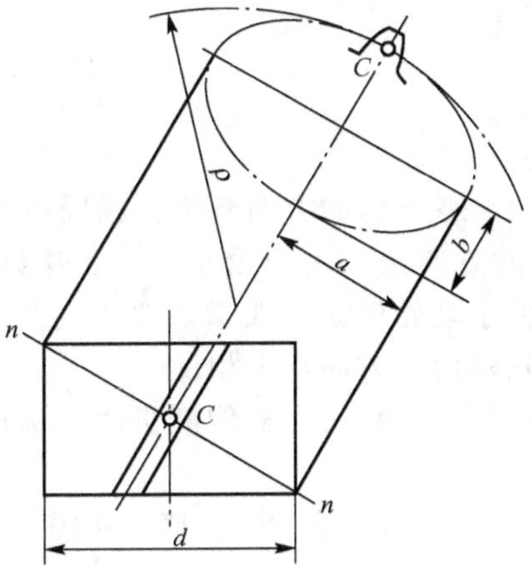

图7.33 斜齿轮的当量齿轮

如图7.33所示，过斜齿圆柱齿轮分度圆柱面上齿宽中点处的节点C作法向截面，则此法面与斜齿圆柱齿轮分度圆柱面的交线为一椭圆，其长半轴为$a=d/(2\cos\beta)$，短半轴为$b=d/2$，该椭圆在C点的曲率半径为

$$\rho=\frac{a^2}{b}=\frac{d}{2\cos^2\beta}$$

以ρ为分度圆半径，可以构造一个假想直齿圆形齿轮，该齿轮轮齿的齿形和对应斜齿圆柱齿轮的法面齿形相当，绕分度圆均匀分布一周，该齿轮即为斜齿轮的当量齿轮，其当量齿数

$$z_v=\frac{2\rho}{m_n}=\frac{d}{m_n\cos^2\beta}=\frac{m_nz}{m_n\cos^3\beta}=\frac{z}{\cos^3\beta} \tag{7-37}$$

斜齿圆柱齿轮当量齿数总大于实际齿数，并且不一定是整数。

斜齿轮的当量齿轮是一直齿圆柱齿轮，由当量齿轮的最少齿数 $z_{v\min}=17$ 可确定斜齿轮不产生根切的最少齿数 $z_{\min}$

$$z_{\min}=z_{v\min}\cos^3\beta \tag{7-38}$$

例如，当 $\beta=15°$ 时，$z_{\min}=15$。可见斜齿轮传动设计时，小齿轮齿数 z_1 可以选得略小。

7.9.6 斜齿轮圆柱齿轮的强度计算

1. 斜齿圆柱齿轮受力分析

以主动轮节圆柱面与轮齿廓交线的齿宽中点处 C 点作为力的作用点(计算点)，若忽略齿面间的摩擦力，则轮齿间相互作用力为法向压力 $\boldsymbol{F}_n$(图 7.34)。

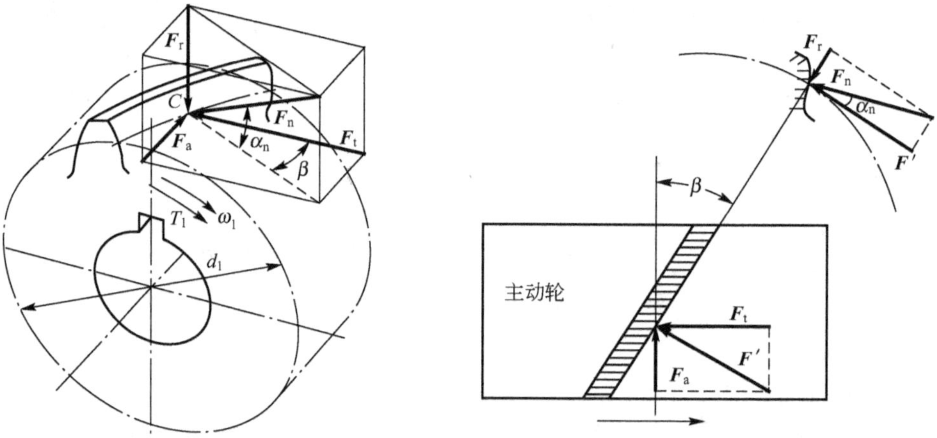

图 7.34 斜齿轮受力分析

法向压力 $\boldsymbol{F}_n$ 可以分解为相互垂直的三个分力：圆周力 $\boldsymbol{F}_t$、径向力 $\boldsymbol{F}_r$ 和轴向力 $\boldsymbol{F}_a$。根据力的平衡关系可得到主动轮齿三个分力大小分别为

$$\left.\begin{aligned}&\text{圆周力}\quad F_t=\frac{2T_1}{d_1}\\&\text{径向力}\quad F_r=\frac{F_t\tan\alpha_n}{\cos\beta}\\&\text{轴向力}\quad F_a=F_t\tan\beta\end{aligned}\right\} \tag{7-39}$$

作用在主动轮和从动轮上的各力大小相等，方向相反。各分力的方向判定：圆周力 $\boldsymbol{F}_t$ 和径向力 $\boldsymbol{F}_r$ 的方向判定方法与直齿轮相同；轴向力 $\boldsymbol{F}_a$ 的方向按“主动轮左、右手法则”判别，即主动轮为左旋，则伸左手，右旋则伸右手，握住主动轮轴线，四指弯曲方向为主动轮转动方向，拇指指向就是主动轮轴向力方向。从动轮轴向力方向与之相反。

[例 7.2] 图 7.35(a)所示为二级斜齿圆柱齿轮减速器，动力从Ⅰ轴传到Ⅲ轴。齿轮转向标示箭头约定为轴前。

(1) 为使Ⅱ轴的轴向力相互抵消一部分，试确定齿轮 3、4 的螺旋方向，请标在图上；

(2) 分别画出轴Ⅱ上齿轮 2、3 啮合点处的三个分力 $\boldsymbol{F}_r$、$\boldsymbol{F}_a$、$\boldsymbol{F}_t$。

解：(1) 为使Ⅱ轴的轴向力相互抵消一部分，齿轮 3、4 的螺旋方向应使两齿轮上轴

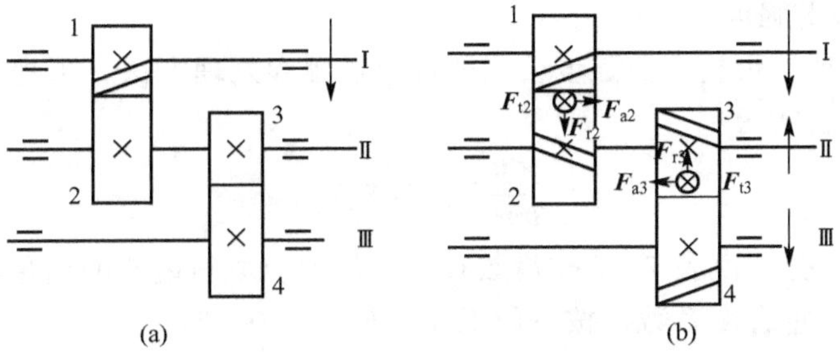

图 7.35　例 7.2 图

向力方向相反。

齿轮 1、2 啮合时，齿轮 1 左旋，为主动轮，齿轮 2 右旋，为从动轮。按主动轮“左、右手法则”判别，齿轮 1 左旋，齿轮 1 轴向力方向向左。齿轮 2 轴向力为它的反作用力，方向向右。

齿轮 3、4 啮合时，齿轮 3 为主动轮，齿轮 4 为从动轮。按主动轮“左、右手法则”判别，只有当齿轮 3 右旋时，齿轮 3 轴向力方向向左。

齿轮 2、3 上的轴向力方向相反，Ⅱ轴的轴向力相互抵消一部分。

(2) 其他分力按判别方法确定，标注如图 7.35(b)所示。

2. 斜齿圆柱齿轮强度计算

斜齿圆柱齿轮的强度计算方法与直齿圆柱齿轮基本相同。考虑到斜齿圆柱齿轮传动轮齿倾斜和重合度增大因素的影响，会使斜齿轮的接触应力和弯曲应力降低，可得到齿面接触疲劳强度和齿根弯曲强度的校核公式与设计公式。

1) 齿面接触疲劳强度

对于斜齿圆柱齿轮传动，综合曲率半径是在轮齿的法面内计算的，通常以斜齿圆柱齿轮的当量直齿圆柱齿轮作为计算基础，可得斜齿圆柱齿轮齿面接触疲劳强度校核公式为

$$\sigma_H = Z_H Z_E Z_\varepsilon Z_\beta \sqrt{\frac{2KT_1}{bd_1^2}\frac{u\pm1}{u}} \leqslant \sigma_{HP} \tag{7-40}$$

式中：Z_H——节点区域系数，常用螺旋角 $\beta=8°\sim20°$，近似取最大值 $Z_H=2.47$；

Z_E——材料弹性系数，其值查表 7-5；

Z_ε——重合度系数，近似取最大值 $Z_\varepsilon=0.91$；

Z_β——螺旋角系数，$Z_\beta=\sqrt{\cos\beta}$，可忽略 β 角的影响。

斜齿圆柱齿轮的齿面接触疲劳强度设计公式为

$$d_1 \geqslant \sqrt[3]{\frac{2KT_1}{\psi_d}\frac{u\pm1}{u}\left(\frac{Z_H Z_E Z_\varepsilon Z_\beta}{\sigma_{HP}}\right)^2} \tag{7-41}$$

将上述有关数据代入公式，齿轮材料为钢制时，得到斜齿圆柱齿轮齿面接触疲劳强度近似校核和设计公式分别为

$$\sigma_H = 603\sqrt{\frac{KT_1}{bd_1^2}\frac{u\pm1}{u}} \leqslant \sigma_{HP} \tag{7-42}$$

$$d_1 \geqslant 71\sqrt[3]{\frac{KT_1}{\psi_d \sigma_{HP}^2}\frac{u\pm1}{u}} \tag{7-43}$$

式中各符号意义同直齿圆柱齿轮相关公式。

2）齿根弯曲疲劳强度

在法面内，参照直齿轮弯曲强度公式的推导过程和处理方法，可得斜齿圆柱齿轮齿根弯曲疲劳强度校核公式为

$$\sigma_F=\frac{KF_t}{bm_n}Y_{Fa}Y_{Sa}Y_{\varepsilon}Y_{\beta}\leqslant\sigma_{FP} \tag{7-44}$$

式中：Y_{Fa}、Y_{Sa}——分别由表7－7按齿数查取，齿数应取斜齿轮的当量齿数 z_v；

Y_{ε}——重合度系数，按一般工业齿轮 $Y_{\varepsilon}\approx0.82$；

Y_{β}——螺旋角系数，$Y_{\beta}\approx0.833\sim0.933$，螺旋角$(8°\sim20°)$越小取值越大。

将上述有关数据代入公式，得到斜齿圆柱齿轮齿根弯曲疲劳强度近似校核公式为

$$\sigma_F=\frac{2KT_1\cos\beta}{bm_n^2z_1}Y_{Fa}Y_{Sa}Y_{\varepsilon}Y_{\beta}\leqslant\sigma_{FP} \tag{7-45}$$

斜齿圆柱齿轮的齿根弯曲疲劳强度设计公式为

$$m_n\geqslant\sqrt[3]{\frac{2KT_1\cos^2\beta}{\psi_d z_1^2}\cdot\frac{Y_{Fa}Y_{Sa}}{\sigma_{FP}}\cdot Y_{\beta}\cdot Y_{\varepsilon}} \tag{7-46}$$

式中有关符号意义同前。

[思考题7.7] 螺旋角的大小对斜齿轮传动的承载能力有何影响？

[例7.3] 设计一级减速器中的标准斜齿圆柱齿轮传动。已知：用电动机驱动，载荷平稳，齿轮相对于支承位置对称，单向运转，高速轴的输入功率 $P_1=35kW$，转速 $n_1=960r/min$，传动比 $i=4.5$，使用寿命15年，两班制工作，每年工作300天，要求结构紧凑。

解：1. 选择齿轮材料、确定许用应力和精度等级

1）选择齿轮材料

根据题设条件，查表7－3，大、小轮均选用20Cr钢，渗碳淬火，硬度要求为60HRC（查附表1，经插值计算相当于697.5HV）。

2）确定许用应力

由表7.8查得 $\sigma_{Hlim}=1500MPa$，得 $\sigma_{Hlim1}=\sigma_{Hlim2}=1500MPa$；

查得 $\sigma_{Flim}=461MPa$，得 $\sigma_{Flim1}=\sigma_{Flim2}=461MPa$，$\sigma_{FE1}=\sigma_{FE2}=\sigma_{Flim1}\times Y_{ST}=461\times2=922MPa$。

由表7－9查得 $S_H=1.05$，$S_F=1.25$。

由式(7－29)计算应力循环次数得

$$N_1=60n_1jL_h=60\times960\times(15\times16\times300)=4.15\times10^9$$

$$N_2=N_1/i=4.15\times10^9/4.5=9.22\times10^8$$

由图7.26查得 $Z_{N1}=1$，$Z_{N2}\approx1$；由图7.27查得 $Y_{N1}=1$，$Y_{N2}=1$。

由式(7－28)有

$$\sigma_{HP1}=\frac{Z_{N1}\sigma_{Hlim1}}{S_H}=\frac{1\times1500}{1.05}=1429MPa,\quad \sigma_{HP2}=\frac{Z_{N2}\sigma_{Hlim2}}{S_H}=\frac{1\times1500}{1.05}=1429MPa$$

由式(7－30)有

$$\sigma_{FP1}=\frac{Y_{N1}\sigma_{FE1}}{S_F}=\frac{1\times922}{1.25}=738MPa,\quad \sigma_{FP2}=\frac{Y_{N2}\sigma_{FE2}}{S_F}=\frac{1\times922}{1.25}=738MPa$$

3）选择精度等级

因为是普通减速器，查表 7-10 选 8 级精度。

由于该齿轮传动为钢制闭式硬齿面齿轮传动，应按轮齿的齿根弯曲疲劳强度设计（式(7-46)），再校核齿面接触疲劳强度（式(7-42)）。

2. 按齿根弯曲疲劳强度设计

1）转矩

$$T_1 = 9.55\times10^6\times\frac{P_1}{n_1} = 9.55\times10^6\times\frac{35}{960} = 3.48\times10^5\,\mathrm{N\cdot mm}$$

2）载荷系数

由表 7-4 查得 $K=1.05$。

3）选择齿数和齿宽系数

取小齿轮齿数 $z_1=19$，则 $z_2=iz_1=19\times4.5=85.5$，圆整取 $z_2=86$。则实际传动比 $i'=\frac{86}{19}=4.53$，$\frac{|4.53-4.5|}{4.5}=0.6\%<\pm5\%$。得 $u=4.53$。

由表 7-6，按硬齿面对称布置查得 $\psi_d=0.8$

4）齿形系数和应力修正系数

初选螺旋角 $\beta=15°$，$z_{v1}=\frac{z_1}{\cos^3\beta}=\frac{19}{\cos^3 15°}=21.1$，$z_{v2}=\frac{z_2}{\cos^3\beta}=\frac{86}{\cos^3 15°}=95.4$

由表 7-7 按 z_v 插值查得

$$Y_{Fa1}=2.76;\quad Y_{Fa2}=2.19;\quad Y_{Sa1}=1.56;\quad Y_{Sa2}=1.79$$

5）按设计公式计算

因
$$\frac{Y_{Fa1}Y_{Sa1}}{\sigma_{FP1}}=\frac{2.76\times1.56}{738}=0.0058,\quad \frac{Y_{Fa2}Y_{Sa2}}{\sigma_{FP2}}=\frac{2.19\times1.79}{738}=0.0053$$

且
$$\frac{Y_{Fa1}Y_{Sa1}}{\sigma_{FP1}}>\frac{Y_{Fa2}Y_{Sa2}}{\sigma_{FP2}}$$

故应将 $\frac{Y_{Fa1}Y_{Sa1}}{\sigma_{FP1}}$ 代入公式计算，并取 $Y_\beta=0.87$，$Y_\varepsilon=0.82$

$$m_n\geqslant\sqrt[3]{\frac{2KT_1\cos^2\beta}{\psi_d z_1^2}\cdot\frac{Y_{Fa1}Y_{Sa1}}{\sigma_{FP}}\cdot Y_\beta\cdot Y_\varepsilon}=\sqrt[3]{\frac{2\times1.05\times3.48\times10^5\times\cos^2 15}{0.8\times19^2}\times0.0058\times0.87\times0.82}$$

$=2.14\mathrm{mm}$。按表 7-1 取标准模数 $m_n=2.5\mathrm{mm}$。

3. 计算齿轮传动的主要几何尺寸

$$a=\frac{m_n(z_1+z_2)}{2\cos\beta}=\frac{2.5\times(19+86)}{2\cos15°}=135.88\mathrm{mm}$$

圆整中心距 $a=136\mathrm{mm}$，则

$$\beta=\arccos\frac{m_n(z_1+z_2)}{2a}=\arccos\frac{2.5\times(19+86)}{2\times136}=15.1875°=15°11'15''$$

$$d_1=\frac{m_n z_1}{\cos\beta}=\frac{2.5\times19}{\cos15°11'15''}=49.219\mathrm{mm}$$

$$d_2=\frac{m_n z_2}{\cos\beta}=\frac{2.5\times86}{\cos15°11'15''}=222.781\mathrm{mm}$$

$$b=\psi_d d_1=0.8\times49.219=39.375\text{mm}$$

取 $b_2=40\text{mm}$，$b_1=40+5=45\text{mm}$

4. 按齿面接触疲劳强度校核

$$\sigma_H=603\sqrt{\frac{KT_1}{bd_1^2}\frac{u\pm1}{u}}=603\sqrt{\frac{1.05\times3.48\times10^5}{40\times49.219^2}\times\frac{4.53+1}{4.53}}$$

$$=1244\text{MPa}\leqslant\min\{\sigma_{HP1},\ \sigma_{HP2}\}=1429\text{MPa}$$

齿面接触疲劳强度满足要求，不会发生点蚀。

5. 验算齿轮圆周速度

$$v=\frac{\pi d_1 n_1}{60\times1000}=\frac{\pi\times49.219\times960}{60\times1000}=2.47\text{m/s}$$

对照表 7-10 可知选 8 级精度是合适的。

6. 齿轮几何尺寸

$d_1=49.219\text{mm}$；$d_2=222.781\text{mm}$

$d_{a1}=d_1+2h_a=d_1+2h_{an}^*m_n=49.219+2\times1\times2.5=54.219\text{mm}$

$d_{a2}=d_2+2h_a=d_1+2h_{an}^*m_n=222.781+2\times1\times2.5=227.781\text{mm}$

$d_{f1}=d_1-2h_f=d_1-2(h_{an}^*+c_n^*)m_n=49.219-2(1+0.25)\times2.5=42.969\text{mm}$

$d_{f2}=d_2-2h_f=d_2-2(h_{an}^*+c_n^*)m_n=222.781-2(1+0.25)\times2.5=216.531\text{mm}$

$\beta=15°11'15''$

$b_2=40\text{mm}$，$b_1=45\text{mm}$

$a=136\text{mm}$

7. 结构设计并绘制齿轮零件图(略)

7.10 直齿圆锥齿轮传动

7.10.1 直齿圆锥齿轮传动的特点及应用

圆锥齿轮机构用于相交轴之间的传动，两轴的交角 $\Sigma\delta_1+\delta_2$ 由传动要求确定，可为任意值，$\Sigma\delta_1+\delta_2=90°$的圆锥齿轮传动应用最广泛。锥轮齿也有直齿、斜齿和曲齿之分，本节只讨论 $\Sigma\delta_1+\delta_2=90°$的直齿圆锥轮传动。

由于圆锥齿轮的轮齿分布在圆锥面上，所以齿形从大端到小端逐渐缩小。一对圆锥齿轮传动时，两个节圆锥做纯滚动，与圆柱齿轮相似，圆锥齿轮也有基圆锥、分度圆锥、齿顶圆锥、齿根圆锥。如图 7.36 表示一对正确安装的标准圆锥齿轮传动，其节圆锥与分度圆锥重合。设 δ_1、δ_2 为两轮的锥顶半角，R 为锥距，因

$$r_1=\frac{d_1}{2}=R\sin\delta_1,\qquad r_2=\frac{d_2}{2}=R\sin\delta_2$$

当 $\delta_1+\delta_2=90°$时，传动比

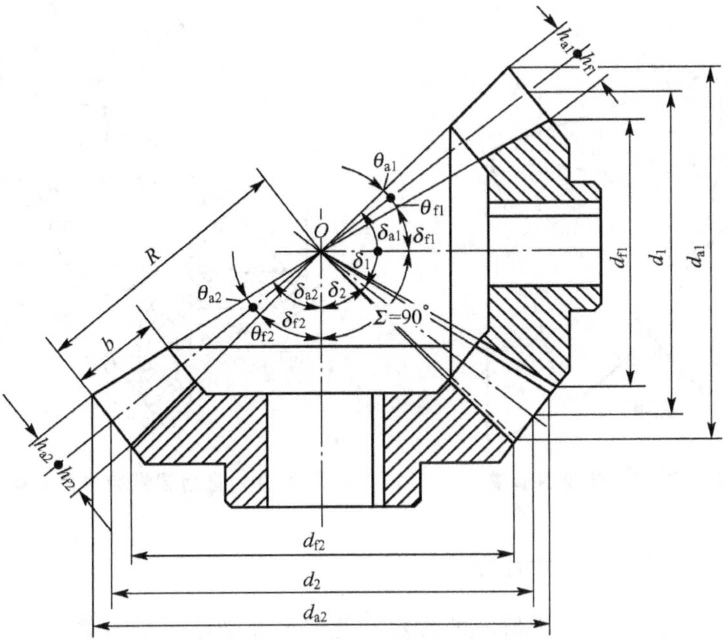

图 7.36 直齿圆锥齿轮传动

$$i_{12}=\frac{\omega_1}{\omega_2}=\frac{n_1}{n_2}=\frac{z_2}{z_1}=\frac{r_2}{r_1}=\cot\delta_1=\tan\delta_2 \tag{7-47}$$

7.10.2 直齿圆锥齿轮齿廓形成和当量齿轮

如图 7.37 所示，一扇形平面 S 在基圆锥上做纯滚动时，该平面上任一条过锥顶的直线 OK 在空间所展出的曲面即为锥齿轮的齿廓曲面。因 K 点至锥顶 O 的距离不变，所以渐开线 AK 是在以 O 为圆心，OK 为半径的球面上，故直齿锥齿轮的理论齿廓曲线为球面渐开线。因球面不能展成平面，给设计和制造带来很多困难，所以借助当量齿轮进行分析。

如图 7.38 所示，$\triangle BO_1'C$、$\triangle AO_2'C$ 称为锥齿轮的背锥，将啮合的两锥齿轮按背锥展开后得到两个扇形齿轮，扇形齿轮分度圆半径 r_{v1}、r_{v2} 即为各自背锥的锥距。背锥面上的齿高与球面上的齿高相差很小。因此，可以认为一对直齿锥齿轮的啮合近似于背锥面上的齿廓啮合。该扇形齿轮的模数 m、压力角 α、齿顶高 h_a、齿根高 h_f 及齿数 z_1、z_2 就是锥齿轮的相应参数。将两个扇形齿轮补为完整的圆柱齿轮，其齿数增至 z_{v1}、z_{v2}，该虚拟的圆柱齿轮称为锥齿轮的当量齿轮，z_v 称为当量齿数。由图可知

$$r_v=\frac{r}{\cos\delta}=\frac{mz}{2\cos\delta}=\frac{mz_v}{2}$$

可得

$$z_v=\frac{z}{\cos\delta} \tag{7-48}$$

借助于当量齿轮，可以将直齿圆柱齿轮的原理近似地应用到锥齿轮上。例如，一对直齿锥齿轮的正确啮合条件应为两轮大端模数、压力角分别相等，且两轮的锥距相等。

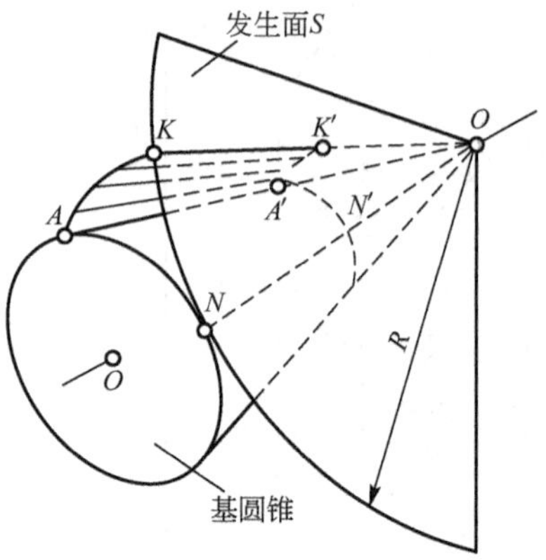

图 7.37　球面渐开线的形成

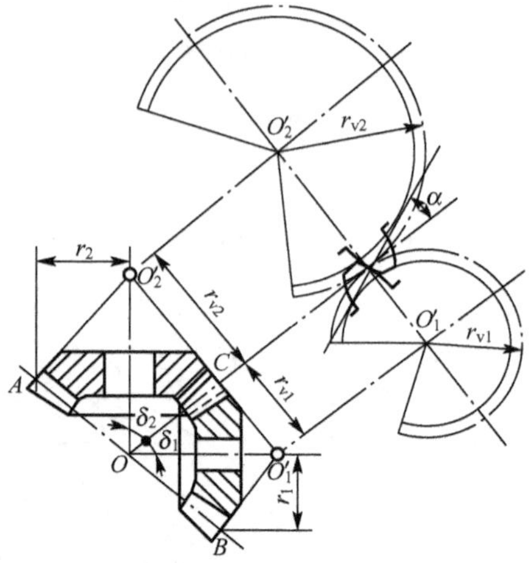

图 7.38　直齿圆锥齿轮背锥和当量齿轮

7.10.3　直齿圆锥齿轮几何尺寸计算

为了便于计算和测量，圆锥齿轮的参数和几何尺寸均以大端为准，取大端模数 m 为标准值，大端压力角为 $\alpha=20°$，齿顶高系数 $h_a^*=1$，顶隙系数 $c^*=0.2$。标准直齿圆锥齿轮各部分名称如图 7.36 所示，几何尺寸计算公式见表 7-12。

表 7-12　标准锥齿轮主要几何尺寸计算公式($\sum\delta_1+\delta_2=90°$)

名称	符号	计算公式
分度圆锥角	δ	$\delta_2=\arctan\left(\frac{z_2}{z_1}\right)$；$\delta_1=90-\delta_2$
分度圆直径	d	$d_1=mz_1$；$d_2=mz_2$
锥距	R	$R=\frac{m}{2}\sqrt{z_1^2+z_2^2}$
齿宽	b	$b\leqslant\frac{R}{3}$ 和 $b\leqslant 10m$
齿顶圆直径	d_a	$d_{a1}=d_1+2h_a\cos\delta_1=m(z_1+2h_a^*\cos\delta_1)$； $d_{a2}=d_2+2h_a\cos\delta_2=m(z_2+2h_a^*\cos\delta_2)$
齿根圆直径	d_f	$d_{f1}=d_1-2h_f\cos\delta_1=m[z_1-2(h_a^*+c^*)\cos\delta_1]$； $d_{f2}=d_2-2h_f\cos\delta_2=m[z_2-2(h_a^*+c^*)\cos\delta_2]$
顶锥角	δ_a	$\delta_{a1}=\delta_1+\theta_{a1}=\delta_1+\arctan\left(\frac{h_a^*m}{R}\right)$； $\delta_{a2}=\delta_2+\theta_{a2}=\delta_2+\arctan\left(\frac{h_a^*m}{R}\right)$
根圆锥角	δ_f	$\delta_{f1}=\delta_1-\theta_{f1}=\delta_1-\arctan\left[\frac{(h_a^*+c^*)m}{R}\right]$； $\delta_{f2}=\delta_2-\theta_{f2}=\delta_2-\arctan\left[\frac{(h_a^*+c^*)m}{R}\right]$

7.10.4 直齿圆锥齿轮的受力分析

如图7.39所示，直齿圆锥齿轮齿面上的法向力 $\boldsymbol{F}_n$ 可视为集中作用在齿宽中点处的分度圆 d_m 上，即作用在齿宽中点的法向截面 $N—N$ 内，忽略齿面间摩擦力，主动轮1的法向力 $\boldsymbol{F}_{n1}$ 可分解为三个互成直角的分力：圆周力 $\boldsymbol{F}_{t1}$、径向力 $\boldsymbol{F}_{r1}$ 和轴向力 $\boldsymbol{F}_{a1}$。

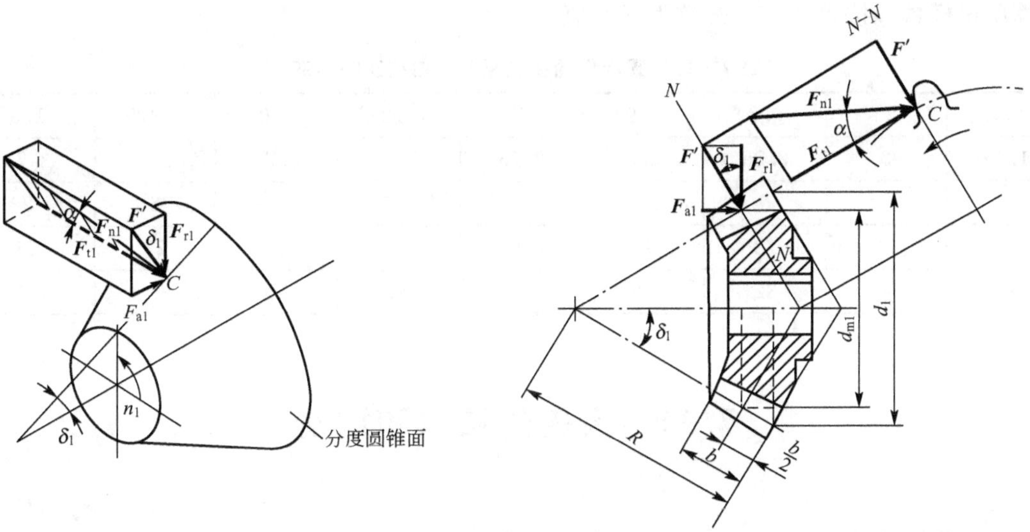

图7.39 直齿圆锥齿轮受力分析

受力分析表明轮齿上的三个分力的大小为

$$\left.\begin{aligned}F_{t1}&=\frac{2T_1}{d_{m1}}=\frac{2T_1}{d_1\left(1-\dfrac{b}{2R}\right)}\\F_{r1}&=F_{t1}\tan\alpha\cos\delta_1\\F_{a1}&=F_{t1}\tan\alpha\sin\delta_1\end{aligned}\right\}\tag{7-49}$$

圆周力和径向力方向的确定方法与直齿轮相同，两齿轮的轴向力方向都是沿各自的轴线指向大端。两轮的受力可根据作用与反作用原理确定：$F_{t1}=-F_{t2}$，$F_{r1}=-F_{a2}$，$F_{a1}=-F_{r2}$，负号表示二力的方向相反。

7.10.5 直齿圆锥齿轮的强度计算

作用在直齿圆锥齿轮齿面锥齿轮传动的强度按齿宽中点的一对当量直齿轮的传动作近似计算，当两轴交角 $\Sigma\delta_1+\delta_2=90°$ 时，齿面接触疲劳强度校核公式为

$$\sigma_H=\frac{4.98Z_E}{1-0.5\psi_R}\sqrt{\frac{KT_1}{\psi_R d_1^3 u}}\leqslant\sigma_{HP}\tag{7-50}$$

齿面接触疲劳强度设计公式为

$$d_1\geqslant\sqrt[3]{\frac{KT_1}{\psi_R u}\left(\frac{4.98Z_E}{(1-0.5\psi_R)\sigma_{HP}}\right)^2}\tag{7-51}$$

式中：ψ_R——齿宽系数，$\psi_R=b/R$，一般 $\psi_R=0.25\sim0.3$。其余各项符号的意义与直齿轮相同。

齿根弯曲疲劳强度校核公式为

$$\sigma_F=\frac{4KT_1Y_{Fa}Y_{Sa}}{\psi_R(1-0.5\psi_R)^2z_1^2m^3\sqrt{u^2+1}}\leqslant\sigma_{FP} \tag{7-52}$$

齿根弯曲疲劳强度设计公式为

$$m\geqslant\sqrt[3]{\frac{4KT_1Y_{Fa}Y_{Sa}}{\psi_R(1-0.5\psi_R)^2z_1^2\sigma_{FP}\sqrt{u^2+1}}} \tag{7-53}$$

计算所得模数应按表 7－13 圆整为标准值。

表 7－13　圆锥齿轮模数系列(GB12368—1990)

0.6	0.7	0.8	0.9	1	1.125	1.25	1.375	1.5
1.75	2	2.25	2.5	2.75	3	3.25	3.5	3.75
4	4.5	5	5.5	6	6.5	7	8	9
10	11	12	14	16	18	20	22	25
28	30	32	36	40	45	50	—	—

7.11　齿轮的结构和润滑

7.11.1　齿轮结构

齿轮传动的强度计算，只能确定出齿轮的主要尺寸，如齿数、模数、齿宽、螺旋角、分度圆直径等。而齿轮的齿圈、轮辐、轮毂等的结构尺寸，与齿轮尺寸、材料、毛坯制造方法、加工方法、使用要求、经济性等有关，其尺寸由经验公式确定。

常用的齿轮结构形式有：齿轮轴、实心轴、腹板式、轮辐式、组装齿圈式结构。

直径较小的钢质齿轮，若齿根圆到键槽底部的距离 $e<2.5m_n$(图 7.40，m_n 为模数)，便将齿轮和轴做在一起，称为齿轮轴(图 7.41)。若 e 值超过上述尺寸时，齿轮与轴应分开制造。

当齿轮直径 $d_a\leqslant200$mm 时，常采用锻钢制造，做成实心结构(图 7.40)。

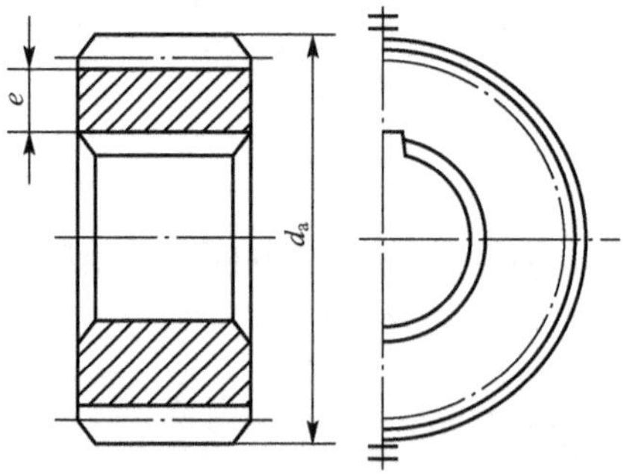

图 7.40　齿轮结构尺寸 e

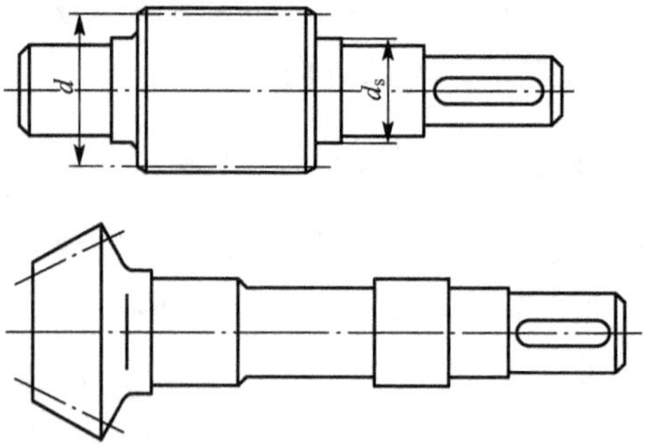

图 7.41　齿轮轴

当齿轮的齿顶圆直径 $d_a=200\sim500$mm 时，可采用腹板式结构(图 7.42)锻造或铸造。为减轻质量，在腹板上制圆孔，称为孔板式齿轮。

当 $d_a>500$mm 时可采用轮辐式结构(图 7.43)，铸钢或铸铁制造。

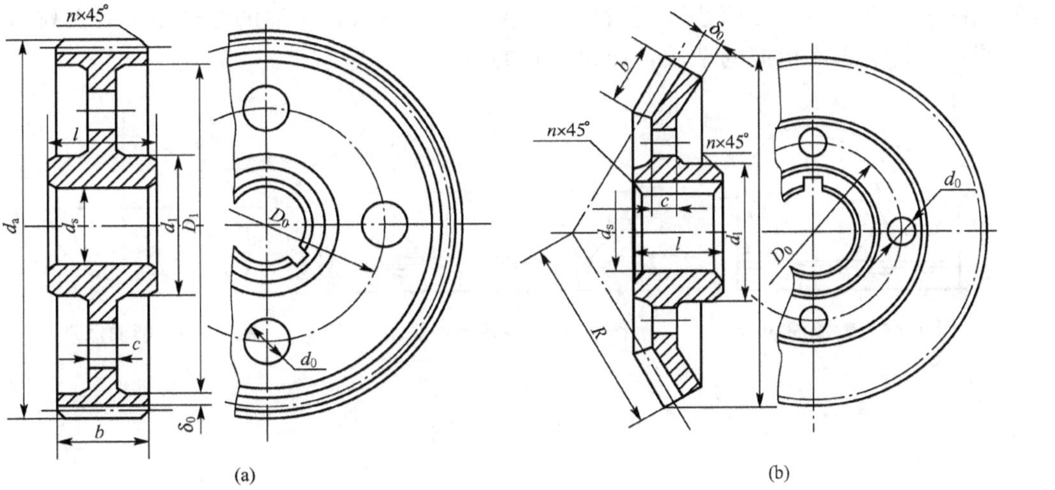

$d_1=1.6d_s$；$c=0.3b$；

$\delta_0=(2.5\sim4)m_n\geqslant8\text{mm}$；$D_0=0.5(D_1+d_1)$

$D_1=d_f-2\delta_0$；$d_0=0.25(D_1-d_1)$

$l=(1.2\sim1.3)d_s\geqslant b$；$n=0.5m_n$

$d_1=1.6d_s$(铸钢)；$l=(1\sim1.2)d_s$

$c=(0.1\sim0.17)l>10\text{mm}$

$\delta_0=(2.5\sim4)m>10\text{mm}$

D_0、d_0、n 根据结构确定

图 7.42　腹板式圆柱、锥齿轮

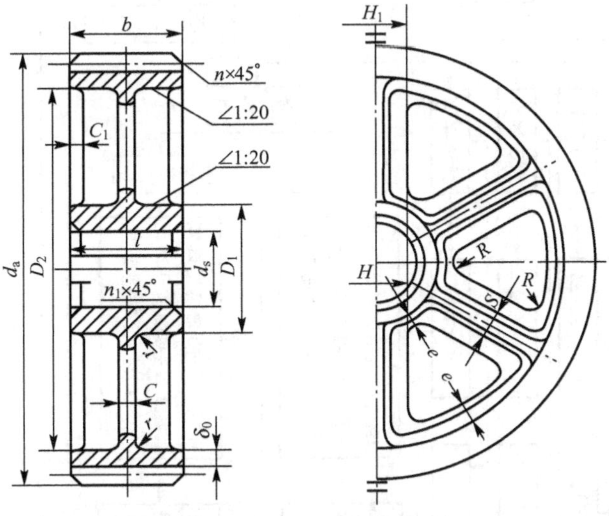

$D_1=1.6d_s$ (铸钢)

$l=(1.2\sim1.5)\ d_s\geqslant b$

$\delta_0=(2.5\sim4)\ m_n\geqslant8\text{mm}$

$D_2=d_f-2\delta_0$

$n=0.5m_n$

$H=0.8d_s$

$H_1=0.8H$

$C=0.25H\geqslant10\text{mm}$

$C_1=0.8C$

$S=0.17H\geqslant10\text{mm}$

$e=0.8\delta_0$

n_1、r、R 由结构确定

图 7.43　轮辐式铸造圆柱齿轮

7.11.2　齿轮传动的润滑

开式齿轮传动通常采用人工定期加油润滑，可采用润滑油或润滑脂。

闭式齿轮传动的润滑方式主要根据齿轮的圆周速度大小而定。当齿轮圆周速度 $v<12\text{m/s}$ 时，可采用浸油润滑方式(图 7.44)，即将大齿轮的轮齿浸入油，当 v 较大时，浸入深度约为一个齿高；当 v 较小时，浸入深度约为齿轮半径的 1/6；在多级齿轮传动中，当几个大齿轮直径不相等时，可以采用惰轮蘸油润滑(图 7.45)。

当齿轮圆周速度较高($v>12\text{m/s}$)时，应采用喷油润滑方式(图 7.46)，即通过油路把具有一定压力的润滑油喷到轮齿的啮合面上，不宜采用油池润滑是因为：圆周速度过高，

齿轮上的油大多被甩出去而达不到啮合区；搅油过于激烈，使油的温升增加，并降低其润滑性能；会搅起箱底沉淀的杂质，加速齿轮的磨损。

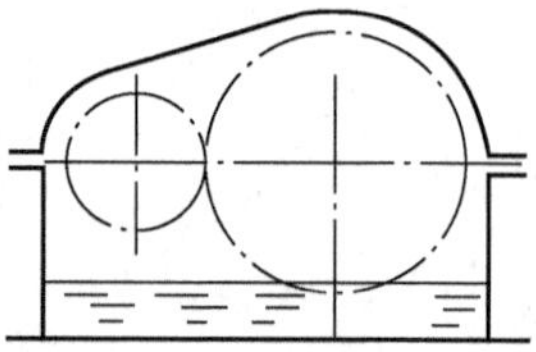

图 7.44　轮浸油润滑

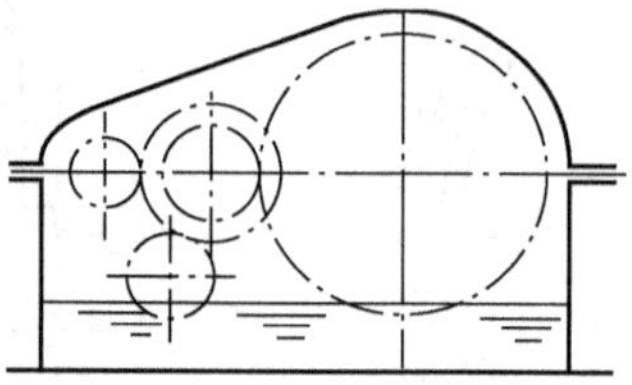

图 7.45　惰轮蘸油润滑

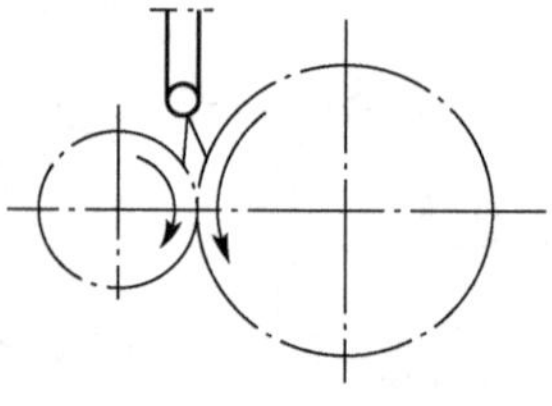

图 7.46　喷油润滑

小　　结

1. 内容归纳

本章内容归纳如图 7.47 所示。

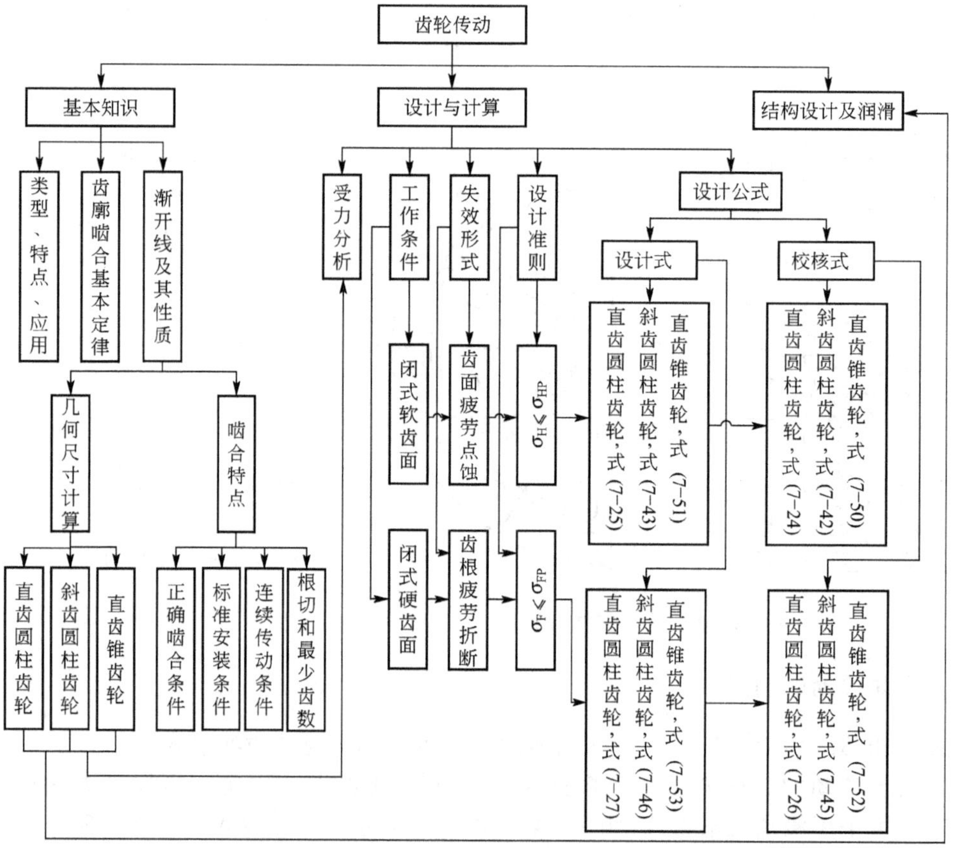

图 7.47　本章内容归纳

2. 重点和难点

重点：①标准直齿圆柱齿轮传动、斜齿圆柱齿轮传动和直齿锥齿轮传动的基本参数、正确条件以及几何尺寸计算；②此三种传动的受力分析；③标准直齿圆柱齿轮传动、斜齿圆柱齿轮传动的设计原理和强度计算方法。

难点：①针对不同工况选择材料和设计参数；②判断失效形式和确定设计准则；③斜齿轮轴向力方向判定。

习　　题

一、单项选择题

7.1　一对齿轮啮合时，两齿轮的______始终相切。

A. 分度圆　B. 基圆　C. 齿顶圆　D. 节圆

7.2　对于正常齿制的标准直齿圆柱齿轮而言，避免根切的最小齿数为______。

A. 16　B. 17　C. 18　D. 19

7.3　设计一对减速软齿面齿轮传动时，大、小齿轮的齿面硬度选择时，应使______。

A. 两者相等　B. 小齿轮高于大齿轮

C. 大齿轮高于小齿轮

7.4　齿面的接触疲劳强度设计准则是以不产生______破坏为前提建立起来的。

A. 疲劳点蚀　B. 磨损　C. 胶合　D. 疲劳折断

7.5　增加斜齿轮传动的螺旋角，将引起______。

A. 重合度减小，轴向力增加　B. 重合度减小，轴向力减小

C. 重合度增加，轴向力增加　D. 重合度增加，轴向力减小

二、判断题

7.6　分度圆上压力角的变化，对齿廓的形状有影响。　(　　)

7.7　齿轮分度圆直径一定时，齿数愈少，齿根厚度就愈大，轮齿的弯曲应力就愈小。　(　　)

7.8　当渐开线圆柱齿轮的齿数少于 Z_{min} 时，可采用减少切削深度来避免根切。　(　　)

7.9　一对渐开线斜齿圆柱齿轮在啮合传动过程中，一对齿廓上的接触线长度不变。　(　　)

7.10　在确定大小齿轮的宽度时，通常把小齿轮的齿宽做得比大齿轮的宽。　(　　)

三、简答题

7.11　什么是齿廓的根切现象？产生根切的原因是什么？是否基圆愈小愈容易发生根切？根切有什么危害？如何避免根切？

7.12　变位齿轮的模数、压力角、分度圆直径、基圆直径、齿距、齿厚、齿槽宽与标准齿轮是否一样？

7.13　齿轮传动常见的失效形式有哪些？各种失效形式常在何种情况下发生？试对工

程实际中所见到的齿轮失效的形式和原因进行分析。

7.14 齿轮传动的设计计算准则是根据什么来确定的？目前常用的计算方法有哪些，它们分别针对何种失效形式？针对其余失效形式的计算方法怎样？

7.15 在设计软齿面齿轮传动时，为什么常使小齿轮的齿面硬度高于大齿轮齿面硬度30～50HBW？

7.16 一对圆柱齿轮传动，大、小齿轮齿面接触应力是否相等？大、小齿轮的接触强度是否相等？在什么条件下两齿轮的接触强度相等？

7.17 一对圆柱齿轮传动，一般大、小齿轮齿根抗弯应力是否相等？大、小齿轮弯曲强度相等的条件是什么？

7.18 在圆柱齿轮传动设计中，为什么通常取小齿轮的齿宽大于大齿轮齿宽？

7.19 下列两对齿轮中，哪一对齿轮的接触疲劳强度大？哪一对齿轮的弯曲疲劳强度大？为什么？

(1) $z_1=20$，$z_2=40$，$m_n=4\text{mm}$，$a=20°$；

(2) $z_1=40$，$z_2=80$，$m_n=2\text{mm}$，$a=20°$。

其他条件(传递的转矩 T_1、齿宽 b、材料及热处理硬度及工作条件)相同

四、计算题

7.20 一渐开线，其基圆半径 $r_b=40$ mm，试求此渐开线压力角 $\alpha=20°$处的向径 r 和曲率半径 ρ 的大小。

7.21 当 $\alpha=20°$，$h_a^*=1$ 时，若渐开线直齿圆柱标准齿轮的齿根圆和基圆相重合，其齿数应为多少？又当齿数大于以上求得的齿数时，试问基圆与齿根圆哪个大？

7.22 某直齿圆柱齿轮传动的小齿轮已丢失，但已知与之相配的大齿轮为正常齿制标准齿轮，其齿数 $z_2=52$，齿顶圆直径 $d_{a2}=135\text{mm}$，标准安装中心距 $a=112.5\text{mm}$。试求丢失的小齿轮的齿数、模数、分度圆直径、齿顶圆直径、齿根圆直径。

7.23 有一个标准渐开线直齿圆柱齿轮，测量其齿顶圆直径 $d_a=106.40$ mm，齿数 $z=25$，问这是哪一种齿制的齿轮，基本参数是多少？

7.24 现有一对正常齿制标准直齿圆柱外齿轮。已知模数 $m=2.5\text{mm}$，齿数 $z_1=23$，$z_2=57$，求传动比、分度圆直径、齿顶圆直径、齿根圆直径、基圆直径、中心距，分度圆上的齿距、齿厚、齿槽宽，渐开线在分度圆处的曲率半径和齿顶圆处的压力角。

7.25 两个标准直齿圆柱齿轮，已测得齿数 $z_1=22$、$z_2=98$，小齿轮齿顶圆直径 $d_{a1}=240\text{mm}$，大齿轮全齿高 $h=22.5\text{mm}$，试判断这两个齿轮能否正确啮合传动？

7.26 已知一对正常齿制标准斜齿圆柱齿轮的模数 $m_n=3\text{mm}$，齿数 $z_1=23$、$z_2=76$，分度圆螺旋角 $\beta=8°6'34''$。试求其中心距、端面压力角、当量齿数、分度圆直径、齿顶圆直径和齿根圆直径。

7.27 已知一正常齿制的标准斜齿圆柱齿轮，齿数 $z_1=20$，模数 $m_n=2\text{mm}$，拟将该齿轮作为某外啮合传动的主动轮，现须配一从动轮，要求传动比 $i=3.5$。要求中心距 $a=92\text{mm}$。试计算该对齿轮的几何尺寸。

7.28 一对渐开线标准直齿圆锥齿轮机构，$z_1=15$、$z_2=30$、$m=5\text{mm}$、$\alpha=20°$、$h_a^*=1$、$c^*=0.2$、$\sum\delta_1+\delta_2=90°$。试计算该对圆锥齿轮的几何尺寸。

7.29 图 7.48 所示为斜齿圆柱齿轮减速器。

(1) 已知主动轮1的螺旋角旋向及转向，为了使轮2和轮3的中间轴Ⅱ的轴向力最小，试确定轮2、3、4的螺旋角旋向和各轮产生的轴向力方向。

(2) 已知 $m_{n2}=3$ mm、$z_2=57$、$\beta_2=18°$、$m_{n3}=4$mm、$z_3=20$，β_3 应为多少时，才能使中间轴上两齿轮产生的轴向力互相抵消？

7.30 图7.49所示为直齿锥齿轮-斜齿圆柱齿轮减速器，输出轴Ⅲ转向如图所示。

(1) 画出各轴转向。为使Ⅱ轴轴向力小，合理确定斜齿轮3和4的旋向。

(2) 画出各齿轮受力方向。

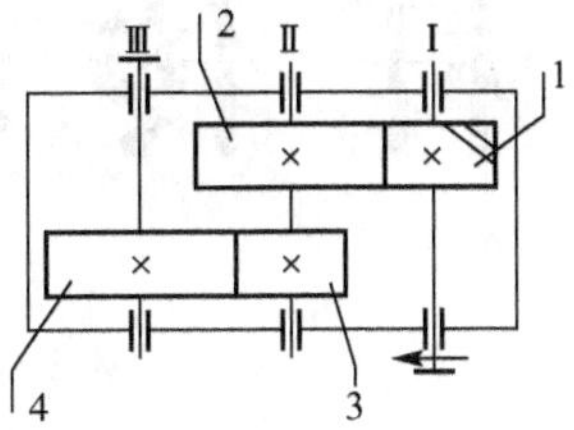

图7.48 题7.29图

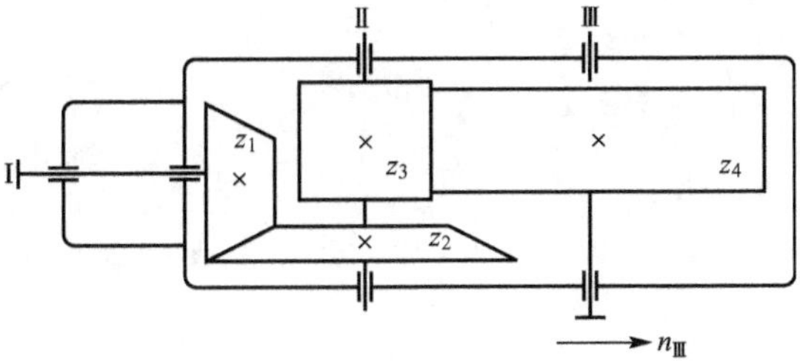

图7.49 题7.30图

7.31 设计用于螺旋输送机的一级减速器中的一对直齿圆柱齿轮。已知传递的功率 $P=10$kW，小齿轮由电动机驱动，其转速 $n_1=960$r/min，$n_2=240$r/min。单向传动，使用寿命10年，单班制工作，载荷比较平稳。

7.32 设计用于螺旋输送机的一级减速器中的一对斜齿圆柱齿轮。已知传递的功率 $P=30$kW，小齿轮由电动机驱动，其转速 $n_1=960$r/min，$n_2=240$r/min。单向传动，使用寿命15年，两班制工作，载荷比较平稳，要求结构紧凑。

第8章 蜗杆传动

本章教学要点

知识要点	掌握程度	相关知识
蜗杆传动的类型、特点和应用	了解蜗杆传动类型、特点和应用	蜗杆传动的类型
蜗杆传动的主要参数和几何尺寸	掌握蜗杆传动的参数选择原则和几何尺寸计算方法	蜗杆传动的参数； 蜗杆传动几何尺寸计算方法
蜗杆传动受力分析、强度计算和热平衡计算	掌握蜗杆传动失效形式和受力分析； 理解蜗杆传动效率和热平衡计算方法	蜗杆传动失效形式； 蜗杆传动的受力分析； 蜗杆传动效率，热平衡

导入案例

蜗杆传动用以传递空间交错轴间的转矩和运动，两轴可以交错成任意角度，但最常用的为轴交角等于90°者。它在近代工业中应用极为广泛。在煤炭工业中常见之于各型直绞车及采煤机组牵引部传动系统中。冶金工业轧机压下机构都采用大型蜗杆传动。机床工业用于工作台传动及精密分度机构。起重运输业中各种提升设备、电梯(图 8.1)、自动扶梯、汽车后桥传动、无轨电车等。其他如精密仪器设备、军工、宇宙观测部门中，蜗杆传动常用作分度机构，调整、操纵机构，计算机构，测距机构，等等。大型天文望远镜、雷达等也都离不开蜗杆传动。

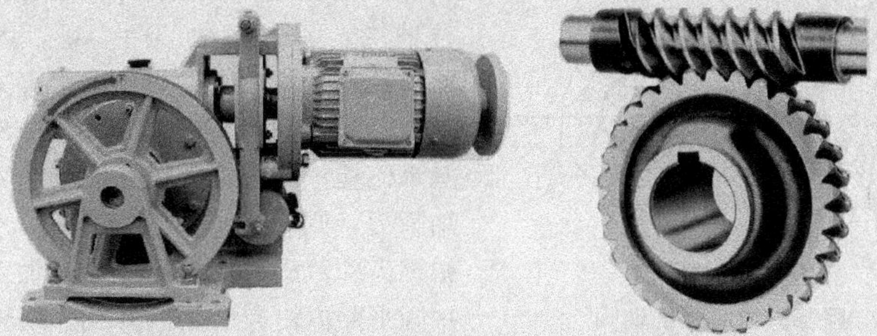

(a) 电梯曳引机　　(b) 蜗杆传动

图 8.1　电梯曳引机(蜗杆传动)

8.1　蜗杆传动特点和类型

蜗杆传动机构由蜗杆、蜗轮和机架组成，用来传递空间两交错轴的运动和动力，通常两轴交错角为 90°，蜗杆为主动件，如图 8.2 所示。

蜗杆传动是在齿轮传动的基础上发展起来的。它具有齿轮传动的某些特点，即在中间平面(通过蜗杆轴线并垂直于蜗轮轴线的平面)内的啮合情况与齿轮齿条的啮合情况相似，又有区别于齿轮传动的特性，即其运动特性相当于螺旋副(见第 13 章)的工况。蜗杆相当于一个单头或多头的螺杆，蜗轮相当于一个“不完整的螺母”包在蜗杆上。蜗杆绕本身轴线转动一周，蜗轮相应转过一个或多个齿。

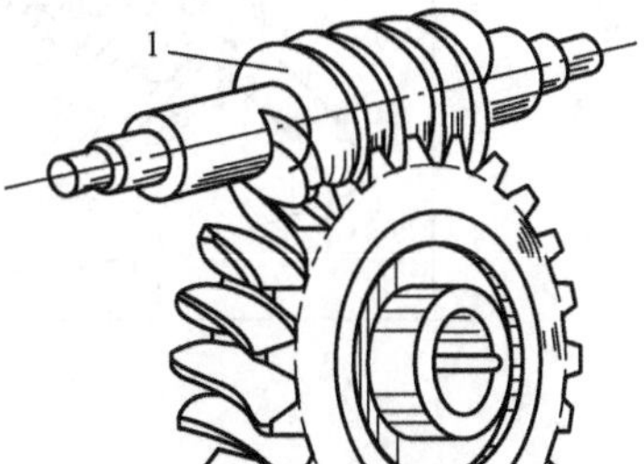

图 8.2　蜗杆传动

1—蜗杆；2—蜗轮

与齿轮传动比较，蜗杆传动因具有传动比大、结构紧凑、工作平稳、噪声小、可实现自锁等优点而获得广泛的应用。但其具有效率低、发热量和磨损大、成本造价较高等缺点。

根据蜗杆外形不同，蜗杆传动可分为圆柱蜗杆传动(图 8.1(b)和图 8.3(a))、环面蜗杆传动(图 8.3(b))和锥面蜗杆传动(图 8.3(c))。圆柱蜗杆按蜗杆齿廓形状，又有阿基米德蜗杆、渐开线蜗杆、法向直廓蜗杆等多种。阿基米德蜗杆加工及测量方便，应用广泛。本节仅介绍阿基米德蜗杆传动。

图 8.3 蜗杆传动类型

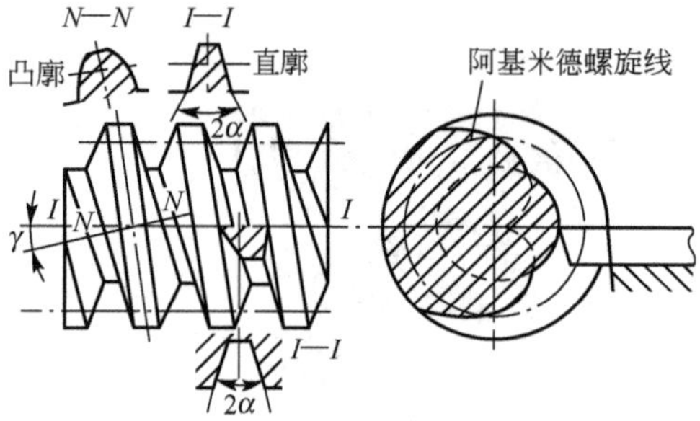

图 8.4 阿基米德蜗杆的切削

阿基米德蜗杆形成与螺纹相同，是用直线刀刃车削出来的。在切制时，刀刃平面通过蜗杆轴线，刀刃夹角 $2\alpha=40°$，因而蜗杆轴线剖面形状是直线齿廓的齿条，垂直其轴线剖面与齿廓的交线是阿基米德螺旋线(图 8.4)，故称为阿基米德蜗杆。若将此蜗杆沿轴线方向开槽，形成切削刃，则就变成了齿轮滚刀，如图 7.15所示。根据齿廓范成原理，用此滚刀加工出的蜗轮，在中间平面内，齿形为渐开线。蜗轮与蜗杆在中间平面上相当于渐开线齿轮与齿条的啮合(图 8.5)，故蜗杆传动以中间平面上的参数和尺寸为基准，几何尺寸关系大部分可沿用齿轮的公式。

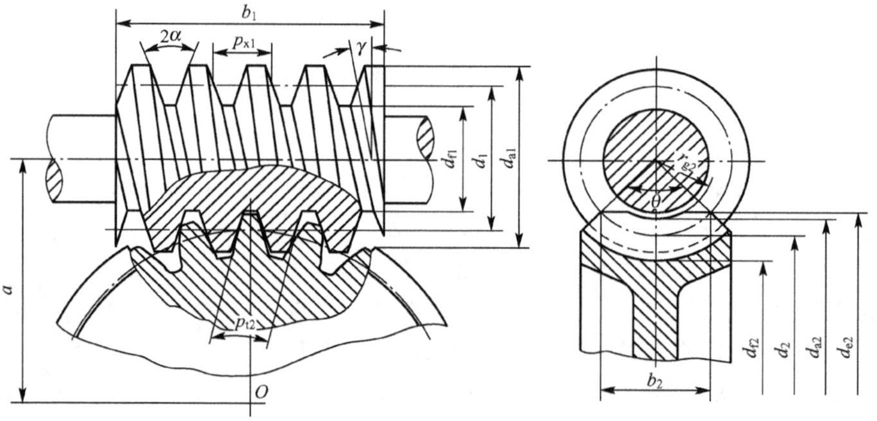

图 8.5 阿基米德蜗杆传动

8.2 圆柱蜗杆传动的主要参数和几何尺寸计算

8.2.1 圆柱蜗杆传动的主要参数

1. 模数 m 和压力角 α

在中间平面内(图 8.5)，蜗杆的轴向模数 m_{x1} 和轴向压力角 α_{x1} 为标准值，蜗轮的端面

模数 m_{t2} 和蜗轮的端面压力角 α_{t2} 为标准值。模数标准取值见表 8－1，标准压力角 $\alpha=20°$。

由于蜗杆传动在中间平面上相当于齿轮与齿条的啮合，蜗杆轴向齿距 p_{x1} 与蜗轮分度圆齿距 p_{t2} 相等。由此得出

$$m_{x1}=m_{t2}=m$$

$$\alpha_{x1}=\alpha_{t2}=\alpha$$

2．蜗杆的分度圆直径 d_1、直径系数 q 和导程角 β

蜗杆与蜗轮正确啮合，加工蜗轮的滚刀直径和齿形参数必须与相应的蜗杆相同，为限制蜗轮滚刀的数量，d_1 亦标准化。其标准取值见表 8－1。

表 8－1　阿基米德蜗杆基本参数($\Sigma=90°$)(摘自 GB/T 10085—1988)

模数 m /mm	分度圆直径 d_1/mm	蜗杆头数 z_1	直径系数 q	m^2d_1 /mm^3
1	18	1	18.000	18
1.25	20	1	16.000	31.25
	22.4	1	17.920	35
1.6	20	1，2，4	12.500	51.2
	28	1	17.500	71.68
2	(18)	1，2，4	9.000	72
	22.4	1，2，4，6	11.200	89.6
	(28)	1，2，4	14.000	112
	35.5	1	17.750	142
2.5	(22.4)	1，2，4	8.960	140
	28	1，2，4，6	11.200	175
	(35.5)	1，2，4	14.200	221.9
	45	1	18.000	281
3.15	(28)	1，2，4	8.889	278
	35.5	1，2，4，6	11.27	352
	45	1，2，4	14.286	446.5
	56	1	17.778	556
4	(31.5)	1，2，4	7.875	504
	40	1，2，4，6	10.000	640
	(50)	1，2，4	12.500	800
	71	1	17.750	1136
5	(40)	1，2，4	8.000	1000
	50	1，2，4，6	10.000	1250
	(63)	1，2，4	12.600	1575
	90	1	18.000	2250
6.3	(50)	1，2，4	7. 936	1985
	63	1，2，4，6	10.000	2500
	(80)	1，2，4	12.698	3175
	112	1	17.778	4445
8	(63)	1，2，4	7.875	4032
	80	1，2，4，6	10.000	5120
	(100)	1，2，4	12.500	6400
	140	1	17.500	8960

（续）

模数 m/mm	分度圆直径 d_1/mm	蜗杆头数 z_1	直径系数 q	m^2d_1 /mm³	模数 m /mm	分度圆直径 d_1/mm	蜗杆头数 z_1	直径系数 q	m^2d_1 /mm³
10	(71)	1，2，4	7.100	7100	16	(180)	1，2，4	11.250	46080
	90	1，2，4，6	9.000	9000		250	1	15.625	64000
	(112)	1，2，4	11.200	11200	20	(140)	1，2，4	7.000	56000
	160	1	16.000	16000		160	1，2，4	8.000	64000
12.5	(90)	1，2，4	7.200	14062		(224)	1，2，4	11.200	89600
	112	1，2，4	8.960	17500		315	1	15.750	126000
	(140)	1，2，4	11.200	21875	25	(180)	1，2，4	7.200	112500
	200	1	16.000	31250		200	1，2，4	8.000	125000
16	(112)	1，2，4	7.000	28672		(280)	1，2，4	11.200	175000
	140	1，2，4	8.750	35840		400	1	16.000	250000

注：1. 表中模数和分度圆直径仅列出了第一系列的较常用数据。
2. 括号内的数字尽可能不用。

d_1 与 m 有一定的匹配，一个 m 只有几个 d_1 和它匹配，故引入直径系数 q

$$q=\frac{d_1}{m} \tag{8-1}$$

其取值亦见表 8-1。

如图 8.6 所示，将蜗杆分度圆柱展开，其螺旋线与端平面的夹角 γ 称为蜗杆的导程角。若蜗杆螺旋线头数记为 z_1，γ 可由下式求得

$$\tan\gamma=\frac{p_z}{\pi d_1}=\frac{z_1 p_{x1}}{\pi d_1}=\frac{z_1 m}{d_1}=\frac{z_1}{q} \tag{8-2}$$

当两轴交角为 90°时，为正确啮合，蜗杆分度圆导程角 γ 应等于蜗轮分度圆螺旋角 β，且两者螺旋方向相同。

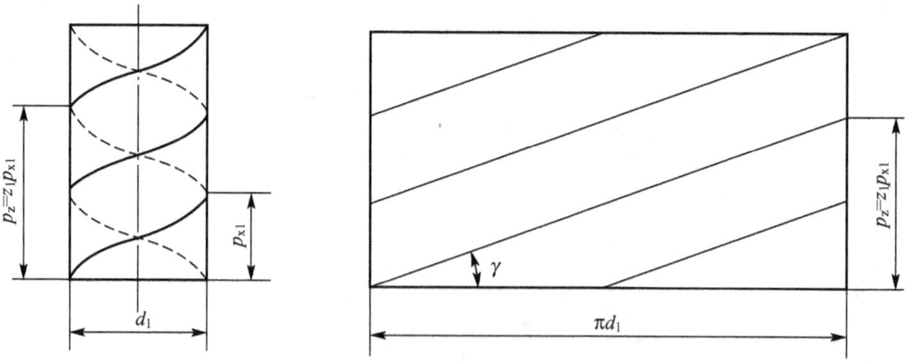

图 8.6 蜗杆导程角

3. 蜗杆头数 z_1、蜗轮齿数 z_2 和传动比 i_{12}

蜗杆头数 z_1 即为蜗杆螺旋线的数目，蜗杆的头数一般取 $z_1=1\sim6$，通常取为 1、2、

4、6，也可根据要求的传动比和效率来选定。当传动比大于40或要求自锁时取 $z_1=1$，当传动功率较大时，为提高传动效率取较大值。但蜗杆头数过多，加工精度难于保证。

蜗轮的齿数一般取 $z_2=27\sim80$。z_2 过少将产生根切；z_2 过大，蜗轮直径增大，与之相应的蜗杆长度增加，刚度减小。

当蜗杆回转一周时，相当于齿条移动 $p_{x1}z_1$，推动蜗轮分度圆转过的弧长也为 $p_{x1}z_1$，折算成转动周数为 $p_{x1}z_1/\pi d_2=p_{x1}z_1/\pi m z_2=z_1/z_2$ 周，因此传动比为

$$i_{12}=\frac{n_1}{n_2}=\frac{z_2}{z_1} \tag{8-3}$$

式中：n_1、n_2——分别为蜗杆和蜗轮的转速(r/min)。

4. 中心距

蜗杆传动中，当蜗杆节圆与蜗轮分度圆重合时称为标准传动，其中心距为

$$a=\frac{(d_1+d_2)}{2}=\frac{m(z_2+q)}{2} \tag{8-4}$$

[思考题 8.1] 蜗杆传动的传动比 i_{12} 可以用 $i_{12}=d_2/d_1$ 表示吗？

8.2.2 圆柱蜗杆传动的几何尺寸计算

标准普通圆柱蜗杆传动主要几何尺寸如图8.5所示，计算公式见表8-2。

表8-2 圆柱蜗杆传动的几何尺寸计算

名称	计算公式	
	蜗杆	蜗轮
蜗杆分度圆直径，蜗轮分度圆直径	$d_1=mq$	$d_2=mz_2$
齿顶高	$h_{a1}=m$	$h_{a2}=m$
蜗杆齿顶圆直径，蜗轮齿顶圆直径	$d_{a1}=m(q+2)$	$d_{a2}=m(z_2+2)$
齿根高	$h_{f1}=1.2m$	$h_{f2}=1.2m$
蜗杆齿根圆直径，蜗轮齿根圆直径	$d_{f1}=m(q-2.4)$	$d_{f2}=m(z_2-2.4)$
蜗杆分度圆导程角，蜗轮分度圆螺旋角	$\gamma=\arctan(z_1/q)$	$\beta=\gamma$
顶隙	$c=0.2m$	
蜗杆轴向齿距，蜗轮端面齿距	$p_{x1}=p_{t2}=\pi m$	
中心距	$a=\frac{m}{2}(q+z_2)$	
蜗杆齿宽，蜗轮齿宽	$b_1\approx2.5m\sqrt{z_2+1}$(由设计决定)	$b_2=d_1\sin\theta/2$(由设计决定)
蜗轮咽喉母圆直径		$r_{g2}=a-\frac{1}{2}d_{a2}$
蜗轮外圆直径		$z_1=1$，$d_{e2}\leqslant d_{a2}+2m$ $z_1=2$，$d_{e2}\leqslant d_{a2}+1.5m$ $z_1=4$，$d_{e2}\leqslant d_{a2}+m$

8.3 蜗杆传动的运动学及效率

8.3.1 蜗杆传动的相对滑动速度

蜗杆传动中蜗杆的螺旋面和蜗轮齿面之间有较大的相对滑动。如图 8.7 所示，v_1 为蜗杆的圆周速度，v_2 为蜗轮的圆周速度，作速度三角形得滑动速度 v_s 沿蜗杆螺旋线的切线方向，即

$$v_s=\sqrt{v_1^2+v_2^2}=\frac{v_1}{\cos\gamma} \tag{8-5}$$

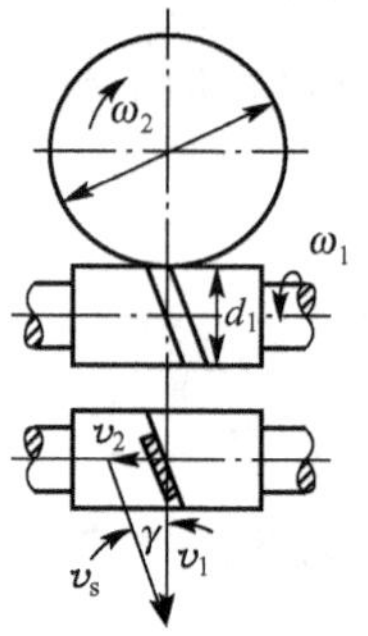

图 8.7 相对滑动速度

较大的蜗杆蜗轮齿面间相对滑动速度，对齿面的润滑情况、齿面的失效形式及传动效率都有很大的影响。较大的相对滑动速度易发生齿面磨损和胶合，但是如润滑条件良好，则有助于形成润滑油膜，减少摩擦、磨损，提高传动效率。

8.3.2 蜗杆传动的效率

闭式蜗杆传动总效率 η 包括：啮合效率 η_1、搅油效率 η_2 和轴承效率 η_3，即

$$\eta=\eta_1\eta_2\eta_3 \tag{8-6}$$

式中：$\eta_2\eta_3=0.95\sim0.97$。啮合效率 η_1 是总效率的主要部分，蜗杆为主动件时，啮合效率可近似按螺旋副的效率计算(见 13.2 节)，即

$$\eta_1=\frac{\tan\gamma}{\tan(\gamma+\rho_v)} \tag{8-7}$$

式中：ρ_v——当量摩擦角，与蜗轮副材料、滑动速度和润滑状态有关。采用浸油润滑时，青铜蜗杆 $\rho_v=1°\sim3°$，铸铁材料 $\rho_v=3°\sim4°$，滑动速度高时取小值。

由式(8－7)可知，对动力传动，为提高效率应采用较大的 γ 值，故可选取多头蜗杆，但 γ 过大会引起加工困难，γ 不大于 30°。

γ 小于 ρ_v 时，蜗杆传动具有自锁性，但效率很低。必须注意在振动条件下，ρ_v 的值可能波动很大，因此不宜单靠蜗杆传动的自锁作用来实现制动。在重要场合应另加制动装置。

蜗杆传动设计时，可根据蜗杆头数估取传动效率(表 8－3)。

表 8－3 蜗杆传动效率

z_1	1	2	4	6
η	0.7～0.75	0.75～0.82	0.82～0.92	0.86～0.95

8.4 蜗杆传动的失效形式、材料及结构

8.4.1 蜗杆传动的失效形式和设计准则

蜗杆传动的失效形式与齿轮传动相似，有轮齿折断、齿面点蚀、齿面磨损和胶合等，

但由于蜗杆、蜗轮的齿廓间相对滑动速度较大、发热量大而效率低，因此传动的主要失效形式为胶合、磨损和点蚀。由于蜗杆的齿是连续的螺旋线，且蜗杆的强度高于蜗轮，因而失效多发生在蜗轮轮齿上。在闭式传动中，蜗轮的主要失效形式是胶合与点蚀；在开式传动中，主要失效形式是磨损。

综上所述，蜗杆传动的设计准则为：闭式蜗杆传动按齿面接触疲劳强度设计，并校核齿根弯曲疲劳强度，为避免发生胶合失效还必须做热平衡计算；对开式蜗杆传动通常只需按齿根弯曲疲劳强度设计。实践证明，闭式蜗杆传动，当载荷平稳无冲击时，蜗轮轮齿因弯曲强度不足而失效的情况多发生于齿数 $z_2>80$ 时，所以在齿数少于以上数值时，弯曲强度校核可不考虑。此外，如果蜗杆直径过小或支承跨距过大时，可能出现蜗杆刚度不足。因此，必要时需验算蜗杆刚度。

8.4.2 蜗杆、蜗轮的材料

根据蜗杆传动的主要失效形式可知，蜗杆和蜗轮材料不仅要求有足够的强度，更重要的是要具有良好的减摩性、耐磨性和抗胶合能力。

1. 蜗杆材料

蜗杆一般用碳钢或合金钢制造。对高速重载传动常用15Cr、20Cr、20CrMnTi等，经渗碳淬火，表面硬度56～62HRC，须经磨削。对中速中载传动，蜗杆材料可用45、40Cr、35SiMn等，表面淬火，表面硬度45～55HRC，须要磨削。对速度不高，载荷不大的蜗杆，材料可用45钢调质或正火处理，调质硬度220～270HBW。

2. 蜗轮材料

蜗轮材料可参考相对滑动速度 v_s 来选择。铸造锡青铜抗胶合性、耐磨性好，易加工，允许的滑动速度 v_s 高，但强度较低，价格较贵。一般ZCuSn10P1允许滑动速度可达25m/s，ZCuSn5Pb5Zn5常用于 $v_s<12$m/s的场合。铸造铝青铜，如ZCuAl10Fe3，其减摩性和抗胶合性比锡青铜差，但强度高，价格便宜，一般用于 $v_s\leqslant 4$m/s的传动。灰铸铁(HT150、HT200)，用于 $v_s\leqslant 2$m/s的低速轻载传动中。常用蜗轮材料的许用应力见表8-4、表8-5、表8-6。

表8-4 锡青铜蜗轮的基本许用接触应力 σ'_{HP} 单位：MPa

蜗轮材料	铸造方法	适用的滑动速度 v_s /(m/s)	蜗杆齿面硬度	
			≤350HBW	>45HRC
ZCuSn10P1	砂型 金属型	≤12 ≤25	180 200	200 220
ZCuSn5Pb5Zn5	砂型 金属型	≤10 ≤12	110 135	125 150

注：锡青铜的基本许用接触应力为应力循环次数 $N=10^7$ 时的值，当 $N\neq10^7$ 时，需将表中 σ'_{HP} 数值乘以寿命系数 Z_N，即 $\sigma_{HP}=Z_N\sigma'_{HP}$。$Z_N=\sqrt[8]{10^7/N}$，应力循环次数 N 参见式(7-29)。当 $N>25\times10^7$ 时，取 $N=25\times10^7$；当 $N<2.6\times10^5$ 时，取 $N=2.6\times10^5$。

表 8-5　铸铝青铜及铸铁蜗轮的许用接触应力 σ_{HP}　　单位：MPa

蜗轮材料	蜗杆材料	滑动速度 v_s/(m/s)						
		0.5	1	2	3	4	6	8
ZCuAl10Fe3	淬火钢	250	230	210	180	160	120	90
HT150；HT200	渗碳钢	130	115	90	—	—	—	—
HT150	调质钢	110	90	70	—	—	—	—

注：蜗杆未经淬火时，需将表中 σ_{HP} 降低 20%。

表 8-6　蜗轮材料的基本许用弯曲应力 σ'_{FP}　　单位：MPa

材料	铸造方法	蜗杆硬度≤45HRC		蜗杆硬度>45HRC	
		单向受载	双向受载	单向受载	双向受载
ZCuSn10P1	砂模 金属模	51 58	32 40	64 73	40 50
ZCuSn5Pb5Zn5	砂模 金属模	37 39	29 32	46 49	36 40
ZCuAi10Fe3	金属模	90	80	113	100
HT150	砂模	38	24	48	30
HT200	砂模	48	30	60	38

注：表中各种青铜的基本许用接触应力为应力循环次数 $N=10^6$ 时的值，当 $N\neq10^6$ 时，需将表中 σ'_{FP} 数值乘以寿命系数 Y_N，即 $\sigma_{FP}=Y_N\sigma'_{FP}$。$Y_N=\sqrt[9]{10^6/N}$，应力循环次数 N 参见式(7-29)。当 $N>25\times10^7$ 时，取 $N=25\times10^7$；当 $N<10^5$ 时，取 $N=10^5$。

8.4.3　蜗杆传动的结构

1. 蜗杆的结构

蜗杆常和轴做成一体，称为蜗杆轴，如图 8.8 所示(只有 $d_f/d\geqslant1.7$ 时才采用蜗杆齿圈套装在轴上的形式)。车制蜗杆(图 8.8(a))需有退刀槽，轴径 d 比蜗杆齿根圆直径 d_{f1} 小 2～4mm，故刚性较差。铣削蜗杆(图 8.8(b))无退刀槽，轴径 d 可大于 d_{f1}，刚性较好。

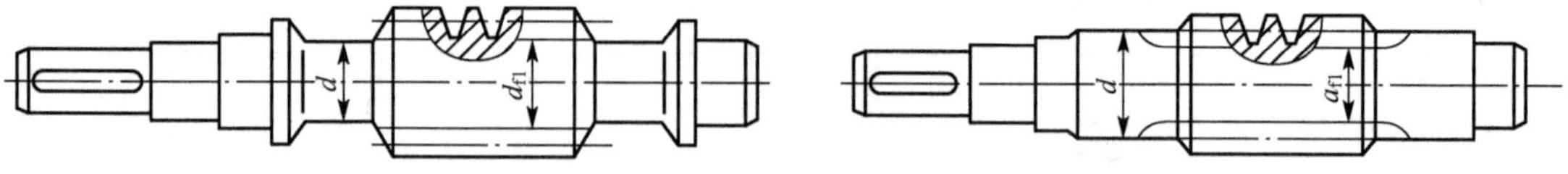

(a)　　(b)

图 8.8　蜗杆的结构形式

2. 蜗轮的结构

蜗轮结构分为整体式和组合式两种。图 8.9(a)所示的整体式蜗轮用于铸铁蜗轮及直径小于 100mm 的青铜蜗轮。图 8.9(b)、图 8.9(c)、图 8.9(d)均为组合式结构，其中图 8.9(b)为镶铸式蜗轮，将青铜轮缘铸在铸铁轮芯上然后切齿，适用于中等尺寸批量生产的蜗轮。图 8.9(c)为齿圈式蜗轮，轮芯用铸铁或铸钢制造，齿圈用青铜材料，两者采用过盈配合，并沿配合面安装 4～6 个紧定螺钉，该结构用于中等尺寸而且工作温度变化较小的场合。图 8.9(d)为螺栓式蜗轮，齿圈和轮芯用普通螺栓或铰制孔螺栓连接，常用于尺寸较大的蜗轮。

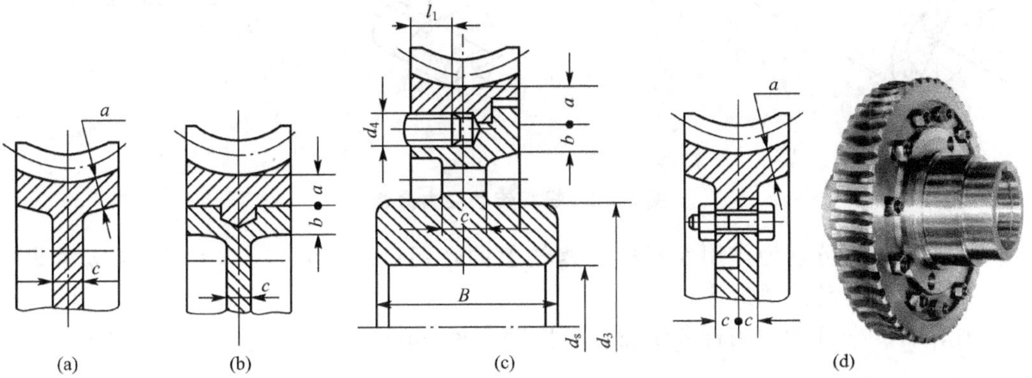

$a \approx 1.6m+1.5$，$c \approx 1.5m$，$B \approx (1.2\sim1.8)d_s$，$b=a$，
$d_3 \approx (1.6\sim1.8)d_s$，$d_4 \approx (1.2\sim1.5)m$，骑缝螺纹长 $l_1=3d_4$

图 8.9 蜗轮的结构形式

[思考题 8.2] 蜗杆传动中为什么一般用钢材制造蜗杆，用青铜制造蜗轮齿面?

8.5 蜗杆传动的强度计算

8.5.1 蜗杆传动的受力分析

蜗杆传动受力分析与斜齿圆柱齿轮的受力分析相似，齿面上的法向力 $\boldsymbol{F}_n$ 可分解为三个相互垂直的分力：圆周力 $\boldsymbol{F}_t$、轴向力 $\boldsymbol{F}_a$、径向力 $\boldsymbol{F}_r$，如图 8.10(a)所示。

一般蜗杆为主动件，其轴向力 $\boldsymbol{F}_{a1}$ 的方向由左、右手法则确定。若蜗杆右旋，用右手握住蜗杆轴线，四指指向蜗杆转向，拇指所指方向就是蜗杆轴向力 $\boldsymbol{F}_{a1}$ 的方向。由于蜗杆蜗轮轴线交错成为 90°，故蜗杆轴向力 $\boldsymbol{F}_{a1}$ 与蜗轮圆周力 $\boldsymbol{F}_{t2}$ 大小相等，方向相反；蜗杆圆周力 $\boldsymbol{F}_{t1}$ 和蜗杆转向相反，并与蜗轮轴向力 $\boldsymbol{F}_{a2}$ 大小相等，方向相反；蜗杆径向力 $\boldsymbol{F}_{r1}$ 指向蜗杆中心，与蜗轮径向力 $\boldsymbol{F}_{r2}$ 大小相等，方向相反(图 8.10(b))。

三个分力的大小可按下式计算：

$$\left.\begin{aligned} F_{t1}&=-F_{a1}=\frac{2T_1}{d_1}(\mathrm{N})\\ F_{t2}&=-F_{a1}=\frac{2T_2}{d_2}(\mathrm{N})\\ F_{r1}&=-F_{r2}=F_{t2}\tan\alpha(\mathrm{N})\end{aligned}\right\} \tag{8-8}$$

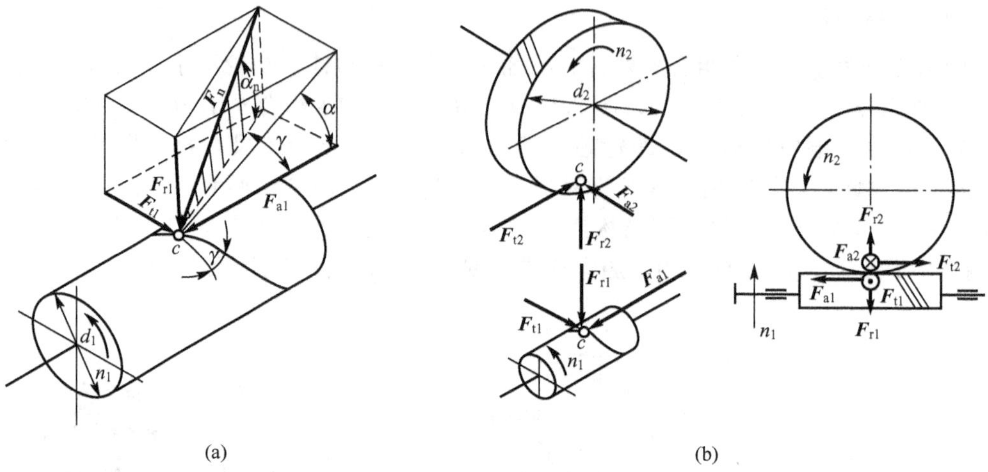

图 8.10 蜗杆传动受力分析

式中：T_1、T_2——分别为作用在蜗杆和蜗轮上的转矩(N·mm)，$T_2=T_1 i\eta$，η 为蜗杆传动的总效率；

d_1、d_2——分别为蜗杆和蜗轮的分度圆直径(mm)。

8.5.2 蜗杆传动的强度计算

1. 蜗轮齿面接触疲劳强度计算

蜗轮齿面接触疲劳强度计算与斜齿轮相似，以赫兹公式为计算基础，按节点处的啮合条件计算齿面接触应力，可推出对钢制蜗杆与青铜蜗轮或铸铁蜗轮校核公式如下：

$$\sigma_H=480\sqrt{\frac{KT_2}{d_1 d_2^2}}=480\sqrt{\frac{KT_2}{m^2 d_1 z_2^2}}\leqslant\sigma_{HP} \tag{8-9}$$

设计公式为

$$m^2 d_1\geqslant KT_2\left(\frac{480}{z_2\sigma_{HP}}\right)^2 \tag{8-10}$$

式中：T_2——蜗轮轴的转矩(N·mm)；

K——载荷系数(当载荷平稳时，$K=1\sim1.2$；当载荷变化较大时，$K=1.1\sim1.3$；有严重冲击时，取 $K=1.5$)；

σ_H——蜗轮齿面接触应力(MPa)；

σ_{HP}——蜗轮材料的许用接触应力(MPa)，见表 8-4 和表 8-5。

设计时，根据式(8-10)求出 $m^2 d_1$ 值，由表 8-1 查取相应的 m 和 d_1 值，从而计算出蜗杆传动的几何尺寸。

2. 蜗轮轮齿的齿根弯曲疲劳强度计算

由于蜗轮轮齿的齿形比较复杂，要精确计算轮齿的弯曲应力比较困难，通常近似地将蜗轮看作斜齿轮，按圆柱齿轮弯曲强度公式来计算，化简后齿根弯曲强度的校核公式为

$$\sigma_F=\frac{1.64KT_2}{d_1 d_2 m}Y_{Fa2}Y_\beta\leqslant\sigma_{FP} \tag{8-11}$$

设计公式为

$$m^2 d_1\geqslant\frac{1.64KT_2}{z_2\sigma_{FP}}Y_{Fa2}Y_\beta \tag{8-12}$$

式中：Y_{Fa2}——蜗轮齿形系数，按蜗轮的当量齿数 z_{v2}（$z_{v2}=z_2/\cos^3\gamma$）从表 7－7 查得；

Y_β——蜗轮螺旋角系数，$Y_\beta=1-\gamma/140°$；

σ_{FP}——蜗轮材料的许用弯曲应力(MPa)，取值查表 8－6。

对开式蜗杆传动，由设计公式(8－12)求出 m^2d_1 值后，由表 8－1 查取相应的蜗杆传动参数。

3. 蜗杆的刚度计算

蜗杆较细时，支承跨距过大，若受力产生的挠度过大，则会影响正常啮合传动，蜗杆产生的挠度应小于许用挠度。具体计算见工程力学中简支梁的弯曲变形计算。

8.6 蜗杆传动的润滑和热平衡计算

8.6.1 蜗杆传动的润滑

润滑对蜗杆传动特别重要，因为润滑不良时，蜗杆传动的效率将显著降低，并会导致剧烈的磨损和胶合。通常采用黏度较大的润滑油，为提高其抗胶合能力，可加入油性添加剂以提高油膜的刚度，但青铜蜗轮不允许采用活性大的油性添加剂，以免被腐蚀。

闭式蜗杆传动的润滑油黏度和润滑方法可由相关标准选择。开式传动则采用黏度较高的齿轮油或润滑脂进行润滑。闭式蜗杆传动用油池润滑，在 $v_s \leqslant 5$m/s 时常采用蜗杆下置式，浸油深度约为一个齿高，但油面不得超过蜗杆轴承的最低滚动体中心；$v_s > 5$m/s 时常用上置式，油面允许达到蜗轮半径 1/3 处；$v_s > 10$m/s，采用压力喷油润滑。

8.6.2 蜗杆传动的热平衡计算

蜗杆传动效率低，发热量大，若产生的热量不能及时散逸，将使油温升高，油黏度下降，油膜破坏，磨损加剧，甚至产生胶合破坏。因此对连续工作的蜗杆传动应进行热平衡计算。在单位时间内，蜗杆传动由于摩擦损耗产生的热量为

$$Q_1=1000P_1(1-\eta) \tag{8-13}$$

自然冷却时单位时间内经箱体外壁散逸到周围空气中的热量为

$$Q_2=\alpha_s A(t_1-t_0) \tag{8-14}$$

当达到热平衡时，$Q_1=Q_2$，可得工作条件下的油温热平衡校验公式为

$$t_1=\frac{1000(1-\eta)P_1}{\alpha_s A}+t_0 \leqslant [t_1] \tag{8-15}$$

式中：P_1——蜗杆传动的输入功率(kW)；

η——蜗杆传动的效率；

α_s——箱体散热系数，W/(m^2·℃)，一般可取 α_s＝(12～18)W/(m^2·℃)，通风条件好时取大值；

A——散热面积(m^2)，指箱体外壁与空气接触而内壁被油飞溅到的箱壳面积。对于散热肋板布置良好的固定式蜗杆减速器，散热面积可按下式估算

$$A=9\times10^{-5}a^{1.88} \tag{8-16}$$

其中，a 为中心距(mm)；A 的单位为米。

t_1——箱体内的油温，一般取许用油温 $[t_1]=60\sim70℃$，最高不超过 80℃；

t_0——周围空气的温度，通常取 $t_0=20℃$。

若 t_1 超过许用温度，可采用强制散热措施。

常见措施有：在箱体壳外铸出散热片，增加散热面积 A；在蜗杆轴上装风扇(图 8.11(a))，提高散热系数，此时 $\alpha_s\approx20\sim28\mathrm{W/(m^2\cdot℃)}$；加冷却装置。在箱体油池内装蛇形冷却管(图 8.11(b))；用压力喷油循环油冷却(图 8.11(c))。

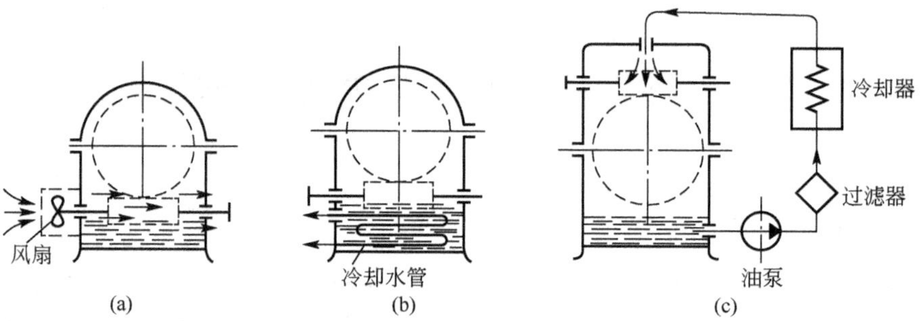

图 8.11　蜗杆传动强制散热措施

[例 8.1]　设计用于带式运输机的一级闭式蜗杆传动。蜗杆轴输入功率 $P_1=3\mathrm{kW}$，转速 $n_1=960\mathrm{r/min}$，传动比 $i=26$，连续单向运转，载荷平稳，一班制，预期寿命 10 年。

解：1. 选择蜗杆、蜗轮材料，确定许用应力

蜗杆选 45 钢，表面淬火 45～50HRC；蜗轮用铸锡磷青铜 ZCuSn10P1，砂模铸造。初估 $v_s=4\mathrm{m/s}$。由表 8-4 查得，$\sigma'_{HP}=200\mathrm{MPa}$。

应力循环次数 $N=60n_2jL_h=60\times(960/26)\times1\times(10\times52\times8)=9.216\times10^6$，则寿命系数

$$Z_N=\sqrt[8]{\frac{10^7}{N}}=\sqrt[8]{\frac{10^7}{9.216\times10^6}}\approx1.01$$

故许用应力 $\sigma_{HP}=Z_N\sigma'_{HP}=1.01\times200\mathrm{MPa}=202\mathrm{MPa}$。

2. 选择 z_1、z_2

因传动比 $i=26$，根据 8.2.1 节中推荐，取 $z_1=2$，$z_2=2\times26=52$。

3. 按齿面接触疲劳强度设计

(1) 根据表 8-3，估算蜗杆传动总效率 $\eta=0.8$。

(2) 计算蜗轮转矩 T_2

$$T_2=\frac{9.55\times10^6P_1\eta}{n_2}=\frac{9.55\times10^6\times3\times0.8}{960/26}\mathrm{N\cdot mm}\approx6.2\times10^5\mathrm{N\cdot mm}$$

(3) 选择工作载荷系数：载荷稳定速度较低，$K=1.1$。

(4) 按式(8-10)设计

$$m^2d_1\geqslant KT_2\left(\frac{480}{z_2\sigma_{HP}}\right)^2=1.1\times6.2\times10^5\times\left(\frac{480}{52\times202}\right)^2\mathrm{mm^3}\approx1424\mathrm{mm^3}$$

(5) 查表 8-1，取 $m^2 d_1 = 1575\text{mm}^3$，则 $d_1 = 63\text{mm}$，$m = 5\text{mm}$，$q = 12.6$。

4. 确定导程角，验算相对滑动速度

1) 导程角

$$\gamma = \arctan\left(\frac{z_1}{q}\right) = \arctan\left(\frac{2}{12.6}\right) \approx 9.01^\circ$$

2) 相对滑动速度

$$v_1 = \pi d_1 n_1/(60\times1000) = 3.14\times63\times960/(60\times1000)\text{m/s} \approx 3.16\text{m/s}$$

$$v_s = v_1/\cos\gamma = (3.16\text{m/s})/\cos9.01^\circ \approx 3.19\text{m/s}$$

和初估 4m/s 很接近。

5. 总传动效率计算

闭式传动，当量摩擦角 ρ_v 取 $1^\circ36'$，所以 $\eta_1 = \dfrac{\tan\gamma}{\tan(\gamma+\rho_v)} = \dfrac{\tan9.01^\circ}{\tan(9.01^\circ+1.6^\circ)} = 0.85$。取 $\eta_2\eta_3 = 0.96$，则总效率为 $\eta = \eta_1\eta_2\eta_3 = 0.816$，和初估 0.8 很接近。原设计合理。

6. 按齿根疲劳强度校核

因为闭式蜗杆传动，当载荷平稳无冲击时，蜗轮轮齿因弯曲强度不足而失效的情况多发生于齿数 $z_2 > 80$ 时，所以在齿数少于以上数值时，弯曲强度校核可不考虑。

7. 蜗杆传动主要参数和几何尺寸计算(表 8-2 中公式)

蜗杆 $d_1 = 63\text{mm}$，$d_{a1} = m(q+2) = 5\text{mm}\times(12.6+2) = 73\text{mm}$，$d_{f1} = m(q-2.4) = 5\text{mm}\times(12.6-2.4) = 51\text{mm}$

蜗轮 $d_2 = mz_2 = 5\text{mm}\times52 = 260\text{mm}$，$d_{a2} = m(z_2+2) = 5\text{mm}\times(52+2) = 270\text{mm}$，$d_{f2} = m(z_2-2.4) = 5\text{mm}\times(52-2.4) = 248\text{mm}$

中心距 $a = m(q+z_2)/2 = 5\text{mm}\times(12.6+52)/2 = 161.5\text{mm}$

8. 热平衡计算

(1) 取 $t_0 = 20℃$、$\alpha_s = 14\text{W}/(\text{m}^2\cdot℃)$。

(2) 散热面积 A 按式(8-16)估算

$$A = 9\times10^{-5}a^{1.88} = 9\times10^{-5}\times161.5^{1.88}\text{m}^2 \approx 1.28\text{m}^2$$

则由式(8-15)

$$t_1 = \frac{1000(1-\eta)P_1}{\alpha_s A} + t_0 = \frac{1000\times(1-0.816)\times3}{14\times1.28}℃ + 20℃ \approx 51℃ < [t_1]$$

故热平衡无问题。

9. 蜗杆润滑方式：低速，油池润滑，蜗杆下置式。

10. 蜗杆蜗轮结构设计，绘制工作图(略)。

小　　结

1. 内容归纳

本章内容归纳如图 8.12 所示。

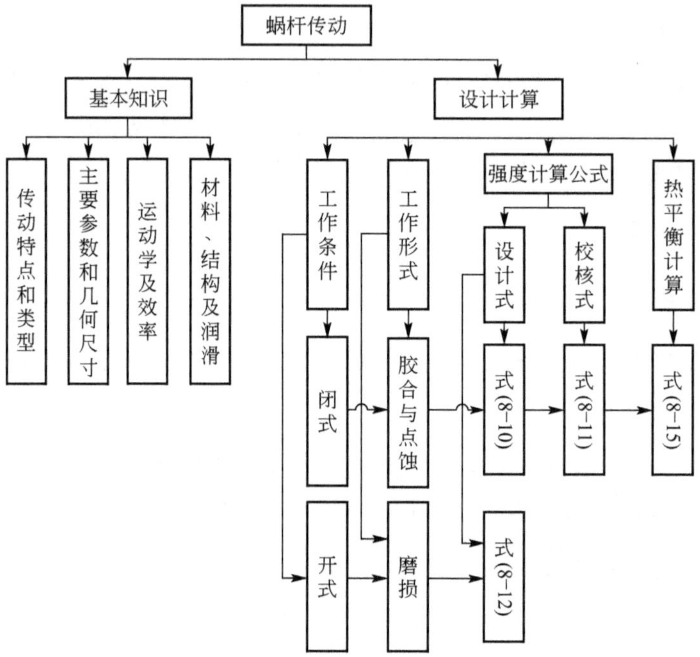

图 8.12　本章内容归纳

2. 重点和难点

重点：①普通圆柱蜗杆的主要参数及几何尺寸计算；②普通圆柱蜗杆传动承载能力计算；③普通圆柱蜗杆传动的效率及润滑；④热平衡计算。

难点：蜗杆传动的受力分析。

习　　题

一、单项选择题

8.1　蜗杆传动失效通常发生在______，因此蜗杆传动承载能力的计算是针对______而进行的。

A. 蜗轮轮齿　　B. 蜗杆齿根　　C. 蜗杆齿面

8.2　两轴交错角为 90°的蜗杆传动中，蜗杆的轴向力与蜗轮的______力是一对作用与反作用力。

A. 轴向　　B. 圆周　　C. 径向

8.3 蜗杆传动中，用______来计算传动比 i_{12} 是错误的。

A. $i_{12}=\omega_1/\omega_2$　　B. $i_{12}=z_2/z_1$

C. $i_{12}=n_1/n_2$　　D. $i_{12}=d_2/d_1$

8.4 为了提高蜗杆和蜗轮的传动效率，在一定程度内可采用______。

A. 较大的蜗杆特性系数　　B. 较大螺旋升角

C. 较大模数

8.5 对闭式蜗杆传动进行热平衡计算，其主要目的是为了防止温升过高导致______。

A. 材料的力学性能下降　　B. 润滑油变质

C. 蜗杆热变形过大　　D. 润滑条件恶化或齿面胶合

二、判断题

8.6 蜗杆蜗轮传动中，多以蜗杆作主动件，这是因为蜗杆比蜗轮转得快。（　）

8.7 在蜗杆传动中，蜗杆头数越少，则传动效率越低，但自锁性越好。（　）

8.8 标准蜗杆传动的中心距公式为 $a=m(q+z)/2$。（　）

三、简答题

8.9 蜗杆传动有何特点？适用于什么场合？

8.10 蜗杆传动的模数和压力角是在哪个平面上定义的？蜗杆传动正确啮合的条件是什么？

8.11 设计蜗杆传动时如何确定蜗杆的分度圆直径 d_1 和模数 m，为什么要规定 m 和 d_1 的对应标准值？

8.12 蜗杆传动的失效形式有哪几种？设计准则是什么？

8.13 蜗杆、蜗轮常用的材料有哪些？选择材料的主要依据是什么？

8.14 蜗杆传动的啮合效率与哪些因素有关？对于动力用蜗杆传动，为提高其效率常采用什么措施？

8.15 为什么对连续工作的闭式蜗杆传动要进行热平衡计算？若蜗杆传动的温度过高应采取哪些措施？

四、绘图计算题

8.16 已知一蜗杆减速器中蜗杆的参数为 $z_1=2$（右旋），$d_{a1}=48\text{mm}$，$p_{x1}=12.56\text{mm}$，中心距 $a=100\text{mm}$，试计算蜗轮的几何尺寸（d_2、z_2、β、d_{a1}、d_{f2}）。

8.17 如图 8.13 所示，蜗杆主动，转矩 $T_1=20\text{N}\cdot\text{m}$，$m=4\text{mm}$，$z_1=2$，$d_1=50\text{mm}$，蜗轮齿数 $z_2=50$，传动的啮合效率 $\eta=0.75$。

(1) 试确定蜗轮的转向。

(2) 若不考虑轴承及搅油损失，试确定蜗杆与蜗轮上作用力的大小和方向。

8.18 图 8.14 所示为斜齿圆柱齿轮-蜗杆传动减速器。当斜齿轮 1 按图示方向转动时，蜗轮逆时针转动。

(1) 画出各传动件啮合点受力方向。

(2) 为使Ⅱ轴轴向力小，合理确定斜齿轮 2 和蜗杆 3 的旋向。

(3) 画出斜齿轮 1 的旋向，说明蜗轮 4 的旋向。

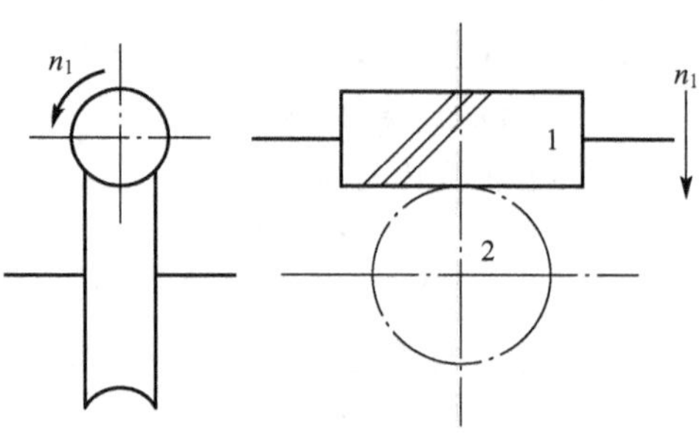

图 8.13 题 8.17 图

1—蜗杆；2—蜗轮

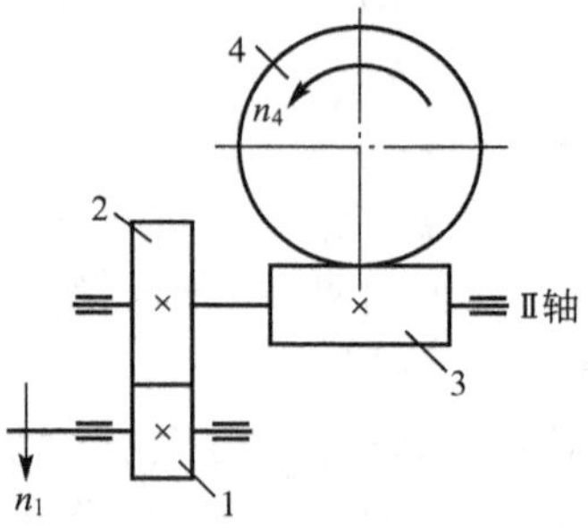

图 8.14 题 8.18 图

1，2—斜齿轮；3—蜗杆；4—蜗轮

8.19 如图 8.15 所示，某起重设备减速装置。已知各轮齿数 $z_2=z_1=20$，$z_3=60$，$z_4=2$，$z_5=40$，轮 1 的转向如图所示，卷筒直径 $D=136\text{mm}$。试问：

(1) 此重物是上升还是下降？

(2) 设系统效率 $\eta=0.68$，为使重物上升，施加在轮 1 上的驱动力矩 $T_1=10\text{N}\cdot\text{m}$，则重物的重量是多少？(减速装置传动比计算见第 9 章)

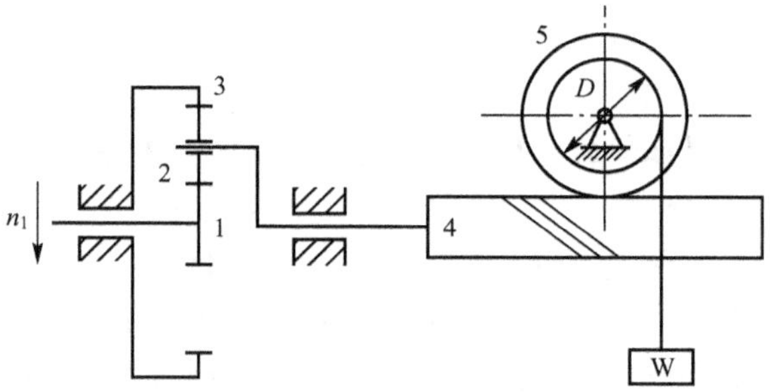

图 8.15 题 8.19 图

8.20 设计一电机驱动的单级闭式蜗杆减速器。已知电机功率 $P=3\text{kW}$，转速 $n_1=1440\text{r/min}$，传动比 $i=24$，载荷平稳，单向运转，预期寿命 $L_h=15000\text{h}$。

第9章 轮 系

本章教学要点

知识要点	掌握程度	相关知识
轮系的类型	掌握轮系类型的区别	定轴轮系、周转轮系、复合轮系的概念
定轴轮系传动比的计算、周转轮系传动比的计算、复合轮系传动比的计算	掌握三种轮系的传动比大小计算及转向关系的确定	转化机构法
轮系的应用	了解轮系的各种应用	常用定轴齿轮减速器的特点及应用； 常用三种特殊行星齿轮减速器原理和特点

导入案例

轮系广泛应用于各种机械中，图 9.1 所示四驱汽车发动机发出的动力经离合器、变速器、万向轴、中央差速器传至前、后轴差速器驱动车轮。汽车在起步加速时需要比较大的驱动力，此时车辆的速度低，而发动机却必须以较高的转速来输出较大的动力。当速度逐渐加快之后，汽车所需要的行驶动力也逐渐降低，这时候发动机只要以降低转速来减少动力的输出，即可提供汽车足够的动力。汽车的速度在由低到高的过程中，发动机的转速却是由高变到低，要如何解决这一矛盾现象呢？通过如图 9.2 所示的“变速器”装置可以改变发动机与车轮之间换转差异。当车辆在转向时，左、右两边的轮子会产生不同的转速，因此左、右两边的传动轴也会有不同的转速，利用图 9.3 所示的“差速器”来解决左、右两边转速不同的问题。

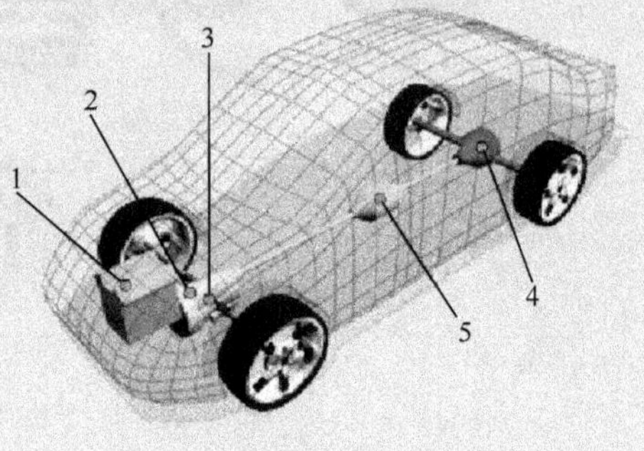

图 9.1　汽车传动系统

1—发动机；2—变速器；3—前差速器；4—后差速器；5—中央差速器

图 9.2　变速器

图 9.3　差速器

9.1　轮系的类型

由一对齿轮组成的机构是齿轮传动的最简单形式。但是在实际机械中，常常要采用一系列互相啮合的齿轮组成的机械传动系统，以满足一定的功能要求。这种由一系列齿轮组成的机械传动系统称为轮系。轮系可以由圆柱齿轮、锥齿轮、蜗杆蜗轮等类型的齿轮组成。为便于分析，通常根据轮系运动时齿轮轴线位置是否都是固定的，将轮系分为三大类。

1. 定轴轮系

在轮系运转过程中，若各轮几何轴线的位置相对于机架都是固定不动的，这种轮系称为定轴轮系，如图 9.4 所示。

2．周转轮系

轮系在运转过程中，若其中至少有一个齿轮的几何轴线位置相对于机架不固定，而是绕着其他齿轮的固定几何轴线回转的，称这样的轮系为周转轮系。如图 9.5 所示，齿轮 2 的几何轴线 O_2 绕齿轮 1 的几何轴线 O_1 转动。

3．混合轮系

在各种实际机械中所用的轮系，很多都不单纯是由定轴轮系或周转轮系组成的，而经常是既包含定轴轮系部分，又包含周转轮系部分，或者是由几部分周转轮系组成的，这种复杂的轮系称为混合轮系，又称为复合轮系，如图 9.6 所示。

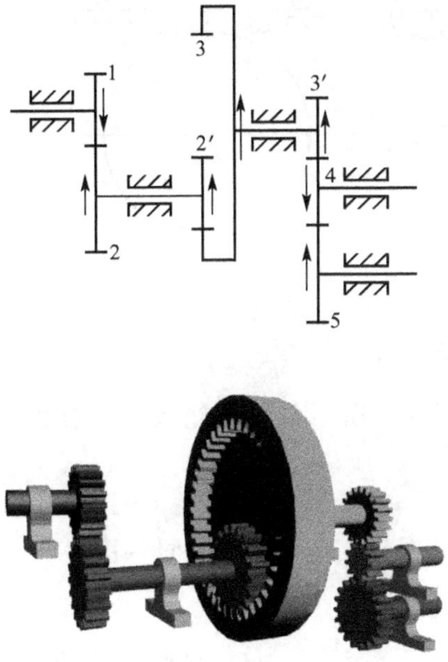

图 9.4　定轴轮系

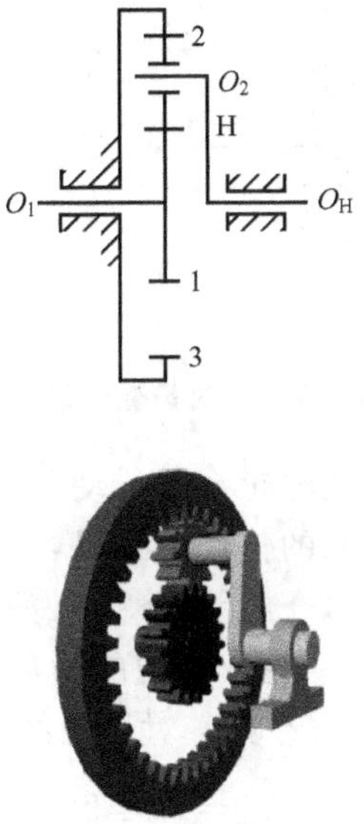

图 9.5　周转轮系

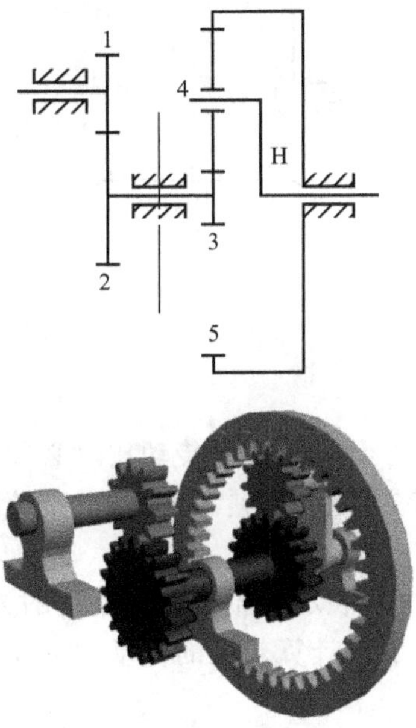

图 9.6　混合轮系

各种轮系的传动比计算方法不同，下面分别予以讨论。

9.2　定轴轮系传动比的计算

轮系中指定的首末两个齿轮 a、b 的角速度或转速之比称为轮系的传动比，用符号 i_{ab} 表示。为完整地描述 a、b 两构件的运动关系，计算传动比时不仅要确定两构件的角速度比的大小，而且要确定它们的转向关系。

齿轮传动的转向关系有用正负号表示或用画箭头表示两种方式。为表示两轴线平行的两个齿轮的转向相同或相反，可用正负号表示其转向关系。转向相同，传动比取正号，转向相反则取负号。如图 9.7(a)所示外啮合传动 i_{12} 取负，图 9.7(b)所示内啮合传动 i_{12} 取正。

轴线不平行的两个齿轮的转向没有相同或相反的意义，这时可在运动简图上画箭头，用箭头表示齿轮的转向，如图 9.7(c)所示锥齿轮、图 9.7(d)所示蜗杆蜗轮。

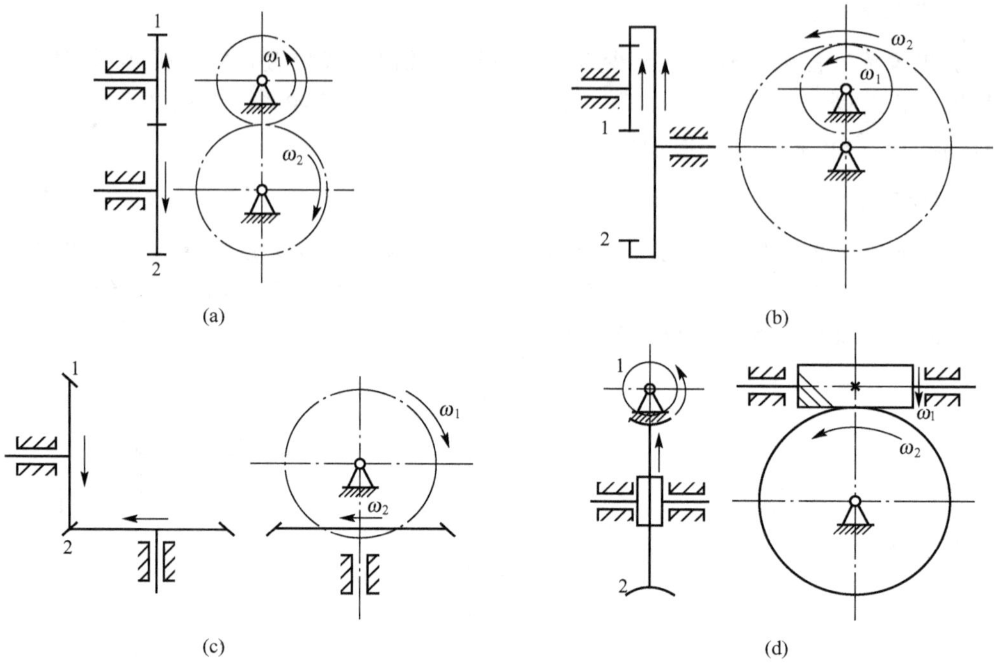

图 9.7　一对齿轮传动的转向关系

计算轮系的传动比时必须先认清轮系的传动关系。图 9.4 所示的定轴轮系中，若指定齿轮 1 和 5 为首末两轮，则该轮系的传动关系是：

$$1 \rightarrow 2 = 2' \rightarrow 3 = 3' \rightarrow 4 \rightarrow 5$$

“→”表示两轮啮合，左边的为主动轮，右边的为从动轮；“＝”表示两轮为同一构件。

为计算轮系的传动比 i_{15}，需先计算各对齿轮的传动比。

$$i_{12}=\frac{\omega_1}{\omega_2}=\frac{n_1}{n_2}=\frac{z_2}{z_1} \tag{9-1}$$

$$i_{2'3}=\frac{\omega_{2'}}{\omega_3}=\frac{n_{2'}}{n_3}=+\frac{z_3}{z_{2'}}\text{；其中 } \omega_{2'}=\omega_2 \tag{9-2}$$

$$i_{3'4}=\frac{\omega_{3'}}{\omega_4}=\frac{n_{3'}}{n_4}=-\frac{z_4}{z_{3'}}\text{；其中 } \omega_{3'}=\omega_3 \tag{9-3}$$

$$i_{45}=\frac{\omega_4}{\omega_5}=\frac{n_4}{n_5}=-\frac{z_5}{z_4} \tag{9-4}$$

将式(9－1)、式(9－2)、式(9－3)、式(9－4)两边连乘后得

$$i_{12}i_{2'3}i_{3'4}i_{45}=\frac{\omega_1\omega_{2'}\omega_{3'}\omega_4}{\omega_2\omega_3\omega_4\omega_5}=\frac{\omega_1}{\omega_5}=i_{15} \tag{9-5}$$

故轮系的传动比 i_{15} 为

$$i_{15}=\frac{\omega_1}{\omega_5}=(-1)^3\ \frac{z_2z_3z_4z_5}{z_1z_{2'}z_{3'}z_4}=-\frac{z_2z_3z_5}{z_1z_{2'}z_{3'}} \tag{9-6}$$

式(9－6)计算表明：该定轴轮系的传动比等于轮系中各对啮合齿轮传动比的连乘积，其值等于各对啮合齿轮中从动轮齿数连乘积与主动轮齿数连乘积之比。对于平面轮系，传动比的符号则由外啮合齿轮的对数决定。因外啮合两轮转向相反，故传动比符号用$(-1)^m$

表示，m 为外啮合齿轮的对数。由于轮系中从轮 1 到轮 5，有 3 次外啮合，转向经过 3 次改变，因此轮系传动比的符号$(-1)^3=-1$，即轮 1 和轮 5 转向相反。

同时还可在图上根据内啮合(转向相同)、外啮合(转向相反)，依次画箭头来确定传动比的正负号，如图 9.4 所示。由图可见齿轮 5 和齿轮 1 的转向相反，所以 i_{15} 为负。从传动关系看，轮 4 与轮 3′啮合时，轮 4 为从动，与轮 5 啮合时，轮 4 为主动，其齿数对传动比的数值无影响，而它参与两次啮合对轮系的转向有影响。故称齿轮 4 为惰轮或过轮，它只起增大传动距离和改变转向的作用。

将以上分析推广到一般的各轮轴线相互平行的定轴轮系，则有

$$i_{ab}=\frac{\omega_a}{\omega_b}=\frac{n_a}{n_b}=(-1)^m\frac{\text{从齿轮 a 到 b 所有从动轮齿数连乘积}}{\text{从齿轮 a 到 b 所有主动轮齿数连乘积}} \tag{9-7}$$

式中：a——轮系中为首的主动轮；

b——轮系中最末的从动轮；

m——轮系中外啮合齿轮的对数。

对于一般含有空间齿轮(如锥齿轮、蜗杆蜗轮等)的定轴轮系，其传动比的数值仍可用式(9-7)计算，而其转向不能再由$(-1)^m$ 决定，必须用在运动简图中画箭头的方法确定。

[例 9.1] 图 9.8 所示齿轮中，已知各轮齿数 $z_1=18$、$z_2=36$、$z_{2'}=20$、$z_3=80$、$z_{3'}=20$、$z_4=18$、$z_5=30$、$z_{5'}=15$、$z_6=30$、$z_{6'}=2$(右旋)、$z_7=60$，$n_1=1440\text{r/min}$，其转向如图所示。求 n_7 的大小和转向。

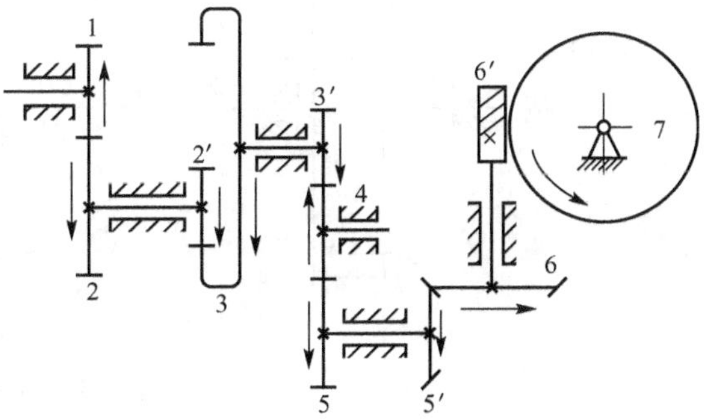

图 9.8 定轴轮系

解： 1. 分析传动关系

指定齿轮 1 为为首的主动轮，蜗轮 7 为最末的从动轮，轮系的传动关系为

$1\to2=2'\to3=3'\to4\to5=5'\to6=6'\to7$

2. 计算传动比 i_{17}

用式(9-7)计算传动比的数值，求出 n_7 的大小。

$$i_{17}=\frac{n_1}{n_7}=\frac{z_2z_3z_4z_5z_6z_7}{z_1z_{2'}z_{3'}z_4z_{5'}z_{6'}}=\frac{36\times80\times18\times30\times30\times60}{18\times20\times20\times18\times15\times2}=720$$

$$n_7=\frac{n_1}{i_{17}}=\frac{1440}{720}\text{r/min}=2\text{r/min}$$

3. 转向关系

该轮系包含空间齿轮，在图上画箭头指示 n_7 的方向(逆时针)。

9.3 周转轮系传动比的计算

图 9.9(a)所示的轮系，齿轮 1、3 及构件 H 的轴线 O_1、O_3、O_H 重合，轮 2 空套在构件 H 上，并随构件 H 绕轴线 O_H 转动，该轮系为一周转轮系。轮系中既绕自身轴线旋转又随自身轴线一起绕另一固定轴线旋转的齿轮 2 称为行星轮，支撑着行星轮的构件 H 称

为系杆(转臂或行星架)，绕固定轴线旋转的齿轮 1、3 则称为太阳轮。一个基本的周转轮系就是由一个系杆、若干行星轮和不超过两个与行星轮啮合的太阳轮组成的。它的传动关系可表示为

太阳轮 ——→ 行星轮 ——→ 太阳轮

↑(虚线)

系杆

其中“---→”表示系杆支撑行星轮并带着它公转。

系杆和太阳轮的轴线必须重合，否则不能转动。

图 9.9(a)所示的轮系，两个太阳轮都能转动，轮系的自由度为 2，即具有两个独立运动，这样的周转轮系称为差动轮系。若固定住其中一个太阳轮，如图 9.9(b)所示，则轮系的自由度为 1，只有一个独立运动，这样的周转轮系称为行星轮系。

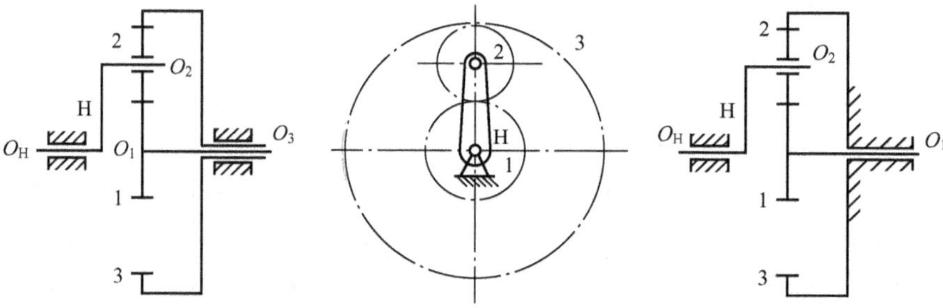

(a) (b)

图 9.9 周转轮系的类型

在周转轮系中，行星轮的运动是兼有自转和公转的复杂运动，因此不能直接地用定轴轮系传动比计算方法求周转轮系的传动比。比较图 9.10(a)、(b)可以看出它们的根本差别在于周转轮系(图 9.10(a))中构件 H 以角速度 ω_H 转动而成为系杆，定轴轮系(图 9.10(b))中构件 H 是机架。根据相对运动原理，给整个周转轮系加一个绕系杆的固定轴线转动的角速度“$-\omega_H$”，并不改变轮系中任意两构件的相对运动关系，但系杆将成为“静止”的机架，于是轮系将转化为定轴轮系。这一转化而来的假想的定轴轮系称为原周转轮系的

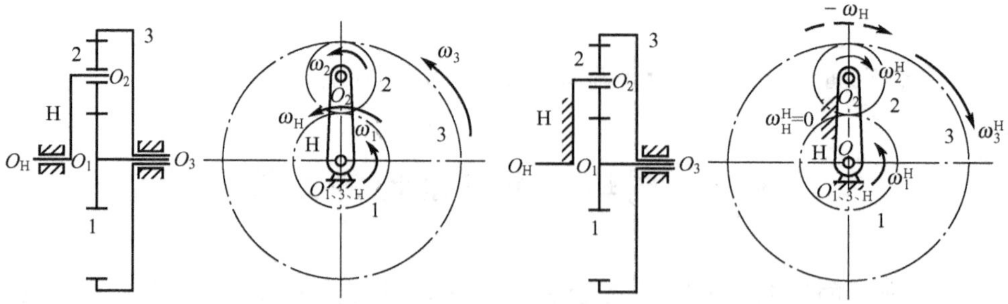

(a) 周转轮系　　(b) 定轴轮系

图 9.10 周转轮系与定轴轮系的差别

转化轮系。转化轮系中各构件的角速度 ω_1^H、ω_2^H、ω_3^H 及 ω_H^H 的右上方都带有角标 H，表示这些角速度是各构件对系杆 H 的相对角速度。轮系转化前后各构件的角速度见表 9－1。此转化轮系的传动比就可以按定轴轮系传动比的计算方法计算。上述方法称为转化机构法。

表 9－1　各构件转化前后的角速度

构件	原来的角速度	转化轮系中的角速度
1	ω_1	$\omega_1^H=\omega_1-\omega_H$
2	ω_2	$\omega_2^H=\omega_2-\omega_H$
3	ω_3	$\omega_3^H=\omega_3-\omega_H$
H	ω_4	$\omega_H^H=\omega_H-\omega_H=0$

由于周转轮系的转化轮系是一个定轴轮系，因此转化轮系中齿轮 1 对齿轮 3 的传动比 i_{13}^H 为

$$i_{13}^H=\frac{\omega_1^H}{\omega_3^H}=\frac{\omega_1-\omega_H}{\omega_3-\omega_H}=(-1)^1\frac{z_2z_3}{z_1z_2}=-\frac{z_3}{z_1}$$

若 a、b 为周转轮系的转化轮系首、末两轮，则转化轮系传动比计算的一般式为

$$i_{ab}^H=\frac{\omega_a^H}{\omega_b^H}=\frac{\omega_a-\omega_H}{\omega_b-\omega_H}=\pm\frac{\text{转化轮系中从齿轮 a 到 b 间所有从动轮齿数的乘积}}{\text{转化轮系中从齿轮 a 到 b 间所有主动轮齿数的乘积}} \quad (9-8)$$

应用式(9－8)计算周转轮系传动比时，要注意以下几点：

(1) ω_a、ω_b、ω_H 三个构件的轴线必须平行。

(2) $i_{ab}^H\neq i_{ab}$，前者是转化轮系(假想的定轴轮系)中 a、b 两齿轮的传动比，而后者为 a、b 两齿轮的真实传动比($i_{ab}=\omega_a/\omega_b$)。

(3) i_{ab}^H的符号为“＋”(或“－”)，表示 a、b 两齿轮在转化轮系中转向相同(或相反)，正、负号按照定轴轮系来处理。

(4) 将 ω_a、ω_b、ω_H 带正、负号。设定某一转向为正后，与之相反的转向即为负。

[例 9.2]　图 9.11 所示轮系，已知各齿轮齿数为 $z_1=100$，$z_2=101$，$z_{2'}=100$，$z_3=99$，求传动比 i_{H1}。

解：1. 分析传动关系

传动关系可表示为

$$1 \longrightarrow 2=2' \longrightarrow 3$$

（H 以虚线箭头指向 2=2′）

H

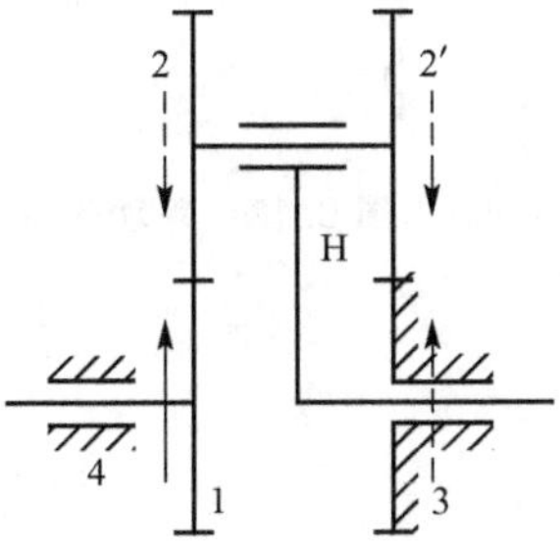

图 9.11　周转轮系

2. 列转化轮系传动比计算式

$$i_{13}^H=\frac{n_1^H}{n_3^H}=\frac{n_1-n_H}{n_3-n_H}=+\frac{z_2z_3}{z_1z_{2'}}$$

上式等号右边的正号，是根据在转化轮系中用虚线画箭头的方法确定的，轮 1 和轮 3 的箭头方向相同。但图中虚线箭头方向，并不代表齿轮的真实转动方向，只是代表转化轮系中齿轮的转动方向。

3. 求解 i_{H1}

因 $n_3=0$
$$\frac{n_1-n_H}{0-n_H}=\frac{101\times99}{100\times100}=1-\frac{n_1}{n_H}=1-i_{1H}$$

故
$$i_{1H}=1-\frac{101\times99}{100\times100}=\frac{1}{10000}$$

所以
$$i_{H1}=\frac{1}{i_{1H}}=10000$$

即当系杆 H 转 10000 转时，齿轮 1 才转 1 转，说明周转轮系用少数几个齿轮就能获得很大的传动比。

[思考题 9.1] 例 9.2 中若将 z_3 改为 100，其余齿数不变，求传动比 i_{H1}，n_H 和 n_1 的转向是否相同？

[例 9.3] 图 9.12 所示锥齿轮组成的差动轮系中，各轮的齿数为 $z_1=z_2=48$，$z_{2'}=18$，$z_3=24$，若 $n_1=250\text{r/min}$，$n_3=-100\text{r/min}$，转向如图中实线箭头所示。求 n_H 的大小和方向。

解：1. 分析传动关系

传动关系可表示为

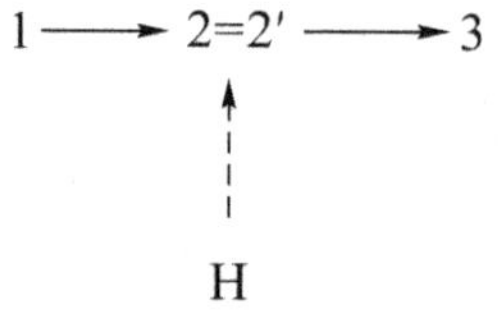

2. 列转化轮系传动比计算式

$$i_{13}^H=\frac{n_1^H}{n_3^H}=\frac{n_1-n_H}{n_3-n_H}=-\frac{z_2z_3}{z_1z_{2'}}$$

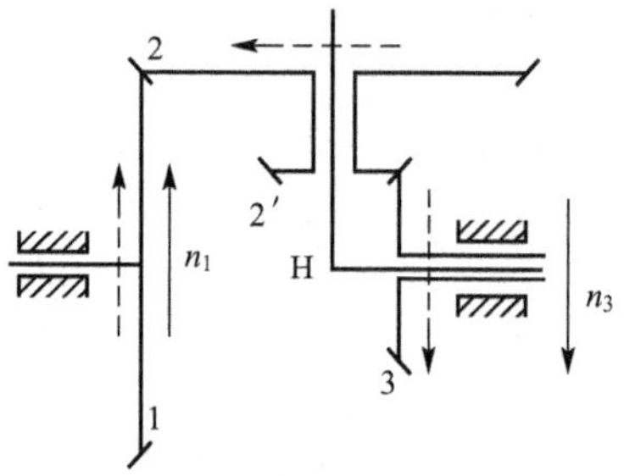

图 9.12 差动轮系

上式等号右边的负号，是根据在转化轮系中用虚线画箭头的方法确定的，轮 1 和轮 3 的箭头方向相反。

3. 求解 n_H

设 n_1 的转向朝上为正，则

$$\frac{250-n_H}{-100-n_H}=-\frac{48\times24}{48\times18}$$

解得 $n_H=50\text{r/min}$

正号表示 n_H 的转向和 n_1 的转向相同。

[思考题 9.2] 例 9.3 中是否可以利用公式(9-8)计算 i_{12}^H 或 i_{32}^H？

9.4 复合轮系传动比的计算

计算复合轮系传动比时，由于整个复合轮系不可能转化成一个定轴轮系，所以不能只用一个公式来解决，而应将复合轮系中的定轴轮系和周转轮系区别开来，然后分别列出它们的传动比的计算公式，最后联立求解。

正确区分复合轮系的关键是先找出各个单一的周转轮系。找单一周转轮系的方法是先找出行星轮与系杆(注意：系杆的形状有时不一定是简单的杆状)，再找出与行星轮相啮合的太阳轮。行星轮、太阳轮、系杆构成一个单一的周转轮系，找出所有的单一周转轮系后余下的就是定轴轮系。

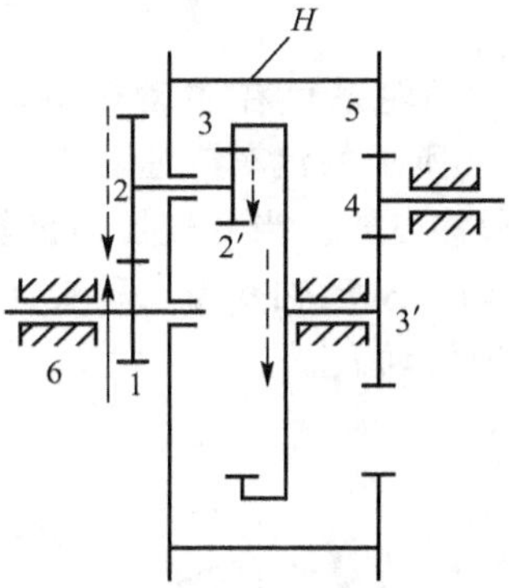

图 9.13　电动卷扬机减速器

[**例 9.4**]　图 9.13 所示为电动卷扬机减速器，已知各轮齿数：$z_1=24$，$z_2=48$，$z_{2'}=30$，$z_3=90$，$z_{3'}=20$，$z_4=30$，$z_5=80$，试求其传动比 i_{1H}。

解：1. 分解轮系，分析传动关系

双联齿轮 2—2′绕本身轴线转动的同时，又随轮 5 绕固定轴线转动，故轮 2—2′为行星轮，轮 5(即 H)为系杆，轮 1 和轮 3 为太阳轮，它们一起组合成一个周转轮系。分出周转轮系后，留下的轮 3′、轮 4、轮 5 为定轴轮系。传动关系为

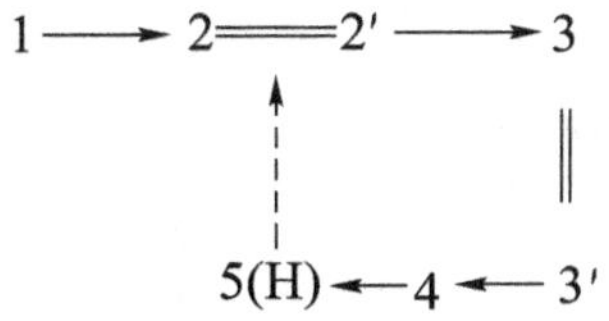

2. 对各基本轮系列传动比计算式

对定轴轮系

$$i_{3'5}=\frac{n_{3'}}{n_5}=-\frac{z_5}{z_{3'}}=-\frac{80}{20}=-4 \tag{a}$$

对周转轮系

$$i_{13}^{H}=\frac{n_1^{H}}{n_3^{H}}=\frac{n_1-n_H}{n_3-n_H}=-\frac{z_2 z_3}{z_1 z_{2'}}=-\frac{48\times 90}{24\times 30}=-6 \tag{b}$$

3. 根据组合关系联立式(a)、式(b)求解

其中 $n_3=n_{3'}$，$n_H=n_5$ 得

$$i_{1H}=\frac{n_1}{n_H}=31$$

9.5　轮系的应用

轮系广泛应用于各种机械中。它的主要功用如下。

1. 相距较远的两轴之间的传动

主动轴和从动轴间的距离较远时，如果仅用一对齿轮来传动，如图 9.14 中双点画线所示，齿轮的尺寸就很大，既占空间，又费材料，而且制造、安装都不方便。若改用轮系来传动，如图中单点画线所示，便无上述缺点。

2. 实现变速、换向的传动

利用轮系可在主动轴的转速、转向不变时，使从动轴获得多种转速或改换转向。图 9.15所示的汽车变速器中，Ⅰ轴是输入轴，Ⅱ轴是输出轴，A、B 是离合器，轮 4、轮 6 是滑移齿轮。当变速器内齿轮的啮合传动关系是 1＝A＝B＝4，或 1→2＝3→4 或 1→2＝5→6 时，从动轴获得三种转速。当传动关系为 1→2＝7→8→6 时，从动轴获得第四种转速并反向转动。

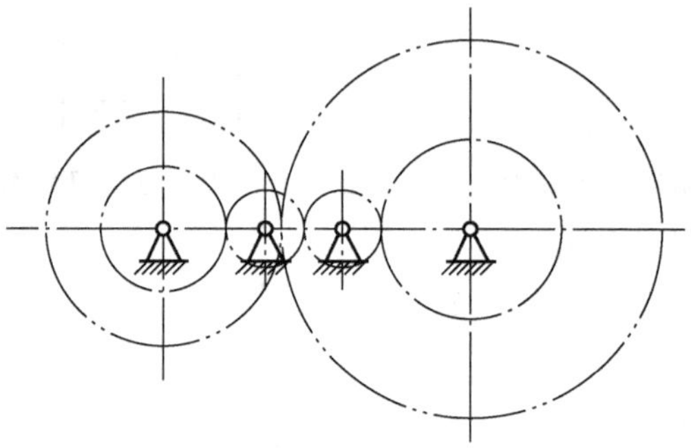

图 9.14 实现远距离传动

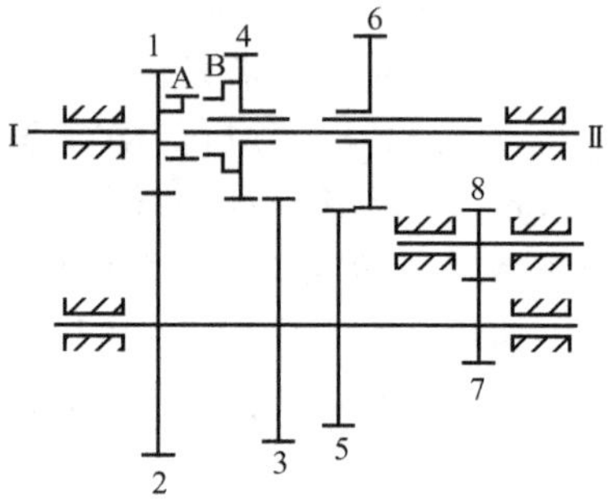

图 9.15 汽车变速器

3. 获得大的传动比

若想用一对齿轮获得较大的传动比，则势必一个齿轮要做得很大，另一个齿轮做得很小。这样会使机构的体积增大，同时小齿轮容易磨损。若采用多对齿轮组成的轮系，则可以较好地解决这个问题。若采用周转轮系，只要适当选择轮系中各对啮合齿轮的齿数，即可得到很大的传动比，如例 9.3 中的轮系。

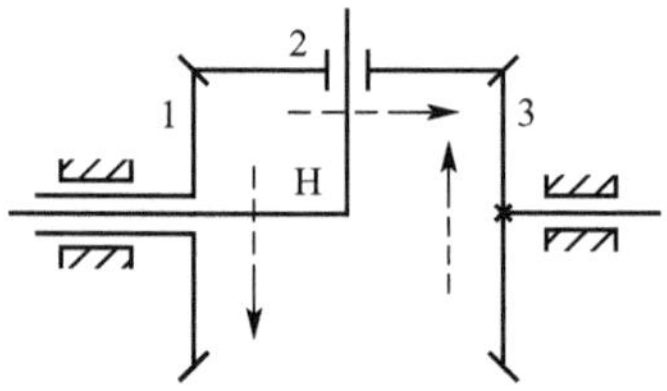

图 9.16 加法机构

4. 实现合成或分解运动

如图 9.16 所示轮系，齿轮 1 和齿轮 3 分别独立输入转速 n_1 和 n_3，可合成输出构件 H 的转速 $n_H=(n_1+n_3)/2$。图 9.17 所示为汽车后桥差速器的轮系，当汽车拐弯时，它能将发动机传动齿轮 5 的运动分解为不同转速分别送给左、右两个车轮，以避免转弯时左、右两轮对地面产生相对滑动，从而减轻轮胎的磨损。

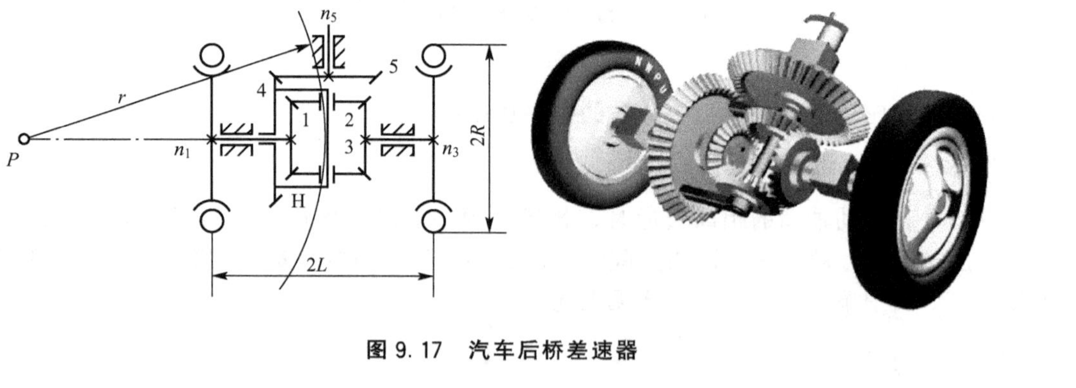

图 9.17 汽车后桥差速器

5. 减速器

通常原动机的转速都高于工作机的转速，在原动机与工作机之间需要用轮系减速。为方便使用，降低成本，将该轮系做成独立的部件，称为减速器。由于减速器应用非常广泛，所以它的参数、结构都已标准化，由专门工厂生产。在设计时可根据传动比 i、输入转速 n、传递功率 P 从产品目录或有关手册中选用。当选择不到合适的标准减速器时，也可以自行设计。

减速器的种类很多，可分为定轴齿轮减速器和行星齿轮减速器。

定轴齿轮减速器按其减速齿轮的对数分为一级、二级和多级等类型，按输入、输出轴的位置可分为展开式、同轴式和分流式。常用的定轴齿轮减速器的特点及应用见表 9-2。

表 9-2　常用定轴齿轮减速器的类型、特点及应用

名　称		简 图	传动比范围	特点及应用
圆柱齿轮减速器	一级圆柱齿轮减速器	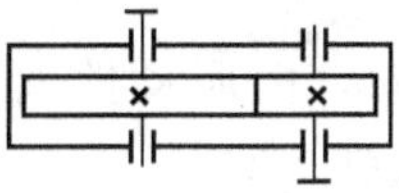	直齿≤5 斜齿≤6	齿轮可为直齿、斜齿，箱体常用铸铁铸造。支承多采用滚动轴承，重型减速器采用滑动轴承
	二级展开式圆柱齿轮减速器	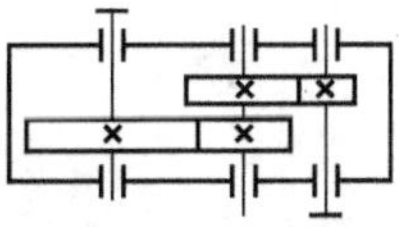	8~30	齿轮相对于轴承不对称，要求轴具有较大的刚度。高速级齿轮常布置在远离转矩输入端的一边，以减少因弯曲变形所引起的载荷沿齿宽分布不均匀现象。高速级常用斜齿，该类型结构简单，应用广泛
	二级同轴式圆柱齿轮减速器	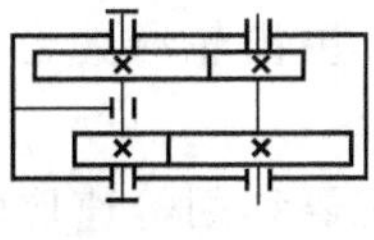	8～30	箱体长度较小，两大齿轮浸油深度可大致相同。但减速器轴向尺寸较大；中间轴较长，刚度差，中间轴承润滑困难；多用于输入输出同轴线的场合
	二级分流式圆柱齿轮减速器	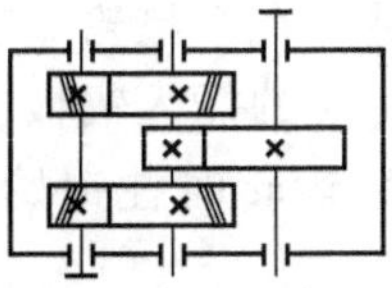	8～40	高速级分流性能更好。低速级齿轮相对于支承对称布置。高速级两对齿轮旋向相反，使轴向力抵消。多用一对齿轮，结构略显复杂，轴向尺寸较大
圆柱及锥齿轮减速器	一级圆锥减速器	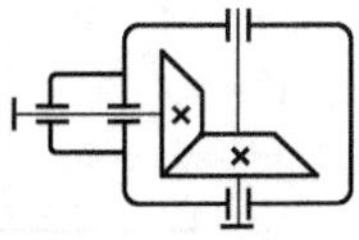	直齿≤3 斜齿≤5	传动比不宜过大，减小齿轮尺寸，降低成本，用于输入轴与输出轴相交的传动
	二级圆锥-圆柱齿轮减速器	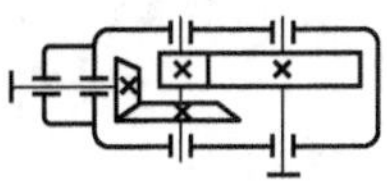	8～15	用于输入轴与输出轴相交而传动比较大的传动。锥齿轮应在高速级，以减小锥齿轮尺寸并有利于加工，圆柱齿轮与锥齿轮同轴应使轴向载荷相互抵消

（续）

名　称		简 图	传动比范围	特点及应用
单级蜗杆减速器	一级蜗杆减速器	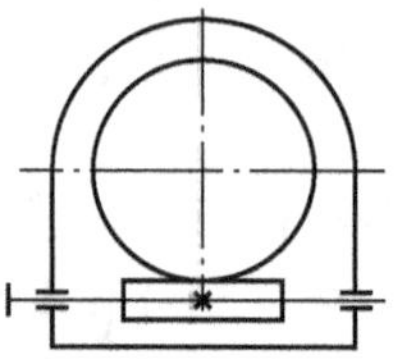	10～40	传动比大，结构紧凑，但传动效率低，用于中小功率、输入轴与输出轴垂直交错的传动。下置式蜗杆减速器润滑条件较好，应优先选用。当蜗杆减速器圆周速度太高时，搅油损失大，才用上置式蜗杆减速器。此时，蜗轮轮齿浸油、蜗杆轴承润滑较差

对行星轮系，也可以单独做成减速器部件，称为行星齿轮减速器。工程中最常用的是几种特殊的行星齿轮减速器。

1）渐开线少齿差行星齿轮减速器

图 9.18 所示为渐开线少齿差行星齿轮传动，由原动件太阳轮 1、行星轮 2、行星架 H、等速比输出机构 W 和输出轴 V 组成。由式(9－8)得

$$i_{21}^{H}=\frac{n_2^H}{n_1^H}=\frac{n_2-n_H}{n_1-n_H}=\frac{z_1}{z_2}$$

将 $n_1=0$ 带入上式，则有$\frac{n_2-n_H}{0-n_H}=\frac{z_1}{z_2}$，由此得

$$i_{H2}=\frac{n_H}{n_2}=-\frac{z_2}{z_1-z_2}$$

由上式可知，太阳轮 1 与行星轮 2 的齿轮差越小，传动比 i_{H2} 就越大。通常 $z_1-z_2=1\sim4$，对应称为一差齿、二差齿……。一差齿行星齿轮减速器的传动比 $i_{H2}=-z_2$。可见，这种行星轮系可以得到很大的传动比。

为了将行星轮 2 的转动传递给输出轴 V，需要利用等速比输出机构 W，可以采用双万向联轴器(图 9.18(a))、滑块联轴器、销孔式输出机构(图 9.18(b))等。销孔式输出机构因结构紧凑、效率高而常被采用。其工作原理是：在行星轮 2 的辐板上开若干个圆孔，在输出轴的圆盘上装有相应的拔销，这些圆柱销对应的插入辐板上的圆孔内。在设计柱销直径、圆孔孔径和行星架的偏心距时，要保证轮系运转时柱销始终与孔壁接触，这样一来，输出轴就与行星轮 2 等角速度转动。

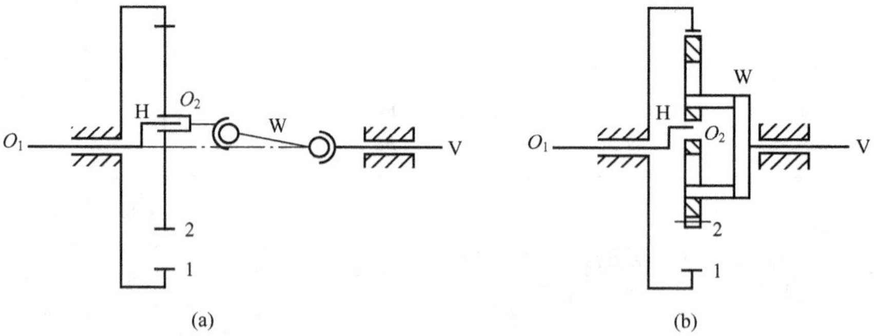

图 9.18　渐开线少齿差行星齿轮传动

2）摆线针轮减速器

在少齿差行星齿轮减速器中，若行星轮 2 采用摆线齿廓，太阳轮 1 的内齿用圆柱销代替，也称为针轮，组成的轮系称为摆线针轮行星传动，如图 9.19 所示。通常都是作减速用，也称为摆线针轮减速器。

摆线针轮减速器 $z_1-z_2=1$，传动比 $i_{H2}=-z_2$，传动比大，结构紧凑。另外，齿廓之间为滚动摩擦，故效率高，使用寿命长。其缺点是制造工艺复杂，精度要求较高。

3）谐波齿轮减速器

谐波齿轮减速器如图 9.20 所示，由波发生器 H(相当于行星架 H)、刚轮 1(相当于太阳轮 1)、柔轮 2(相当于行星轮 2)组成。柔轮 2 是一个可以产生较大弹性变形的薄壁筒外齿轮。柔轮比刚轮少一个或几个齿。波发生器 H 为原动件，柔轮 2 为输出构件。因为波发生器的长度大于柔轮 2 的内孔直径，装入柔轮内孔后，使柔轮变成椭圆形，椭圆长轴处的轮齿与刚轮相啮合而短轴处的轮齿脱开，其他各处轮齿处于啮合与脱开的过渡阶段。当波发生器 H 转动时，柔轮的长、短轴位置不断变化，使轮齿啮合和脱开位置不断变化，从而实现运动的传递。其传动比与上两种传动的相同，即

$$i_{H2}=\frac{n_H}{n_2}=-\frac{z_2}{z_1-z_2}$$

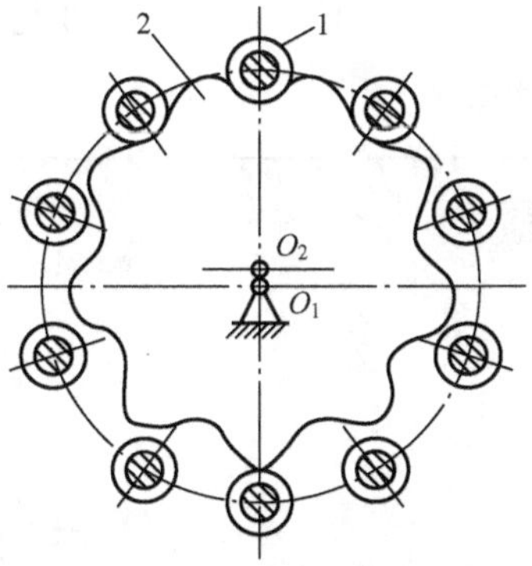

图 9.19　摆线针轮行星传动

1—圆柱销；2—行星轮

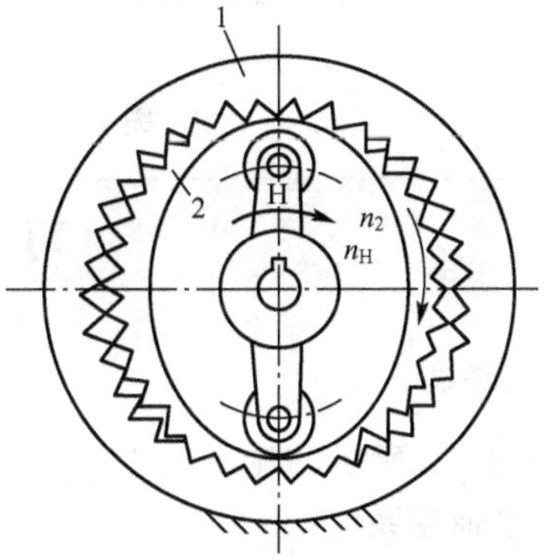

图 9.20　谐波齿轮传动

1—刚轮；2—柔轮

谐波齿轮传动除传动比大、重量轻和效率高外，因为不需要等速比输出机构，结构更为简单。谐波齿轮传动的主要缺点是柔轮的疲劳损伤会影响使用寿命。目前，谐波齿轮传动已广泛应用于空间技术、机床、仪表等各个方面。

小　　结

1. 内容归纳

本章内容归纳如图 9.21 所示。

2. 重点和难点

重点：①定轴轮系传动比的计算；②周转轮系传动比的计算

难点：①用反转法转化轮系；②轮系转向的判断；③复合轮系的分解。

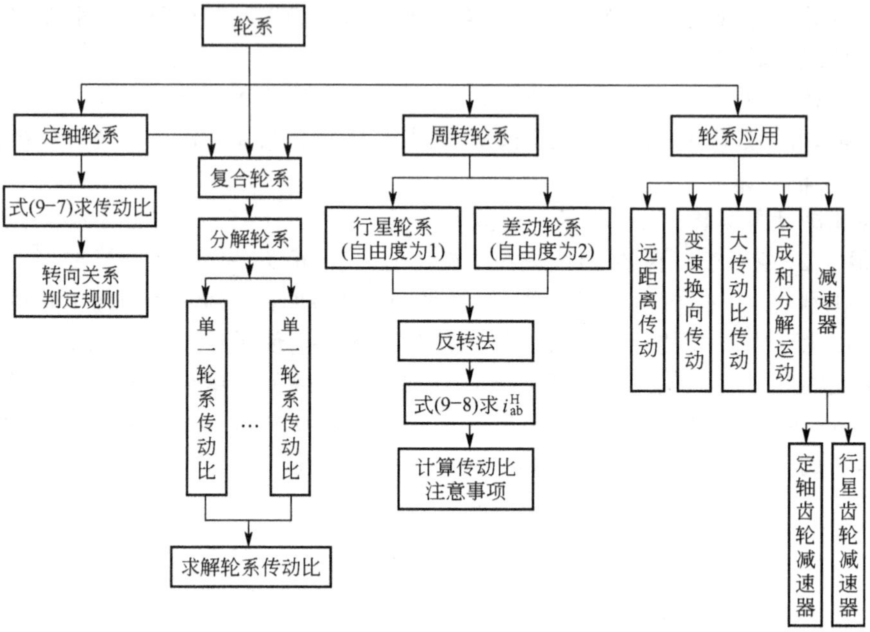

图 9.21　本章内容归纳

习　　题

一、单项选择题

9.1　如图 9.22 所示的轮系属于______。

A. 定轴轮系

B. 行星轮系

C. 差动轮系

D. 混合轮系

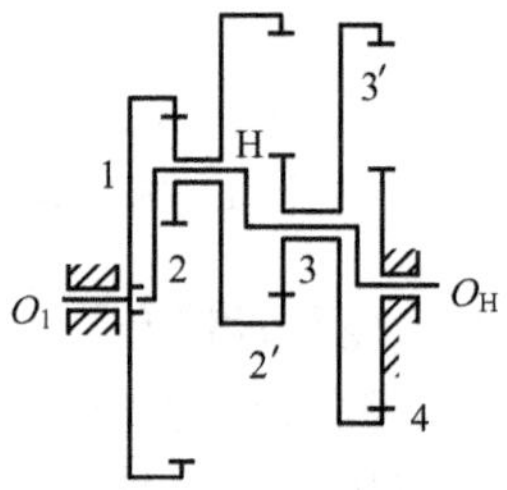

图 9.22　题 9.1 图

9.2　轮系的下列功用中，哪一功用必须依靠行星轮系实现？______。

A. 实现变速传动

B. 实现大的传动比

C. 实现分路传动

D. 实现运动的合成和分解

9.3　定轴轮系有下列情况：①所有齿轮轴线都不平行；②所有齿轮轴线平行；③首、末两轮轴线平行；④所有齿轮之间是外啮合；⑤所有齿轮都是圆柱齿轮。其中有多少种适用$(-1)^m$(m 为外啮合次数)决定传动比的正负号？______。

A. 1 种　　B. 2 种　　C. 3 种　　D. 4 种

9.4　某人总结过桥齿轮(惰轮)在轮系中的作用如下：①改变从动轮转向；②改变从

动轮转速；③调节齿轮轴间距离；④提高齿轮强度。其中有多少条是正确的？______。

A. 1条　　B. 2条　　C. 3条　　D. 4条

9.5　行星轮系转化轮系传动比 $i_{AB}^{H}=\frac{n_A-n_H}{n_B-n_H}$ 若为负值，则齿轮A与齿轮B转向______。

A. 一定相同　　B. 一定相反　　C. 不一定

二、判断题

9.6　利用定轴轮系可以实现运动的合成。（　）

9.7　差动轮系可以将一个构件的转动按所需比例分解成另两个构件的转动。（　）

9.8　自由度为1的轮系称为行星轮系。（　）

9.9　不影响传动比大小，只起着传动的中间过渡和改变从动轮转向作用的齿轮，称为惰轮。（　）

9.10　定轴轮系的传动比大小等于所有主动轮齿数的连乘积与所有从动轮齿数的连乘积之比。（　）

三、简答题

9.11　什么是定轴轮系？什么是周转轮系？它们的本质区别是什么？

9.12　定轴轮系传动比如何计算？传动比的符号表示什么意义？如何确定轮系的转向关系？

9.13　什么是惰轮？它在轮系中有何作用？

9.14　行星轮系和差动轮系有何区别？

9.15　使用转化轮系传动比计算公式时应注意哪些问题？

9.16　什么是复合轮系？如何把复合轮系分解为单一的轮系？

9.17　减速器在传动系统中起什么作用？主要类型有哪些？

9.18　为什么少齿差行星齿轮传动能实现结构较紧凑的大传动比传动？

四、计算题

9.19　在图9.23所示的轮系中，轮1与轮3、轮3′与轮5的轴线相重合，已知 $z_1=z_{3'}=20$，$z_3=z_5=60$，试求：①齿轮2和齿轮4的齿数 z_2 和 z_4；②传动比 i_{15}。

9.20　在图9.24所示的轮系中，已知各轮齿数为 $z_1=15$，$z_2=25$，$z_{2'}=15$，$z_3=30$，$z_{3'}=15$，$z_4=30$，$z_{4'}=2$(右旋蜗杆)，$z_5=60$。求该轮系的传动比 i_{15}，并判断蜗轮5的转向。

9.21　在图9.25所示的钟表传动示意图中，E为擒纵轮，N为发条盘，S、M、H分别为秒针、分针、时针。设 $z_1=72$，$z_2=12$，$z_3=64$，$z_4=8$，$z_5=60$，$z_6=8$，$z_7=60$，$z_8=6$，$z_9=8$，$z_{10}=24$，$z_{11}=6$，$z_{12}=24$，求秒针与分针的传动比 i_{SM} 和分针与时针的传动比 i_{MH}。

9.22　在图9.26所示手动葫芦中，S为手动链轮，H为起重链轮。已知 $z_1=12$，$z_2=28$，$z_{2'}=14$，$z_3=54$，求传动比 i_{SH}。

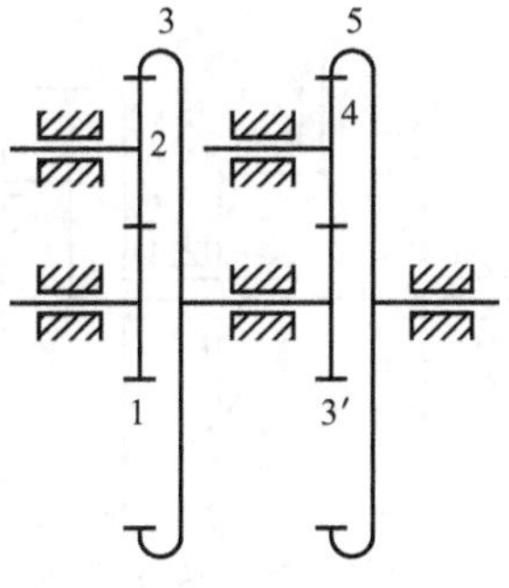

图9.23　题9.19图

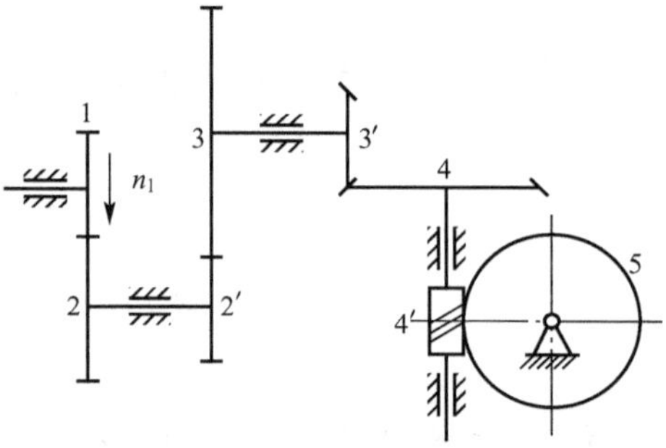

图 9.24　题 9.20 图

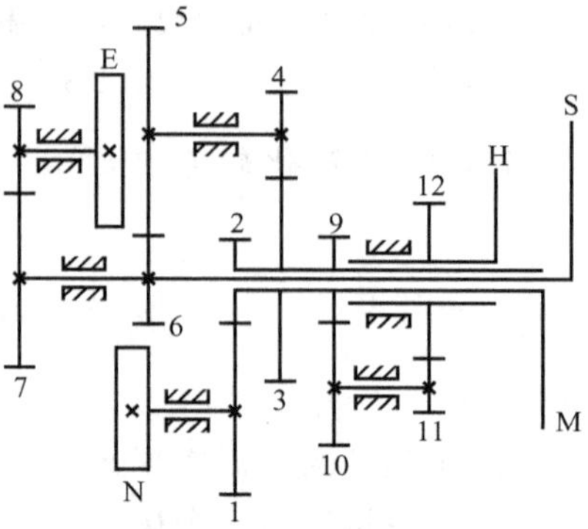

图 9.25　题 9.21 图

9.23　在图 9.27 所示的工作台进给机构中，转动手柄 H，经过轮系减速后，通过丝杠、螺母移动工作台。已知各齿轮齿数 $z_1=20$，$z_1=18$，$z_{2'}=z_3=19$。求传动比 i_{H1}。若丝杠转一转，螺母(工作台)移动 6mm，当手柄转 60°时，工作台移动距离 s 为多大？

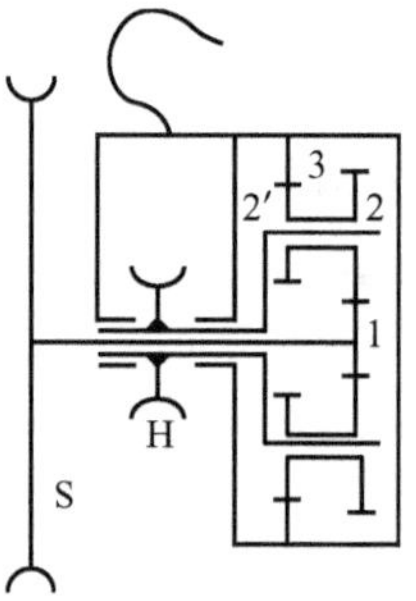

图 9.26　题 9.22 图

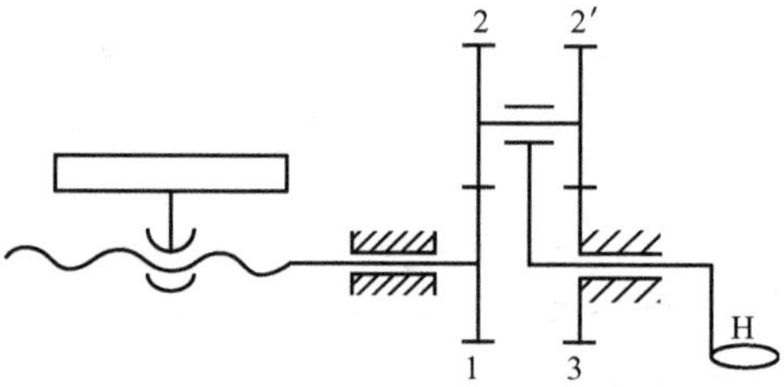

图 9.27　题 9.23 图

9.24　如图 9.28 所示轮系，已知：$z_1=22$，$z_3=88$，$z_{3'}=z_5$，试求其传动比 i_{15}。

9.25　如图 9.29 所示轮系，已知：$z_1=z_{2'}=25$，$z_2=z_3=z_4=20$，$z_H=100$，试求其传动比 i_{14}。

9.26　如图 9.30 所示的某二级圆柱齿轮减速器，已知减速器的输入功率 $P_1=3.8\text{kW}$，转速 $n_1=960\text{r/min}$，各齿轮齿数：$z_1=22$，$z_2=77$，$z_3=18$，$z_4=81$，齿轮传动效率 $\eta_{齿}=0.97$，每对滚动轴承的效率 $\eta_{滚}=0.98$。求：①减速器的总传动比 $i_{\text{I}\,\text{III}}$；②各轴的功率、转速及转矩。

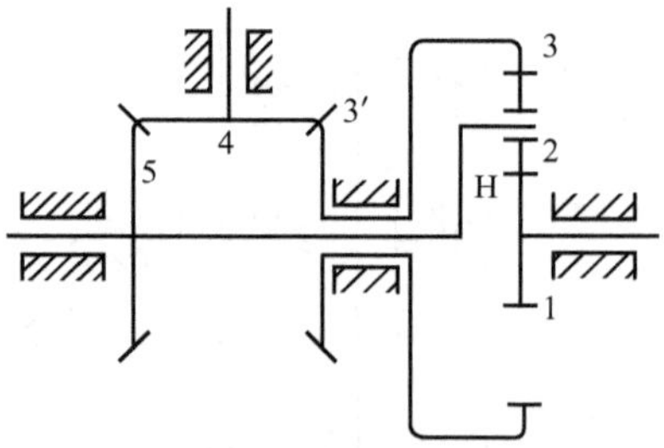

图 9.28　题 9.24 图

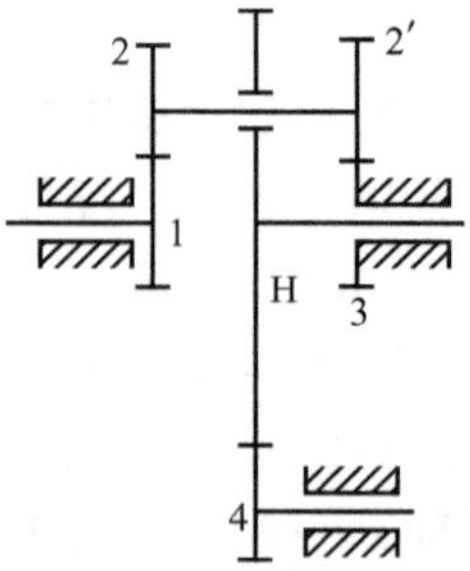

图 9.29　题 9.25 图

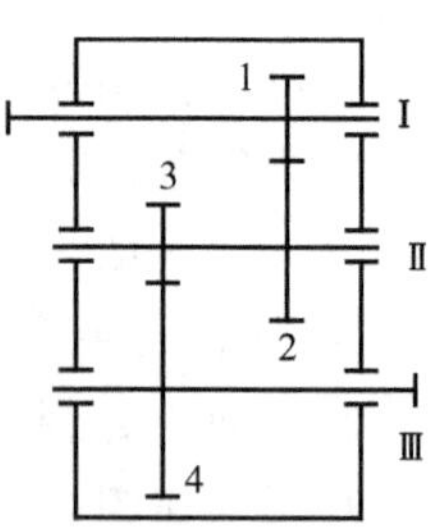

图 9.30　题 9.26 图

第10章 带传动与链传动

本章教学要点

知识要点	掌握程度	相关知识
带传动基本知识	了解带传动类型和特点； 了解V带和带轮结构； 了解V带传动的张紧	V带与平带摩擦力分析比较； 普通V带标准及标记； V带张紧方式
带传动的工作能力分析	掌握带传动的受力分析； 掌握带传动的应力分析； 掌握弹性滑动与打滑	柔韧体摩擦欧拉公式； 带工作的最大应力； 滑动率
普通V带传动的设计计算	掌握带传动失效形式、设计准则； 熟悉普通V带传动的设计计算	基本额定功率； 设计功率； 普通V带传动设计参数选择
其他带传动简介	了解同步带； 了解窄V带	同步带特点； 窄V带结构和特点
链传动	了解滚子链的结构及主要参数； 掌握链传动的运动特性及受力分析； 熟悉滚子链传动的设计计算； 了解链传动的布置和张紧、润滑	A系列滚子链标准和标记； 链传动的多边形效应； 链传动设计参数选择
各种机械传动的比较	了解各种机械传动的基本特性	带传动、链传动、齿轮传动、蜗杆传动基本特性

导入案例

带传动和链传动通过中间挠性体，在两个或多个传动轮之间传递运动和动力。因此，它们在各种机械设备中和仪器仪表中得到广泛应用。图 10.1所示为无级变速器(CVT)，其利用金属带传动，实现无级变速，提高带的使用寿命。

图 10.1 CVT

10.1 带传动概述

10.1.1 带传动的类型

带传动通常由主动轮 1、从动轮 2、张紧在两轮间的挠性带 3 和机架组成，如图 10.2 所示。挠性带绕在两带轮上，主动轮转动，带动从动轮转动。

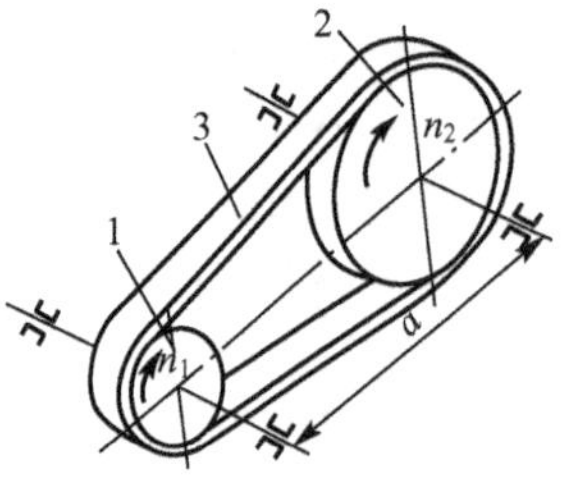

图 10.2 带传动简图

1—主动轮；2—从动轮；3—挠性带

根据传动原理，带传动可分为摩擦型带传动(图 10.2)和啮合型带传动(图 10.12)两大类。摩擦型带传动依靠传动带与带轮接触面上的摩擦力来传递运动和动力，如平带传动、V 带传动等。啮合型带传动是指同步带传动，依靠带上的齿与带轮上齿槽的啮合来传递运动和动力。按传动带的横截面形状不同可分为平带(图 10.3(a))、V 带(图 10.3(b))、多楔带(图 10.3(c))、圆形带(图 10.3(d))等类型。

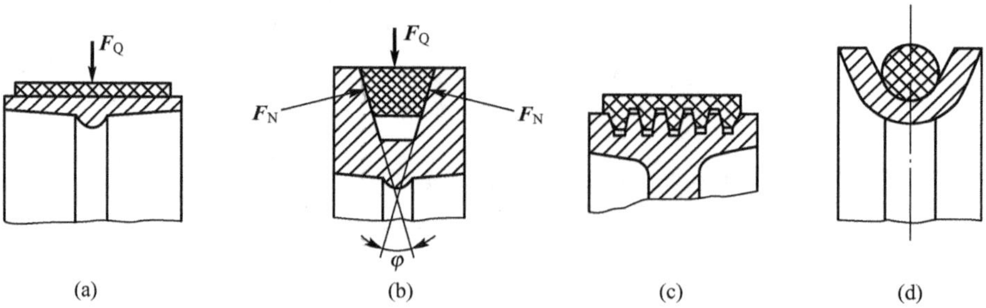

图 10.3 带传动的类型

平带的横截面为扁平矩形，工作时带的内表面与带轮接触。平带有胶帆布带、编织带、锦纶复合平带等。平带结构简单，挠曲性好，易于加工，常用于传动中心距较大的场合。

V 带是应用最广泛的带传动，其横截面为梯形，工作时带与轮槽槽底不接触，工作面是带与轮槽相接触的两侧面。在同样的初拉力下，利用楔形增压原理，V 带传动比平带传动能产生更大的摩擦力。如图 10.3(a)、(b)所示，若带对带轮的压紧力均为 $\boldsymbol{F}_Q$，对于平带传动，带与轮缘表面间的极限摩擦力

$$F_\mu = fF_N = fF_Q$$

而对于 V 带，极限摩擦力

$$F_\mu = 2fF_N = f\frac{F_Q}{\sin(\varphi/2)} = f_v F_Q$$

式中：φ——V 带轮轮槽角；

f_v——楔面摩擦的当量摩擦因数，$f_v = \dfrac{f}{\sin(\varphi/2)}$。

显然 V 带比平带传动能力更强。

圆形带的横截面为圆形，只能传递很小的功率，常用于仪器和家用机械中。

多楔带是在平带基体上由多根 V 带组合而成的，工作面是楔的侧面，适用于传递大功率且要求结构紧凑的场合。

10.1.2 带传动的特点

带传动的主要优点是：能缓冲吸振；运行平稳无噪声，允许速度较高；过载时带在带轮上打滑(同步带除外)，可防止其他零件的损坏；制造和安装精度不像啮合传动那么严格；适于中心距较大的传动。

带传动的主要缺点是：有弹性滑动，使传动效率较低，不能保持准确的传动比(同步带除外)；带传动的外廓尺寸较大；由于需要张紧，使轴上受力较大；带的使用寿命较短；不宜用于高温、易燃等场合。

10.1.3 V 带的结构和标准

V 带已经标准化，其横截面结构如图 10.4 所示，由包布层、抗拉体、顶胶和底胶组成。包布层由胶帆布制成，起保护作用。抗拉体主要承受拉力，有帘布结构和线绳结构两种。帘布结构制造方便，抗拉强度高；线绳结构柔韧性好，抗弯强度高。顶胶和底胶由弹性好的胶料制成。

按照带的截面高度 h 和其节宽 b_p 的比值不同，V 带有普通 V 带$\left(\dfrac{h}{b_p}=0.7\right)$、窄 V 带$\left(\dfrac{h}{b_p}=0.9\right)$、半宽 V 带$\left(\dfrac{h}{b_p}=0.5\right)$、宽 V 带$\left(\dfrac{h}{b_p}=0.3\right)$等。其中普通 V 带和窄 V 带应用较为广泛。本章主要讨论普通 V 带传动。标准的普通 V 带按截面大小分为 Y、Z、A、B、C、D、E 七种型号(见表 10-1)。V 带一般为无接头的环形，在垂直于底边弯曲时，带的外侧伸长，内侧缩短，两层中间既不伸长又不缩短的中性层称为节面，节面的宽度称为节宽 b_p。V 带轮上与 V 带节宽 b_p 相对应处的带轮直径称为基准直径 d_d。V 带在规定的预紧力下，位于带轮的基准直径上的周线长度称为基准长度 L_d(见表 10-2)。

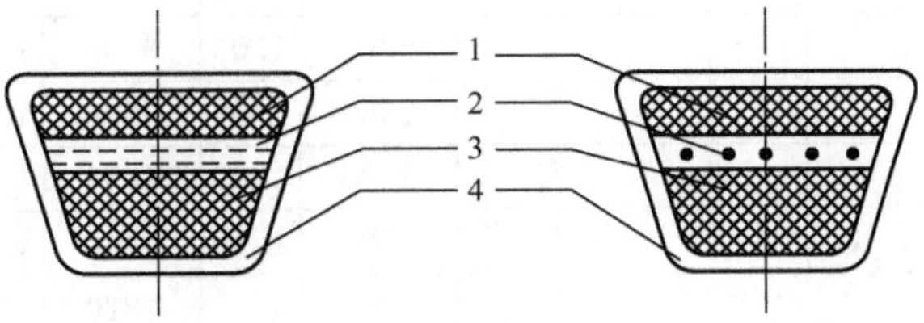

图 10.4 普通 V 带结构

1—顶胶；2—抗拉体；3—底胶；4—包布层

普通 V 带的标记由带的型号、基准长度和标准号构成。例如，B1400 GB/T 13575.1—2008 表示 B 型普通 V 带，基准长度为 1400mm。

表 10－1　普通 V 带截面尺寸(摘自 GB/T 13575.1—2008)

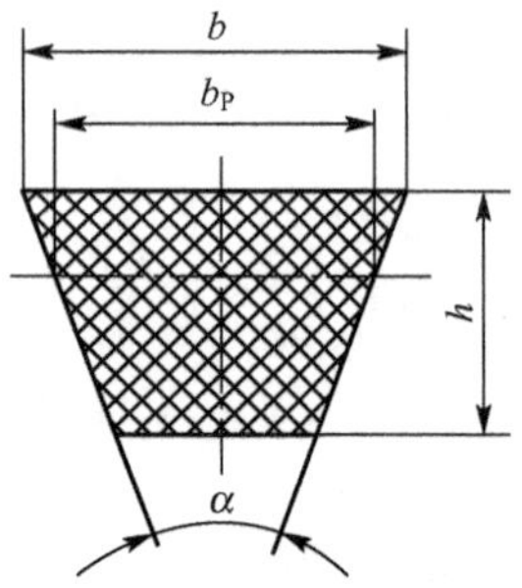

带型	节宽 b_p /mm	顶宽 b /mm	高度 h /mm	单位长度质量 m/(kg/m)	楔角 θ
Y	5.3	6	4	0.023	40°
Z	8.5	10	6	0.060	
A	11	13	8	0.105	
B	14	17	11	0.170	
C	19	22	14	0.300	
D	27	32	19	0.630	
E	32	38	23	0.970	

表 10－2　普通 V 带的基准长度系列 L_d 及长度系数 K_L(摘自 GB/T 13575.1—2008)

Y L_d/mm	K_L	Z L_d/mm	K_L	A L_d/mm	K_L	B L_d/mm	K_L	C L_d/mm	K_L	D L_d/mm	K_L	E L_d/mm	K_L
200	0.81	405	0.87	630	0.81	930	0.83	1565	0.82	2740	0.82	4660	0.91
224	0.82	475	0.90	700	0.83	1000	0.84	1760	0.85	3100	0.86	5040	0.92
250	0.84	530	0.93	790	0.85	1100	0.86	1950	0.87	3330	0.87	5420	0.94
280	0.87	625	0.96	890	0.87	1210	0.87	2195	0.90	3730	0.90	6100	0.96
315	0.89	700	0.99	990	0.89	1370	0.90	2420	0.92	4080	0.91	6850	0.99
355	0.92	780	1.00	1100	0.91	1560	0.92	2715	0.94	4620	0.94	7650	1.01
400	0.96	920	1.04	1250	0.93	1760	0.94	2880	0.95	5400	0.97	9150	1.05
450	1.00	1080	1.07	1430	0.96	1950	0.97	3080	0.97	6100	0.99	12230	1.11
500	1.02	1330	1.13	1550	0.98	2180	0.99	3520	0.99	6840	1.02	13750	1.15
		1420	1.14	1640	0.99	2300	1.01	4060	1.02	7620	1.05	15280	1.17
		1540	1.54	1750	1.00	2500	1.03	4600	1.05	9140	1.08	16800	1.19
				1940	1.02	2700	1.04	5380	1.08	10700	1.13		
				2050	1.04	2870	1.05	6100	1.11	12200	1.16		
				2200	1.06	3200	1.07	6815	1.14	13700	1.19		
				2300	1.07	3600	1.09	7600	1.17	15200	1.21		
				2480	1.09	4060	1.13	9100	1.21				
				2700	1.10	4430	1.15	10700	1.24				
						4820	1.17						
						5370	1.20						
						6070	1.24						

10.1.4　V 带轮

V 带轮由轮缘、轮辐和轮毂三部分组成。轮槽的槽角 φ 比 V 带的楔角小些，有 32°、34°、36°、38°四种。V 带轮槽截面尺寸见表 10－3。

表 10-3 普通 V 带轮槽截面尺寸(摘自 GB/T 13575.1—2008) 单位：mm

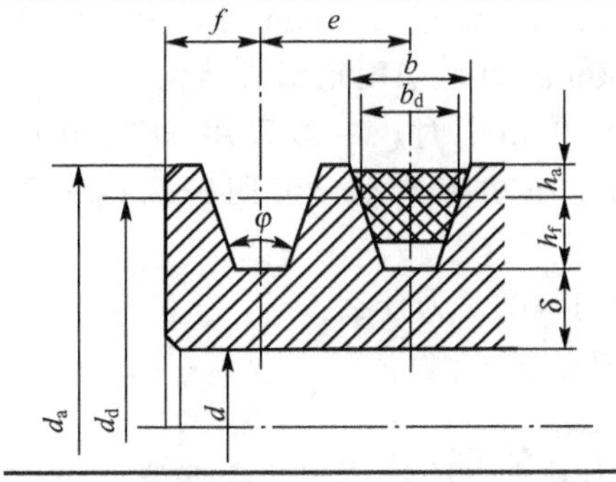

型号	h_{amin}	h_{fmin}	b_d	e	f_{min}	δ_{min}
Y	1.6	4.7	5.3	8±0.3	6	5
Z	2.0	7.0	8.5	12±0.3	7	5.5
A	2.75	8.7	11	15±0.3	8	6
B	3.5	10.8	14	19±0.4	11.5	7.5
C	4.8	14.3	19	25.5±0.5	16	10
D	8.1	19.9	27	37±0.6	23	12
E	9.6	23.4	32	44.5±0.7	28	15

按照轮辐结构的不同，V 带轮可分为实心带轮(图 10.5(a))、腹板带轮(图 10.5(b))

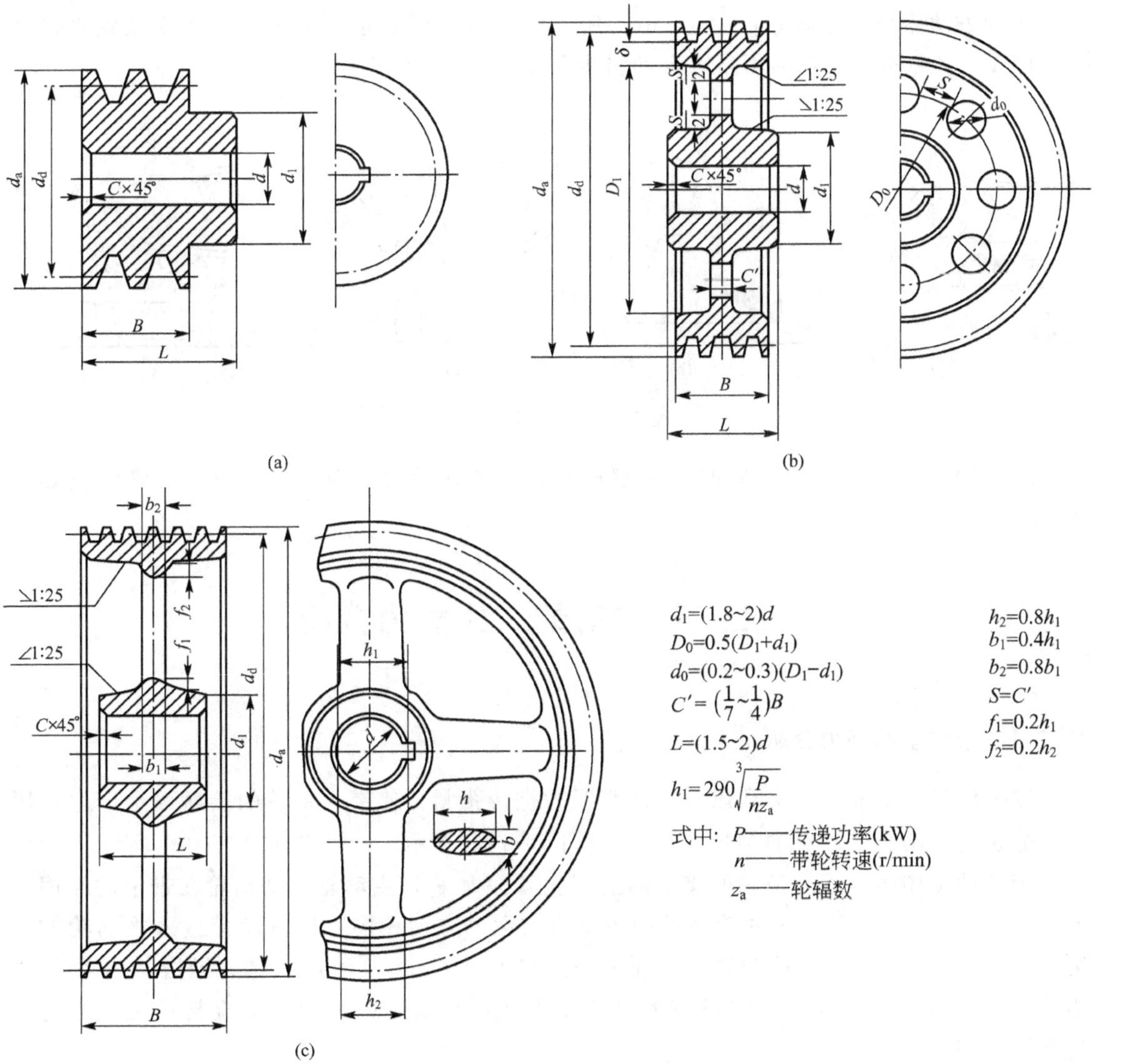

$d_1=(1.8\sim2)d$

$D_0=0.5(D_1+d_1)$

$d_0=(0.2\sim0.3)(D_1-d_1)$

$C'=\left(\frac{1}{7}\sim\frac{1}{4}\right)B$

$L=(1.5\sim2)d$

$h_1=290\sqrt[3]{\frac{P}{nz_a}}$

式中：P——传递功率(kW)

n——带轮转速(r/min)

z_a——轮辐数

$h_2=0.8h_1$

$b_1=0.4h_1$

$b_2=0.8b_1$

$S=C'$

$f_1=0.2h_1$

$f_2=0.2h_2$

图 10.5 V 带轮结构

和轮辐式带轮(图 10.5(c))三种形式。通常，带轮基准直径小于 2 倍的带轮轴的直径时，采用实心式；带轮基准直径小于 300mm 时，可采用腹板式，当 $S\geqslant 100$mm 时，为了便于吊装和减轻质量可在腹板上开孔；带轮基准直径大于 400mm 时，采用轮辐式结构。

普通 V 带轮的材料通常用灰铸铁。当圆周速度 $v\leqslant 25$m/s 时，一般采用 HT150 或 HT200，；当速度较高时，应采用铸钢或钢板焊接制造。小功率传动，可用铸铝或工程塑料。

[思考题 10.1] 普通 V 带轮槽的槽角能否大于或等于 40°，为什么？

10.1.5 V 带传动的张紧

V 带工作一段时间以后，会产生永久变形，使张紧力减小，因此一般需要张紧装置重新张紧带。张紧方式主要分为定期张紧装置(图 10.6(a)、图 10.6(b))和自动张紧装置(图 10.6(c)、图 10.6(d))两大类。图 10.6(a)和图 10.6(b)所示的是通过调整螺钉或螺栓增大中心距的方法重新将带张紧；图 10.6(c)所示的是中心距固定的情况下利用张紧轮将带张紧；图 10.6(d)所示的是利用自重自动将带张紧。

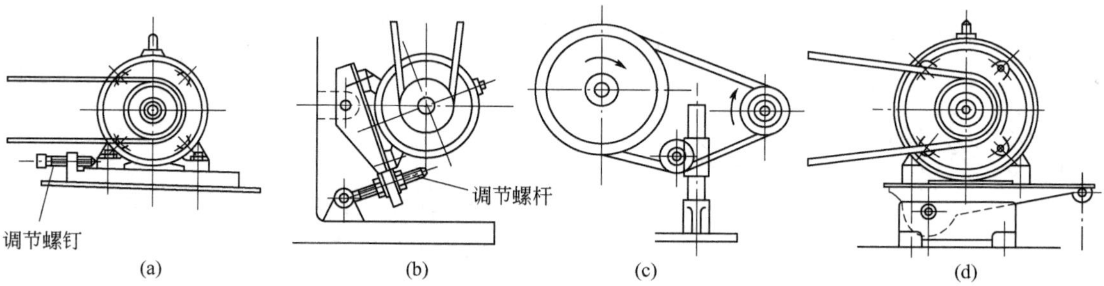

图 10.6 V 带张紧方式

[思考题 10.2] V 带张紧时，张紧轮能否放置在紧边，为什么？通常张紧轮应如何放置？

10.2 带传动的工作能力分析

10.2.1 带传动的受力分析

摩擦型带传动安装时必须以一定的张紧力把带张紧，使带与带轮的接触面上产生正压力。静止时，两边受相等的初拉力 F_0，如图 10.7(a)所示。

带传动工作时，带与带轮的接触面上产生摩擦力 $\boldsymbol{F}_f$，主动轮、从动轮在带上的摩擦力方向如图 10.7(b)所示，主动轮对带的摩擦力与运动方向相同，这就使带进入主动轮的一边拉力由 F_0 增大到 F_1，称为紧边；而另一边拉力由 F_0 减小到 F_2，称为松边。F_1 称为紧边拉力，F_2 称为松边拉力。假设带的总长度不变，则紧边拉力的增量应与松边拉力的减量相等，即

$$F_1-F_0=F_0-F_2$$

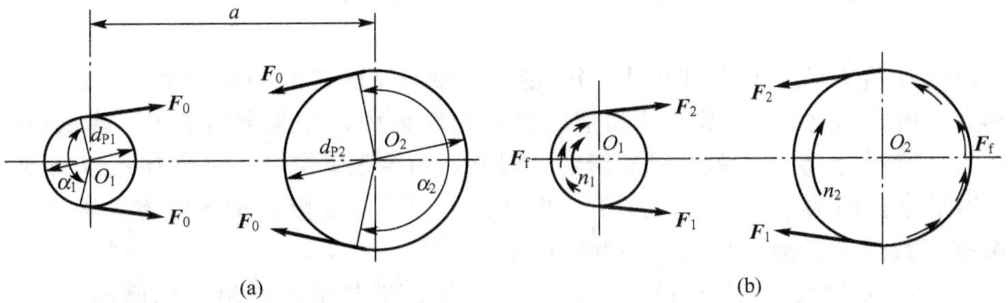

图 10.7 带的两边拉力

或

$$F_1+F_2=2F_0 \tag{10-1}$$

紧边与松边的拉力差等于带与带轮接触面上摩擦力的总和 F_f，称为有效拉力，也就是带传递的圆周力 F，即

$$F=F_f=F_1-F_2 \tag{10-2}$$

由式(10－1)和式(10－2)联立可得

$$\left.\begin{aligned}F_1&=F_0+F/2\\F_2&=F_0-F/2\end{aligned}\right\} \tag{10-3}$$

带传动所能传递的功率 P 为

$$P=\frac{Fv}{1000} \tag{10-4}$$

式中：P——传递功率(kW)；

F——有效拉力(N)；

v——带的线速度(m/s)。$v=\dfrac{\pi d_{P1}n_1}{60\times1000}=\dfrac{\pi d_{P2}n_2}{60\times1000}$，$d_{P1}$、$d_{P2}$为主、从带轮的节圆直径(mm)，通常就是基准直径 d_{d1}、d_{d2}。n_1、n_2 为主、从动带轮的转速(r/min)。

由式(10－4)可知，$\boldsymbol{F}$ 的大小与所传递的功率 P 和速度 v 有关，在功率一定的情况下，为减小带所传递的圆周力，一般将带传动设置在多级传动的高速级。

当带传递的有效拉力 F 达到极限摩擦力 F_{flim}时，带的紧边拉力 F_1 和松边拉力 F_2 之间的关系可用柔韧体摩擦的欧拉公式表示为

$$\frac{F_1}{F_2}=e^{f_v\alpha} \tag{10-5}$$

式中：e——自然对数的底；

f_v——带和带轮之间的当量摩擦因数；

α——带在带轮上的包角(指带和带轮接触弧所对的圆心角)(rad)。由图 10.7(a)可知：

$$\begin{aligned}\alpha_1&\approx180^\circ-\frac{d_{P2}-d_{P1}}{a}\times57.3^\circ\approx180^\circ-\frac{d_{d2}-d_{d1}}{a}\times57.3^\circ\\\alpha_2&\approx180^\circ+\frac{d_{P2}-d_{P1}}{a}\times57.3^\circ\approx180^\circ+\frac{d_{d2}-d_{d1}}{a}\times57.3^\circ\end{aligned} \tag{10-6}$$

由式(10－3)和式(10－5)联立可得

$$F_{flim}=2F_0\left(1-\frac{2}{e^{f_v\alpha}+1}\right) \tag{10-7}$$

带在正常传动情况下，必须使有效圆周力 $F<F_{flim}$。由式(10－7)可知，F_{flim} 与下列因素有关：

(1) 初拉力 F_0。F_{flim} 与 F_0 成正比，F_0 越大，带与带轮之间的正压力越大，传动时的摩擦力就越大。但 F_0 过大，会增大带和带轮之间的摩擦力，加速带的磨损，降低带的寿命；若 F_0 过小，则带的传动能力就会受到影响。因此，初始张紧带时，初拉力 F_0 大小要适当。

(2) 当量摩擦因数 f_v。f_v 越大，F_{flim} 也越大。但不能无限制增大摩擦因数来增强传动能力，摩擦因数过大，磨损加剧，降低带的寿命。

(3) 包角 α。α 越大，F_{flim} 也越大，因为 α 增加，带与带轮接触弧间摩擦力总和增加，从而提高传递载荷的能力。一般要求小带轮包角 $\alpha_1 \geqslant 120°$。

10.2.2 带传动的应力分析

带传动工作时，带中产生以下三种应力：

1) 拉应力

$$\left.\begin{aligned} &\text{紧边拉应力} \quad \sigma_1=\frac{F_1}{A} \\ &\text{松边拉应力} \quad \sigma_2=\frac{F_2}{A} \end{aligned}\right\} \tag{10-8}$$

式中：A——带的横截面面积(mm^2)。

2) 离心拉应力

当带绕两带轮做圆周运动时，由于带本身质量，在与带轮接触的部分将产生离心拉力 $F_c=mv^2$，由此产生的离心拉应力为

$$\sigma_c=\frac{F_c}{A}=\frac{mv^2}{A} \tag{10-9}$$

式中：m——带的单位长度质量(kg/m)，见表 10－1。

3) 弯曲应力

带绕在带轮上时产生的弯曲应力

$$\sigma_b=\frac{2Ey}{d_P}\approx\frac{2Ey}{d_d} \tag{10-10}$$

式中：E——带材料的弹性模量(MPa)；

y——带的节面到最外层的距离(mm)。

由此可见，由于小带轮的直径小，因此小带轮上的弯曲应力 σ_{b1} 比大带轮上的弯曲应力 σ_{b2} 大。

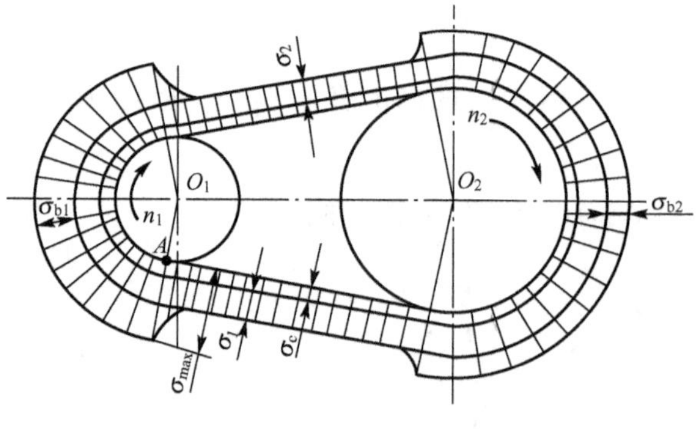

图 10.8 带工作时的应力分布

图 10.8 所示的是带工作时的应力分布情况。由图可知，工作时，带的应力是变化的，最大应力发生在带紧边进入小带轮处。其值为

$$\sigma_{max}=\sigma_1+\sigma_{b1}+\sigma_c \tag{10-11}$$

带轮直径越小，弯曲应力越大。因此，为控制弯曲应力，一般小带轮的基准直径应不小于规定的最小直径。各种型号 V 带轮最小基准直径 d_{dmin} 见表 10－4。

表 10-4 V 带轮的最小直径 d_{dmin}（摘自 GB/T 13575.1—2008） 单位：mm

V 带轮型号	Y	Z	A	B	C	D	E
d_{dmin}	20	50	75	125	200	355	500

注：带轮基准直径系列为：20，22.4，25，28，31.5，35.5，40，45，50，56，63，71，75，80，85，90，95，100，106，112，118，125，132，140，150，160，170，180，200，212，224，236，250，265，280，315，335，355，375，400，425，450，475，500，530，560，600，630，670，710，750，800，900，1000，1060，1120，1250，1400，1500，1600，1800，2000，2240，2500

10.2.3 弹性滑动与打滑

带为弹性体，受拉后发生弹性变形。带工作时，紧边拉力和松边拉力大小不同，变形量随之不同。如图 10.9 所示，带从 a_1 点绕上主动轮到 c_1 点离开的过程中，带所受拉力由 F_1 逐渐减小到 F_2，弹性变形量也相应减小。因此，带在主动轮带动下前进时，沿主动轮圆弧逐渐向后“收缩”滑动，使带的速度 v 滞后于主动轮的圆周速度 v_1。带从 a_2 点绕上从动轮到 c_2 点离开的过程中，情况恰好相反，带所受拉力由 F_2 逐渐增大到 F_1，弹性变形量也相应增大。因此，带在带动从动轮转动时，沿从动轮圆弧逐渐向前“拉伸”滑动，使带的速度 v 超前于从动轮的圆周速度 v_2。

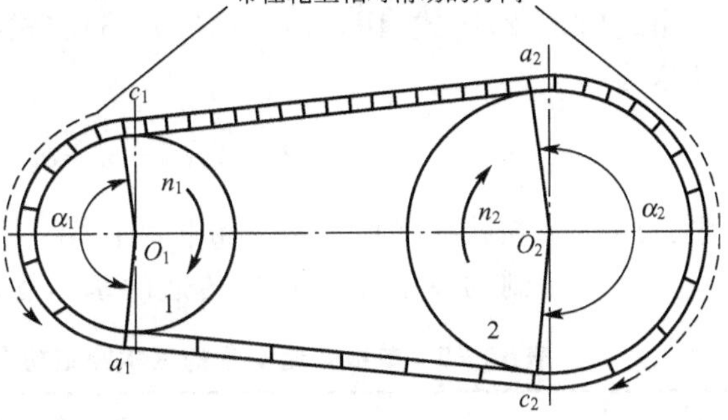

图 10.9 带的弹性滑动

这种由于带的弹性变形和拉力差所引起的带与带轮之间的相对滑动现象，称为带的弹性滑动。弹性滑动是带传动的一种固有现象，不可避免。由于弹性滑动的影响，造成从动轮的圆周速度 v_2 小于主动轮的圆周速度 v_1，其相对降低程度可用滑动率 ε 来表示，即

$$\varepsilon=\frac{v_1-v_2}{v_1}\times 100\%=\frac{d_{P1}n_1-d_{P2}n_2}{d_{P1}n_1}\times 100\%=\frac{d_{d1}n_1-d_{d2}n_2}{d_{d1}n_1}\times 100\% \tag{10-12}$$

因此，带传动的实际传动比为

$$i=\frac{n_1}{n_2}=\frac{d_{d2}}{d_{d1}(1-\varepsilon)} \tag{10-13}$$

$$d_{d2}=id_{d1}(1-\varepsilon) \quad 或 \quad n_2=n_1(1-\varepsilon)\frac{d_{d1}}{d_{d2}} \tag{10-14}$$

带传动的滑动率 ε 一般为 1%～2%，通常可忽略不计。

打滑与弹性滑动是不同的两个概念。打滑是由于带传递的有效拉力超过了带与带轮间的极限摩擦力，引起带在带轮上的全面滑动，这种现象称为打滑。打滑是带传动的失效形式，不仅使得传动失效，还会引起带的严重磨损，因此应当避免。但过载打滑发生时，能够保护其他零件不受损坏。

[思考题 10.3] 是否可用无限增加初拉力或使带轮表面粗糙的方法来增加带的传动能力？为什么？

[思考题 10.4] 打滑既有可能出现在小带轮上，也有可能出现在大带轮上这句话是否正确？为什么？

10.3 普通 V 带传动的设计计算

10.3.1 单根 V 带所能传递的基本额定功率

带传动的主要失效形式是打滑和带的疲劳破坏，因此带传动的设计准则是：在保证不打滑的前提下，使带具有一定的疲劳寿命。

带具有足够的疲劳寿命，应当满足：

$$\sigma_{max}=\sigma_1+\sigma_c+\sigma_{b1}\leqslant[\sigma]$$

或

$$\sigma_1\leqslant[\sigma]-\sigma_c-\sigma_{b1}$$

由式(10-2)、式(10-4)、式(10-5)和式(10-8)可得单根 V 带在不打滑时所能传递的功率为

$$P_1=([\sigma]-\sigma_c-\sigma_{b1})\left(1-\frac{1}{e^{f_v\alpha}}\right)\frac{Av}{1000} \tag{10-15}$$

式中：P_1——在载荷平稳、特定带长和包角 $\alpha=180°$(即传动比 $i=1$)的特定条件下试验得到的单根 V 带所能传递的基本额定功率，见表 10-5。

表 10-5 单根普通 V 带的基本额定功率 P_1(摘自 GB/T 13575.1—2008) 单位：kW

型号	小带轮基准直径 d_{d1}/mm	小带轮转速 n_1/(r/min)													
		200	400	700	800	950(Z 型 960)	1200	1450	1600	1800	2000	2400	2800	3200	3600
Z	50	0.04	0.06	0.09	0.10	0.12	0.14	0.16	0.17	0.19	0.20	0.22	0.26	0.28	0.30
	56	0.04	0.06	0.11	0.12	0.14	0.17	0.19	0.20	0.23	0.25	0.30	0.33	0.35	0.37
	63	0.05	0.08	0.13	0.15	0.18	0.22	0.25	0.27	0.30	0.32	0.37	0.41	0.45	0.47
	71	0.06	0.09	0.17	0.20	0.23	0.27	0.30	0.33	0.36	0.39	0.46	0.50	0.54	0.58
	80	0.10	0.14	0.20	0.22	0.26	0.30	0.35	0.39	0.42	0.44	0.50	0.56	0.61	0.64
	90	0.10	0.14	0.22	0.24	0.28	0.33	0.36	0.40	0.44	0.48	0.54	0.60	0.64	0.68
A	75	0.15	0.26	0.40	0.45	0.51	0.60	0.68	0.73	0.79	0.84	0.92	1.00	1.04	1.08
	90	0.22	0.39	0.61	0.68	0.77	0.93	1.07	1.15	1.25	1.34	1.50	1.64	1.75	1.83
	100	0.26	0.47	0.74	0.83	0.95	1.14	1.32	1.42	1.58	1.66	1.87	2.05	2.19	2.28
	112	0.31	0.56	0.90	1.00	1.15	1.39	1.61	1.74	1.89	2.04	2.30	2.51	2.68	2.78
	125	0.37	0.67	1.07	1.19	1.37	1.66	1.92	2.07	2.26	2.44	2.74	2.98	3.15	3.26
	140	0.43	0.78	1.26	1.41	1.62	1.96	2.28	2.45	2.66	2.87	3.22	3.48	3.65	3.72
	160	0.51	0.94	1.51	1.69	1.95	2.36	2.73	2.54	2.98	3.42	3.80	4.06	4.19	4.17
	180	0.59	1.09	1.76	1.97	2.27	2.74	3.16	3.40	3.67	3.93	4.32	4.54	4.58	4.40

（续）

型号	小带轮基准直径 d_{d1} /mm	小带轮转速 n_1/(r/min)													
		200	400	700	800	950（Z型960）	1200	1450	1600	1800	2000	2400	2800	3200	3600
B	125	0.48	0.84	1.30	1.44	1.64	1.93	2.19	2.33	2.50	2.64	2.85	2.96	2.94	2.80
	140	0.59	1.05	1.64	1.82	2.08	2.47	2.82	3.00	3.23	3.42	3.70	3.85	3.83	3.63
	160	0.74	1.32	2.09	2.32	2.66	3.17	3.62	3.86	4.15	4.40	4.75	4.89	4.80	4.46
	180	0.88	1.59	2.53	2.81	3.22	3.85	4.39	4.68	5.02	5.30	5.67	5.76	5.52	4.92
	200	1.02	1.85	2.96	3.30	3.77	4.50	5.13	5.46	5.83	6.13	6.47	6.43	5.95	4.98
	224	1.19	2.17	3.47	3.86	4.42	5.26	5.97	6.33	6.73	7.02	7.25	6.95	6.05	4.47
	250	1.37	2.50	4.00	4.46	5.10	6.04	6.82	7.20	7.63	7.87	7.89	7.14	5.60	5.12
	280	1.58	2.89	4.61	5.13	5.85	6.90	7.76	8.13	8.46	8.60	5.22	6.80	4.26	
C	200	1.39	2.41	3.69	4.07	4.58	5.29	5.84	6.07	6.28	6.34	6.02	5.01	3.23	
	224	1.70	2.99	4.64	5.12	5.78	6.71	7.45	7.75	8.00	8.06	7.57	6.08	3.57	
	250	2.03	3.62	5.64	6.23	7.04	8.21	9.08	9.38	9.63	9.62	8.75	6.56	2.93	
	280	2.42	4.32	6.76	7.52	8.49	9.81	10.72	11.06	11.22	11.04	9.50	6.13		
	315	2.84	5.14	8.09	8.92	10.05	11.53	12.46	12.72	12.67	12.14	9.43	4.16		
	355	3.36	6.05	9.50	10.46	11.73	13.31	14.12	14.19	13.73	12.59	7.98			
	400	3.91	7.06	11.02	12.10	13.48	15.04	15.53	15.24	14.08	11.95	4.34			
	450	4.51	8.20	12.63	13.80	15.23	16.59	16.47	15.57	13.29	9.64				

实际传动中，通常带长、包角等与试验条件不同，因此应对上述基本额定功率 P_1 进行修正，其计算公式为

$$[P_1]=(P_1+\Delta P_1)K_L K_\alpha \qquad (10-16)$$

式中：$[P_1]$——单根普通 V 带的额定功率；

ΔP_1——功率增量（实际传动比 $i\neq 1$ 时，单根普通 V 带额定功率的增量），见表 10－6；

K_L——带长修正系数（考虑带长不等于特定带长时对传动能力的影响），见表 10－2；

K_α——包角修正系数（考虑包角 $\alpha\neq 180°$ 时对传动能力的影响），见表 10－7。

表 10-6　传动比 $i \neq 1$ 时，单根普通 V 带额定功率的增量 ΔP_1（摘自 GB/T 13575.1—2008）

单位：kW

型号	小带轮转速 n_1 /(r/min)	传动比 i									
		1.00～1.01	1.02～1.04	1.05～1.08	1.09～1.12	1.13～1.18	1.19～1.24	1.25～1.34	1.35～1.50	1.51～1.99	≥2.00
Z	400	0.00	0.00	0.00	0.00	0.00	0.00	0.00	0.00	0.01	0.1
	700	0.00	0.00	0.00	0.00	0.00	0.00	0.01	0.01	0.01	0.02
	800	0.00	0.00	0.00	0.00	0.01	0.01	0.01	0.01	0.02	0.02
	960	0.00	0.00	0.00	0.01	0.01	0.01	0.01	0.02	0.02	0.02
	1200	0.00	0.00	0.01	0.01	0.01	0.01	0.02	0.02	0.02	0.03
	1450	0.00	0.00	0.01	0.01	0.01	0.02	0.02	0.02	0.02	0.03
	1600	0.00	0.01	0.01	0.01	0.01	0.02	0.02	0.02	0.03	0.03
	2000	0.00	0.01	0.01	0.02	0.02	0.02	0.02	0.03	0.03	0.04
	2800	0.00	0.01	0.02	0.02	0.03	0.03	0.03	0.04	0.04	0.04
A	400	0.00	0.01	0.01	0.02	0.02	0.03	0.03	0.04	0.04	0.05
	700	0.00	0.01	0.02	0.03	0.04	0.05	0.06	0.07	0.08	0.09
	800	0.00	0.01	0.02	0.03	0.04	0.05	0.06	0.08	0.09	0.10
	950	0.00	0.01	0.03	0.04	0.05	0.06	0.07	0.08	0.10	0.11
	1200	0.00	0.02	0.03	0.05	0.07	0.08	0.10	0.11	0.13	0.15
	1450	0.00	0.02	0.04	0.06	0.08	0.09	0.11	0.13	0.15	0.17
	1600	0.00	0.02	0.04	0.06	0.09	0.11	0.13	0.15	0.17	0.19
	2000	0.00	0.03	0.06	0.08	0.11	0.13	0.16	0.19	0.22	0.24
	2800	0.00	0.04	0.08	0.11	0.15	0.19	0.23	0.26	0.30	0.34
B	400	0.00	0.01	0.03	0.04	0.06	0.07	0.08	0.10	0.11	0.13
	700	0.00	0.02	0.05	0.07	0.10	0.012	0.15	0.17	0.20	0.22
	800	0.00	0.03	0.06	0.08	0.11	0.14	0.17	0.20	0.23	0.25
	950	0.00	0.03	0.07	0.10	0.13	0.17	0.20	0.23	0.26	0.30
	1200	0.00	0.04	0.08	0.13	0.17	0.21	0.25	0.30	0.34	0.38
	1450	0.00	0.05	0.10	0.15	0.20	0.25	0.31	0.36	0.40	0.46
	1600	0.00	0.06	0.11	0.17	0.23	0.28	0.34	0.39	0.45	0.51
	2000	0.00	0.07	0.14	0.21	0.28	0.35	0.42	0.49	0.56	0.63
	2800	0.00	0.10	0.20	0.29	0.39	0.49	0.59	0.69	0.79	0.89

（续）

型号	小带轮转速 n_1/(r/min)	传动比 i									
		1.00～1.01	1.02～1.04	1.05～1.08	1.09～1.12	1.13～1.18	1.19～1.24	1.25～1.34	1.35～1.50	1.51～1.99	≥2.00
C	400	0.00	0.04	0.08	0.12	0.16	0.20	0.23	0.27	0.31	0.35
	700	0.00	0.07	0.14	0.21	0.27	0.34	0.41	0.48	0.55	0.62
	800	0.00	0.08	0.16	0.23	0.31	0.39	0.47	0.55	0.63	0.71
	950	0.00	0.09	0.19	0.27	0.37	0.47	0.56	0.65	0.74	0.83
	1200	0.00	0.12	0.24	0.35	0.47	0.59	0.70	0.82	0.94	1.06
	1450	0.00	0.14	0.28	0.42	0.58	0.71	0.85	0.99	1.14	1.27
	1600	0.00	0.16	0.31	0.47	0.63	0.78	0.94	1.10	1.25	1.41
	2000	0.00	0.20	0.39	0.59	0.78	0.98	1.17	1.37	1.57	1.76
	2800	0.00	0.27	0.55	0.82	1.10	1.37	1.64	1.92	2.19	2.47

表 10-7 包角修正系数 K_α(摘自 GB/T 13575.1—2008)

包角 α_1/(°)	180	175	170	165	160	155	150	145	140	135	130	125	120	115	110	105	100	95	90
K_α	1.00	0.99	0.98	0.96	0.95	0.93	0.92	0.91	0.89	0.88	0.86	0.84	0.82	0.80	0.78	0.76	0.74	0.72	0.69

10.3.2 普通 V 带传动的设计计算

一般普通 V 带传动设计已知：传动用途、工作情况、传递功率、主动轮和从动轮的转速(或传动比)及外廓尺寸的要求等。

设计的主要内容包括：带的型号、根数、长度、中心距；带轮的尺寸、结构和材料；作用在轴上的压力 $\boldsymbol{F}_r$ 等。

设计步骤如下。

1）确定设计功率 P_d

根据传递功率，考虑载荷性质和每天运行时间等因素来确定：

$$P_d = K_A P \tag{10-17}$$

式中：P——传递功率(kW)；

K_A——工况系数，见表 10-8。

2）选择带型

普通 V 带型号，根据设计功率 P_1 和小带轮转速 n_1，按图 10.10 初选。

3）确定带轮的基准直径 d_{d1}、d_{d2}，验算带速

带轮基准直径小，则传动结构紧凑，外廓空间小，但若过小，则弯曲应力过大，降低带的使用寿命。所以应使小带轮基准直径 $d_{d1} \geqslant d_{dmin}$，并取为标准值，见表 10-4。大带轮基准直径 d_{d2} 可由式(10-14)计算，并相近圆整为符合基准直径尺寸系列，见表 10-4。

表 10-8 工况系数 K_A(摘自 GB/T 13575.1—2008)

工作机		原动机					
		空、轻载启动			重载启动		
		每天工作小时数/h					
		<10	10~16	>16	<10	10~16	>16
载荷变动很小	液体搅拌机、通风机和鼓风机(≤7.5kW)、离心式水泵和压缩机、轻负荷输送机	1.0	1.1	1.2	1.1	1.2	1.3
载荷变动较小	带式输送机(不均匀载荷)、通风机(>7.5kW)、旋转式水泵和压缩机(非离心式)、发电机、金属切削机床、印刷机、旋转筛、锯木机和木工机械	1.1	1.2	1.3	1.2	1.3	1.4
载荷变动较大	制砖机、斗式提升机、往复式水泵和压缩机、起重机、磨粉机、冲剪机床、橡胶机械、振动筛、纺织机械、重载输送机	1.2	1.3	1.4	1.4	1.5	1.6
载荷变动很大	破碎机(旋转式、颚式等)、磨碎机(球磨、棒磨、管磨)	1.3	1.4	1.5	1.5	1.6	1.8

注：1. 空、轻载启动——电动机(交流启动、三角启动、直流并励)、四缸以上的内燃机、装有离心式离合器、液力联轴器的动力机。

2. 重载启动——电动机(联机交流启动、直流复励或串励)、四缸以下的内燃机。

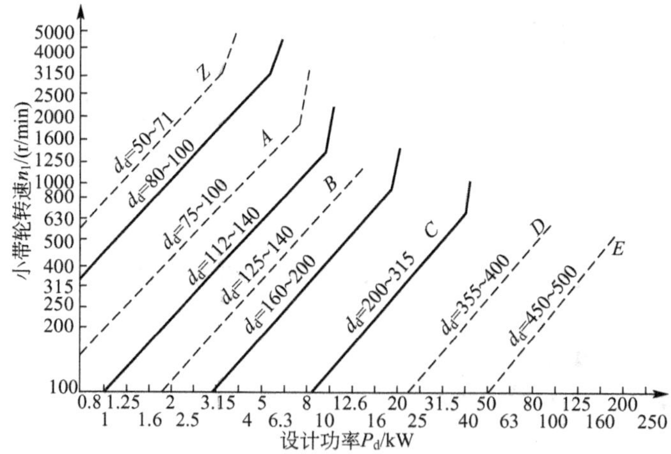

图 10.10 普通V带选型图

带速 v 过高，则离心力增大，从而降低传动能力，影响带的使用寿命；传递功率一定时，带速 v 太低，由 $P=Fv/1000$ 可知，要求传递的有效拉力就越大，使带的根数过多。因此，带速一般应在 5～25m/s 选取，否则应调整小带轮的直径或转速。带速的验算公式为

$$v=\frac{\pi d_{d1}n_1}{60\times1000}\leqslant v_{max} \tag{10-18}$$

式中：v——带速(m/s)；

d_{d1}——小带轮的基准直径(mm)；

n_1——小带轮的转速(r/min)；

v_{max}——普通 V 带传动，$v_{max}=30$m/s。

4）确定中心距 a 和 V 带的基准长度 L_d

传动中心距小，则结构紧凑，但中心距不宜过小，否则在一定带速下，单位时间内带绕过带轮的次数增多，带的应力循环次数增加，加速带的疲劳破坏；中心距也不宜过大，否则不仅结构不紧凑，还会由于载荷变化引起带的抖动，使工作不稳定。通常按设计要求的结构尺寸进行设计，或按下式初选中心距 a_0：

$$0.7(d_{d1}+d_{d2})\leqslant a_0\leqslant2(d_{d1}+d_{d2}) \tag{10-19}$$

由此，可根据几何关系近似计算带的基准长度 L_{d0}，并圆整为标准值 L_d（表 10-2）。

$$L_{d0}=2a_0+\frac{\pi}{2}(d_{d1}+d_{d2})+\frac{(d_{d2}-d_{d1})^2}{4a_0} \tag{10-20}$$

传动的实际中心距 a 用下式计算：

$$a=A+\sqrt{A^2-B} \tag{10-21}$$

式中：$A=\frac{L_d}{4}-\frac{\pi(d_{d1}+d_{d2})}{8}$，$B=\frac{(d_{d2}-d_{d1})^2}{8}$，单位为 mm。

5）验算小带轮包角 α_1

一般要求 $\alpha_1\geqslant120°$，若不满足，可适当增大中心距或减小传动比来增加小带轮包角。由几何关系可得

$$\alpha_1=180°-\frac{d_{d2}-d_{d1}}{a}\times57.3° \tag{10-22}$$

6）确定 V 带的根数 Z

全部带所能传递的功率的总和应当不小于带传动传递的功率，可得带的根数为

$$Z\geqslant\frac{P_d}{[P_1]}=\frac{P_d}{(P_1+\Delta P_1)K_\alpha K_L} \tag{10-23}$$

式中各符号意义同前。

计算后应将结果向上圆周为整数。带的根数不宜过多，通常 $Z\leqslant10$，以使每根带受力均匀，否则应增大带的型号或减小带轮直径，然后重新计算。

7）确定初拉力 F_0

适当的初拉力是保证带传动正常工作的重要因素。初拉力过大，降低带的使用寿命；初拉力太小，容易发生打滑。单根 V 带的初拉力 F_0 可按下式计算：

$$F_0=500\times\frac{P_d}{vZ}\left(\frac{2.5}{K_\alpha}-1\right)+mv^2 \tag{10-24}$$

式中各符号意义同前。

8）确定作用在轴上的压力 $\boldsymbol{F}_r$

应计算出带作用在轴上的压力 $\boldsymbol{F}_r$，以便设计轴和轴承等零件。通常近似地按两边初拉力 $\boldsymbol{F}_0$ 的合力来计算，由图 10.11 可知：

$$F_r = 2ZF_0 \sin\frac{\alpha_1}{2} \tag{10-25}$$

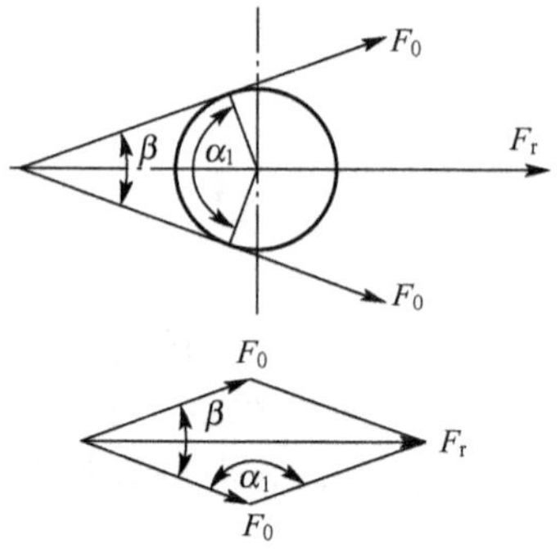

图 10.11　作用在轴上的力

[例 10.1]　试设计一带式输送机的普通 V 带传动，采用三相异步电动机 Y160M－4，其额定功率 $P=11\text{kW}$，转速 $n_1=1460\text{r/min}$，传动比 $i=1.8$，单班制工作。要求中心距不大于 500mm。

解： 1. 确定设计功率 P_d

由表 10－8 可知，载荷变动较小，每天工作 8h，取工况系数 $K_A=1.1$，由式(10－17)可得

$$P_d = K_A P = 1.1\times 11\text{kW} = 12.1\text{kW}$$

2. 选择带型

根据 $P_d=12.1\text{kW}$、$n_1=1460\text{r/min}$，按图 10.10 初选 B 型 V 带。

3. 确定带轮的基准直径 d_{d1}、d_{d2}，验算带速

(1) 选取小带轮基准直径。由表 10－4，取 $d_{d1}=140\text{mm}$。

(2) 由式(10－18)验算带速

$$v=\frac{\pi d_{d1} n_1}{60\times 1000}=\frac{\pi\times 140\times 1460}{60\times 1000}\text{m/s}\approx 10.7\text{m/s}$$

在 5～25m/s 之内，满足带速要求。

(3) 确定大带轮的基准直径

由式(10－14)得

$$d_{d2}=id_{d1}(1-\varepsilon)=1.8\times 140\times(1-0.02)\text{mm}=246.96\text{mm}$$

按表 10－4，取 $d_{d2}=250\text{mm}$。

4. 确定中心距 a 和 V 带的基准长度 L_d

初定中心距，按题目设计要求 $a_0\leqslant 500\text{mm}$，初选 $a_0=500\text{mm}$。

由式(10－20)得带的基准长度：

$$L_{d0}\approx 2a_0+\frac{\pi}{2}(d_{d1}+d_{d2})+\frac{(d_{d2}-d_{d1})^2}{4a_0}=2\times 500\text{mm}+\frac{\pi}{2}(140+250)\text{mm}$$
$$+\frac{(250-140)^2}{4\times 500}\text{mm}\approx 1618.66\text{mm}$$

由表 10－2 取 $L_d=1560\text{mm}$，再由式(10－21)计算实际中心距

$$A=\frac{L_d}{4}-\frac{\pi(d_{d1}+d_{d2})}{8}=\frac{1560\text{mm}}{4}-\frac{\pi(140+250)}{8}\approx 236.85\text{mm}$$

$$B=\frac{(d_{d2}-d_{d1})^2}{8}=\frac{(250-140)^2}{8}\text{mm}=1512.5\text{mm}$$

$a=A+\sqrt{A^2-B}=(236.85+\sqrt{236.85^2-1512.5})\text{mm}\approx 470.49\text{mm}$ 符合要求。

5. 验算小带轮包角 α_1

由式(10－22)得

$$\alpha_1=180°-\frac{d_{d2}-d_{d1}}{a}\times 57.3°=180°-\frac{250-140}{470.49}\times 57.3°=166.6°>120°$$

合适。

6. 确定V带的根数

B型带，$n_1=1460\text{r/min}$，$d_{d1}=140\text{mm}$，查表10-5插值可得 $P_1=2.83\text{kW}$；由 $i=1.8$，查表10-6插值可得 $\Delta P_1=0.40\text{kW}$；由 $\alpha_1=166.6°$，查表10-7插值可得 $K_\alpha=0.96$；由 $L_d=1560\text{mm}$，查表10-2可得 $K_L=0.92$。

由式(10-23)得

$$Z\geqslant\frac{P_d}{[P_1]}=\frac{P_d}{(P_1+\Delta P_1)K_\alpha K_L}=\frac{12.1}{(2.83+0.40)\times 0.96\times 0.92}\approx 4.24$$

取 $Z=5$ 根。

7. 确定初拉力 F_0

查表10-1得 $m=0.17\text{kg/m}$，由式(10-24)可得

$$F_0=500\frac{P_d}{vZ}\left(\frac{2.5}{K_\alpha}-1\right)+mv^2=\left[500\times\frac{12.1}{10.7\times 5}\left(\frac{2.5}{0.96}-1\right)+0.17\times 10.7^2\right]\text{N}\approx 200.87\text{N}$$

8. 确定作用在轴上的压力 F_r

由式(10-25)可得

$$F_r=2ZF_0\sin\frac{\alpha_1}{2}=2\times 5\times 200.87\text{N}\times\sin\frac{166.6}{2}\approx 1995\text{N}$$

9. 带轮的零件图(略)

10.4 其他带传动简介

10.4.1 同步带

同步带传动是靠带齿和带轮带槽相互啮合传动的，如图10.12所示，兼有带传动和齿轮传动的优点。近年来应用越来越广。

同步带以钢丝绳或玻璃纤维绳为承载层，外部用氯丁橡胶或聚氨酯包覆。由于承载层强度高，受载后变形极小，能保持齿形带的带节距不变，因而带和带轮之间没有相对滑动，能保持准确的传动比，实现同步传动。由于同步带薄而轻、强力层强度高，因而适用的速度范围广(最高可达40m/s)，传动功率大(可达数百千瓦)，传动比大(可达10)，传动效率高(可达98%～99%)。其主要缺点是：制造和安装精度要求较高，中心距要求较严格。

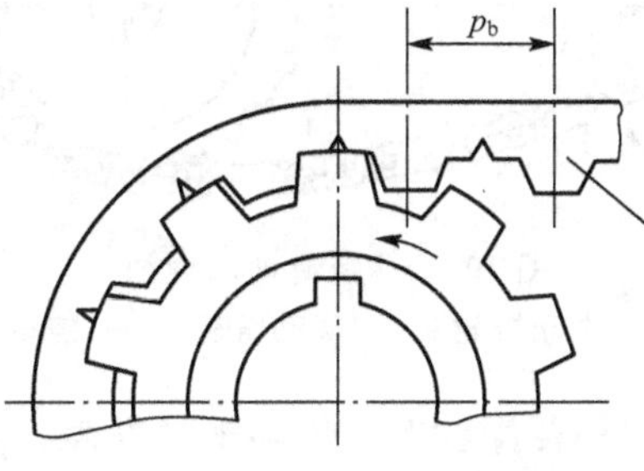

图10.12 同步带传动

10.4.2 窄V带

普通V带($h/b_p=0.7$)工作绕过带轮时产生弯曲变形，外侧抗拉体受拉收缩，内侧压缩层受压横向膨胀，如图10.13所示，造成各层线绳受力不均，加速了带的损坏。而窄V带(图10.14，$h/b_p=0.9$)抗拉体上移，横截面顶部成弓形，压缩层两侧面内凹，受拉弯曲变形后，顶部收缩后呈平面，两侧面受压膨胀后与带槽两侧面均匀接触，从而提高了其传动能力。与普通V带相比，同尺寸情况下，窄V带功率提高50%～150%，且其结构紧凑，传动效率高，因而窄V带近年来发展应用较快。

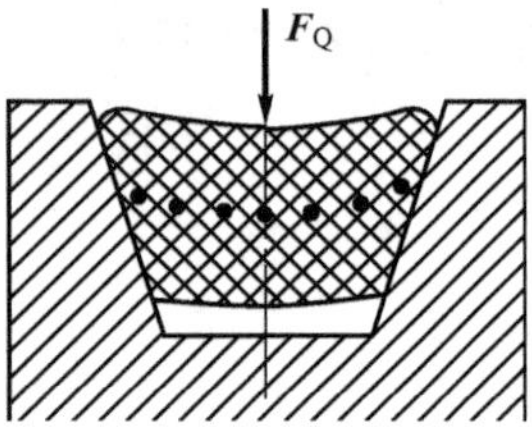

图10.13 普通V带工作变形

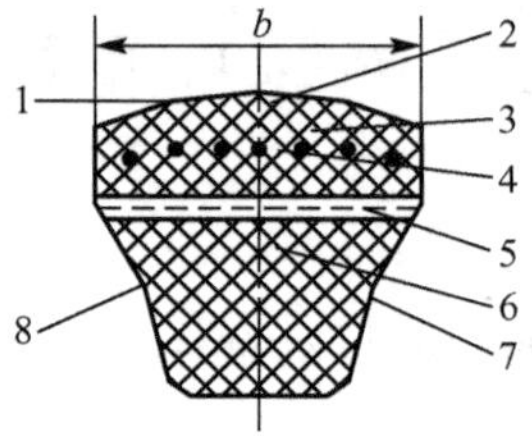

图10.14 窄V带结构

1—弓形顶；2—顶胶；3—定向纤维加强层；4—抗拉体；
5—缓冲层；6—底胶；7—包布层；8—内凹形侧面

10.5 链 传 动

10.5.1 链传动概述

与带传动相似，链传动是一种具有中间挠性件的啮合传动。由主动链轮1、从动链轮2、绕在两链轮上的链条3组成，如图10.15所示，依靠链和链轮轮齿之间的啮合传递运动和动力。

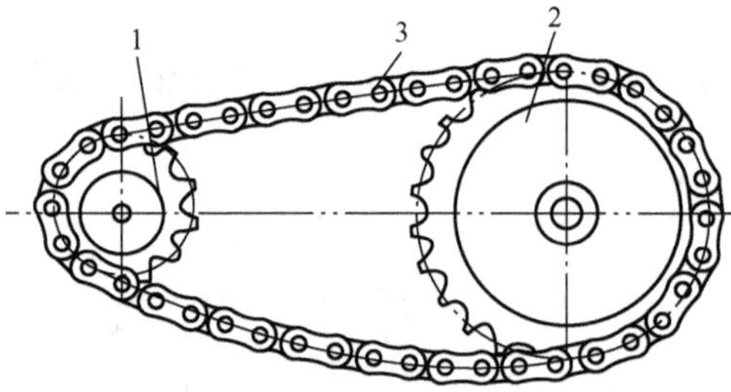

图10.15 链传动原理图

1—主动链轮；2—从动链轮；3—链条

按用途不同，链条分为传动链、起重链和输送链三类。传动链主要用来传递运动和动力，通常在20m/s以下工作；起重链主要用在机械中提升重物，工作速度一般小于0.25m/s；输送链主要用于输送机械中来传送物料，工作速度一般小于4m/s。

链传动的特点是：无相对滑动，平均传动比准确；张紧力小，故对轴的作用力小，结构紧凑；传递的功率较大；可在高温、潮湿、油污、有腐蚀等恶劣环境下工作；传动中心距使用范围较大；传动平稳性差，不能保证恒定的瞬时链速和瞬时传动比；工作中冲击、噪声较大；链节的磨损会加长节距，甚至使链条脱落，速度高时尤为严重，并且急速反向性能差。

链传动广泛应用于农业、矿山、冶金、建筑、运输、起重机和石油等各种机械中。通常链传动传递的功率 $P\leqslant100\text{kW}$，链速 $v\leqslant15\text{m/s}$，中心距 $a\leqslant6\text{m}$，传动比 $i\leqslant8$，常用 $i=2\sim3.5$ 为宜。

10.5.2 滚子链和链轮

1. 滚子链

滚子链由内链板 1、外链板 2、销轴 3、套筒 4 和滚子 5 组成，如图 10.16 所示。外链板 2 与销轴 3、内链板 1 与套筒 4 之间均为过盈配合；销轴 3 与套筒 4 之间为间隙配合，以适应链条进入或退出链轮时的屈伸；滚子 5 与套筒 4 间采用间隙配合，以使链与链轮在进入和退出啮合时，滚子与轮齿为滚动摩擦，减少轮与轮齿的磨损。内外链板均制成“8”字形以使它的各个横剖面接近等强度，同时也减轻了链条的质量和运动时的惯性力。

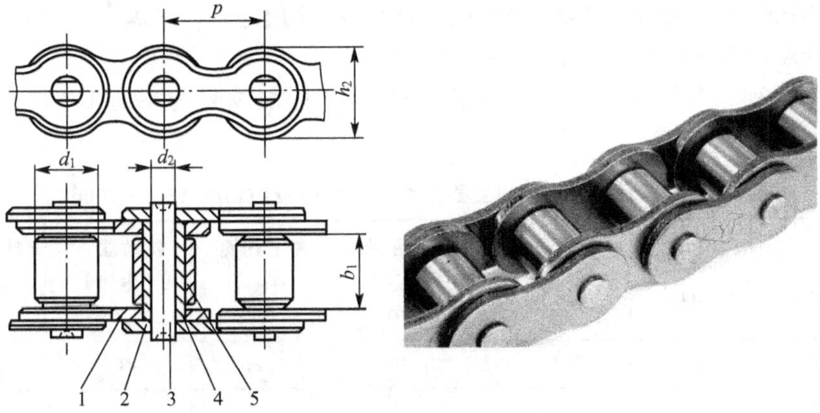

图 10.16 滚子链结构

1—内链板；2—外链板；3—销轴；4—套筒；5—滚子

滚子链有单排链和多排链之分，如图 10.17 所示为双排链。采用多排滚子链可减小节距 p。排数越多承载能力越强，但由制造与安装误差引起的各排链受载不均匀现象越严重，因此一般链的排数不超过 4 排。

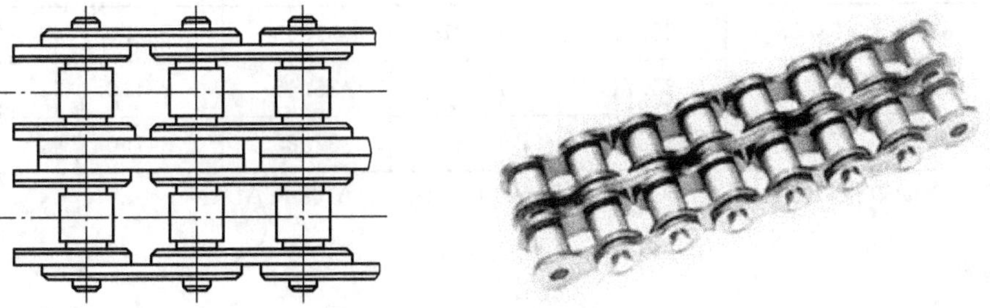

图 10.17 双排滚子链

工作时，滚子链为封闭环形。当链节数为偶数时，链条的两端正好是外链板与内链板相连接，在此处可用开口销(图 10.18(a))或弹簧卡片(图 10.18(b))来固定，弹簧卡片连接一般用于小节距，而开口销连接用于大节距；当链节数为奇数时，则需要采用过渡链节

(图 10.18(c))，过渡链节的链板受有附加弯矩，应尽量避免使用。

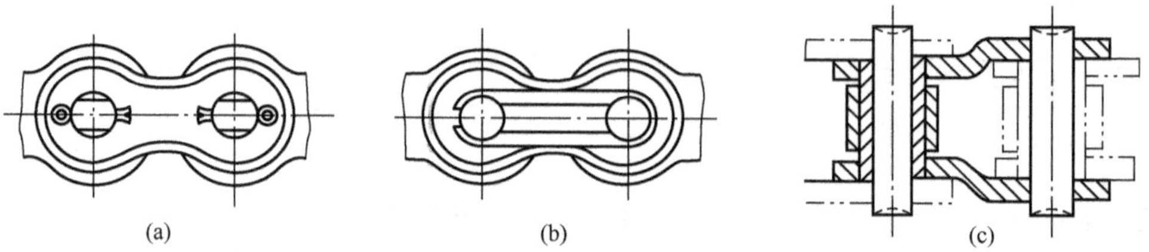

图 10.18 滚子链接头形式

滚子链已标准化，分为 A、B 两系列，常用的是 A 系列。链节距 p 为滚子链的基本参数，它是指链条相邻滚子中心间的距离，节距越大，链的尺寸越大，其承载能力也就越强。表 10－9 所列为 A 系列滚子链的主要参数和尺寸（尺寸标记如图 10.16，图 10.17)。

滚子链的标记为：链号—排数×整链链节数　标准编号

例如：08A—1×88　GB/T 1243—2006

表示：A 系列、节距 12.7 mm、单排、88 节，标准编号为 GB/T 1243—2006 的滚子链。

表 10－9　A 系列滚子链的主要参数和尺寸(摘自 GB/T 1243—2006)

链号	节距 p_{nom}/mm	排距 p_t/mm	滚子直径 d_{1max} /mm	销轴直径 d_{2max} /mm	内节内宽 b_{1min} /mm	抗拉强度(单排) F_u/kN	单排每米质量 m/(kg/m)(参考值)
08A	12.70	14.38	7.95	3.96	7.85	13.9	0.65
10A	15.875	18.11	10.16	5.09	9.40	21.8	1.00
12A	19.05	22.78	11.91	5.94	12.57	31.3	1.50
16A	25.40	29.29	15.88	7.92	15.75	55.6	2.60
20A	31.75	35.76	19.05	9.53	18.90	87.0	3.80
24A	38.10	45.44	22.23	11.10	25.22	125.0	5.06
28A	44.45	48.87	25.40	12.70	25.22	170.0	7.50
32A	50.80	58.55	28.58	14.27	31.55	223.0	10.10
36A	57.15	65.84	35.71	17.46	35.48	281.0	—
40A	63.50	71.55	39.68	19.84	37.85	347.0	16.10

注：链号中的数乘以(25.4/16)即为节距值(mm)，其中的 A 表示 A 系列。

2. 链轮

链轮的齿形应保证链节能平稳自如地进入和退出啮合，尽量减小啮合时链节的冲击和接触应力，并便于加工。国家标准 GB/T 1243—2006 推荐链轮的端面齿阔为三段圆弧 aa、ab、cd 和一条直线 bc 组成，如图 10.19 所示。该齿形若用标准刀具加工，其端面不需在工作图上绘出，只需注明“齿形按 GB/T 1243—2006 规定制造”即可。链轮的轴向齿形应在工作图上绘出，如图 10.20 所示，具体尺寸参阅 GB/T 1243—2006。

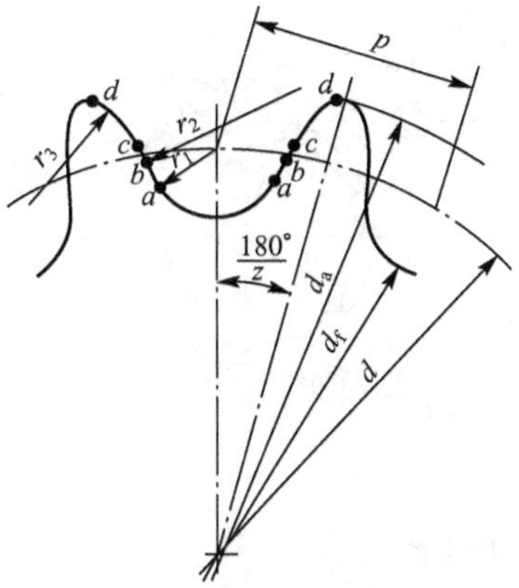

图 10.19 链轮齿槽形状

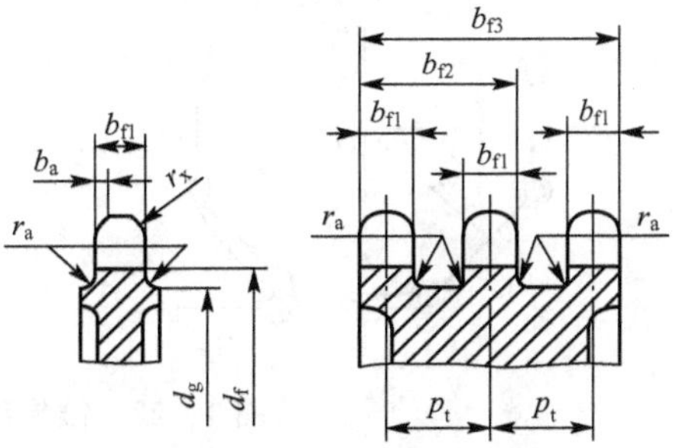

图 10.20 链轮剖面齿廓

图 10.21 表示了几种不同形式的链轮结构。直径较小时通常制成实心式(图 10.21(a))，直径较大时制成孔板式(图 10.21(b))，直径很大时制成组合式(图 10.21(c))。

链轮轮齿应有足够的接触强度和耐磨性，故齿面大多需要热处理。常用材料为中碳钢，不重要场合则用 Q235 等钢，高速重载时采用合金钢，低速时大链轮可采用铸铁。由于小链轮的啮合次数多，所以小链轮的材料性能要求较高，并进行热处理。

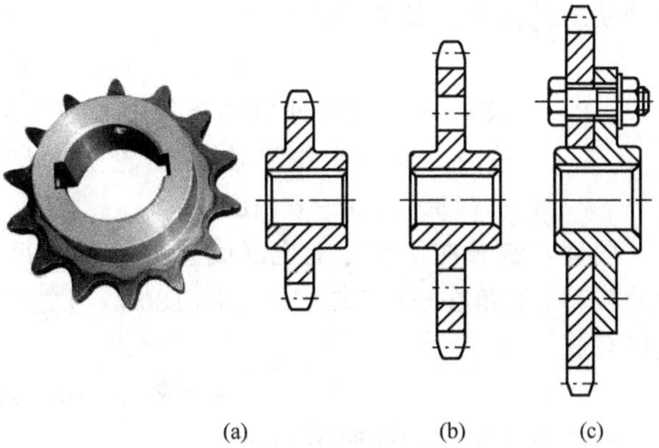

图 10.21 链轮的结构形式

10.5.3 链传动的运动特性

因为链由刚性链节通过销轴铰接而成，当链条绕在链轮上时，链条便呈一正多边形分布在链轮上(图 10.22)。链轮转动一圈，链条就向前移动正多边形周长的距离 zp，则链速为

$$v=\frac{n_1 z_1 p}{60\times1000}=\frac{n_2 z_2 p}{60\times1000} \tag{10-26}$$

式中：z_1、z_2——分别为主动轮、从动轮的齿数；

n_1、n_2——分别为主动轮、从动轮的转速(r/min)；

p——链节距(mm)。

链传动的传动比为

$$i=\frac{n_1}{n_2}=\frac{z_2}{z_1} \tag{10-27}$$

式(10－26)、式(10－27)求得的链速 v 和传动比 i 都是平均值。实际上，即使主动链轮以等角速度 ω_1 回转，链传动的瞬时链速和瞬时传动比都是变化的。

链速的变化，可以通过啮入链节铰链 A 的运动来说明(图 10.22)。例如，主动链轮的

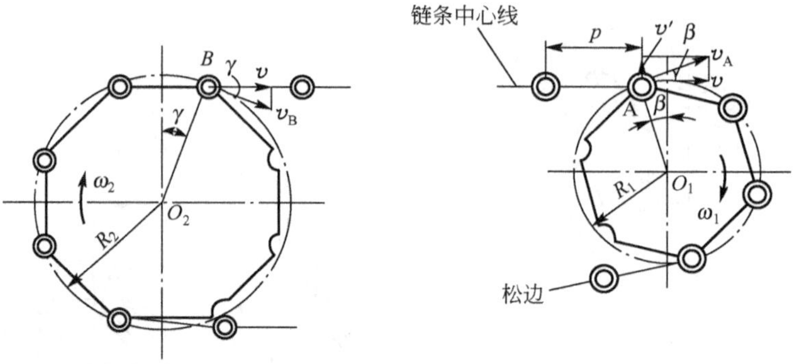

图 10.22　链传动的速度分析

分度圆半径为 R_1，当链节进入啮合时，铰链 A 随链轮做等速圆周运动，其圆周速度为 $v_A=R_1\omega_1$。v_A 可以分解为链条中心线方向的分速度 v 和与其垂直的分速度 v'，分速度 v 带动从动轮运动，其值为

$$v=R_1\omega_1\cos\beta$$

式中：β——铰链 A 的圆周速度和链条中心线方向的夹角。β 角随着铰链 A 的位置不同而变化。每一个链节在主动轮上的圆心角为 $360°/z_1$，则 β 角的变化范围是 $-(180°/z_1)\sim+(180°/z_1)$。

同理，链条在从动轮上也围成一多边形，每一链节所对圆心角 $2\gamma=360°/z_2$，随着链轮的转动，γ 角在 $-(180°/z_2)\sim+(180°/z_2)$ 之间变化。设从动轮角速度为 ω_2，则瞬时链速可写成

$$v=R_1\omega_1\cos\beta=R_2\omega_2\cos\gamma$$

由此得链传动的瞬时传动比

$$i_s=\frac{\omega_1}{\omega_2}=\frac{R_2\cos\gamma}{R_1\cos\beta} \tag{10-28}$$

由式(10-28)可知，由于 β 角和 γ 角随着铰链的位置不同而变化，所以链传动的瞬时链速和瞬时传动比不准确。

由于链条与链轮啮合后形成多边形，使链速周期性变化，这一运动特性称为链传动的多边形效应。

从上述分析过程可知，链速的不均匀性与 β 角的变化范围有关。链节距越大，链轮齿数越少，链速越高，则多边形效应越明显，冲击、振动越严重，噪声越大。在设计时，应限制链轮的最高转速，选择小节距链和尽量增加小链轮齿数。

10.5.4　链传动的受力分析

链传动时，紧边和松边的拉力不相等。若不考虑动载荷，则紧边所受的拉力 F_1 为工作拉力 F、离心拉力 F_c 以及链条下垂而产生的悬垂拉力 F_y 之和(图 10.23)：

$$F_1=F+F_c+F_y$$

而松边的拉力 F_2 为

$$F_2=F_c+F_y$$

工作拉力 F(N)可根据传递的功率 P(kW)和链速 v(m/s)计算

$$F=\frac{1000P}{v} \qquad (10-29)$$

链的两边所受的离心拉力 F_c(N)可按下式计算：

$$F_c=mv^2 \qquad (10-30)$$

式中：m——每米链长的质量(kg/m)，见表 10-9；

v——链速(m/s)。

悬垂拉力 F_y(N)可采用求悬垂拉力的方法近似计算(图 10.23)。

$$F_y=K_y mga \qquad (10-31)$$

式中：a——链传动中心距(m)；

g——重力加速度，$g=9.81\text{m/s}^2$；

K_y——垂度系数，即下垂量 $y=0.02a$ 时的拉力系数。K_y 值与两链轮轴线所在平面与水平面的倾角 β 有关(图 10.23)。垂直布置时 $K_y=1$，水平布置时 $K_y=7$。倾斜布置时，$\beta=30°$时 $K_y=6$，$\beta=60°$时 $K_y=4$，$\beta=75°$时 $K_y=25$。

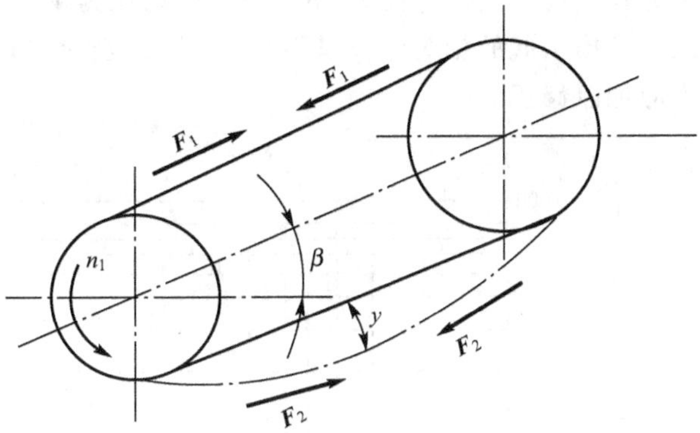

图 10.23 作用在链上的力

链作用在轴上的压力 F_r 可近似取为

$$F_r=(1.2\sim1.3)F \qquad (10-32)$$

有冲击和振动时取大值。

[思考题 10.5] 如果带传动、链传动和其他形式的传动等多种传动形式组合在一起，问带传动应放在高速级还是低速级？链传动应放在高速级还是低速级？为什么？

10.5.5 链传动的设计计算

1. 链传动的失效形式

1) 疲劳破坏

链条在工作时，所受到的应力为交变应力，因此，润滑良好、中等速度以下的链传动，其链板首先出现疲劳断裂；链节与链轮啮合时，滚子与链轮间产生冲击，在高速时，则由于冲击载荷较大，使套筒或滚子的表面发生冲击疲劳破坏。此时，疲劳破坏是链传动的主要失效形式。

2) 铰链磨损

链条铰链的销轴和套筒既承受压力又要产生相对转动，必然引起磨损，使节距 p 增大，从而引起跳齿或脱链。磨损是开式传动的主要失效形式。

3) 铰链胶合

润滑不良或速度过高时销轴与套筒的工作表面，由于摩擦产生的温度过高，容易导致销轴与套筒工作表面产生胶合。

4）过载拉断

在低速（$v<0.6$m/s）重载或瞬时载荷过大，链条所受拉力超过了链条的静强度时，链条将被拉断。

2. 链传动的额定功率曲线

图 10.24 所示为在特定实验条件下制定的链传动的额定功率曲线。特定实验条件为：小链轮齿数 $z_s=19$，链节数 $L_p=120$，单排链（无过渡链节）、水平布置、载荷平稳、按推荐的润滑方式润滑、工作寿命为 15000h，传动比为 1∶3～3∶1，工作温度为－5～＋70℃，链条节距因磨损引起的相对伸长量不超过 3%。当所设计的链传动的工作条件与上述条件不相同时，应加以修正。

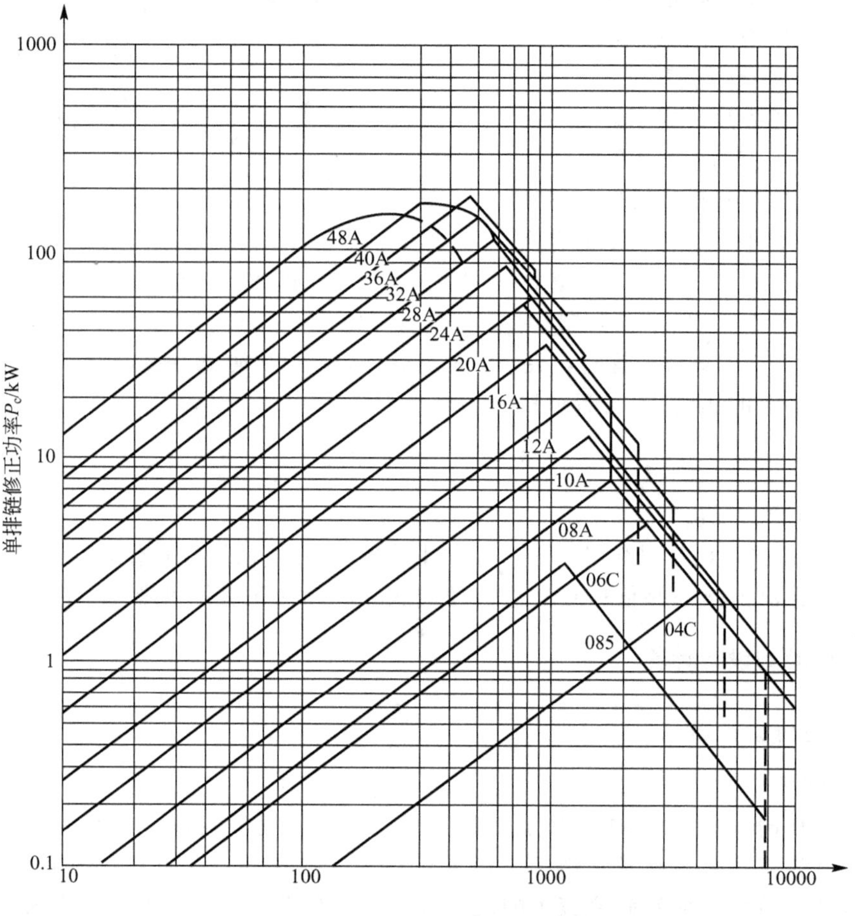

注：对双排链，可用图中查得值乘以 1.7；对于三排链，可用图中查得值乘以 2.5。

图 10.24 A 系列单排链条的典型承载能力图（摘自 GB/T 18150—2006）

3. 链传动的设计计算

设计滚子链传动时的原始数据为：传动用途，工作情况，输入功率 P，输入、输出轴转速 n_1、n_2（传动比 i），原动机的种类等。一般设计步骤如下。

1）确定主、从动链轮齿数 z_1、z_2

链轮齿数选择应当适当，不宜过多或过少。齿数过少，会增加运动不均匀性和动载荷，会加大内、外链板的相对转角，加速链节与链轮齿的磨损。链轮直径小，链的工作拉力将加大。大链轮齿数不宜过多，因链节磨损后，链节距将会增大，链轮分度圆直径同样增大，链愈容易移向齿顶而脱链。

小链轮的齿数 z_s 由表 10－10 选取。若小链轮为主动链轮，则按照传动比确定从动链轮的齿数 $z_2=iz_1$（i 为传动比），推荐齿数范围为 17～120。

为使链条和链轮轮齿的磨损更均匀，主、从动链轮的齿数应尽量取奇数，并与链节数互为质数。

表 10－10 小链轮齿数 z_s（参考值）

链速 v/(m/s)	0.6～3	3～8	>8
z_s	≥17	≥21	≥25

2）传动比 i

$$i=\frac{n_1}{n_2}=\frac{z_2}{z_1} \tag{10-33}$$

式中：n_1、n_2——分别为输入、输出轴的转速(r/min)。

一般 $i\leqslant 7$，通常取 $i=2$～3.5。

3）修正功率 P_c

$$P_c=f_1 f_2 P \tag{10-34}$$

式中：f_1——动载荷系数，见表 10－11；

f_2——小链轮齿数系数，其数值由 $f_2=(19/z_s)^{1.08}$（相对于额定功率曲线上由链板疲劳限制的部分）确定；

P——输入功率(kW)。

表 10－11 动载荷系数 f_1（摘自 GB/T 18150—2006）

从动机械特性		主动机械特性：运转平稳（电动机、汽轮机、带有液力耦合器的内燃机）	主动机械特性：轻微振动（带机械联轴器的六缸或六缸以上内燃机、频繁启动的电动机（每天多于两次））	主动机械特性：中等振动（带机械联轴器的六缸以下内燃机）
平稳运转	液体搅拌机、离心式压缩机、回转干燥机、轻负荷输送机、谷物机、印刷机、风机	1.0	1.1	1.3
中等振动	三缸或三缸以上的泵或压缩机、混凝土搅拌机、载荷不均匀的输送机、固体搅拌机和混合机	1.4	1.5	1.7
严重振动	电铲、轧机和球磨机、橡胶加工机械、刨床、压床和剪床、单缸或双缸泵和压缩机、石油钻采设备	1.8	1.9	2.1

4）确定链节距 p

链节距越大，链的拉拽能力越大，但传动不均匀性、振动、噪声也越大。因此在满足承载能力的情况下，宜选用小节距的单排链；高速重载时，可选小节距多排链。一般载荷大、中心距小、传动比大时，选小节距多排链；速度不太高、中心距大、传动比小时选大节距单排链。根据 P_c 和输入转速 n_s，由图 10.24 选择滚子链型号，由表 10－9 即可确定链节距 p。

5）确定中心距 a 和链长节数 X_0

链速不变，中心距越小，链绕过链轮的次数越多，在单位时间内同一链节的屈伸次数也就越多，加速链的磨损；中心距过大，则从动边垂度过大，工作时松边容易颤动，使传动不平稳。一般初选中心距 $a_0=(30\sim50)p$，最大可为 $a_{0\max}=80p$。

根据初选中心距 a_0，初定链长节数为

$$X_0=2\frac{a_0}{p}+\frac{z_1+z_2}{2}+\left(\frac{|z_2-z_1|}{2\pi}\right)^2\frac{p}{a_0} \tag{10-35}$$

将 X_0 圆整为整数，且偶数优先，得到实际的链节数 X。

然后计算实际中心距 a。

当两链轮齿数相等时

$$a=p\frac{X-z}{2} \tag{10-36}$$

当两链轮齿数不等时

$$a=f_4p[2X-(z_1+z_2)] \tag{10-37}$$

系数 f_4 的值由表 10－12 直接查得。

表 10－12　系数 f_4 的值

$\left\|\frac{X-z_s}{z_2-z_1}\right\|$	f_4	$\left\|\frac{X-z_s}{z_2-z_1}\right\|$	f_4	$\left\|\frac{X-z_s}{z_2-z_1}\right\|$	f_4	$\left\|\frac{X-z_s}{z_2-z_1}\right\|$	f_4
13	0.24991	2.7	0.24735	1.54	0.23758	1.26	0.22520
12	0.24990	2.6	0.24708	1.52	0.23705	1.25	0.22443
11	0.24988	2.5	0.24678	1.50	0.23648	1.24	0.22361
10	0.24986	2.4	0.24643	1.48	0.23588	1.23	0.22275
9	0.24983	2.3	0.24602	1.46	0.23524	1.22	0.22185
8	0.24978	2.2	0.24552	1.44	0.23455	1.21	0.22090
7	0.24970	2.1	0.24493	1.42	0.23381	1.20	0.21990
6	0.24958	2.0	0.24421	1.40	0.23301	1.19	0.21884
5	0.24937	1.95	0.24380	1.39	0.23259	1.18	0.21771
4.8	0.24931	1.90	0.24333	1.38	0.23215	1.17	0.21652
4.6	0.24925	1.85	0.24281	1.37	0.23170	1.16	0.21526
4.4	0.24917	1.80	0.24222	1.36	0.23123	1.15	0.21390
4.2	0.24907	1.75	0.24156	1.35	0.23073	1.14	0.21245
4.0	0.24896	1.70	0.24081	1.34	0.23022	1.13	0.21090
3.8	0.24883	1.68	0.24048	1.33	0.22968	1.12	0.20923
3.6	0.24868	1.66	0.24013	1.32	0.22912	1.11	0.20744
3.4	0.24849	1.64	0.23977	1.31	0.22854	1.10	0.20549
3.2	0.24825	1.62	0.23938	1.30	0.22793	1.09	0.20336
3.0	0.24795	1.60	0.23897	1.29	0.22729	1.08	0.20104
2.9	0.24778	1.58	0.23854	1.28	0.22662	1.07	0.19848
2.8	0.24758	1.56	0.23807	1.27	0.22593	1.06	0.19564

6）验算链速 v

根据式(10－26)，验算链速 v 是否不小于 0.6m/s。

［例 10.2］ 设计一输送机中的滚子链传动。已知电动机输入功率 $P=7.5\text{kW}$，小链轮转速 $n_s=720\text{r/min}$，要求传动比 $i=3$，中心距 a 不大于 680mm，传动水平布置，载荷平稳。

解：1. 确定链轮齿数 z_1、z_2

根据传动比 $i=3$，小链轮为主动轮，表 10－10 选取小链轮齿数 $z_s=z_1=21$，则大链轮齿数 $z_2=iz_1=3\times21=63<120$，合适。

2. 确定修正功率 P_c

由题可知，驱动机为电动机，载荷平稳，由表 10－11 可查得 $f_1=1.0$，小链轮齿数系数 $f_2=(19/z_s)^{1.08}=(19/21)^{1.08}\approx0.898$，由式(10－34)得

$$P_c=f_1f_2P=1.0\times0.898\times7.5\text{kW}=6.735\text{kW}$$

3. 确定链节距 p

根据 $P_c=6.735\text{kW}$，$n_s=720\text{r/min}$，由图 10.24 选择滚子链型号为 12A，由表 10－9 查得链节距 $p=19.05\text{mm}$。

4. 确定中心距 a 和链节数 X

由于要求中心距 a 不大于 680mm，因此初选中心距 $a_0=30p$，由式(10－35)得

$$X_0=2\frac{a_0}{p}+\frac{z_1+z_2}{2}+\left(\frac{z_2-z_1}{2\pi}\right)^2\frac{p}{a_0}=2\frac{30p}{p}+\frac{21+63}{2}+\left(\frac{63-21}{2\pi}\right)^2\times\frac{p}{30p}\approx103.5$$

取实际链节数 $X=104$。

计算 $\left|\dfrac{X-z_s}{z_2-z_1}\right|=\left|\dfrac{104-21}{63-21}\right|\approx1.976$，由表 10－12，插值查得 $f_4=0.2440$。

由式(10－37)计算实际中心距

$a=f_4p[2X-(z_1+z_2)]=0.2440\times19.05\text{mm}\times[2\times104-(21+63)]\approx576.38\text{mm}$

5. 验算链速 v

根据式(10－26)，链速

$$v=\frac{n_1z_1p}{60\times1000}=\frac{720\times21\times19.05}{60\times1000}\text{m/s}\approx4.8\text{m/s}<15\text{m/s}$$

合适。

6. 计算作用于轴上的拉力 F_r

由式(10－29)得

$$F=\frac{1000P}{v}=\frac{1000\times7.5}{4.8}\text{N}=1562.5\text{N}$$

由式(10－32)可得

$$F_r=1.2F=1.2\times1562.5\text{N}=1875\text{N}$$

7. 链轮设计(略)

10.5.6 链传动的布置、张紧和润滑

1. 链传动的布置

链传动两轮轴线应平行，端面共面。两轮轴线连线水平布置(图 10.25(a))或倾斜布置

(图 10.25(b))时，均应使紧边在上，松边在下，以免发生干涉或紧边、松边相碰。倾斜布置时，应使倾斜角 $\varphi \leqslant 45°$(图 10.25(b))；若需两轮上下布置，尽量避免两轮轴线连线在铅垂线上，如图 10.25(c)所示。

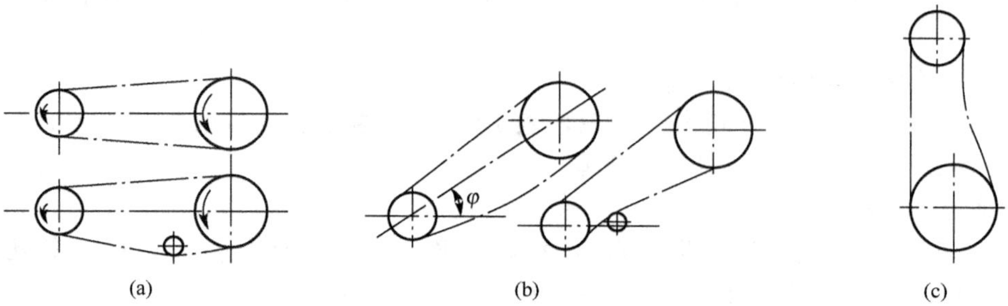

图 10.25　链传动布置

2. 链传动的张紧

链传动是啮合传动，不需要很大的张紧力。张紧的目的是避免因松边垂度过大而引起啮合不良。当两轮的连心线倾斜角大于 60°时，通常应该设置张紧装置。

一般链传动设计成中心距可调，通过移动链轮增大中心距进行张紧；也可采用张紧轮进行定期或自动张紧，如图 10.25(a)、(b)所示；中心距若不可调，可拆除 1～2 个链节，缩短链长进行张紧。

3. 链传动的润滑

润滑是影响链传动工作能力及寿命的重要因素之一。良好的润滑有利于减少摩擦、减轻磨损，降低摩擦功率损耗，缓和冲击及延长使用寿命。具体润滑方式可由图 10.26 选择。

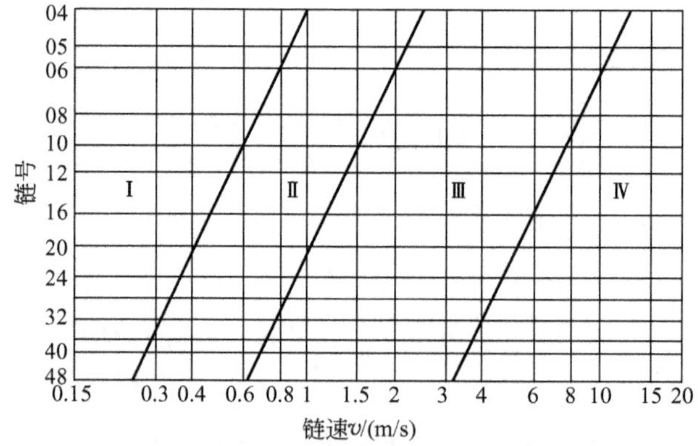

图 10.26　润滑方式的选择

Ⅰ—人工定期润滑；Ⅱ—滴油润滑；

Ⅲ—油池或飞溅润滑；Ⅳ—强制润滑

10.6 各种机械传动的比较

当传递的功率和传动比一定时，在大多数情况下各种不同型式的传动都可以采用，但是在经济性方面可能有很大的差别。因此，如何来确定最合理的方案，常常是一个复杂而又困难的问题。由于目前系统的资料尚不多，故在设计时往往需要拟定几个方案进行分析比较，最后才能确定出在工作性能、效率、外廓尺寸、重量和工艺性等方面较为合理的方案。表 10－13 给出了各种传动型式的基本特性的比较，供选用时参考。

表 10－13 各种传动型式的基本特性

传动型式	带传动	齿轮传动	蜗杆传动	链传动
主要优点	中心距变化范围大，结构简单，传动平稳，能缓和冲击振动，能起安全装置作用	外廓尺寸小，传动比准确，效率高，寿命长	外廓尺寸小，传动比准确而且可以很大，传动平稳无噪声，可制成自锁传动	中心距变化范围较大，载荷变化范围大，平动传动比准确
主要缺点	外廓尺寸大，轴上压力较大(为初拉力的 2～3 倍)，传动比不准确，寿命较短	要求制造精度高，高速传动、制造精度不高时有噪声，不能缓和冲击	效率低，中速及高速传动需用高级青铜，制造要求精确	瞬时传动比不准确，在冲击振动载荷下寿命较低
效率	0.92～0.98，带轮小、速度高时，效率较低，V 带效率亦较低，平均可取 0.95	闭式传动为 0.94～0.99，开式传动为 0.92～0.96。精度低的齿轮传动及锥齿轮传动效率较低	0.72～0.96，导程角小、润滑不良、滑动速度小时，效率均低，自锁传动效率小于 0.5	0.96～0.98
功率范围	一般在 75kW 以下，V 带可达 400kW	从极小到几万千瓦	一般在 50kW 以下，亦有达 200kW	一般在 100kW 以下，亦有达 5000kW
速度范围	一般带速小于 25～30m/s，特殊的可达 50m/s，甚至达 100m/s	一般圆周速度在 25m/s 以下，最高可达 150m/s	一般滑动速度小于 15m/s，个别情况可达 35m/s	一般链速小于 5m/s，也有的达 40m/s 的
传动比	平带小于 5，V 带小于 7，特殊情况可达 15	常用 5 以下，圆柱齿轮可达 10，甚至更大，锥齿轮不超过 7.5	一般为 10～30，亦可达 1000	一般小于 7，个别情况可达 15

小　结

1. 内容归纳

本章内容归纳如图 10.27 所示。

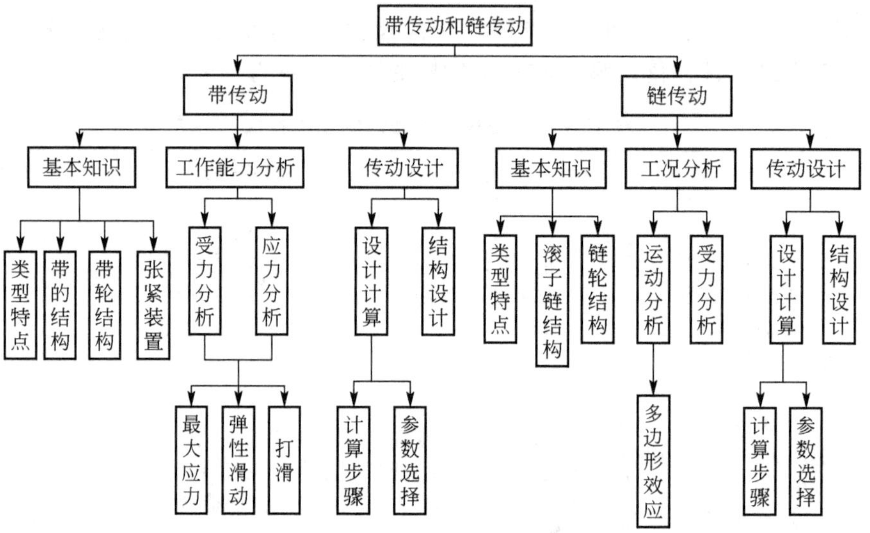

图 10.27　本章内容归纳

2. 重点和难点

重点：①普通 V 带、滚子链传动的结构特点、应用场合和选型；②普通 V 带、滚子链传动的运动特性；③普通 V 带、滚子链传动设计的计算内容和计算过程。

难点：①V 带传动、链传动受力分析及计算；②普通 V 带传动、链传动设计的参数选择；③带的弹性滑动；④链传动的多边形效应。

习　题

一、单项选择题

10.1　与平带传动相比较，V 带传动的优点是______。

A. 传动效率高　　B. 带的寿命长　　C. 带的价格便宜　D. 承载能力大

10.2　与链传动相比较，带传动的优点是______。

A. 工作平稳，基本无噪声　　B. 承载能力大

C. 传动效率高　　D. 使用寿命长

10.3　两带轮直径一定时，减小中心距将引起______。

A. 带的弹性滑动加剧　　B. 带传动效率降低

C. 带工作噪声增大　　D. 小带轮上的包角减小

10.4 在链传动中，引起多边形效应的原因是______。

A. 链速太高　　B. 链条绕入链轮成多边形状

C. 链条太长　　D. 链张太紧

10.5 与齿轮传动相比较，链传动的主要特点之一是______。

A. 适合于高速　　B. 制造成本高

C. 安装精度要求低　　D. 有过载保护

二、判断题

10.6 带传动中，实际有效拉力的数值取决于预紧力、包角和摩擦因数。（ ）

10.7 若设计合理，带传动的打滑是可以避免的，但弹性滑动却无法避免。（ ）

10.8 同规格的窄 V 带的截面宽度小于普通 V 带。（ ）

10.9 链轮齿数越少，越容易发生跳齿和脱链。（ ）

10.10 为了使各排链受力均匀，链的排数不宜过多。（ ）

三、简答题

10.11 当与其他传动一起使用时，带传动一般应放在高速级还是低速级？为什么？

10.12 与平带传动相比，V 带传动有何优缺点？

10.13 在相同的条件下，为什么 V 带比平带的传动能力大？

10.14 带传动在什么情况下才发生打滑？打滑一般发生在大轮上还是小轮上？为什么？刚开始打滑前，紧边拉力与松边拉力之间的关系是什么？

10.15 带传动工作时，带内应力如何变化？最大应力发生在什么位置？由哪些应力组成？研究带内应力变化的目的是什么？

10.16 带传动为什么会产生弹性滑动现象？它对传动有什么影响？

10.17 在设计带传动时，为什么要限制带的速度 $v_{\min}$ 和 $v_{\max}$？

10.18 链传动有哪些特点？传动范围如何？链传动有哪些优缺点？

10.19 链传动的主要参数是什么？为什么链条的节数最好取偶数？而链轮齿数最好取奇数？

10.20 链传动产生运动不均匀性的原因是什么？影响链速变化的主要参数是什么？

四、计算题

10.21 设单根 V 带所能传递的最大功率 $P=5\text{kW}$，已知主动轮直径 $d_1=140\text{mm}$，转速 $n_1=1460\text{r/min}$，包角 $\alpha_1=140°$，带与带轮间的当量摩擦因数 $f_v=0.5$，试求最大有效拉力(圆周力)F 和紧边拉力 F_1。

10.22 设计某鼓风机传动装置的普通 V 带传动。已知电动机为 Y132M－4(额定功率 $P=7.5\text{kW}$，转速 $n_1=1440\text{r/min}$)，鼓风机转速 $n_2=554\text{r/min}$，每天工作 12h。

10.23 设计一拖动某带式运输机的滚子链传动。已知：电动机型号 Y160M－6(额定功率 $P=7.5\text{kW}$，转速 $n_1=970\text{r/min}$)，从动链转速 $n_2=300\text{r/min}$，载荷平稳，链传动的中心距不小于 550mm，要求中心距可调整。

第11章 轴与轴毂连接

本章教学要点

知识要点	掌握程度	相关知识
轴的类型、材料	了解轴的分类及常用材料	根据受载情况分类； 根据轴线形状分类
轴的结构设计	掌握轴的结构设计方法	轴上零件的周向定位； 轴上零件的轴向定位； 轴的各段直径和长度的确定； 按扭转强度估算最小直径； 轴的结构工艺
轴的工作能力计算	掌握轴的强度计算； 了解轴的刚度计算	按扭转强度计算； 按弯扭合成强度计算
轴毂连接	掌握键连接的类型、尺寸选择及强度计算； 了解花键连接、销连接	平键连接； 半圆键连接； 楔键连接； 切向键连接

导入案例

目前全球印刷企业用户和设备生产厂商都将目光聚集于一项新兴技术——无轴传动，尤其是应用在凹版印刷机上，其优势更为突出。所谓无轴印刷，就是采用虚拟电子轴取代传统的机械主传动轴，并取消套色系统所需的浮动辊机构，而将传动与套色融为一体，直接作用于印刷版辊的一种印刷方式。用于凹版印刷机的无轴传动控制系统分为两种流派：其一是以日本住友、西门子、力士乐等公司为代表的“传动系统＋套色系统”的复合式流派，另一种则是以贝加莱公司为代表的集传动与套色为一体的集成式流派。

11.1 概 述

11.1.1 轴的分类

轴的主要功用是支承传动零件(如齿轮、带轮、链轮等)，使其具有确定的工作位置，并传递运动和动力，一般情况下它又被轴承所支承。

根据轴所受载荷情况可分为心轴、传动轴和转轴三种。心轴为只承受弯矩不承受扭矩的轴，主要用于支承回转零件。若心轴是转动的，称为转动心轴(图 11.1)；若心轴是固定不动的，称为固定心轴(图 11.2)。传动轴为只承受转矩不承受弯矩或承受很小弯矩的轴，主要用于传递转矩，如汽车的传动轴(图 11.3)。转轴为同时承受弯矩和转矩的轴，既支承零件又传递转矩，它也是最常见的一种轴，如减速器轴(图 11.4)。

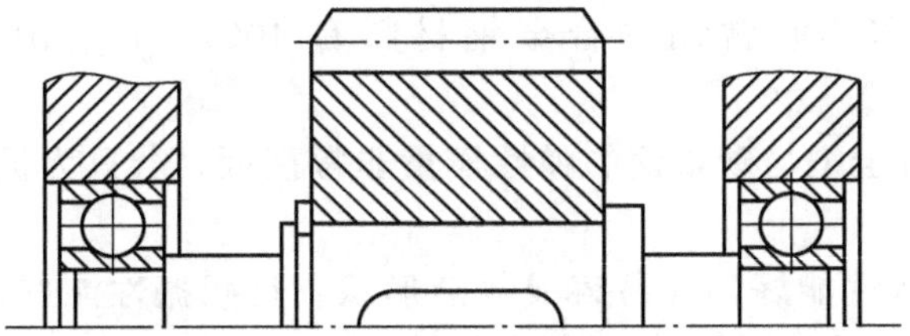

图 11.1 转动心轴

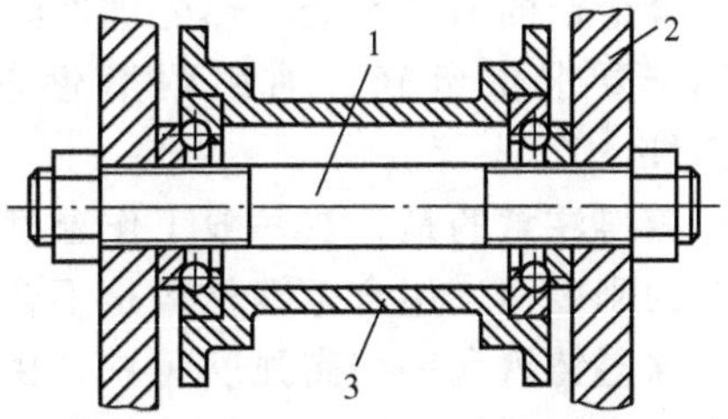

图 11.2 固定心轴

1—前轮轴；2—前叉；3—前轮轮毂

根据轴线的形状，轴可分为直轴(图 11.1～图 11.4)、曲轴(图 11.5)及挠性钢丝轴(图 11.6)。直轴又分为光轴和阶梯轴两种，阶梯轴便于轴上零件的装拆和定位；曲轴可以通过连杆将旋转运动改变为往复直线运动，或者做相反的运动变换，故曲轴常用于往复式机械中；挠性钢丝轴是由多层钢丝密集缠绕而成，可以灵活地把回转运动传递给任何地方，而且具有缓冲作用，故常用在电动机的手持小型机具中，如绞孔机、医用磨牙机、下水道清理机等。

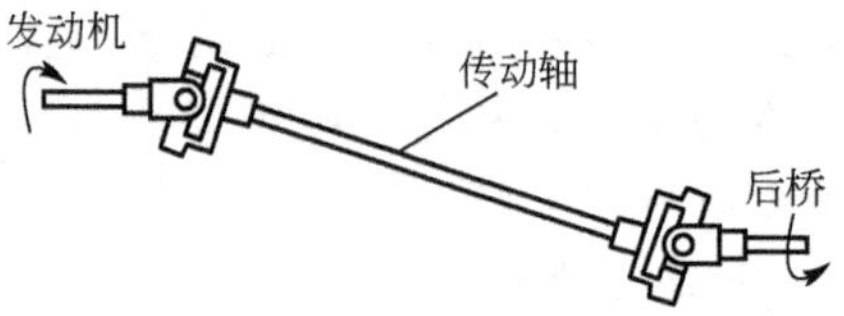

图 11.3 传动轴

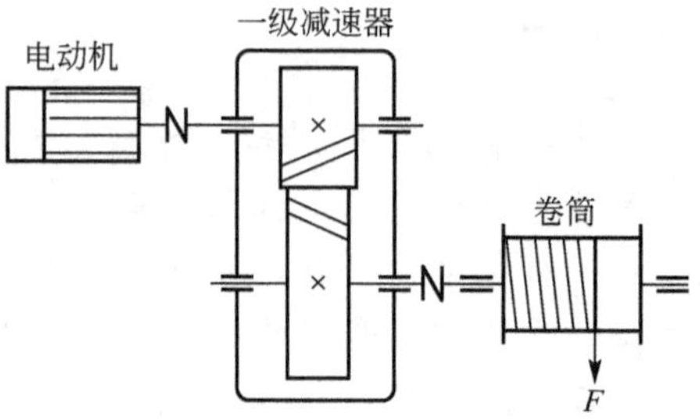

图 11.4 转轴

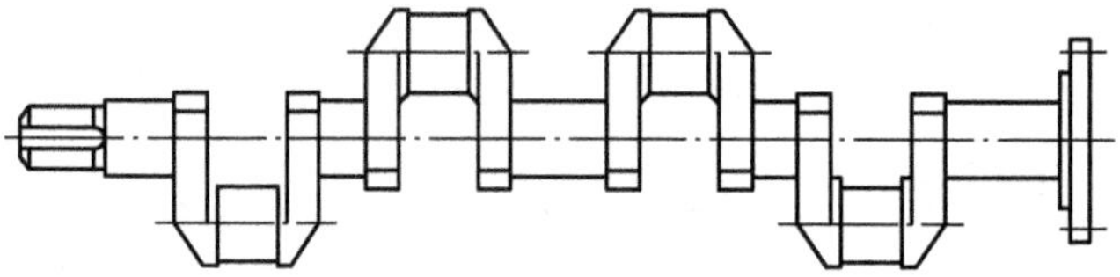

图 11.5 曲轴

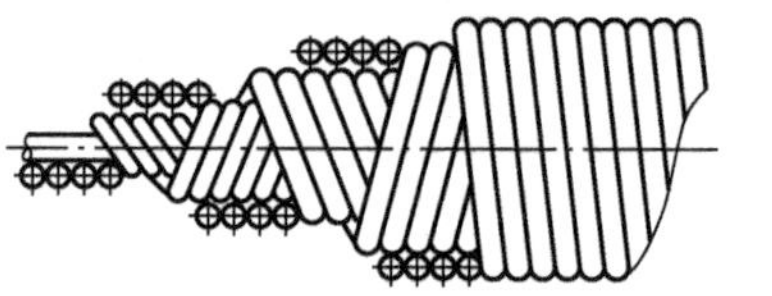

图 11.6 挠性钢丝轴

[思考题 11.1] 按照轴受载情况分类，自行车的脚踏板轴是什么类型的轴？

11.1.2 轴的材料

由于轴工作时产生的应力多为变应力，所以轴的失效多为疲劳损坏，因此轴的材料应具有足够的疲劳强度、较小的应力集中敏感性和良好的加工性能等。

优质碳素钢具有较好的机械性能，对应力集中敏感性较低，价格便宜，应用广泛。一般采用 40、45 钢，经过调质或正火处理后以达到使用要求。对于轻载或不重要的轴，一般采用普通碳素钢 Q235A 即可达到使用要求。

合金钢的力学性能和热处理性能均高于碳钢，但对应力集中比较敏感，价格较贵，多应用于要求重量轻、轴颈耐磨性较高的场合。常用的合金钢材料有 40Cr、40MnB、40CrNi、20Cr 等。

值得注意的是，在一般工作温度下，合金钢与碳素钢的弹性模量非常接近，若只为提高轴的刚度而选用合金钢材料是不合适的。

球墨铸铁和一些高强度铸铁，由于铸造性能好，容易铸成复杂形状，且减振性能好，应力集中敏感性低，支点位移的影响小，故常用于制造外形复杂的轴。

轴的常用材料及主要机械性能见表 11-1。

表 11-1 轴的常用材料及其机械性能 单位：MPa

材料牌号	热处理	毛坯直径/mm	硬度/HBW	抗拉强度 σ_B	屈服强度 σ_s	弯曲疲劳极限 σ_{-1}	扭转疲劳极限 τ_{-1}	许用弯曲应力 $[\sigma_{+1b}]$	$[\sigma_{0b}]$	$[\sigma_{-1b}]$	备注
Q235		≤16	—	460	235	200	105	135	70	40	用于不重要轴
		≤40	—	440	225						

（续）

材料牌号	热处理	毛坯直径/mm	硬度/HBW	抗拉强度 σ_B	屈服强度 σ_s	弯曲疲劳极限 σ_{-1}	扭转疲劳极限 τ_{-1}	许用弯曲应力			备注
								$[\sigma_{+1b}]$	$[\sigma_{0b}]$	$[\sigma_{-1b}]$	
45	正火	≤100	170～217	600	300	275	140	196	93	54	应用最广泛
	调质	≤200	217～255	650	360	300	155	216	98	59	
40Cr	调质	≤100	241～286	750	550	350	200	245	118	69	用于载荷较大，而无很大冲击的重要轴
		＞100～300		700	500	340	185				
35SiMn	调质	≤100	229～286	800	520	400	205	245	118	69	性能接近40Cr，用于中小型轴
		＞100～300	219～269	750	450	350	185				
40MnB	调质	25	207	1000	800	485	280	245	120	70	性能同40Cr，用于重要的轴
		≤200	241～286	750	500	335	195				
40CrNi	调质	25		1000	800	485	280	285	130	75	用于很重要的轴
20Cr	渗碳淬火回火	15	表面50～60HRC	850	560	375	215	200	100	60	用于要求强度、韧性均较高的轴（如齿轮轴、蜗杆）
		≤60		650	400	280	160				

11.2 轴的结构设计

虽然受轴上零件的数量、尺寸、装配方案、固定方法等多方面因素的影响，轴的结构多种多样，没有统一的样式，但轴的结构应满足以下几方面要求：轴上零件装拆方便，定位可靠；具有良好的制造工艺性；受力合理，形状接近于等强度。

11.2.1 轴的基本结构要素

根据各轴段所起的作用不同，轴通常由轴头、轴颈、轴肩、轴环、轴端及不装任何零件的轴段等部分组成，如图11.7所示。轴上安装轴承的部分称为轴颈；支承轴上零件，安装轮毂的部分称为轴头；连接轴头和轴颈的轴段称为轴身；用作零件轴向固定的台阶部分称为轴肩；环形部分称为轴环。

11.2.2 拟定轴上零件装配方案

为使轴上零件装配方便，应设计成阶梯轴。因此，轴上零件的装配方案决定了轴的外观形状。例如，图11.7中的装配方案是：齿轮、套筒、右端轴承、轴承端盖、半联轴器依次从轴的右端向左安装，而左端只安装轴承及其轴承端盖。这样就对各轴段的粗细顺序作了初步安排。

11.2.3 轴上零件的固定方法

为防止轴上零件在载荷作用下沿轴向或周向运动，轴上零件与轴必须有可靠的轴向及

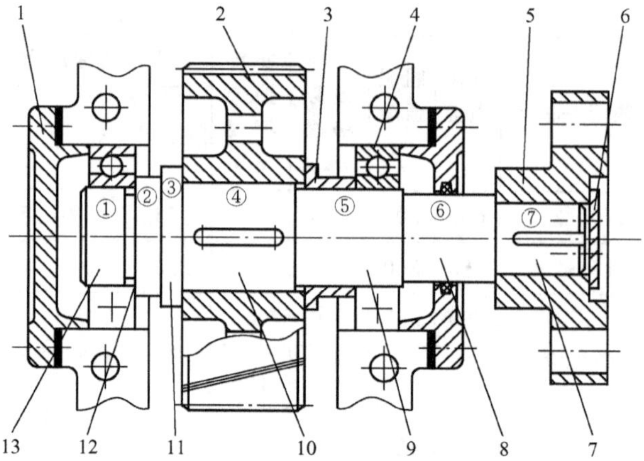

图 11.7　减速器轴

1—轴承端盖；2—齿轮；3—套筒；4—轴承；5—半联轴器；6—轴端挡圈；
7，10—轴头；8—轴身；9，13—轴颈；11—轴环；12—轴肩

周向的固定。选用不同的固定方法，轴的结构也有变化。

1. 零件的轴向固定

零件的轴向固定常用的方法是利用轴肩、套筒、轴端挡圈、轴承端盖、圆螺母等，使零件受载时不会发生轴向移动。

如图 11.7 所示，左端角接触轴承用轴承端盖和①、②间的轴肩进行轴向固定；③、④间的轴肩和套筒使齿轮得到轴向固定。当齿轮受轴向力时，向左通过轴肩顶在左端角接触轴承的内圈上，并由轴承经轴承端盖将载荷传给箱体；向右则通过套筒顶在角接触轴承的内圈上，通过轴承经右端轴承端盖将载荷传给箱体。右端的角接触轴承用套筒和轴承端盖进行轴向固定。半联轴器的轴向固定是靠⑥、⑦间的轴肩和轴端挡圈来实现的。

轴肩或轴环结构简单，定位可靠，可承受较大的轴向力。为了使轴上零件靠紧轴肩，轴肩的圆角半径 r 必须小于相配零件的圆角半径 R 或倒角 C_1，轴肩高度 h 必须大于 R 或 C_1，如图 11.8 所示，一般取轴肩高度为 $h=(0.07\sim0.1)d$(mm)，$b\approx1.4h$；对于非定位轴肩，其主要作用是便于轴上零件的装拆，一般取为 1～2mm。

为方便拆卸轴承，固定轴承的轴肩高度必须低于轴承内圈的厚度，如图 11.7 所示的左、右轴承的轴肩高度。

套筒定位结构简单，装拆方便，多用于轴上两个零件距离较小的场合，如图 11.7 中⑤段。

采用圆螺母(图 11.9)、弹性挡圈(图 11.10)固定时，轴的应力集中较大，一般用于轴端零件的固定。

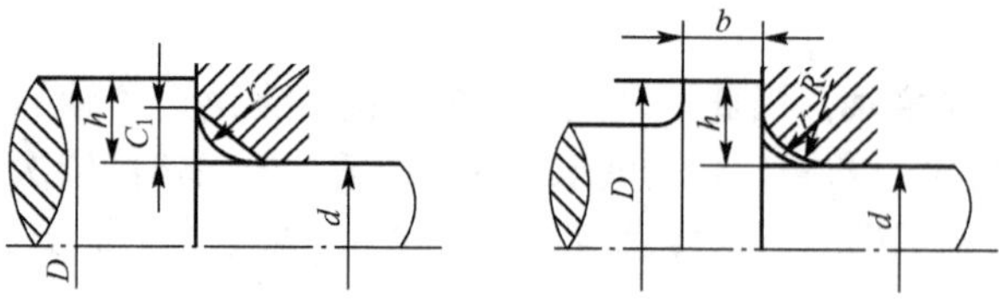

图 11.8　轴肩和轴环

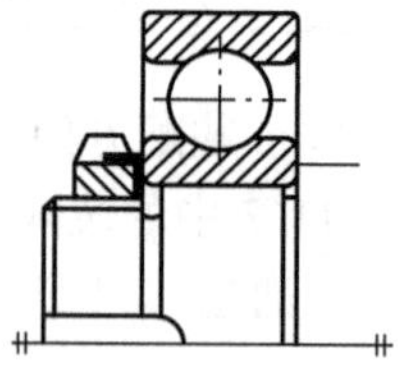

图 11.9　圆螺母

轴端挡圈主要用于固定轴端零件，如图 11.11 所示。

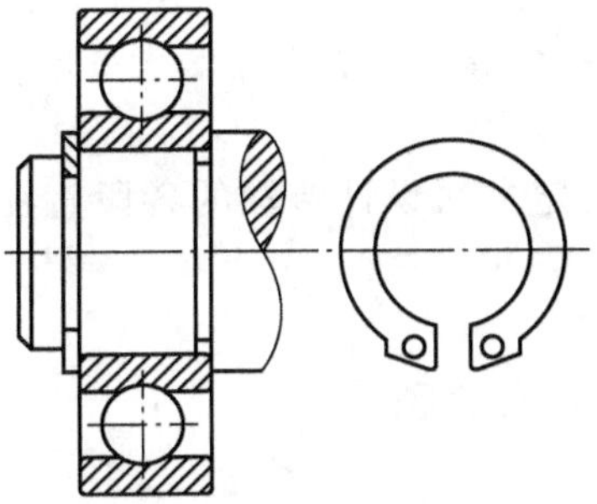

图 11.10 弹性挡圈

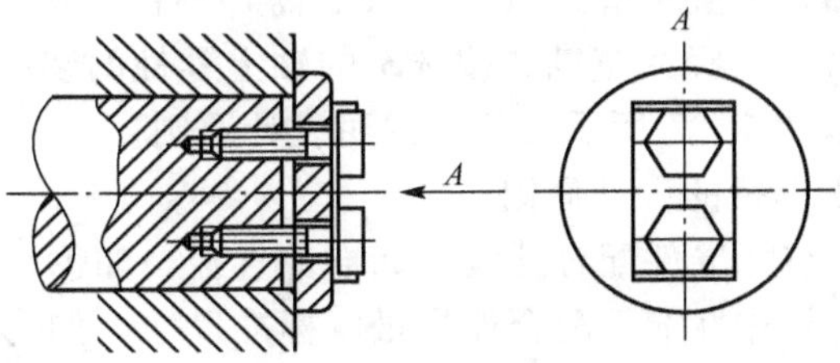

图 11.11 轴端挡圈

2. 零件的周向固定

轴上零件的周向固定，大多采用键、花键或过盈配合等连接形式(详见 11.4 节)，如图 11.7 中④段处齿轮与轴、⑦处半联轴器与轴的键连接。

11.2.4 轴的直径和长度

当轴上零件的装配方案和固定方法选定后，轴的外观形状就基本确定了。轴的各段直径和长度即具体尺寸涉及轴的承载能力。然而，只有已知轴上载荷和轴承位置后，才能进行轴的承载能力计算，而传动件的位置和轴承的宽度又是在结构设计中定的，因此通常按扭转强度条件求出轴的最小轴径，在此基础上，按既定的轴上零件装配方案和固定方法进行轴的结构设计；当确定了轴的各段直径和长度后，再进行承载能力验算。

轴的扭转强度条件为

$$\tau=\frac{T}{W_T}=\frac{9.55\times10^6 P}{0.2d^3 n}\leqslant[\tau] \tag{11-1}$$

式中：T——轴所传递的转矩(N·mm)；

W_T——轴抗扭截面模量；

d——轴的直径(mm)；

P——轴所传递的功率(kW)；

n——轴的转速(r/min)；

$[\tau]$——许用扭转切应力(MPa)。

由式(11-1)可得轴的直径为

$$d\geqslant\sqrt[3]{\frac{9.55\times10^6}{0.2[\tau]}}\cdot\sqrt[3]{\frac{P}{n}}\geqslant C\cdot\sqrt[3]{\frac{P}{n}} \tag{11-2}$$

式中：C——根据轴的材料查表 11-2。

表 11-2 常见材料的扭转切应力及 C 值

轴的材料	Q235、20	35	45	40Cr、35SiMn
$[\tau]$/MPa	12～20	20～30	30～40	40～52
C	158～134	134～117	117～106	106～97

注：当弯矩相对转矩很小或只受转矩时，C 取较小值；反之 C 取较大值。

式(11－2)求出的直径作为轴的最小直径 d_{min} 应是轴端直径，如图 11.7 所示⑦段。如果在该处有键槽，则应考虑它削弱轴的强度。因此，若有一个键槽，d 值应增大 5%；有两个键槽，d 值应增大 10%，最后需将轴径圆整为标准值。

以最小直径为基础，按选定的轴上零件的装配方案和固定方法设计转轴的各段直径和长度。以图 11.7 所示为例，说明设计原则。

各段直径的设计原则：

(1) 与标准件配合处应取标准件直径，如①、⑤、⑥、⑦处直径。

(2) 与非标准件配合处尽量取标准尺寸，如④处直径。

(3) 自由表面直径应满足定位轴肩高度要求，使轴上零件装拆方便，定位可靠，如②、③处直径。

各段长度的设计原则：

(1) 采用套筒、螺母、轴端挡圈作轴向固定时，应把装零件的轴段长度做得比零件轮毂短 2～3mm，以确保套筒、螺母或轴端挡圈能靠紧零件端面，如④、⑦处轴段长度。

(2) 其他各段长度要保证零件所需的装配空间和相邻零件的轴向运转空间。

轴的结构设计应在满足以上几方面要求的条件下，力求结构简单、尺寸紧凑。

11.2.5 轴的结构工艺

轴的结构工艺性是指轴具有良好的加工和装配性能。

轴的结构工艺性通常要注意以下几个方面：为了便于轴上零件的装配和避免划伤，应加工出倒角；需车制螺纹的轴段，应留有螺纹退刀槽(图 11.12)；需磨削加工的轴段，应留有砂轮越程槽(图 11.13)；为了减少加工刀具种类和换刀时间，多个键槽应布置在轴的同一母线上(图 11.14)，以便一次装夹后就能加工；同一根轴上的键槽宽度、圆角半径、倒角尺寸等尽可能统一。

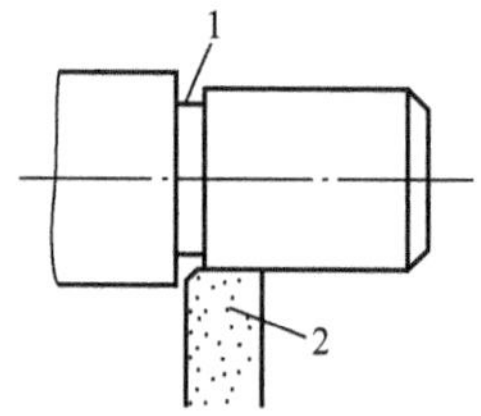

图 11.12 螺纹退刀槽

1—砂轮越程槽；2—砂轮

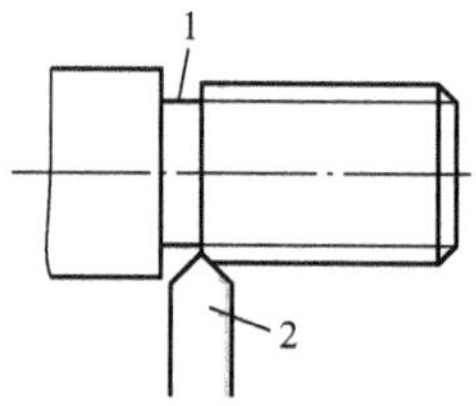

图 11.13 砂轮越程槽

1—退刀槽；2—螺纹车刀

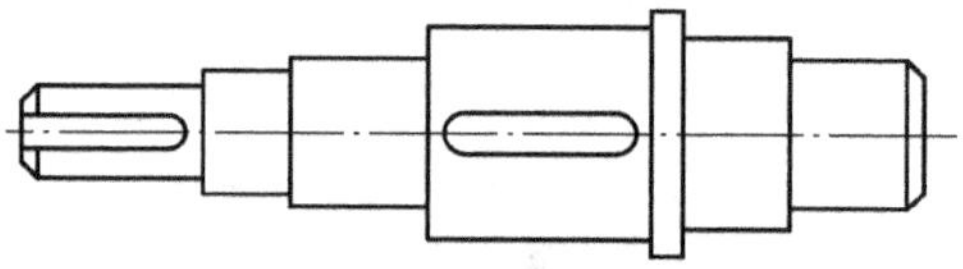

图 11.14 键槽

11.3 轴的工作能力计算

在初步完成轴的结构设计后，为防止疲劳断裂，需保证足够的强度；对于刚度要求高的轴，还必须进行刚度校核；而对于高速回转的轴，则需进行临界转速验算。一般而言，在普通机械中使用的轴，只需保证有足够的强度和刚度就可以了。

11.3.1 轴的强度计算

轴的强度计算应根据轴的受载情况采用相应的计算方法。对于传动轴，按扭转强度条件计算轴的直径；对于转轴，通常是先根据扭转强度计算轴的最小直径，结构设计完成后，再校核轴的弯扭合成强度。

1. 按扭转强度条件计算

式(11-2)是按扭转强度条件建立的轴径计算式，适用于传动轴的精确计算。对于转轴，可根据式(11-2)确定轴的最小直径，并用降低许用切应力(C取较大值)的方法考虑弯矩的影响。

2. 按弯扭合成强度条件计算

当完成转轴的结构设计后，轴上载荷和支点的位置均已确定，可按弯扭合成强度条件对转轴进行强度校核。

对于一般钢制的轴，根据第三强度理论(即最大剪应力理论)计算危险截面的当量应力σ_e，即

$$\sigma_e=\sqrt{\sigma_b^2+4\tau^2} \tag{11-3}$$

式中：σ_b——危险截面上弯矩M产生的弯曲应力；

τ——转矩T产生的扭转剪应力。

对于直径为d的圆轴，$\sigma_b=\dfrac{M}{W}\approx\dfrac{M}{0.1d^3}$，$\tau=\dfrac{T}{W_T}\approx\dfrac{T}{0.2d^3}=\dfrac{T}{2W}$，其中$W$、$W_T$分别为轴的抗弯截面模量和抗扭截面模量。将$\sigma_b$、$\tau$值代入式(11-3)，得

$$\sigma_e=\sqrt{\left(\frac{M}{W}\right)^2+4\left(\frac{T}{2W}\right)^2}=\frac{1}{W}\sqrt{M^2+T^2} \tag{11-4}$$

对于一般转轴，σ_b为对称循环变化的弯曲应力，而τ的应力特性则随转矩T的特性而定。考虑两者循环特性不同的影响，将式(11-4)中的转矩乘以折合系数α，则

$$\sigma_e=\frac{1}{W}\sqrt{M^2+(\alpha T)^2}\approx\frac{M_e}{0.1d^3}\leqslant[\sigma_{-1b}] \tag{11-5}$$

式中：M_e——当量弯矩，$M_e=\sqrt{M^2+(\alpha T)^2}$；

α——根据转矩性质而定的折合系数。对于不变转矩，取$\alpha=\dfrac{[\sigma_{-1b}]}{[\sigma_{+1b}]}\approx 0.3$；对于脉动循环的转矩，取$\alpha=\dfrac{[\sigma_{-1b}]}{[\sigma_{0b}]}\approx 0.6$；对于对称循环的转矩，取$\alpha=1$。实际设计中，常按脉动循环的转矩计算。

$[\sigma_{+1b}]$、$[\sigma_{0b}]$、$[\sigma_{-1b}]$——分别为材料在静应力、脉动循环应力和对称循环应力状态下的许用弯曲应力，查表11.1可得。

综上所述，按弯扭合成强度校核轴的强度计算步骤如下：

(1) 作出轴的受力简图，将外载荷分解为水平面和垂直面的分力，求出水平、垂直两平面支反力；

(2) 绘制水平面、垂直平面的弯矩M_H、M_V图；

(3) 计算合成弯矩$M=\sqrt{M_H^2+M_V^2}$，绘制合成弯矩图；

(4) 绘制转矩T图；

(5) 按照强度理论，求出当量弯矩M_e，绘制当量弯矩图。

(6) 确定危险截面，按式(11-5)校核危险截面轴径。

式(11－5)也适用于心轴。当计算心轴时，$T=0$。对固定心轴，σ_b按脉动循环处理，许用弯曲应力按表 11.1 取 $[\sigma_{0b}]$。

[思考题 11.2] 在轴的强度计算中为什么要引入 α 值?

11.3.2 轴的刚度计算

轴在承受载荷后，会产生弯曲变形(图 11.15)和扭转变形(图 11.16)。若轴的刚度不够，将影响轴上零件的正常工作。例如，机床主轴的刚度不够，会影响机床的加工精度；电机转子挠度过大，会改变电机转子和定子间的间隙，使电机的性能恶化；齿轮轴刚度不够，会使轮齿啮合发生偏斜；等等。因此在设计重要的轴时，须对轴的刚度进行校核。轴的刚度有弯曲刚度和扭转刚度两种。弯曲刚度用轴的挠度或偏转角来表征，扭转刚度用轴的扭转角来表征。

其条件为

$$\left.\begin{aligned} y&\leqslant[y] \\ \theta&\leqslant[\theta] \\ \varphi&\leqslant[\varphi] \end{aligned}\right\} \qquad (11-6)$$

式中：y、$[y]$——分别为挠度和许用挠度(mm)；

θ、$[\theta]$——分别为偏转角和许用偏转角(rad)；

φ、$[\varphi]$——分别为扭转角和许用扭转角 [rad(°)/m]。

y、θ 和 φ 的计算，可参照工程力学中的方法进行。$[y]$、$[\theta]$ 和 $[\varphi]$ 根据各类机器的要求确定(见表 11－3)。

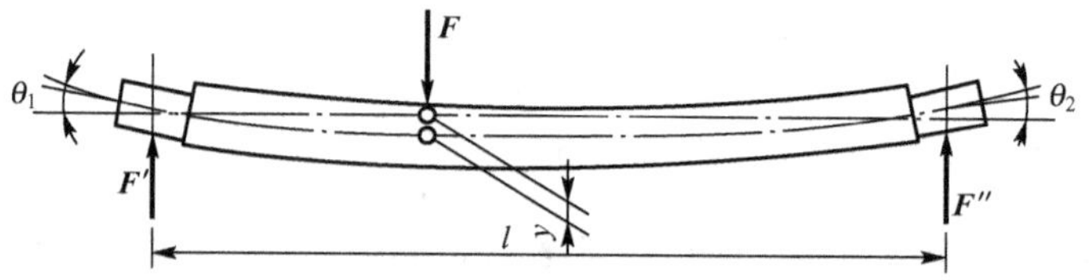

图 11.15 轴的挠度和偏转角

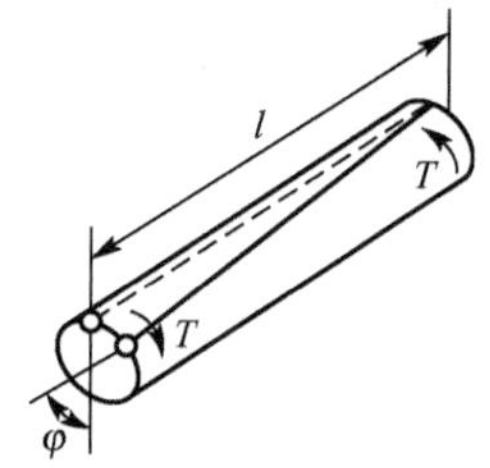

图 11.16 轴的扭转角

表 11－3 轴的许用变形量 $[y]$、$[\theta]$ 和 $[\varphi]$

应用场合	挠度 $[y]$/mm	应用场合	偏转角 $[\theta]$/rad	应用场合	扭转角 $[\varphi]$/(°/m)
一般用途的轴	$(0.0003\sim0.0005)l$	滑动轴承	$\leqslant0.001$	一般传动	$0.5\sim1$
刚度要求较高	$\leqslant0.0002l$	向心球轴承	$\leqslant0.005$	较精密的传动	$0.25\sim0.5$
安装齿轮的轴	$(0.01\sim0.03)m_n$	调心球轴承	$\leqslant0.05$	重要传动	0.25
安装蜗轮的轴	$(0.02\sim0.05)m$	圆柱滚子轴承	$\leqslant0.0025$	表中：l——支承间跨距；Δ——电动机定子与转子间的气隙；m_n——齿轮法面模数；m——蜗轮模数	
蜗杆轴	$(0.01\sim0.02)m$	圆锥滚子轴承	$\leqslant0.0016$		
电机轴	$\leqslant0.1\Delta$	安装齿轮处轴的截面	$0.001\sim0.002$		

11.4 轴毂连接

轴毂连接的功能，主要是实现轴与轴上零件(如齿轮、带轮等)的轴向固定并传递转矩，有些还能实现轴上零件的轴向固定或轴向移动。轴毂连接形式很多，如键连接、花键连接和销连接等。

11.4.1 键连接

1. 键的分类及其结构特征

键连接已经标准化，可分为平键连接、半圆键连接、楔键连接及切向键连接。

1）平键连接

平键是应用最广泛的键。其横截面是正方形或矩形，键的两侧面是工作面，其顶面与轮毂上键槽的底面留有间隙。工作时，靠键与键槽侧面的挤压来传递转矩，如图 11.17(a)所示。按用途，平键分为普通平键、导向平键、滑键。

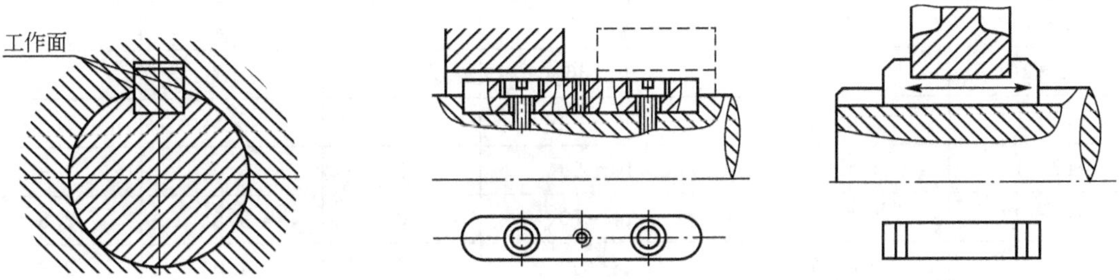

(a) 普通平键　(b) 导向平键　(c) 滑键

图 11.17　平键连接

普通平键主要用于静连接，其特点是对中性好、安装方便。按端部形状不同分为三类：圆头平键(A 型)、平头平键(B 型)和单圆头平键(C 型)，见表 11-4。

A 型平键和 C 型平键轴上的键槽用端铣刀铣出，轴上键槽端部的应力集中较大；A 型平键在键槽中轴向固定良好。B 型平键轴上键槽用盘铣刀铣出，轴的应力集中较小。C 型平键常用于轴端与轮毂的连接。

导向平键是一种较长的平键，一般用螺钉固定在轴上，导向平键与轮毂的键槽采用间隙配合，轮毂可沿导键轴向移动，用于轮毂移动距离不大的场合，为便于拆卸，键上制有起键螺孔，以便拧入螺钉使键退出键槽，如图 11.17(b)所示。

当轮毂轴向移动距离较大时，用滑键固定在轮毂上，随轮毂一起沿轴上的键槽移动，所以轴上应铣出较长的键槽，如图 11.17(c)所示。

2）半圆键连接

轴上键槽用盘铣刀铣出，键在槽中能绕键的几何中心摆动，以适应轮毂键槽底面的斜度。

半圆键的两侧面为工作面，工作时，靠键与键槽侧面的挤压传递转矩，如图 11.18 所示。半圆键制造简单，拆装方便，但轴上键槽较深，对轴削弱较大。

表 11-4 普通型平键的型式与尺寸(摘自 GB/T 1096—2003)
平键 键槽的剖面尺寸(摘自 GB/T 1095—2003)　　单位：mm

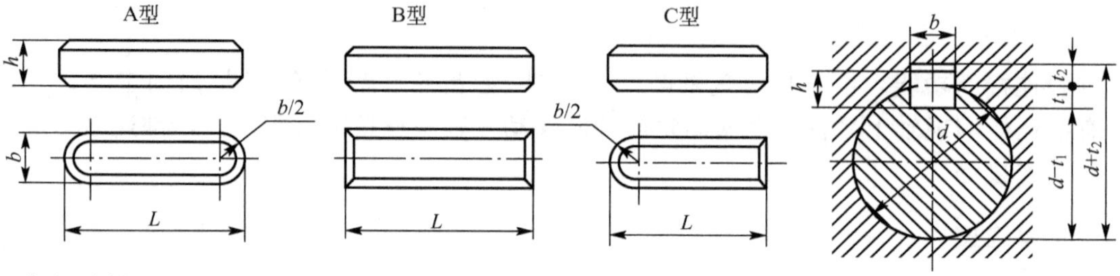

标记示例：
圆头普通型平键(A 型)，b=10mm、h=8mm、L=25mm　　键 10×8×25　GB/T 1096—2003
平头普通型平键(B 型)，b=10mm、h=8mm、L=25mm　　键 B10×8×25　GB/T 1096—2003
单圆头普通型平键(C 型)，b=10mm、h=8mm、L=25mm　　键 C10×8×25　GB/T 1096—2003

轴径 d	键尺寸		键槽		
	$b\times h$	L	宽度	深度	
				轴 t_1	毂 t_2
6～8	2×2	6～20	2	1.2	1
>8～10	3×3	6～36	3	1.8	1.4
>10～12	4×4	8～45	4	2.5	1.8
>12～17	5×5	10～56	5	3.0	2.3
>17～22	6×6	14～70	6	3.5	2.8
>22～30	8×7	18～90	8	4.0	3.3
>30～38	10×8	22～110	10	5.0	3.3
>38～44	12×8	28～140	12	5.0	3.3
>44～50	14×9	36～160	14	5.5	3.8
>50～58	16×10	45～180	16	6.0	4.3
>58～65	18×11	50～200	18	7.0	4.4
>65～75	20×12	56～220	20	7.5	4.9
>75～85	22×14	63～250	22	9.0	5.4
>85～95	25×14	70～280	25	9.0	5.4
>95～110	28×16	80～320	28	10.0	6.4
>110～130	32×18	90～360	32	11.0	7.4
>130～150	36×20	100～400	36	12.0	8.4
>150～170	40×22	100～400	40	13.0	9.4
>170～200	45×25	110～450	45	15.0	10.4
键的长度系列	6～22(2 进位)，25，28～40(4 进位)，45，50，56，63，70～110(10 进位)，125，140～220(20 进位)，250，280，320，360，400，450，500				

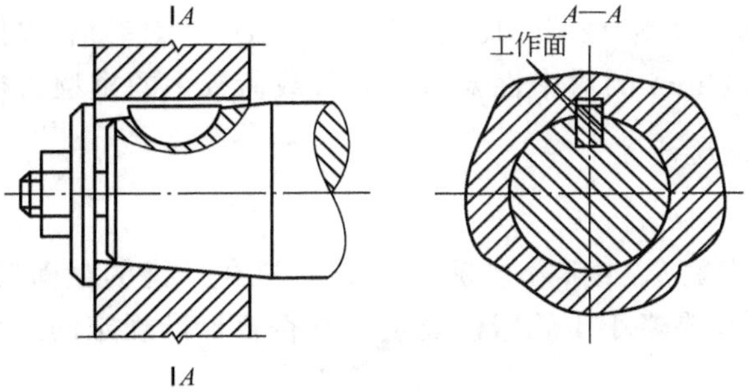

图 11.18 半圆键

3）楔键连接

楔键的上表面和轮毂键槽底面均具有 1∶100 的斜度(图 11.19(a))。装配后，键楔紧于轴槽和轮毂槽之间，靠上、下面压力产生的摩擦力来传递转矩，同时能承受单方向的轴向力。楔键分为普通楔键和勾头楔键两种(图 11.19(c))，勾头楔键的勾头是为了装拆用的。

由于楔键打入时造成轴与轮毂的偏心(图 11.19(b))，且在振动冲击或变载荷下容易松动，因此适用于对中性要求不高、载荷平稳和低速的连接。

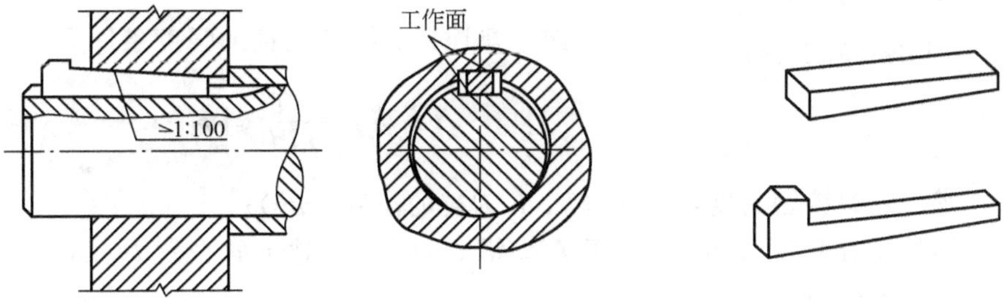

(a) (b) (c)

图 11.19 楔键连接

4）切向键连接

切向键由一对斜度为 1∶100 的楔键组成(图 11.20(a))。装配时，一对楔键分别从轮毂的两端打入，拼合成切向键就沿着轴的切线方向楔紧在轴与轮毂之间。切向键的工作面是两个楔键沿斜面拼合后相互平行的两个窄面，工作时靠工作面上的挤压力和轴与轮毂之

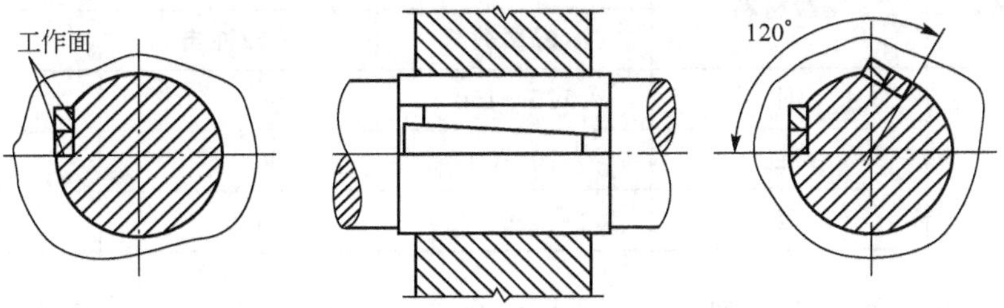

(a) (b)

图 11.20 切向键

间的摩擦力来传递转矩。一个切向键只传递单向转矩；当要传递双向转矩时，必须用两个切向键，两个切向键的夹角为120°～130°(图11.20(b))。因键槽对轴的削弱较大，所以切向键常用于直径大于100mm的对中性要求不高且载荷较大的重型机械中。

2. 平键的选择及强度计算

1) 尺寸选择

平键的基本尺寸(键宽b、键高h、键长L)已标准化。键的截面尺寸($b\times h$)参考轴的直径d选定(表11-4)；L要略小于轮毂的宽度，并符合标准规定的长度系列(表11-4中查取)。

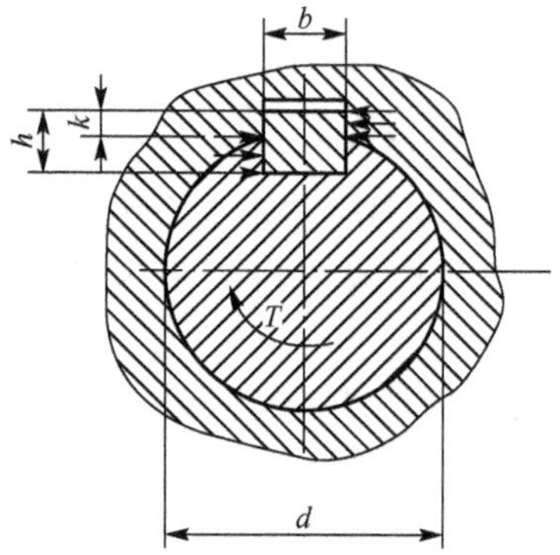

图11.21 平键连接的受力情况

2) 平键连接的强度计算

平键连接的受力情况如图11.21所示，主要失效形式是工作面被压溃(静连接)或磨损(动连接)，一般不会出现键的剪断。

因此，对于普通平键连接只需进行挤压强度计算，对于导向平键或滑键连接需进行耐磨性计算。

普通平键连接的挤压强度条件为

$$\sigma_P=\frac{2T}{kld}\leqslant[\sigma]_P \tag{11-7}$$

导向平建连接和滑键连接的强度条件为

$$p=\frac{2T}{kld}\leqslant[p] \tag{11-8}$$

式中：k——键与轮毂接触高度，$k=0.5h$，h为键的高度(mm)；

l——键的工作长度(mm)，对于A型键$l=L-b$，对于B型键$l=L$，对于C型键$l=L-b/2$；

T——传递的转矩(N·mm)；

d——轴径(mm)；

$[\sigma]_P$——键、轴、轮毂三者中最弱材料的许用挤压应力(MPa)，见表11-5；

$[p]$——键、轴、轮毂三者中最弱材料的许用压强(MPa)，见表11-5。

表11-5 平键连接的许用强度及压强　　单位：MPa

许用值	轮毂材料	载荷特性		
		静载荷	轻微冲击	冲击
$[\sigma]_P$	钢	125～150	100～120	60～90
	铸铁	70～80	50～60	30～45
$[p]$	钢	50	40	30

当强度不足时，可采取下列措施：采用两个平键，相隔180°布置，按1.5倍单键键长计算连接的强度；若轮毂允许加宽，可增加键长，但不宜超过(1.6～1.8)d；可另选截面尺寸较大的键。

11.4.2 花键连接

花键连接由轴和轮毂孔上的多个键齿和键槽组成，如图 11.22 所示，键的齿侧是工作面。由于多齿传递载荷，故花键连接比平键连接的承载能力高，定心性和导向性好。

花键按齿形不同，分为矩形花键和渐开线花键。矩形花键连接靠小径 d 的配合定心(图 11.22(a))，配合表面可磨削，定心精度高，应用广泛。

渐开线花键(图 11.22(b))的齿形为渐开线，其分度圆压力角 α 规定了 30°和 45°两种，定心方式为齿形定心，具有自动定心的作用。

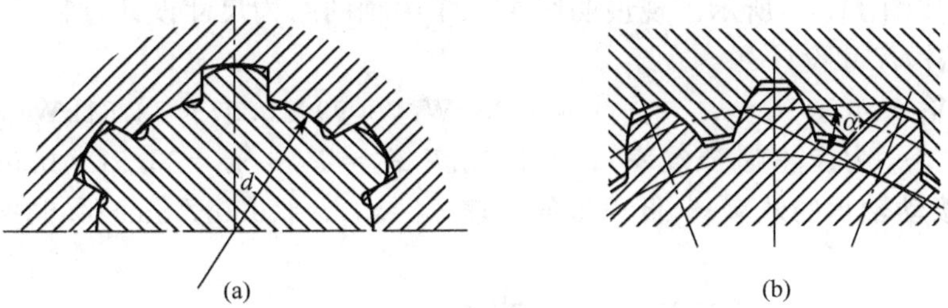

图 11.22 花键

11.4.3 销连接

销的主要用途是固定零件之间的相互位置，并可传递不大的载荷。

销的基本形式为圆柱销和圆锥销(图 11.23(a)、(b))。圆柱销经过多次装拆，其定位精度会降低。圆锥销有 1∶50 的锥度，安装比圆柱销方便，且多次装拆对定位精度的影响也较小。

销还有许多特殊形式。图 11.23(c)所示为大端具有外螺纹的圆锥销，便于拆卸，可用于盲孔；图 11.23(d)所示为小端带外螺纹的圆锥销，可用螺母锁紧。

销的常用材料为 35、45 钢。

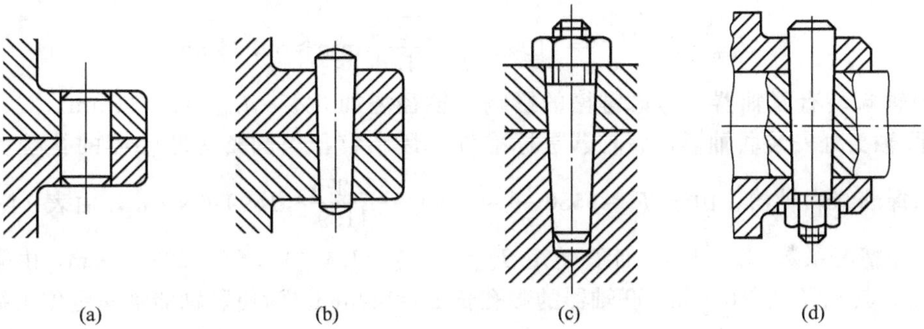

图 11.23 销的类型

11.5 轴结构设计的综合实例

[例 11.1] 设计例 7.3 中的一级斜齿圆柱齿轮减速器的低速轴，机器传动简图如

图 11.4 所示，斜齿轮尺寸已由例 7.3 设计出。按例 7.3 的条件及结论：高速轴的输入功率 $P_1=35\text{kW}$，转速 $n_1=960\text{r/min}$，单向运转，传动比 $i=4.53$。设计出的齿轮尺寸：$d_1=49.219\text{mm}$，$b_1=45\text{mm}$，$d_2=222.781\text{mm}$，$b_2=40\text{mm}$，$\beta=15°11'15''$。

解：1. 选择轴的材料

一般用途的减速器，选 45 钢，调质处理，硬度 217～255HBW。由表 11－1 查得，许用弯曲应力 $[\sigma_{-1b}]=59\text{MPa}$。由表 11－2 选 $C=110$。

2. 拟定轴上零件的装配方案

按机器传动简图(图 11.4)。输出轴上装有斜齿轮、定位套筒、轴承、轴承盖和半联轴器，装配方案如图 11.24 所示。现说明图 11.24 中轴的结构尺寸设计过程。

3. 轴的结构尺寸设计

低速轴的输入功率 $P_2=P_1\cdot\eta_1\cdot\eta_2=35\text{kW}\times0.99\times0.97\approx33.61\text{kW}$($\eta_1$ 为高速轴滚动轴承的效率，η_2 为齿轮啮合效率)；输出功率 $P_2'=P_2\cdot\eta_3=33.61\times0.99\approx33.274\text{kW}$($\eta_3$ 为低速轴滚动轴承的效率)；低速轴的转速 $n_2=n_1/i=(960\text{r/min})/4.53\approx211.9\text{r/min}$。

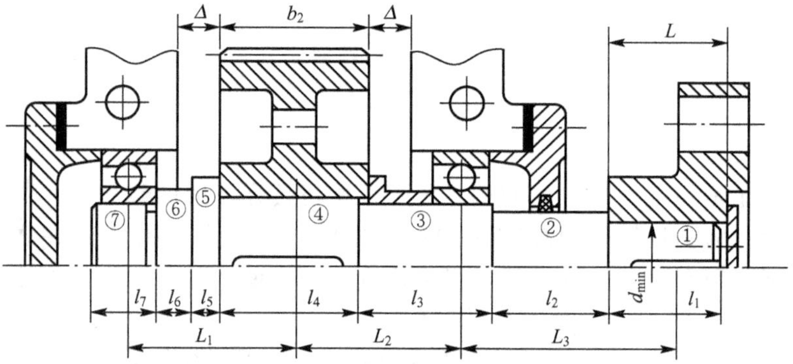

图 11.24　一级减速器输出轴的结构草图

根据式(11－2)，得轴的最小直径为

$$d_{\min}\geqslant C\sqrt[3]{\frac{P_2'}{n}}=110\times\sqrt[3]{\frac{33.274}{211.9}}\text{mm}\approx59.34\text{mm}$$

因为轴端装有联轴器，考虑键槽的影响，轴径增加 5%，$d_{\min}\geqslant62.31\text{mm}$。

① 段轴头处安装联轴器，联轴器是标准件，最小直径应圆整为联轴器的孔径。根据工作条件选择凸缘联轴器，由于 $T_2'=9550\dfrac{P_2'}{n_2}=9550\times\dfrac{33.274}{211.9}\approx1499.6\text{N}\cdot\text{m}$，由表 14－1 查取联轴器工作情况系数 $K_A=1.4$，计算转矩 $T_c=K_AT_2=1.4\times1499.6=2099\text{N}\cdot\text{m}$，由附表 3 选用 GY8 型，其孔径 $d_1=65\text{mm}$，联轴器的毂孔长 $L=142\text{mm}$，为使联轴器轴向定位可靠，取长 $l_1=140\text{mm}$。①轴段处公称尺寸 $d_1\times l_1=65\text{mm}\times140\text{mm}$。(注：联轴器的选用见第 14 章。)

② 段轴身处安装密封圈，直径取标准密封圈孔径，同时兼顾定位轴肩高度，取 $d_2=75\text{mm}$，考虑联轴器安装的轴向空间，轴段长度 $l_2\approx$轴承端盖长度＋端盖端面与联轴器端面间距。轴承端盖尺寸按轴承外径大小、连接螺栓尺寸来确定，根据便于轴承端盖的装拆及对轴承添加润滑脂的要求，再结合箱体设计时轴承座结构尺寸要求，取该轴段长 $l_2=60\text{mm}$。②处轴段公称尺寸 $d_2\times l_2=75\text{mm}\times60\text{mm}$。

③ 段轴颈处安装套筒与轴承，为方便轴承安装，直径应大于 75mm，并取轴承的孔

径。由附表 2，初选轴承 7216AC 型，轴承的孔径 $d=80\text{mm}$，宽度 $B=26\text{mm}$。轴段长度 $l_3\approx$轴承宽 $B+$轴承端面与箱体内壁间距(轴承脂润滑(见表 12.12)，轴承端面距离箱体内壁取 15mm)＋箱体内壁与齿轮端面间距(取 $\Delta=15\text{mm}$)，计入倒角宽和 l_4 段的缩进 3mm，取 $l_3=59\text{mm}$。③处轴段公称尺寸 $d_3\times l_3=80\text{mm}\times59\text{mm}$。(注：轴承的选用见第 12 章)

④ 段轴头处安装齿轮，为方便安装，直径应大于轴承孔径，取 $d=85\text{mm}$。为使齿轮轴向定位可靠，取 $l_4=37\text{mm}<b_2=40\text{mm}$。④处轴段公称尺寸 $d_4\times l_4=85\text{mm}\times37\text{mm}$。

⑤ 段考虑齿轮的轴向定位，需有定位轴肩，取 $d=98\text{mm}$。⑤处轴段公称尺寸 $d_5\times l_5=98\text{mm}\times10\text{mm}$。

⑦ 段轴颈为滚动轴承安装处，一般角接触轴承成对使用，所以选择与③段处同型号的轴承 7216AC，取轴径 $d_7=80\text{mm}$，⑦处轴段公称尺寸 $d_7\times l_7=80\text{mm}\times28\text{mm}$。

⑥ 段为滚动轴承的定位轴肩，其直径应小于滚动轴承内圈外径，取 $d_6=92\text{mm}$。⑥处轴段公称尺寸 $d_6\times l_6=92\text{mm}\times20\text{mm}$。

至此，轴各段直径和长度已初步确定。

4. 校核弯扭合成强度条件

由轴的结构设计确定了轴承的位置和支点距离，近似按轴承及齿轮宽度中点确定出 $L_1=L_2=63\text{mm}$，$L_3=143\text{mm}$。

1) 轴上斜齿轮受力分析

作用在齿轮上的转矩为

$$T_2=9.55\times10^6\frac{P_2}{n_2}=9.55\times10^6\times\frac{33.61}{211.9}\text{N}\cdot\text{mm}\approx1515\times10^3\text{N}\cdot\text{mm}$$

齿轮的圆周力为

$$F_{t2}=\frac{2T_2}{d_2}=\frac{2\times1515\times10^3}{222.781}\text{N}\approx13600\text{N}$$

齿轮的径向力为

$$F_{r2}=F_{t2}\frac{\tan\alpha_n}{\cos\beta}=13600\times\frac{\tan20^\circ}{\cos15^\circ11'15''}\text{N}=5130\text{N}$$

齿轮的轴向力为

$$F_{a2}=F_{t2}\tan\beta=13600\times\tan15^\circ11'15''\text{N}=3692\text{N}$$

2) 画轴的受力简图

根据斜齿轮受力分析，各分力方向如图 11.25(a)所示。

3) 求轴承的支反力

水平面内支反力(图 11.25(b))

$$F_{H1}(L_1+L_2)-F_{t2}L_2=0\quad L_1=L_2$$

$$F_{H1}=F_{H2}=\frac{F_{t2}L_2}{L_1+L_2}=\frac{13600}{2}\text{N}=6800\text{N}$$

求垂直面内支反力(图 11.25(c))

$$F_{V1}(L_1+L_2)+F_{a1}\frac{d_2}{2}-F_{r2}L_2=0$$

$$F_{V1}=\frac{(F_{r2}\times L_2-F_{a2}\times d_2/2)}{L_1+L_2}=\frac{(5130\times 63-3692\times 222.781/2)}{63+63}\text{N}=-699\text{N}$$

$$F_{V2}=F_{r2}-F_{V1}=5130\text{N}-(-699)\text{N}=5829\text{N}$$

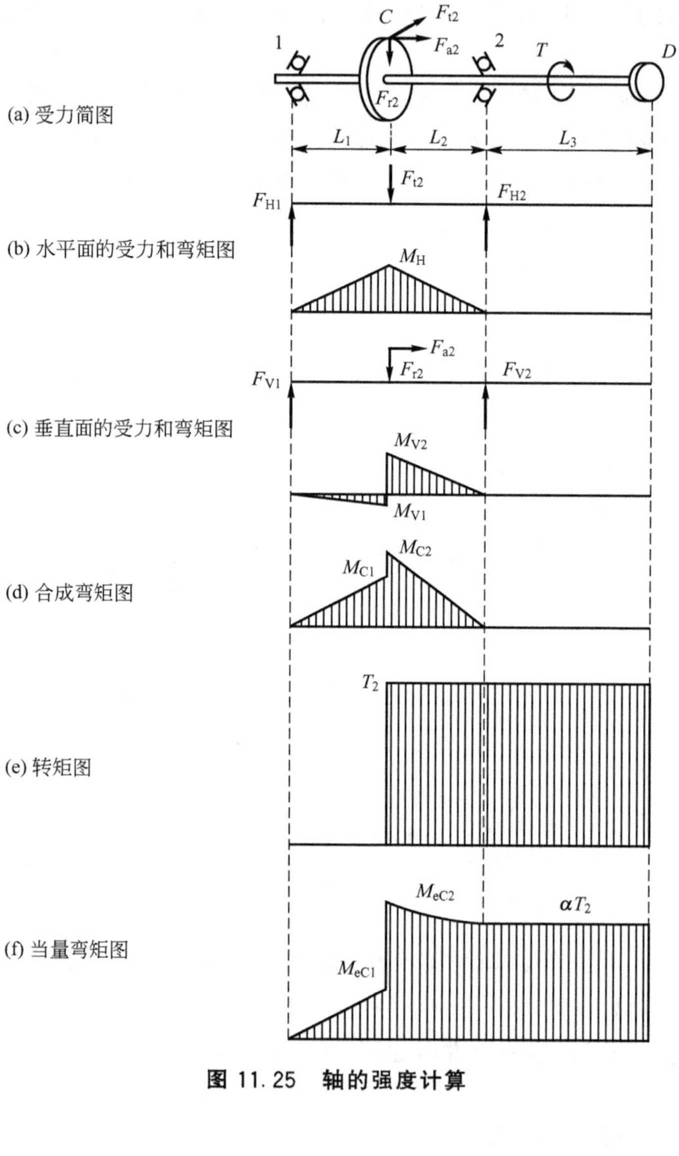

图 11.25 轴的强度计算

4）画弯矩图

剖面 C 处的弯矩：

水平面弯矩图(图 11.25(b))

$$M_H=F_{H1}L_1=6800\times 63\text{N}\cdot\text{mm}=428400\text{N}\cdot\text{mm}$$

垂直面弯矩图(图 11.25(c))

$$M_{V1}=F_{V1}L_1=(-699)\times 63\text{N}\cdot\text{mm}=-44037\text{N}\cdot\text{mm}$$

$$M_{V2}=F_{V1}L_1+F_{a2}\frac{d_2}{2}=(-699)\times63\text{N}\cdot\text{mm}+3692\times\frac{222.781}{2}\text{N}\cdot\text{mm}=367217\text{N}\cdot\text{mm}$$

合成弯矩图(图 11.25(d))

$$M_{C1}=\sqrt{M_H^2+M_{V1}^2}=\sqrt{428400^2+(-44037)^2}\text{N}\cdot\text{mm}=430657\text{N}\cdot\text{mm}$$

$$M_{C2}=\sqrt{M_H^2+M_{V2}^2}=\sqrt{428400^2+367217^2}\text{N}\cdot\text{mm}=564247\text{N}\cdot\text{mm}$$

5) 画转矩图(图 11.25(e))

$$T_2=1515\times10^3\text{N}\cdot\text{mm}$$

6) 画当量弯矩图(图 11.25(f))

因是单向运转，考虑启动、停车因素，转矩按脉动循环变化计算，取 $\alpha=0.6$

$$M_{eC1}=M_{C1}=430657\text{N}\cdot\text{mm}$$

$$M_{eC2}=\sqrt{M_{C2}^2+(\alpha T)^2}=\sqrt{564247^2+(0.6\times1515000)^2}\text{N}\cdot\text{mm}=1069886\text{N}\cdot\text{mm}$$

7) 判断危险截面并验算强度

(1) 剖面 C 右侧当量弯矩最大，而其直径与相邻段相差不大，所以剖面 C 为危险截面。

最大当量弯矩处轴径 $d=85\text{mm}$，由式(11－5)得

$$\sigma_{eC}=\frac{M_{eC2}}{0.1d^3}=\frac{1069886}{0.1\times85^3}\text{MPa}\approx17.42\text{MPa}<[\sigma_{-1b}]$$

(2) 剖面 D 处虽只传递转矩但其直径较小，故该处也可能是危险截面。

$$M_{eD}=\sqrt{(\alpha T)^2}=0.6\times1515000\text{N}\cdot\text{mm}=909000\text{N}\cdot\text{mm}$$

$$\sigma_{eD}=\frac{M_{eD}}{0.1d^3}=\frac{909000}{0.1\times65^3}\text{MPa}\approx33.1\text{MPa}<[\sigma_{-1b}]$$

强度足够。

5. 轴的结构工艺性

(1) 周向固定。

联轴器的周向定位采用 C 型普通平键连接，由表 11－4 查得安装联轴器处平键尺寸 $b\times h=18\times11$，取键长 $L=125\text{mm}$。键的工作长度 $l'_1=L-b/2=125-18/2\text{mm}=116\text{mm}$，键与轮毂槽的接触高度 $k_1=0.5h=0.5\times11\text{mm}=5.5\text{mm}$。

齿轮的周向定位采用 B 型普通平键连接，安装齿轮处平键尺寸 $b\times h=22\times14$，取键长 $L=34\text{mm}$。键的工作长度 $l'_4=L=34\text{mm}$，键与轮毂槽的接触高度 $k_4=0.5h=0.5\times14\text{mm}=7\text{mm}$。

将两个键槽布置在轴的同一母线上。

键、轴和轮毂的材料都是钢，载荷认为是轻微冲击，由表 11－5 查得许用挤压应力 $[\sigma]_p=110\text{MPa}$。

由式(11－7)得联轴器的周向定位用 C 型普通平键连接强度

$$\sigma_{P1}=\frac{2T'_2}{k_1l'_1d_1}=\frac{2\times1499.6\times10^3}{5.5\times116\times65}\text{MPa}\approx72.32\text{MPa}<[\sigma]_p$$

可见挤压强度合格。

齿轮的周向定位用B型普通平键连接强度

$$\sigma_{P4}=\frac{2T_2}{k_4 l'_4 d_4}=\frac{2\times1515\times10^3}{7\times34\times85}\text{MPa}\approx150\text{MPa}>[\sigma]_p$$

可见连接的挤压强度不够。考虑相差较大，改用双键，相隔180°布置。双键的工作长度 $l'_4=1.5\times34=51\text{mm}$，由式(11-7)得

$$\sigma_{P4}=\frac{2T_2}{k_4 l'_4 d_4}=\frac{2\times1515\times10^3}{7\times51\times85}\text{MPa}\approx99.9\text{MPa}<[\sigma]_p \quad (合适)$$

(2) ⑦轴段应留有砂轮越程槽。在零件图上标出轴上圆角和倒角尺寸。

小　结

1. 内容归纳

本章内容归纳如图11.26所示。

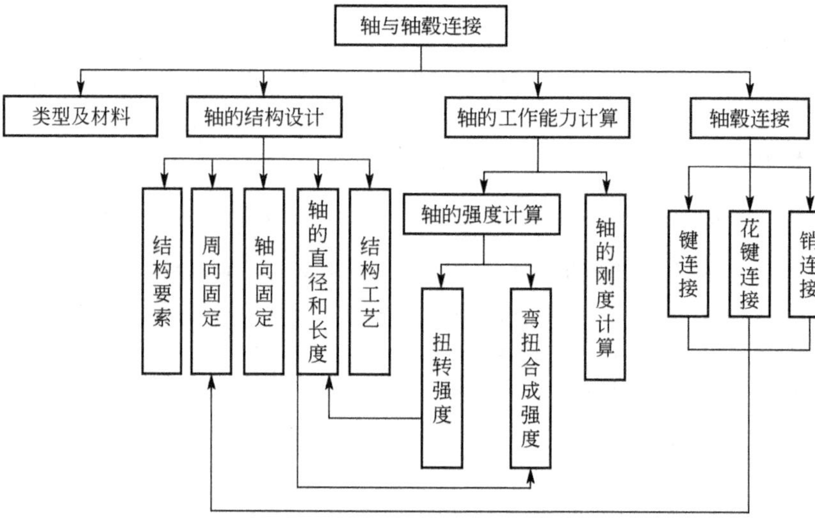

图 11.26　本章内容归纳

2. 重点和难点

重点：①轴的结构设计；②轴的强度计算；③平键的选择及其强度计算。

难点：轴的结构设计。

习　题

一、单项选择题

11.1　工作时只承受弯矩，不传递转矩的轴，称为______。

A. 心轴　　B. 转轴　　C. 传动轴　　D. 曲轴

11.2　采用______的措施不能有效地改善轴的刚度。

A. 改用高强度合金钢　　B. 改变轴的直径

C. 改变轴的支承位置　　D. 改变轴的结构

11.3 平键连接中，键上产生的应力为______。

A. 剪切应力和压缩应力　　B. 挤压应力和压缩应力

C. 剪切应力和挤压应力　　D. 接触应力和压缩应力

11.4 普通平键连接传递动力是靠______。

A. 两侧面的摩擦力　　B. 两侧面的挤压力

C. 上下面的挤压力　　D. 上下面的摩擦力

11.5 平键连接能传递的最大转矩为 T，现要传递的转矩为 $1.5T$，则应______。

A. 把键长增大到 1.5 倍　　B. 把键宽增大到 1.5 倍

C. 把键高增大到 1.5 倍　　D. 安装一对平键

二、判断题

11.6 平键连接中，键的工作面是它的侧面和底面。（　）

11.7 在作转轴的强度计算时，最危险的截面未必一定是弯矩最大的截面。（　）

11.8 为了使轴上零件与轴肩紧密贴合，应保证轴的圆角半径大于轴上零件的倒角。（　）

11.9 传动轴所受的载荷是弯矩。（　）

11.10 在轴的初步计算中，轴的直径是按弯扭合成强度来初步确定的。（　）

三、简答题

11.11 轴按受载情况分为哪几种类型？

11.12 自行车的前轴、中轴和后轴是受弯矩还是既受弯矩又受转矩？是心轴还是转轴？

11.13 轴上零件的轴向及周向固定方式有哪些？各适用于什么场合？

11.14 转轴的弯曲应力循环特性属于哪种？扭转切应力的循环特性常见的有哪几种？强度计算时如何考虑两者的差异？

11.15 平键与楔键的工作原理有何差异？

11.16 平键连接有哪些失效形式？平键的尺寸 $b\times h\times l$ 如何确定？

11.17 试分析图 11.27 所示传动机构中各轴所受的载荷，并由此判定各轴的类型。(轴的自重、轴承中的摩擦均不计。)

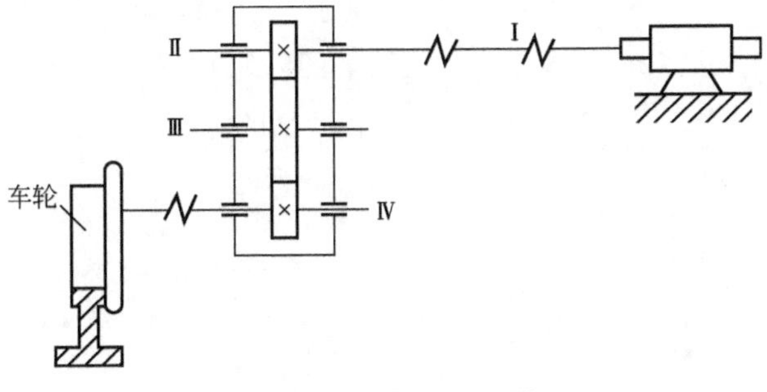

图 11.27　题 11.17 图

四、结构改错题

11.18 指出图 11.28 所示的轴的结构设计不合理之处，画出正确结构。

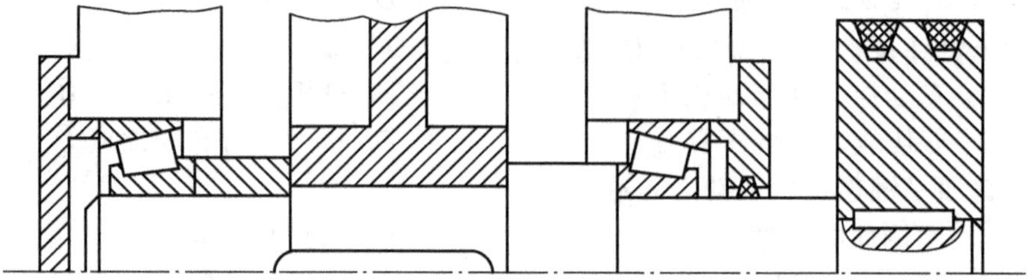

图 11.28 题 11.18 图

五、计算题

11.19 某联轴器以普通 A 型平键与轴连接，键长 $L=70\text{mm}$，键宽 $b=14\text{mm}$，键高 $h=9\text{mm}$，轴径 $d=45\text{mm}$，轴的转速 $n=725\text{r/min}$，传递功率 $P=28\text{kW}$，联轴器材料的许用应力 $[\sigma]_P=55\text{MPa}$，轴的许用应力 $[\sigma]_P=120\text{MPa}$，键的许用应力 $[\sigma]_P=130\text{MPa}$，试验算此键的强度。

11.20 设计如图 11.29 所示的一级直齿圆柱齿轮减速器的输出轴。已知：传递功率 $P=7\text{kW}$，输出轴的转速 $n=300\text{r/min}$，从动轮的分度圆直径 $d=260\text{mm}$，齿宽 $b=60\text{mm}$，采用深沟球轴承支撑。

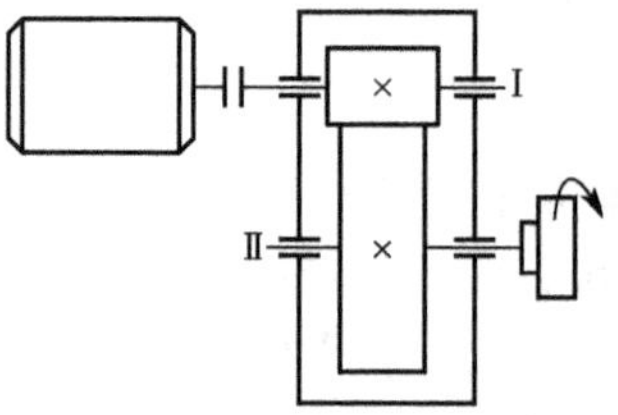

图 11.29 题 11.20 图

11.21 设计例 11.1 中一级斜齿圆柱齿轮减速器的输入轴。

第12章 轴承

本章教学要点

知识要点	掌握程度	相关知识
滑动轴承的类型、结构、材料	掌握滑动轴承的类型和特点； 了解滑动轴承的结构和材料	径向滑动轴承、止推滑动轴承； 轴瓦结构
非液体摩擦滑动轴承的设计计算	掌握非液体摩擦滑动轴承的设计计算	失效形式及设计准则
液体动压径向滑动轴承简介	了解液体动压径向滑动轴承简介	形成原理
滚动轴承的结构、类型和特点	掌握滚动轴承的类型和特点	公称接触角
滚动轴承的代号和类型选择设计计算	掌握滚动轴承的代号及类型选择	基本代号； 类型选择原则
滚动轴承的寿命计算	掌握滚动轴承的寿命计算	基本额定寿命、基本额定动载荷； 角接触轴承的轴向载荷计算
滚动轴承的组合设计	了解滚动轴承的组合设计	固定方式； 配合和装拆； 润滑和密封
滑动轴承和滚动轴承的性能比较	了解滑动轴承和滚动轴承的性能对比	各种性能对比

导入案例

第二次世界大战期间，德国轰炸苏联的首要目标就是轴承厂，轴承于国家经济的重要性可见一斑。对于现代工业而言，没有轴承，机器就无法运转，生产就无法进行。

早在公元前221—207年的秦代就出现了滚动支承，但直到第二次世界大战结束，中国仍没有独立的滚动轴承科研生产体系，甚至不能独立生产滚动轴承四元件(内、外套圈，滚动体，保持架)。我国轴承工业从解放初期至现在，大致经历了4个阶段。

(1) 奠基阶段(1949—1957)。在1949年，瓦房店轴承厂恢复生产，成为中国第一家独立生产轴承的企业，1951年生产普通轴承37万套。中国轴承工业瓦房店、哈尔滨、洛阳、上海这4个主要生产基地初步形成，为轴承制造业的发展奠定了基础。1957年，全国轴承产量首次突破1000万套大关。

(2) 体系形成阶段(1958—1977)。在前5个五年计划期间，轴承工业得到了新的发展，中国轴承制造业逐步建立起了瓦房店、哈尔滨、洛阳、襄阳轴承厂和上海这5个各具特色的生产基地，以及星罗棋布的中小轴承企业，并建立了综合性的科研与工厂设计机构和一些行业内的工艺装备与测试仪器专业厂，形成了布局基本合理、科研生产和后勤保障较完善的轴承工业体系。

(3) 高质快速发展阶段(1978—1999)。轴承行业不断推进改革，扩大开放，加快发展，实现生产力大解放，使综合技术经济实力明显增强，在国际上的影响日益提高，行业面貌发生了历史性的变化，掀起了轴承工业发展史上第三次浪潮。

(4) 调整并购整合阶段(1999—至“入世”后)。由于外资企业的进入，企业之间的竞争加剧，企业间的并购重群组整合加速，导致企业向规模化与集中化发展。

总之，经历60多年的建设和发展，中国轴承工业已经实现了由小到大，由弱到强的发展战略，形成了生产布局基本合理、大中小企业并存、产品门类比较齐全的比较完整的工业体系，而且具备了较大的生产能力和较强的技术实力。

目前我国约占全球轴承行业市场总额的10%(当前世界轴承市场80%左右的份额，被八大跨国轴承集团公司SKF、NSK、NTN、KOYO、NMB、INA - FAG、TIMKEN等世界名牌所分享)，2011年我国轴承行业产量180亿套(图12.1所示为我国近年来轴承产量)，销售额1420亿元，位居世界第三。但与世界轴承工业强国相比，我国轴承业还存在一定差距，主要表现为高精度、高技术含量和高附加值产品比例偏低、产品稳定性有待进一步提高等方面。近年来，随着经济的蓬勃发展，我国轴承行业自主创新能力和国民经济的配套能力大大增强(图12.2所示为瓦轴集团生产的3MW海上风力发电机偏航轴承)，我国轴承行业已能生产7万多个规格各种类型的轴承，基本满足国民经济和国防建设的配套要求。

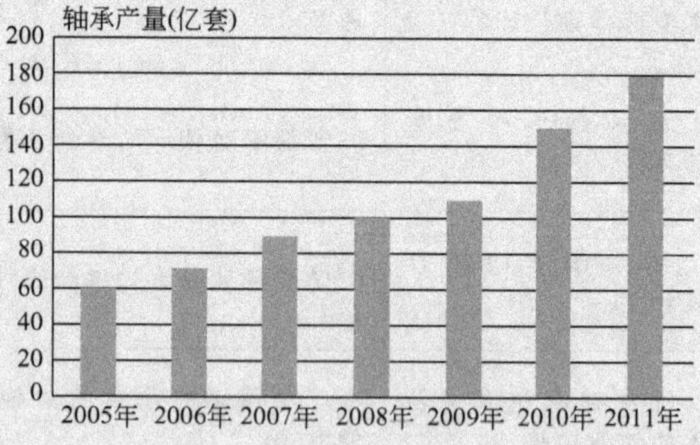

图12.1 我国近年轴承产量

图 12.2　3MW 海上风力发电机偏航轴承

12.1　滑动轴承的主要类型

滑动轴承是指工作时轴承和轴颈接触面间为滑动摩擦的轴承。其具有承载能力大、工作平稳、抗冲击、无噪声等优点，广泛应用于高速、重载、高精度等场合。

根据所承受载荷的方向不同，滑动轴承可分为径向滑动轴承(图 12.3(a))和止推滑动轴承(图 12.3(b))。根据工作表面间的摩擦状态不同，滑动轴承可分为液体摩擦滑动轴承(图 12.4(a))和非液体摩擦滑动轴承(图 12.4(b))。液体摩擦滑动轴承中轴颈和轴承的工作表面被润滑油膜隔开，摩擦因数小、效率高；非液体摩擦滑动轴承的轴颈与轴承工作表面间虽有润滑油存在，但在表面局部凸起部分仍发生金属的直接接触，因此摩擦因数大、容易磨损。根据工作时相对运动表面间油膜形成原理的不同，液体摩擦滑动轴承又分为液体动压润滑轴承(简称动压轴承)和液体静压润滑轴承(简称静压轴承)。

[思考题 12.1]　轴颈与轴承工作表面间没有润滑油，是否为非液体摩擦？是否允许？

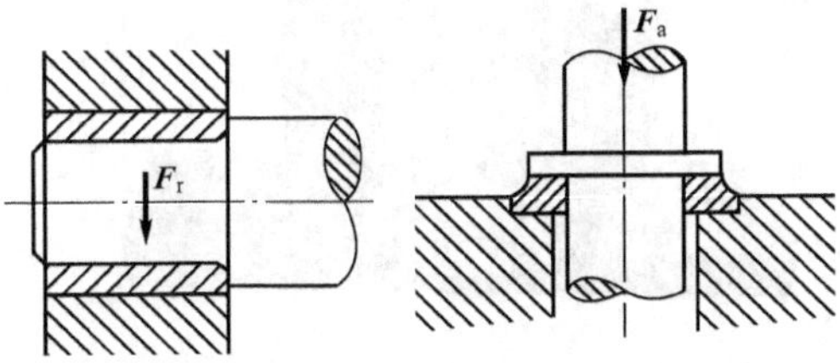

(a) 径向滑动轴承　　(b) 止推滑动轴承

图 12.3　滑动轴承

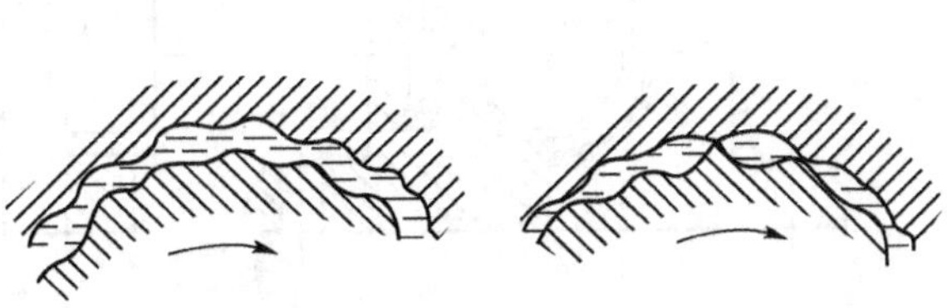

(a) 液体摩擦　　(b) 非液体摩擦

图 12.4　滑动轴承的摩擦状态

12.2　滑动轴承的结构和材料

12.2.1　滑动轴承的结构

滑动轴承类型较多且结构各异，这里仅介绍其中最常用的典型结构。

1. 径向滑动轴承

1）整体式径向滑动轴承

常见的整体式滑动轴承主要由轴承座 1、轴套 2、油孔 3、油杯螺纹孔 4 组成，如图 12.5 所示。轴套 2 压入轴承座 1 中，润滑油杯装在油杯螺纹孔 4 上，润滑油通过油孔 3 引入。这种轴承的结构简单，制造方便，成本低。但装拆时必须通过轴端，并且磨损后轴颈和轴瓦之间的间隙无法调整。因此这种轴承多用于低速、轻载和间歇工作且不重要的场合。

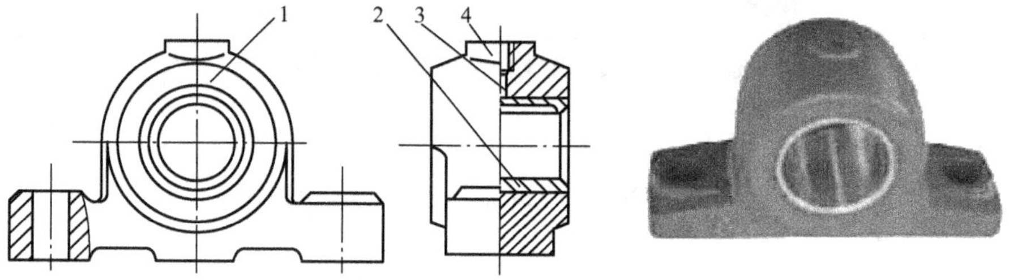

图 12.5　整体式径向滑动轴承

1—轴承座；2—轴套；3—油孔；4—油杯螺纹孔

2）对开式径向滑动轴承

对开式径向滑动轴承由轴承座 1、轴承盖 2、螺柱 3 和对开式轴瓦 4 组成，如图 12.6 所示。在轴承盖 2 和轴承座 1 剖分面上设有定位止口，用来对轴承盖 2 和轴承座 1 对中并防止其工作时相对移动。在剖分面间放有少量垫片，以便当轴瓦 4 磨损后，通过减少垫片来调整轴承间隙。这类轴承装拆方便，容易调整磨损产生的间隙，故应用广泛。

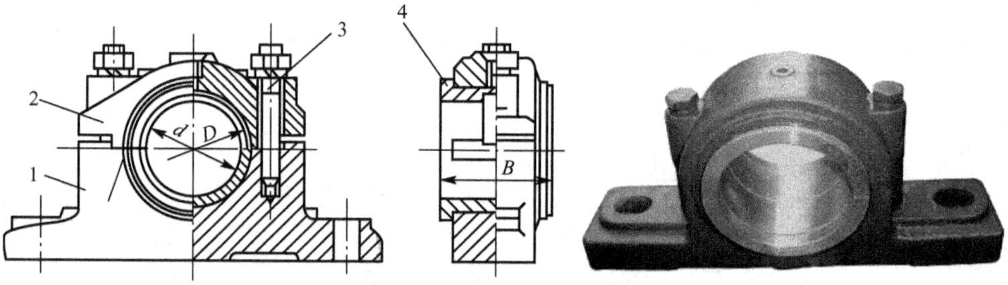

图 12.6　对开式径向滑动轴承

1—轴承座；2—轴承盖；3—螺柱；4—对开式轴瓦

3）调心式滑动轴承

当轴颈的宽径比(宽度和直径之比)大于 1.5 时，轴的刚度较小，或由于两轴承安装的机架刚性不同，轴易产生挠曲变形，造成轴颈与轴承局部接触，使轴瓦局部迅速磨损，应采用调心式滑动轴承，又称自位滑动轴承，如图 12.7 所示。呈凸形球面的轴瓦外表面与呈凹形球面的轴承盖和轴承座内表面相配合，轴瓦可随轴的挠曲变形沿任意方向转动，以适应轴的偏斜。

2．止推滑动轴承的结构

止推滑动轴承由轴承座1、套筒2、径向轴瓦3、止推轴瓦4和销钉5组成，如图12.8所示。为了便于对中，止推轴瓦4底部为球面形状，并用销钉5来防止它随轴颈转动。润滑油从底部进入，上部流出。该类轴承主要承受轴向载荷，但借助于径向轴瓦也可承受不大的径向载荷。

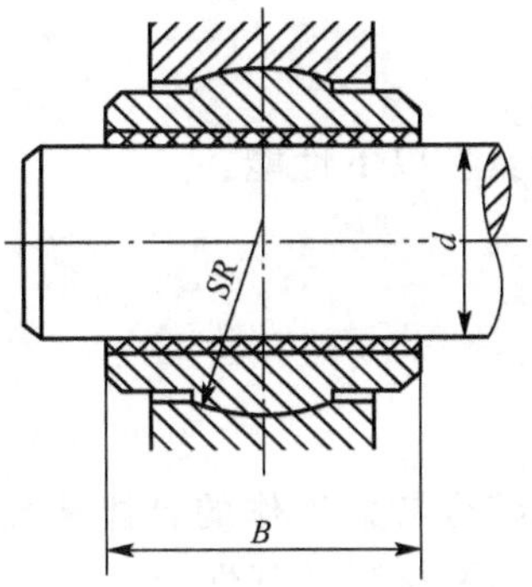

图12.7 调心式滑动轴承

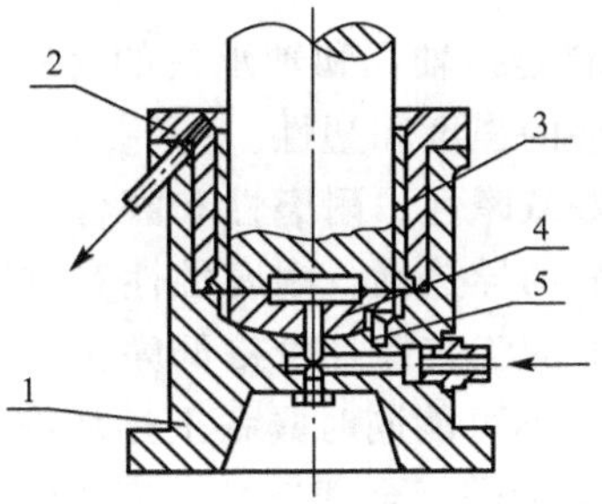

图12.8 止推滑动轴承结构

1—轴承座；2—套筒；3—径向轴瓦；4—止推轴瓦；5—销钉

3．轴瓦

轴瓦是轴承中直接与轴颈接触的部分。非液体摩擦滑动轴承的工作能力与使用寿命在很大程度上取决于轴瓦的结构和材料选择的合理性。

(1) 轴瓦的结构。轴瓦可以制成整体式(图12.9(a))和剖分式(图12.9(b))两种。剖分式轴瓦两端的凸肩用以防止轴瓦的轴向窜动，并能承受一定的轴向力。

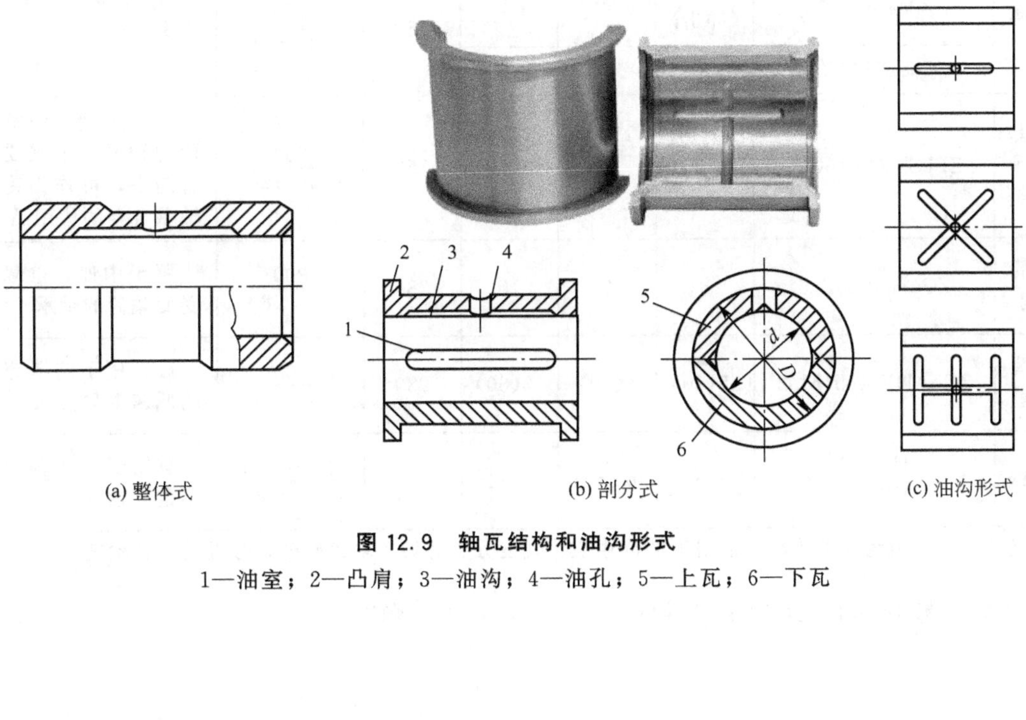

(a) 整体式　(b) 剖分式　(c) 油沟形式

图12.9 轴瓦结构和油沟形式

1—油室；2—凸肩；3—油沟；4—油孔；5—上瓦；6—下瓦

（2）轴瓦的材料。轴瓦可以用单一的减摩材料制造，但为了节省贵重的金属材料（如轴承合金）及提高轴承的工作能力，通常制成双金属轴瓦，即在强度较高、价格较廉的轴瓦（钢、铸铁或青铜制造）内表面上浇注一层减摩性更好，但价格较高的合金材料。这层合金材料称为轴承衬，其厚度在0.5～6mm的范围内。

为了使润滑油能够很好地分布到轴瓦的整个工作表面，在轴瓦的非承载区上要开出油沟和油孔。常见的油沟形式如图12.9(c)所示。

12.2.2 滑动轴承的材料

轴承材料是指轴瓦和轴承衬的材料。轴承材料应具有以下性能：

（1）足够的强度和塑性。

（2）良好减摩性、耐磨性和磨合性。

（3）良好的导热性、耐腐蚀性和抗胶合能力。

（4）良好的工艺性且价格低廉。

一种材料不可能同时具备上述所有性能，因此应综合考虑工作的具体情况，根据要求按主要性能指标进行合理选择。表12-1为常用金属轴瓦材料及其性能。

表12-1 常用金属轴承材料及其性能

<table>
<tr><th colspan="2" rowspan="2">轴承材料</th><th colspan="3">最大许用值</th><th rowspan="2">最高工作温度/℃</th><th rowspan="2">硬度/HBW</th><th rowspan="2">备注</th></tr>
<tr><th>[p]/MPa</th><th>[v]/(m/s)</th><th>[pv]/(MPa·m/s)</th></tr>
<tr><td rowspan="3">锡基轴承合金</td><td>ZSnSb11Cu6</td><td>25（平稳）</td><td>80</td><td>20(100)</td><td>150</td><td>$\frac{150}{20\sim30}$</td><td rowspan="3">用于高速、重载下工作的重要轴承，变载荷下易于疲劳，价贵</td></tr>
<tr><td>ZSnSb8Cu4</td><td>20（冲击）</td><td>60</td><td>15</td><td rowspan="2">150</td><td rowspan="2">$\frac{150}{20\sim30}$</td></tr>
<tr><td>ZCuSn5Pb5Zn5</td><td>8</td><td>3</td><td>15</td></tr>
<tr><td>铅基轴承合金</td><td>ZPbSb16Sn16Cu2</td><td>15</td><td>12</td><td>10(50)</td><td>150</td><td>$\frac{200}{50\sim100}$</td><td>用于中速、中等载荷的轴承，不宜受显著冲击，可作为锡锑轴承合金的代用品</td></tr>
<tr><td>锡青铜</td><td>ZCuSn5Pb5Zn5</td><td>8</td><td>3</td><td>15</td><td>280</td><td>$\frac{300}{40\sim280}$</td><td>用于中速、重载及受变载荷的轴承</td></tr>
<tr><td>铝青铜</td><td>ZCuAl9Fe4Ni4Mn2</td><td>15(30)</td><td>4(10)</td><td>12(60)</td><td>280</td><td>$\frac{200}{80\sim150}$</td><td>最宜用于润滑充分的低速重载轴承</td></tr>
<tr><td>铸铁</td><td>HT150
HT250</td><td>2～4</td><td>0.5～1</td><td>1～4</td><td></td><td>$\frac{200\sim250}{160\sim180}$</td><td>宜用于低速轻载的不重要轴承，价廉</td></tr>
</table>

注：[pv]值为非液体摩擦润滑下的许用值；硬度分子为最小轴颈硬度，分母为合金硬度。

[思考题12.2] [p]·[v]是否等于[pv]，为什么？

12.3 非液体摩擦滑动轴承的设计计算

12.3.1 主要失效形式

非液体摩擦滑动轴承工作时，润滑油不能完全隔开摩擦表面，只能形成边界油膜，局部金属表面可能直接接触。因此，轴承工作表面的磨损和因边界油膜的破裂引起的工作表面胶合是其主要失效形式。

12.3.2 设计计算

维持边界油膜不遭破裂，是非液体摩擦滑动轴承的设计依据。但由于影响非液体摩擦滑动轴承的因素十分复杂，至今还没有完善的计算方法，目前所采用的计算方法仍限于简化的条件性计算。一般是限制轴承压强 p 及其与轴颈圆周速度 v 的乘积 pv 进行设计。

1. 径向滑动轴承的设计计算

设计时，一般已知轴颈直径 d、转速 n 和承受的径向载荷 F_r，然后按下列步骤进行。

1）确定轴承的结构形式及材料

根据工作条件和使用要求，确定轴承的结构形式，并按表 12-1 选定轴瓦材料。

2）确定轴瓦的宽度

通常按照宽径比 B/d 来确定轴承宽度 B，如图 12.10 所示。宽径比越大，轴承承载能力越大，但散热性较差；宽径比小，承载能力降低，但可以减小轴向尺寸。通常取 $B/d=0.5\sim1.5$。

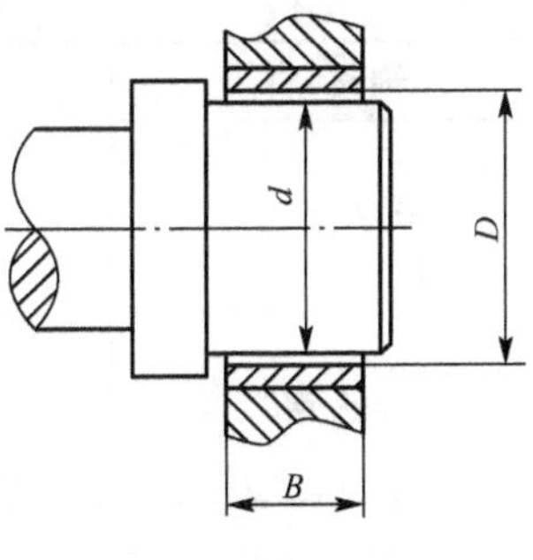

图 12.10 轴承的工作宽度

3）验算轴承的工作能力

(1) 校核压强。为防止润滑油从工作面挤出，保证轴承中有足够的润滑油而不致过度磨损，压强 p 的校核公式为

$$p=\frac{F_r}{Bd}\leqslant[p] \tag{12-1}$$

式中：F_r——轴承承受的径向载荷(N)；

B——轴承宽度(mm)；

d——轴颈直径(mm)；

$[p]$——许用压强(MPa)，见表 12-1。

(2) 校核压强与速度乘积。压强与速度的乘积反映轴承中产生的热量。轴承温升过高，则润滑油黏度下降，易发生粘着磨损。为保证工作时轴承不致过热而产生胶合失效，pv 值则应满足：

$$pv=\frac{F_r}{Bd}\cdot\frac{\pi dn}{60\times1000}=\frac{F_r n}{19100B}\leqslant[pv] \tag{12-2}$$

式中：$[pv]$——pv 的许用值，MPa·m/s，见表 12-1。

(3) 校核速度。速度过高，轴瓦会加速磨损而失效。因此，即使压强 p 和压强与速度乘积 pv 都满足要求，而速度 v 过高也不合格。速度 v 应满足：

$$v=\frac{\pi dn}{60\times1000}\leqslant[v] \tag{12-3}$$

式中：$[v]$——许用滑动速度(m/s)，见表 12－1。

当校核结果不能满足要求时，可改用较好的轴承材料或加大轴承尺寸以满足要求。

2. 止推滑动轴承的设计计算

止推滑动轴承的设计计算与径向滑动轴承相同。

1）校核压强

$$p=\frac{F_a}{z\frac{\pi}{4}(d_2^2-d_1^2)k}\leqslant[p] \tag{12-4}$$

式中：F_a——轴承承受的轴向载荷(N)；

z——推力轴承环数；

d_1——轴承座孔直径(mm)；

d_2——止推环直径(mm)；

k——考虑油槽使支撑面积减小的系数，一般取 $k=0.9\sim0.95$；

$[p]$——许用压强(MPa)，见表 12－2。

2）校核 pv_m 值

$$pv_m\leqslant[pv] \tag{12-5}$$

式中：p——压强(MPa)；

v_m——平均直径处的圆周速度，$v_m=\frac{\pi(d_2+d_1)n}{2\times60\times1000}$(m/s)；

$[pv]$——材料的许用压强-速度值(MPa·m/s)，见表 12－2。

表 12－2　推力滑动轴承的 $[p]$、$[pv]$ 值

轴材料	轴承材料	$[p]$/MPa	$[pv]$/(MPa·m/s)
未淬火钢	铸铁	2.0～2.5	1～2.5
	青铜	4.0～5.0	
	轴承合金	5.0～6.0	
淬火钢	青铜	7.5～8.0	
	轴承合金	8.0～9.0	
	淬火钢	12～15	

[例 12.1]　某电动绞车卷筒两端轴承为非液体摩擦滑动轴承。已知轴承的径向载荷 $F_r=100$kN，轴颈直径 $d=80$mm，转速 $n=15$r/min，试设计该轴承。

解：

1. 确定轴承材料

该电动绞车卷筒的轴承工作条件为低速、重载，查表 12－1 选用 ZCuAl9Fe4Ni4Mn2 作为轴瓦材料：$[p]=15$MPa，$[pv]=12$MPa·m/s。

2. 确定轴承宽度

取宽径比 $B/d=1.5$，则轴承宽度为

$$B=1.5\times80\text{mm}=120\text{mm}$$

3. 校核压强

由式(12－1)得

$$p=\frac{F_r}{Bd}=\frac{100\times1000}{120\times80}\text{MPa}=10.4\text{MPa}\leqslant[p]$$

4. 校核压强速度乘积

由式(12-2)得

$$pv=\frac{F_r}{Bd}\cdot\frac{\pi dn}{60\times1000}=\frac{F_r n}{19100B}=\frac{100\times1000\times15}{19100\times120}\text{MPa}\cdot\text{m/s}=0.65\text{MPa}\cdot\text{m/s}\leqslant[pv]$$

由于为低速转动，故速度不需校核。

因此可知，该设计满足要求。

12.4 液体动压径向滑动轴承简介

液体动压径向滑动轴承是利用轴颈和轴瓦的相对运动将润滑油带入楔形间隙形成动压油膜，靠液体的动压平衡外载荷。图 12.11(a)中，轴颈和轴承孔之间有一定间隙。静止时，在径向载荷的作用下，轴在孔内处于偏心的位置，形成楔形间隙；在轴转动时，因油具有黏性，被带入间隙中。随着轴转速的增高，带入的油量增加，而油又具有一定的黏度和不可压缩性，在斜缝隙中产生挤压现象，在楔形间产生一定的压力，形成一个压力区。随着转速继续增高，楔形间压力逐渐增大，当压力能够克服外载荷时，就会将轴浮起。当形成的最小间隙大于两表面不平度的高度之和时，即当轴和轴承的工作表面完全被一层具有一定压力的油膜隔开时，形成液体摩擦(图 12.11(b))。

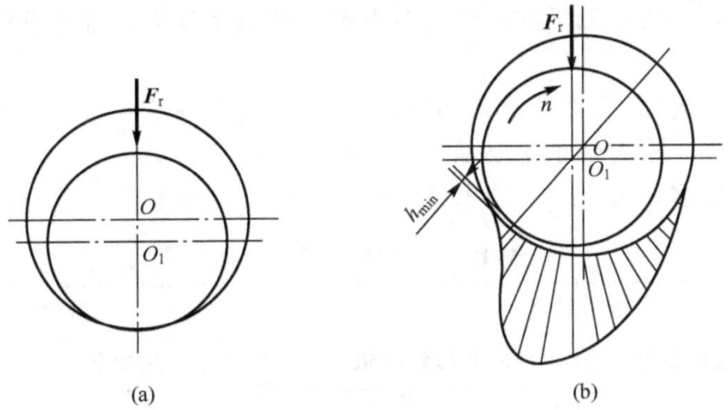

图 12.11 液体动压径向滑动轴承的工作原理

12.5 滚动轴承的结构、类型及性能特点

12.5.1 滚动轴承的结构

滚动轴承通常由内圈 1、外圈 2、滚动体 3 和保持架 4 四部分组成，如图 12.12 所示。内圈、外圈都有一定的轨道，滚动体在轨道内滚动，滚动体有多种形状，有球(图 12.13(a))、圆柱滚子(图 12.13(b))、圆锥滚子(图 12.13(c))、鼓形滚子(图 12.13(d))和滚针

(图 12.13(e))等。保持架将滚动体均匀地隔开，减少滚动体间的摩擦和磨损。通常内圈与轴配合，外圈与轴承座孔配合，内圈随轴一起转动，外圈固定不动；也可内圈固定不动，外圈转动。

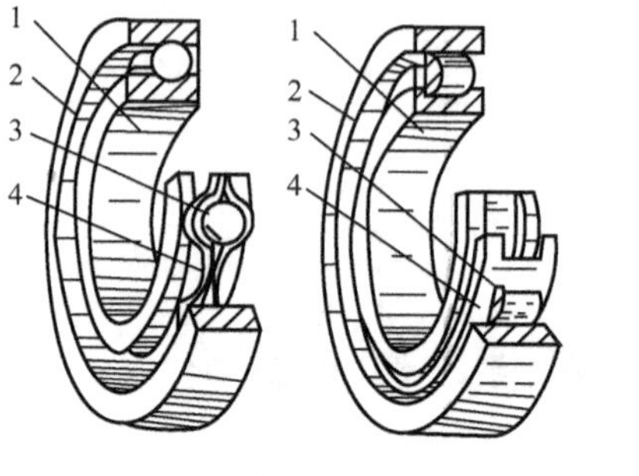

图 12.12 滚动轴承的结构

1—内圈；2—外圈；3—滚动体；4—保持架

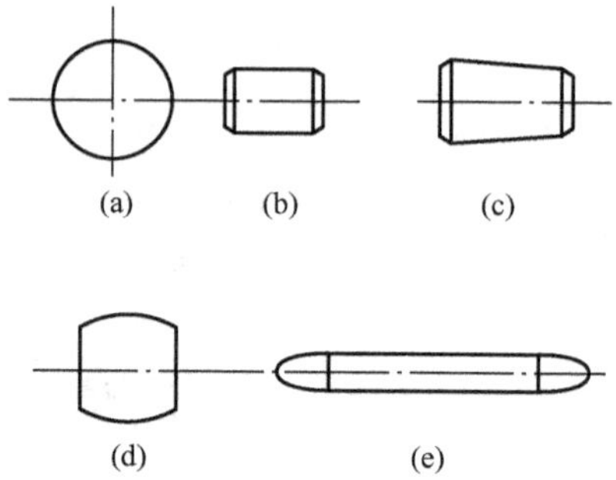

图 12.13 常用滚动体

[**思考题 12.3**] 保持架是否为滚动轴承中必不可少的组成部分？

12.5.2 滚动轴承的类型及性能特点

滚动轴承的分类方法很多，通常按照承受载荷的方向(或公称接触角)和滚动体的形状分类。

滚动体与外圈接触处的法线与垂直于轴承轴心线的平面之间的夹角称为公称接触角 α，简称接触角。接触角是滚动轴承的一个重要参数，接触角越大，轴承承受轴向载荷的能力越强。

按承受载荷的方向(或公称接触角)的不同可分为向心轴承和推力轴承两大类。向心轴承主要承受径向载荷，推力轴承主要承受轴向载荷。具体分类见表 12-3。

轴承的类型有很多，表 12-4 列出了常用滚动轴承类型及主要性能。

表 12-3 滚动轴承的分类

轴承类型	向心轴承		推力轴承	
	径向接触轴承	向心角接触轴承	推力角接触轴承	轴向接触轴承
公称接触角 α	$\alpha=0°$	$0°<\alpha\leqslant45°$	$45°<\alpha<90°$	$\alpha=90°$
轴承举例	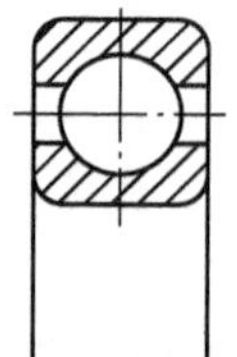	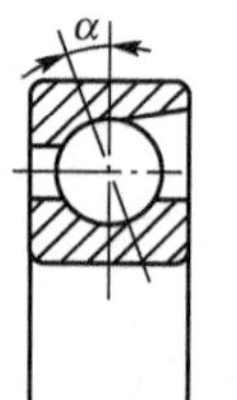	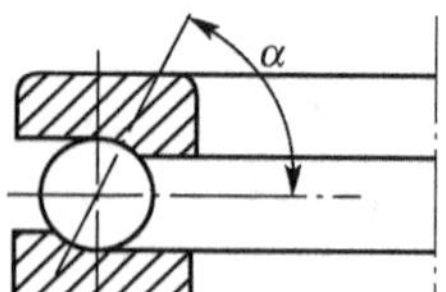	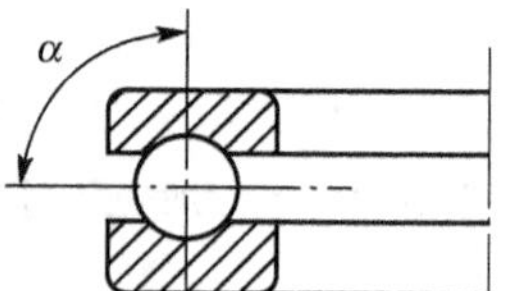

表 12－4　常用滚动轴承类型及主要性能

轴承名称类型代号	轴承结构	结构简图、承载方向、标准	性能特点		
			极限转速	允许偏斜角	主要性能
调心球轴承 10000		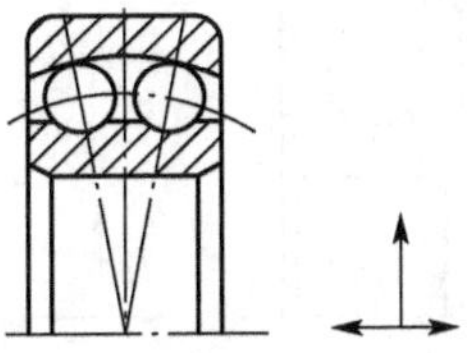 GB/T 281—1994	高	3°	主要承受径向载荷，也可承受较小的双向轴向载荷。外圈内表面为球面，具有自动调心性能，适用于对中性差、刚度小的轴
调心滚子轴承 20000		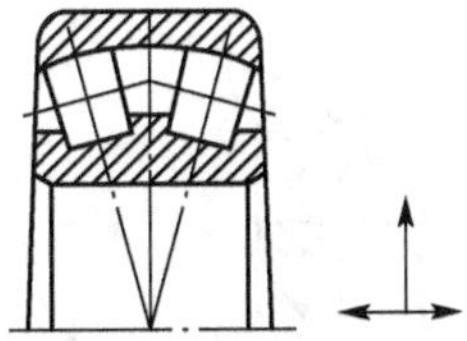 GB/T 288—1994	低	5°～2°	性能与调心球轴承类似，其承载能力更大
圆锥滚子轴承 30000		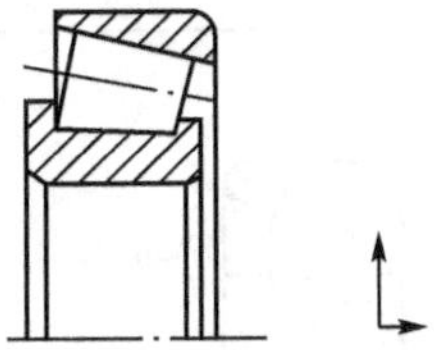 GB/T 297—1994	中	2′	能同时承受较大的径向载荷与轴向载荷，内外圈可分离，方便装拆，通常成对使用，对称安装。适用于刚性大、载荷大的轴
推力球轴承 50000		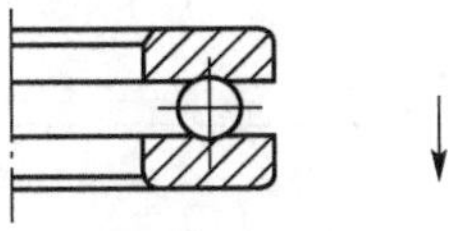 (a) 单列 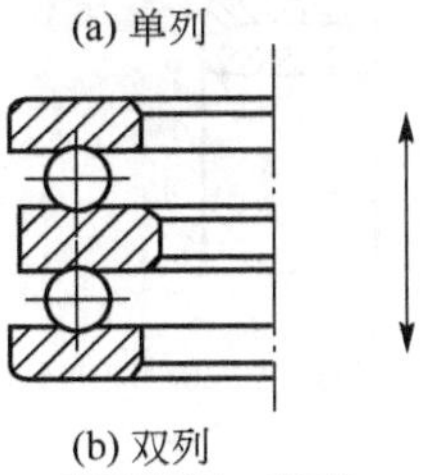 (b) 双列 GB/T 301—1995	低	不允许	只能承受轴向载荷，轴线必须与轴承底座垂直，一般与径向轴承组合使用；当只承受轴向载荷时，可单独使用

（续）

轴承名称 类型代号	轴承结构	结构简图、承载方向、标准	性能特点		
			极限转速	允许偏斜角	主要性能
深沟 球轴承 60000		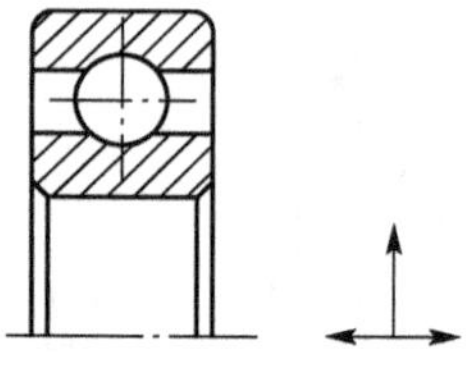 GB/T 276—1994	高	8′	主要承受径向载荷及较小的轴向载荷。适用于转速高、刚度大的轴
角接触 球轴承 70000		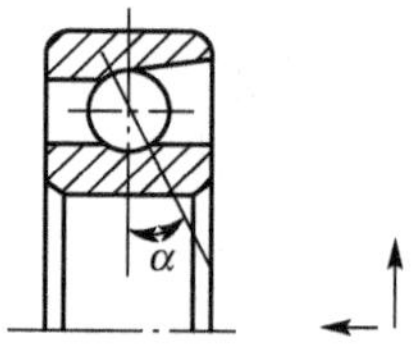 GB/T 292—2007	高	2′～8′	能同时承受径向、轴向载荷，接触角越大，轴向承载能力也越强，一般成对使用。适用于转速高、刚性较大的轴
外圈无挡 边圆柱 滚子轴承 N0000		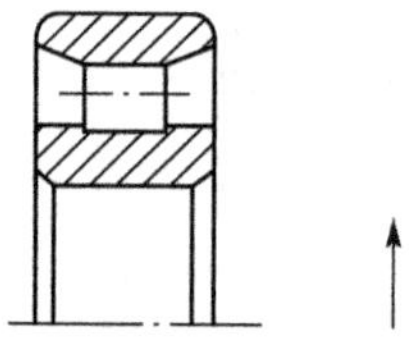 GB/T 283—2007	高	2′～4′	只能承受大的径向载荷，内外圈可分离。承载能力比同尺寸的球轴承大
滚针轴承 NA0000		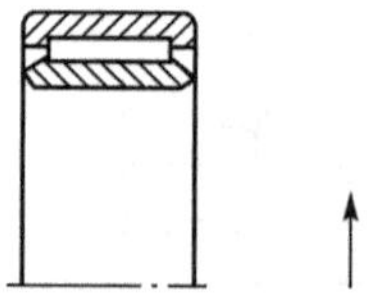 GB/T 5801—1994	低	不允许	径向承载能力较大，一般无保持架，摩擦因数较大

12.6 滚动轴承的代号及类型选择

12.6.1 滚动轴承的代号

滚动轴承为标准件，常用的滚动轴承类型有很多，各类轴承又有不同的结构、尺寸、公差等级和技术要求。为了便于设计时选用，GB/T 272—1993 规定了滚动轴承代号的表示方法。滚动轴承代号由前置代号、基本代号和后置代号组成，用字母或数字表示，表 12－5 所列为轴承代号的基本构成。如无特殊要求，前置代号和后置代号通常可部分或全部省略。

表 12－5 滚动轴承代号的构成

前置代号	基本代号					后置代号						
轴承分部件代号	五	四	三	二	一	内部结构	密封与防尘结构	特殊轴承材料	公差等级	游隙	多轴承配置	其他
	类型代号	尺寸系列		内径								
		宽度系列	直径系列									
字母	×	×	×	××		字母、数字组合						

1. 基本代号

基本代号表示轴承的类型和尺寸，由类型代号、尺寸系列代号和内径代号组成，是轴承代号的核心。

1）类型代号

表示轴承的类型，用基本代号右起第五位数字或字母表示，常用轴承类型代号见表 12－4。

2）尺寸系列代号

表示内径相同的轴承可具有不同的外径，而外径相同时宽度又可不同。尺寸系列代号由基本代号右起第三、四位两位数字表示。右起第三位表示直径系列，代号有 7、8、9、0、1、2、3、4、5，对应于相同内径轴承的外径尺寸依次递增。右起第四位表示宽度系列或高度系列，表示结构、内径和直径系列都相同的轴承，宽度或高度方面的变化，向心轴承宽度系列代号有 8、0(宽度系列代号为 0 时，可略去，但 2、3 类轴承除外)、1、2、3、4、5、6 ，推力轴承高度系列代号有 7、9、1、2，均为依次递增。图 12.14(a)表示轴承直径系列的对比，图 12.14(b)表示轴承宽度系列的对比。

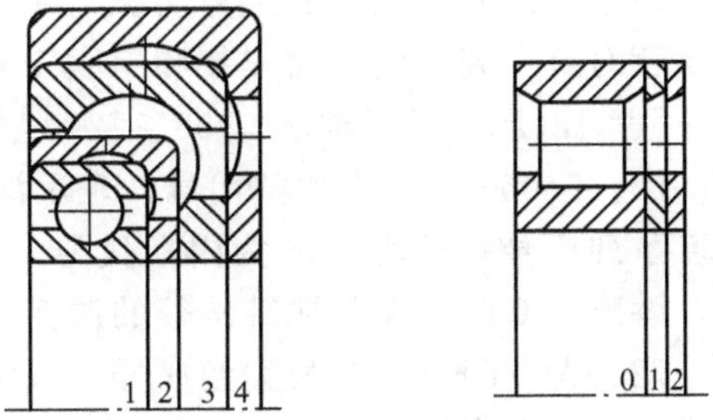

(a) (b)

图 12.14 直径系列和宽度系列

3）内径代号

表示轴承内径的大小，基本代号右起第一、二位数字表示。表 12－6 所列为常用轴承内径的表示方法，其他轴承内径的表示方法，可参阅 GB/T 272—1993。

表 12-6　滚动轴承内径代号

内径尺寸 d/mm		20～480(5 进位)	22	28	32	500 以上	10	12	15	17
内径代号		04～96(代号乘以 5 即为内径)	/内径尺寸毫米数				00	01	02	03
示例	代号	06	/22				01			
	内径 d	$d=6\times5\text{mm}=30\text{mm}$	$d=22\text{mm}$				$d=12\text{mm}$			

2. 前置代号

前置代号表示成套轴承的分部件，用字母表示。例如，L 表示可分离轴承的可分离套圈，K 表示滚子轴承的滚子和保持架组件。

3. 后置代号

后置代号表示轴承的内部结构、密封、材料、公差等级、游隙、配置等特殊要求，用字母和数字表示。后置代号内容较多，以下介绍几种常用代号。

1）内部结构代号

表示同一类型轴承不同的内部结构，用字母表示且紧跟在基本代号之后。例如，C、AC、B 分别表示公称接触角为 15°、25°和 40°的角接触球轴承；D 表示剖分式轴承；E 表示为增大承载能力而进行结构改进的加强型轴承，如 7210C、7210AC、NU210E。

2）公差等级代号

精度由低到高共分 0、6、6x、5、4、2 六个等级，分别用/P0、/P6、/P6x、/P5、/P4、/P2表示，0 级为普通级，通常省略不标注，如 6306、6306/P6、71908/P5。

3）游隙代号

游隙是指滚动轴承内、外圈间可径向或轴向移动的间隙。间隙量由小到大分别用/C1、/C2、/C3、/C4、/C5 表示 1、2、3、4、5 组，其中 0 组最常用，通常在轴承代号中不标注。

4）配置代号

表示成对安装轴承的配置方式，有三种配置方式，分别用三种代号/DB、/DF、/DT 表示背对背安装、面对面安装和串联安装，如 7210C/DF。

[例 12.2]　说明轴承 6306、7210AC/DB 的含义。

解：6306——6 为类型代号，表示深沟球轴承；3 为尺寸系列代号中的直径系列代号，宽度系列代号 0 省略；06 为内径代号，内径 $d=30\text{mm}$；无后置代号，表示公差等级为 0 级，游隙为 0 组，无其他结构等的改变。

7210AC/DB——7 为类型代号，表示角接触球轴承；2 为尺寸系列代号中的直径系列代号，宽度系列代号 0 省略；10 为内径代号，内径 $d=50\text{mm}$；AC 为后置代号，表示接触角为 25°；DB 为后置代号，表示这对轴承为背对背安装。

12.6.2　滚动轴承类型的选择

滚动轴承为标准件，在机械设计工程中，应在对各类轴承的性能特点充分了解的基础上，根据载荷大小和方向、转速高低、结构尺寸等实用要求和工况，合理选择轴承的类型和规格。滚动轴承类型的选择主要按以下原则考虑。

1. 轴承的载荷

轴承所受载荷的大小、方向和性质是轴承类型选择的主要依据。

当载荷小而平稳时，可选择球轴承；载荷大而有冲击时，可选用滚子轴承。

当轴承仅受径向载荷时，一般选择深沟球轴承、圆柱滚子轴承或滚针轴承。

当轴承仅受轴向载荷时，一般选用推力轴承。

当轴承同时承受径向载荷和轴向载荷时，应根据它们的相对值考虑：当轴向载荷远小于径向载荷时，可选用向心球轴承(深沟球轴承、调心球轴承等)；当轴向载荷比径向载荷小时，可选用接触角较小的角接触球轴承或滚子轴承；当轴向载荷比径向载荷大时，可选用接触角较大的角接触球轴承或滚子轴承；当轴向载荷远大于径向载荷时，可采用向心轴承和推力轴承组合使用，以分别承受径向载荷和轴向载荷，这样效果和经济性都较好。

2. 轴承的转速

选用轴承时，一般应使其工作转速低于极限转速。在同样条件下，球轴承的极限转速比滚子轴承高，所以转速和回转精度高时宜选用球轴承。

3. 轴承的调心性能

对刚性差或安装精度较低的轴，宜选用调心轴承。调心轴承应成对使用，否则不起调心作用。

4. 经济性

球轴承价格低于滚子轴承，调心轴承价格高于非调心轴承价格，轴承精度越低，则轴承价格越低。

此外，还要考虑安装空间、方便装拆等其他因素。

12.7 滚动轴承的寿命计算

12.7.1 失效形式及设计准则

1. 轴承工作时轴承元件的载荷分布及主要失效形式

当滚动轴承受到通过轴心线的轴向载荷 $\boldsymbol{F}_a$ 的作用时，可认为载荷由各滚动体平均分担；当受纯径向载荷 $\boldsymbol{F}_r$ 作用时，各滚动体受载不相等，假设在 $\boldsymbol{F}_r$ 作用下，内外圈不变形，则内圈将随轴一起沿 $\boldsymbol{F}_r$ 的方向下沉 δ，由此上半圈滚动体不承载，而下半圈各滚动体受载情况如图 12.15 所示。滚动轴承在工作时，内外圈相对转动，滚动体既有自转又围绕轴承中心公转，滚动体和套圈分别受到不同的脉动接触变应力。

根据不同的工作情况，滚动轴承的主要失效形式主要有以下三种：

(1) 疲劳点蚀。安装、维护、润滑正常的情况下，滚动轴承在工作过程中，滚动体与滚道接触表面产生变接触应力，导致疲劳裂纹，其扩展到接触表面，形成疲劳点蚀，使轴承不能正常工作，出现较强烈的振动、噪声和发热现象。

(2) 塑性变形。静载荷过大或冲击载荷过大，滚动体或套圈会产生塑性变形，使得轴

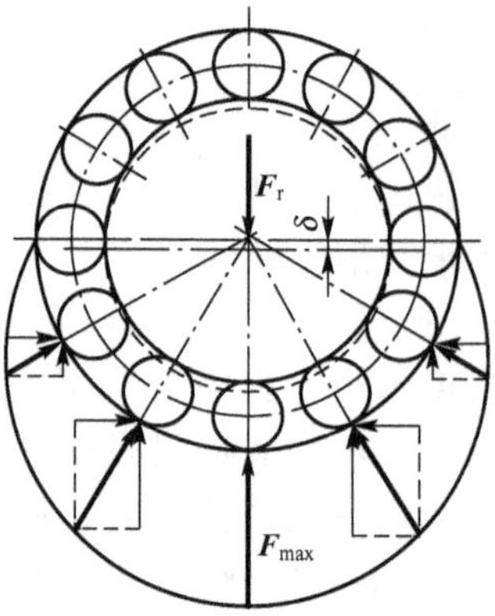

图 12.15　径向载荷的分布

承的摩擦力矩、振动和噪声增大，运转精度也随之降低，最终使轴承不能正常工作甚至失效。

(3) 磨损。密封不严、润滑剂不洁净，滚动体和套圈之间极易发生磨粒磨损。如润滑不充分，还可能发生粘着磨损，并引起发热。速度越高，磨损越严重。

[思考题 12.4]　当滚动轴承既承受轴向载荷又承受径向载荷时，轴承元件载荷分布情况如何考虑？

2. 设计准则

(1) 对于一般转速($10r/min<n<n_{lim}$)的轴承，其主要失效形式是疲劳点蚀，故应对轴承进行疲劳强度计算，称之为轴承的动载荷计算或寿命计算。

(2) 对于转速很低($n<10r/min$)、基本不转动或摆动的轴承，其主要失效形式是塑性变形，故应对轴承进行静强度计算，称之为轴承的静载荷计算。

12.7.2　寿命计算

1. 基本额定寿命

滚动轴承的寿命是指轴承中任一元件出现疲劳点蚀前运转的转数或一定转速下的工作小时数。

大量试验证明，滚动轴承的寿命是相当离散的，即使同一批轴承，在相同的条件下工作，寿命相差也很大。因此，为表征某种轴承的寿命，必须用数理统计方法，计算在一定使用概率下的寿命。标准规定：一批相同的轴承在同样的条件下运转，90％的轴承在出现点蚀前能运转的转数或在一定转速下工作小时数为轴承的基本额定寿命，用 L_{10}(以 10^6 转为单位)或 L_h(以 h 为单位)表示。这样一来，按基本额定寿命计算而选择出的轴承中，有 90％的轴承能达到或超出这一寿命，有 10％的轴承会发生提前破坏。对于单个轴承来说，意味着能够达到基本额定寿命的概率为 90％。

2. 基本额定动载荷

轴承的寿命与所承受的载荷大小有关，基本额定动载荷是指当轴承的寿命恰好为 10^6 转时，轴承所承受的最大载荷，用 C 表示。对于向心轴承、角接触轴承用 C_r；对于推力轴承用 C_a 表示。

轴承的基本额定动载荷的大小与轴承的类型、尺寸、结构等有关，是表征不同轴承抗疲劳点蚀能力的主要指标，它是选择轴承型号的重要依据，C_r、C_a 可在滚动轴承产品样本或手册中查得。附表 2 列出了部分数据。

3. 当量动载荷

滚动轴承的基本额定寿命是在一定的载荷条件下得到的，径向轴承仅承受径向载荷 $\boldsymbol{F}_r$，推力轴承仅承受轴向载荷 $\boldsymbol{F}_a$。如果轴承同时承受径向载荷 $\boldsymbol{F}_r$ 和轴向载荷 $\boldsymbol{F}_a$，在进行轴承计算时，必须把实际载荷转换成与额定动载荷条件相一致的当量动载荷，在此载荷作用下，轴承具有与实际载荷作用下相同的寿命。换算后的载荷是一种假定的载荷，故称为

当量动载荷，用 P 表示。其计算公式为

$$P = XF_r + YF_a \tag{12-6}$$

式中：F_r、F_a——分别是轴承所受的径向载荷和轴承所受的轴向载荷(N)；

X、Y——分别为径向动载荷系数和轴向动载荷系数，见表 12-7。

表 12-7 径向动载荷系数 X 和轴向动载荷系数 Y

<table>
<tr><th colspan="2" rowspan="2">轴承类型</th><th rowspan="2">F_a/C_{0r}</th><th rowspan="2">e</th><th colspan="2">$F_a/F_r > e$</th><th colspan="2">$F_a/F_r \leqslant e$</th></tr>
<tr><th>X</th><th>Y</th><th>X</th><th>Y</th></tr>
<tr><td colspan="2" rowspan="9">深沟球轴承
(60000 型)</td><td>0.014</td><td>0.19</td><td rowspan="9">0.56</td><td>2.30</td><td rowspan="9">1</td><td rowspan="9">0</td></tr>
<tr><td>0.028</td><td>0.22</td><td>1.99</td></tr>
<tr><td>0.056</td><td>0.26</td><td>1.71</td></tr>
<tr><td>0.084</td><td>0.28</td><td>1.55</td></tr>
<tr><td>0.11</td><td>0.30</td><td>1.45</td></tr>
<tr><td>0.17</td><td>0.34</td><td>1.31</td></tr>
<tr><td>0.28</td><td>0.38</td><td>1.15</td></tr>
<tr><td>0.42</td><td>0.42</td><td>1.04</td></tr>
<tr><td>0.56</td><td>0.44</td><td>1.00</td></tr>
<tr><td rowspan="11">角接触球轴承</td><td rowspan="9">70000C 型
($\alpha=15°$)</td><td>0.015</td><td>0.38</td><td rowspan="9">0.44</td><td>1.47</td><td rowspan="9">1</td><td rowspan="9">0</td></tr>
<tr><td>0.029</td><td>0.40</td><td>1.40</td></tr>
<tr><td>0.058</td><td>0.43</td><td>1.30</td></tr>
<tr><td>0.087</td><td>0.46</td><td>1.23</td></tr>
<tr><td>0.12</td><td>0.47</td><td>1.19</td></tr>
<tr><td>0.17</td><td>0.50</td><td>1.12</td></tr>
<tr><td>0.29</td><td>0.55</td><td>1.02</td></tr>
<tr><td>0.44</td><td>0.56</td><td>1.00</td></tr>
<tr><td>0.58</td><td>0.56</td><td>1.00</td></tr>
<tr><td>70000AC 型
($\alpha=25°$)</td><td>—</td><td>0.68</td><td>0.41</td><td>0.87</td><td>1</td><td>0</td></tr>
<tr><td>70000B 型
($\alpha=40°$)</td><td>—</td><td>1.14</td><td>0.35</td><td>0.57</td><td>1</td><td>0</td></tr>
<tr><td colspan="2">圆锥滚子轴承
(30000 型)</td><td>—</td><td>(e)</td><td>0.4</td><td>(Y)</td><td>1</td><td>0</td></tr>
</table>

注：1. C_{0r} 为轴承径向基本额定静载荷，可由附表 2 或手册查得。

2. e 为判断系数，为系数 X 和 Y 不同值时 F_a/F_r 适用范围的界限值。

3. 对于 F_a/C_{0r} 的中间值，e 和 Y 值可按线性插值法求出。

4. 表中括号内的 e 和 Y 的详值应根据轴承型号查机械设计手册或产品目录，对不同型号的轴承，有不同的值。

对于圆柱滚子轴承、滚针轴承等轴承，只承受径向载荷 F_r，其当量动载荷为

$$P=XF_r \tag{12-7}$$

对于推力轴承等，只承受轴向载荷 F_a，其当量动载荷为

$$P=YF_a \tag{12-8}$$

上述当量动载荷 P 的计算式，只是求出了名义值。若工作时存在冲击和振动，则应按下式计算

$$P=f_p(XF_r+YF_a) \tag{12-9}$$

式中：f_p——冲击载荷系数，见表 12-8。

表 12-8　冲击载荷系数 f_p

载荷性质	机械举例	冲击载荷系数 f_p
无冲击或轻微冲击	电动机、水泵、通风机等	1.0～1.2
中等冲击	机床、起重机、内燃机、车辆等	1.2～1.8
严重冲击	破碎机、振动筛、轧钢机等	1.8～3.0

4. 基本额定寿命计算

实验证明，滚动轴承寿命与当量动载荷有关，其关系如图 12.16 所示，图中横坐标表示寿命，纵坐标表示当量动载荷，曲线方程为

$$P^{\varepsilon}L_{10}=常数=1\times C^{\varepsilon}$$

式中：P——当量动载荷(N)；

L_{10}——基本额定寿命 (10^6 r)；

ε——寿命指数，对于球轴承 $\varepsilon=3$，对于滚子轴承 $\varepsilon=10/3$；

C——基本额定动载荷(N)。

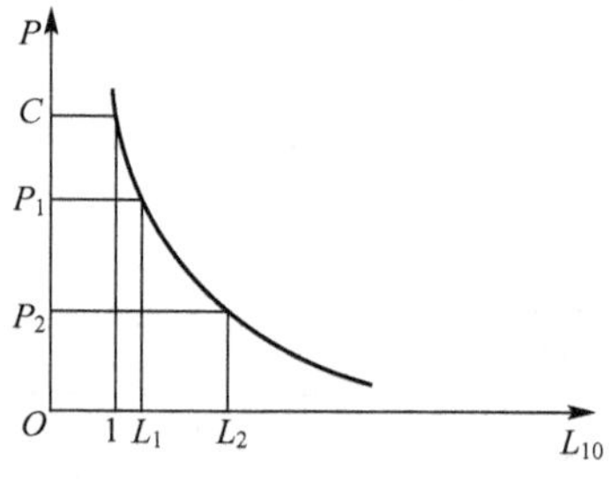

图 12.16　当量动载荷与寿命曲线

所以有

$$L_{10}=\left(\frac{C}{P}\right)^{\varepsilon} \tag{12-10}$$

若以工作小时数为单位，则轴承的寿命计算公式为

$$L_h=\frac{10^6}{60n}\left(\frac{C}{P}\right)^{\varepsilon} \tag{12-11}$$

式中：n——轴承的工作转速(r/min)。

标准中轴承的基本额定动载荷 C 是以工作温度 $t\leqslant 120℃$ 为条件的。当温度 $t>120℃$ 时，应当引入温度系数 f_t 进行修正，其值见表 12-9。

表 12-9　温度系数 f_t

轴承工作温度/℃	≤120	125	150	175	200	225	250	300	350
f_t	1.0	0.9	0.9	0.85	0.80	0.75	0.70	0.60	0.50

引入温度系数后，轴承寿命公式为

$$L_{10}=\left(\frac{f_tC}{P}\right)^{\varepsilon} \tag{12-12}$$

或
$$L_h=\frac{10^6}{60n}\left(\frac{f_tC}{P}\right)^{\varepsilon} \tag{12-13}$$

轴承的设计寿命一般以机器的中修、大修为年限，表 12－10 给出了各类机器中滚动轴承的预期寿命。

表 12－10　滚动轴承的预期寿命

机器种类		预期寿命/h
不经常使用的仪器设备		500
航空发动机		500～2000
间断使用的机械	中断使用不致引起严重后果的手动机械、农业机械等	4000～8000
	中断使用会引起严重后果，如运输机、车间起重机等	8000～12000
每天工作 8h 的机械	利用率不高的电动机、起重机、齿轮传动等	12000～20000
	利用率较高的机床、工程机械、印刷机械等	20000～30000
24h 连续工作的机械	一般可靠性的电动机、泵、压缩机等	50000～60000
	高可靠性的电站设备、造纸机械、给排水装置等	＞100000

若已知载荷情况，选定预期寿命，则可根据下式选择轴承的型号
$$C\geqslant\frac{P}{f_t}\left(\frac{60L_hn}{10^6}\right)^{1/\varepsilon} \tag{12-14}$$

计算出 C 值后，由附表 2 或查手册以确定轴承的型号和尺寸。

[例 12.3]　已知某轴的转速 $n=1450\text{r/min}$，轴颈 $d=55\text{mm}$，轴承承受的轴向载荷 $F_a=520\text{N}$，径向载荷 $F_r=2400\text{N}$，载荷平稳，工作温度低于 100℃，要求预期寿命 5000h。试选择轴承。

解：(1) 因主要承受径向载荷且转速较高，故选用深沟球轴承。

(2) 预选轴承型号为 6211，查附表 2 知：$C_r=43200\text{N}$，$C_{0r}=29200\text{N}$。

(3) 计算当量动载荷 P。

由 $\frac{F_a}{C_{0r}}=\frac{520}{29200}\approx0.0178$，用插值法查表 12－7 得 $e=0.198$。

因 $\frac{F_a}{F_r}=\frac{520}{2400}\approx0.22>e$，由表 12－7 查得 $X=0.56$，$Y=2.22$(插值法求得)。

由表 12－8 查得 $f_p=1$，由式(12－9)得
$$P=f_p(XF_r+YF_a)=1\times(0.56\times2400+2.22\times520)\text{N}=2498\text{N}$$

(4) 计算轴承工作所需要的径向基本额定动载荷。

由于工作温度低于 100℃，查表(12－9)得 $f_t=1$。由式(12－14)得
$$C=\frac{P}{f_t}\left(\frac{60L_hn}{10^6}\right)^{1/\varepsilon}=\frac{2498}{1}\times\left(\frac{60\times5000\times1450}{10^6}\right)^{1/3}\text{N}=40775\text{N}<C_r=43200\text{N}$$

故选用 6211 轴承合适。

5. 角接触轴承的轴向载荷计算

角接触轴承的滚动体与外圈之间存在接触角 α，在承受径向载荷 $\boldsymbol{F}_r$ 作用时，受载的每个滚动体的反力都沿滚动体与外圈接触到的法线方向传递，该力沿径向和轴向分解为径向分力和轴向分力，所有滚动体沿轴向的分力之和，用 $\boldsymbol{F}_s$ 表示。由于 $\boldsymbol{F}_s$ 是因轴承的内部结构特点由径向载荷引起的轴向力，故称其为内部轴向力(或派生轴向力)。

其计算公式见表 12－11。F_s的方向与轴承的安装方式有关，但总是与滚动体相对于外圈脱离的方向一致。

表 12－11　角接触轴承的内部轴向力 $\boldsymbol{F}_s$

轴承类型	角接触球轴承			圆锥滚子轴承
	70000C($\alpha=15°$)	70000AC($\alpha=25°$)	70000B($\alpha=40°$)	
F_s	eF_r	$0.68F_r$	$1.14F_r$	$F_r/(2Y)$

注：1. Y 是对应表 12－7 中 $F_a/F_r>e$ 的 Y 值。
2. e 值由表 12－7 查出。

角接触轴承的安装方式有两种：图 12.17(a)为两外圈窄边相对即正装，又称“面对面”安装；图 12.17(b)为两外圈宽边相对即反装，又称为“背靠背”安装。载荷作用中心 O_1、O_2 与轴承端面的距离 a_1、a_2，可由手册查得，简化计算时可近似认为支点在轴承宽度的中点。

以图 12.17(a)中一对正装的角接触球轴承为例进行讨论。

图中 $\boldsymbol{F}_{r1}$、$\boldsymbol{F}_{r2}$ 分别为作用在轴承Ⅰ和轴承Ⅱ的径向载荷；F_A 为作用在轴上的轴向载荷；$\boldsymbol{F}_{s1}$、$\boldsymbol{F}_{s2}$ 分别为 $\boldsymbol{F}_{r1}$、$\boldsymbol{F}_{r2}$ 相应产生的内部轴向力。假定 $\boldsymbol{F}_A$ 与 $\boldsymbol{F}_{s1}$ 同向向右。

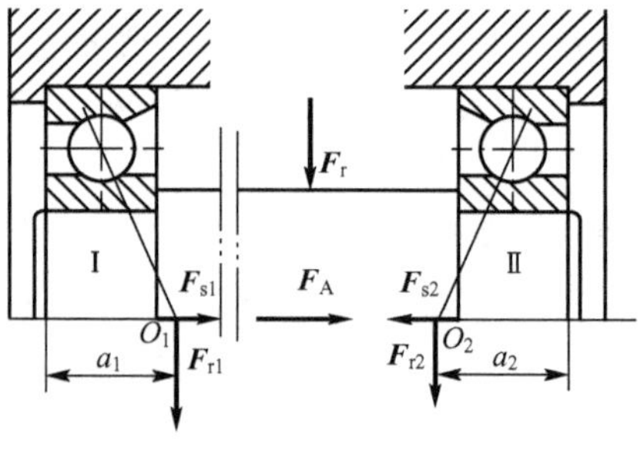

(a) 正装(面对面)

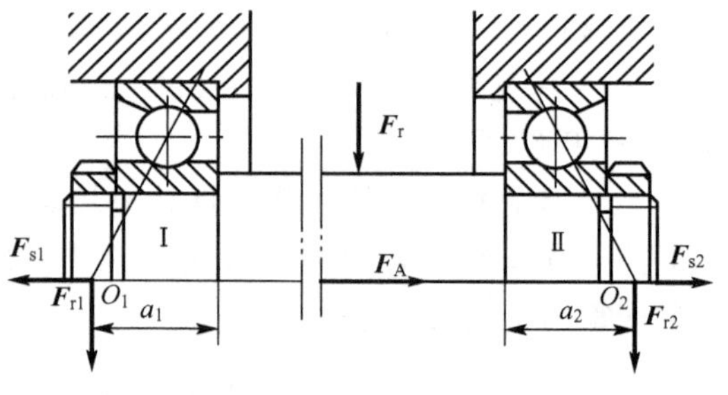

(b) 反装(背靠背)

图 12.17　角接触轴承的载荷计算

1) 若 $F_A+F_{s1}>F_{s2}$(图 12.18(a))

轴受向右合力，故轴有向右移动的趋势，右端轴承Ⅱ被端盖顶住而被“压紧”。轴承Ⅱ上将受到平衡力 F'_{s2}的作用，而左端轴承Ⅰ则处于“放松”状态。轴与轴承组件处于平衡状态，则 $F_A+F_{s1}=F_{s2}+F'_{s2}$，即 $F'_{s2}=F_A+F_{s1}-F_{s2}$。

轴承Ⅰ(“放松端”)仅受内部轴向力 $\boldsymbol{F}_{s1}$ 的作用，承受的轴向载荷为

$$F_{a1}=F_{s1} \tag{12-15}$$

轴承Ⅱ(“压紧端”)受内部轴向力 $\boldsymbol{F}_{s2}$ 和平衡力 $\boldsymbol{F}'_{s2}$ 的共同作用，故承受的轴向载荷

$$F_{a2}=F_{s2}+F'_{s2}=F_A+F_{s1} \tag{12-16}$$

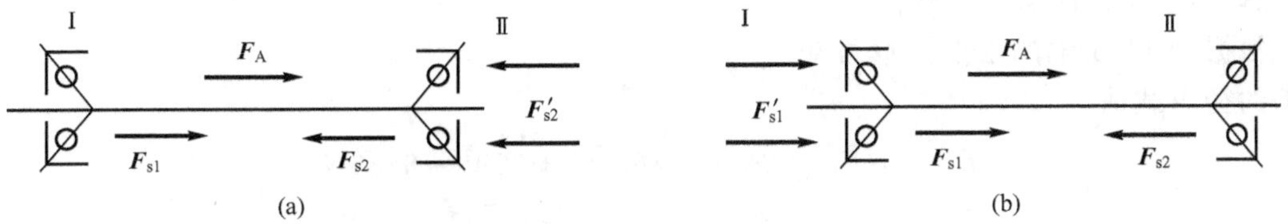

图 12.18 轴向力示意图

2) 若 $F_A+F_{s1}<F_{s2}$(图 12.18(b))

轴受向左合力，故轴有向左移动的趋势，左端轴承Ⅰ被端盖顶住而被“压紧”。轴承Ⅰ上将受到平衡力 F'_{s1} 的作用，而右端轴承Ⅱ则处于“放松”状态。轴与轴承组件处于平衡状态，则 $F_A+F_{s1}+F'_{s1}=F_{s2}$，即 $F'_{s1}=F_{s2}-F_A-F_{s1}$。

轴承Ⅰ(“压紧端”)受内部轴向力 $\boldsymbol{F}_{s1}$ 和平衡力 $\boldsymbol{F}'_{s1}$ 的共同作用，故承受的轴向载荷

$$F_{a1}=F_{s1}+F'_{s1}=F_{s2}-F_A \tag{12-17}$$

轴承Ⅱ(“放松端”)仅受内部轴向力 $\boldsymbol{F}_{s2}$ 的作用，承受的轴向载荷为

$$F_{a2}=F_{s2} \tag{12-18}$$

上述分析对角接触球轴承反装(图 12.17(b))以及圆锥滚子轴承同样适用。

综上分析可知，角接触轴承轴向载荷的分析计算要点归纳为：

(1) 根据轴承类型和安装方式，分别计算两轴承内部轴向力 $\boldsymbol{F}_{s1}$ 和 $\boldsymbol{F}_{s2}$，并画出方向。

(2) 根据承载状况判断轴承的“压紧端”及“放松端”。

(3)“压紧端”的轴向载荷等于除去压紧端本身内部轴向力外，其他所有轴向力的代数和；“放松端”的轴向载荷等于放松端本身的内部轴向力。

[思考题 12.5] 角接触轴承是否可单个使用？为什么？

[例 12.4] 计算例 11.1 一级斜齿圆柱齿轮减速器的输出轴轴承寿命。按例 11.1 轴的结构设计，已初选一对 7216AC 轴承，安装方式为正装，轴的转速 $n=211.9\text{r/min}$，常温下工作，载荷平稳。图 12.19(a)、(b)所示分别为轴系结构图和简图。

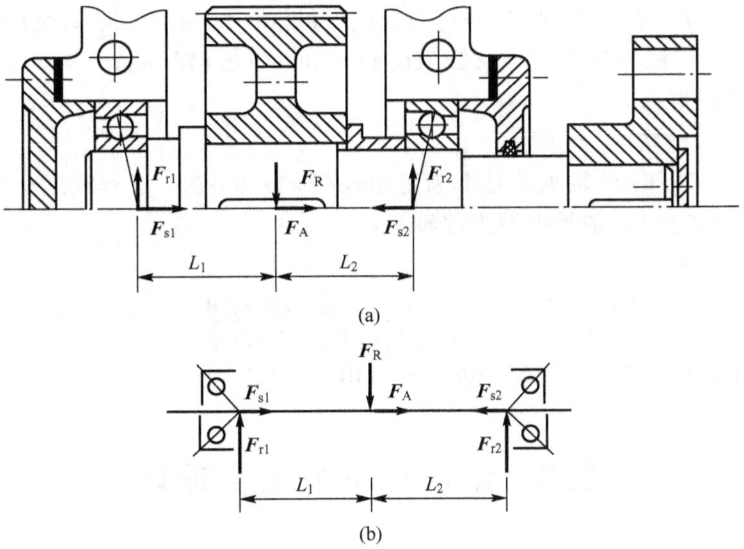

图 12.19 例 12.4 图

解：1. 计算轴承径向载荷

根据例 11.1 轴的强度计算可知

轴承的径向载荷

$$F_{r1}=\sqrt{F_{H1}^2+F_{V1}^2}=\sqrt{6800^2+699^2}=6836\text{N}$$

$$F_{r2}=\sqrt{F_{H2}^2+F_{V2}^2}=\sqrt{6800^2+5829^2}=8956\text{N}$$

轴上的轴向载荷(斜齿轮轴向力)$F_A=3692\text{N}$，方向如图 12.19 所示。

2. 计算轴承轴向载荷

1) 计算轴承内部轴向力 F_{s1}，F_{s2}

由表 12－11 查得 70000AC 轴承内部轴向力的计算式为 $F_s=0.68F_r$；

$$F_{s1}=0.68F_{r1}=0.68\times6836\text{N}\approx4648\text{N}$$

$$F_{s2}=0.68F_{r2}=0.68\times8956\text{N}\approx6090\text{N}$$

画出内部轴向力的方向，如图 12.19 所示。

2) 计算轴承轴向载荷

因为

$$F_A+F_{s1}=(3692+4648)\text{N}=8340\text{N}>F_{s2}=6090\text{N}$$

所以轴有向右移动的趋势，右端轴承被“压紧”，左端轴承被“放松”，可得两端轴承轴向载荷：

$$F_{a1}=F_{s1}=4648\text{N}$$

$$F_{a2}=F_{s1}+F_A=(4648+3692)\text{N}=8340\text{N}$$

3. 计算轴承的当量动载荷

由表 12－7 查得 70000AC 型轴承，$e=0.68$。

因为 $F_{a1}/F_{r1}=4648/6836\approx0.68=e$，查表 12－7 得：$X_1=1$，$Y_1=0$。

$F_{a2}/F_{r2}=8340/8956\approx0.931>0.68=e$，查表 12－7 得：$X_2=0.41$，$Y_2=0.87$。

运转平稳，查表 12－8 得载荷系数 $f_p=1.1$。

由式(12－9)得

$$P_1=f_p(X_1F_{r1}+Y_1F_{a1})=1.1\times(1\times6836+0\times4648)\text{N}\approx7520\text{N}$$

$$P_2=f_p(X_2F_{r2}+Y_2F_{a2})=1.1\times(0.41\times8956+0.87\times8340)\text{N}\approx12021\text{N}$$

4. 计算轴承的寿命

因为 $P_2>P_1$，故按 P_2 计算。

由附表 2 查出 7216AC 轴承的基本额定动载荷 $C_r=85\text{kN}$，工作温度小于 120℃，查表 12－9 得温度系数 $f_t=1$；轴承类型为球轴承，$\varepsilon=3$。

由式(12－13)得

$$L_h=\frac{10^6}{60n}\left(\frac{f_tC}{P}\right)^{\varepsilon}=\frac{10^6}{60\times211.9}\left(\frac{1\times85\times10^3}{12021}\right)^3\approx27807\text{h}$$

按照每年 300 工作日，双班制计算，约可用 5.8 年。

12.8 滚动轴承的组合设计

为了保证轴承能正常工作，除了要合理地选择轴承的类型和尺寸外，还应进行轴承部件的组合设计。轴承部件的组合设计目的是解决轴承的轴向位置固定、润滑与密封、与其他零件的配合、间隙调整和轴承的装拆等一系列问题。轴承的组合设计受轴承的使用要求、现场条件等因素影响。

12.8.1 固定方式

滚动轴承的固定方式主要有以下几种。

1. 两端单向固定

当轴承跨距较小($L \leqslant 350$mm)，工作温度不高时，可采用两端单向固定结构，如图12.20所示。这种结构是使两端轴承各限制轴的一个方向的轴向移动，两个轴承合在一起就限制了轴的双向移动。考虑到轴因受热而伸长，可在一端轴承的外圈和轴承端面间留出0.2～0.4mm的轴向间隙c。

2. 一端固定一端游动

当轴的跨距较大($L > 350$mm)或工作温度较高时，轴的伸缩量较大，应采用一端固定一端游动结构，如图12.21所示。固定端轴承用来限制轴两个方向的轴向移动，而游动端轴承的外圈可以在机座孔内沿轴向游动。

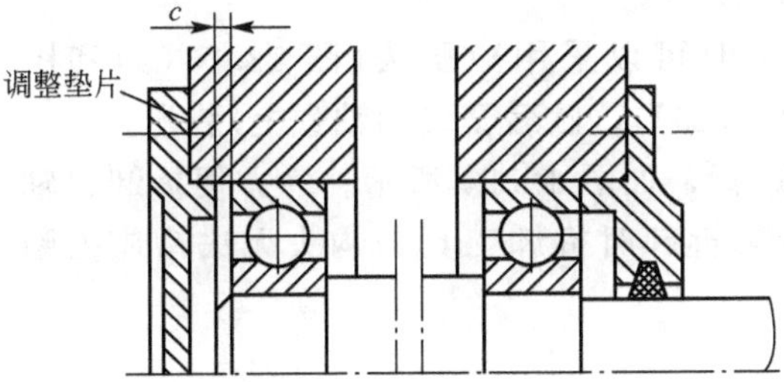

图12.20 两端单向固定

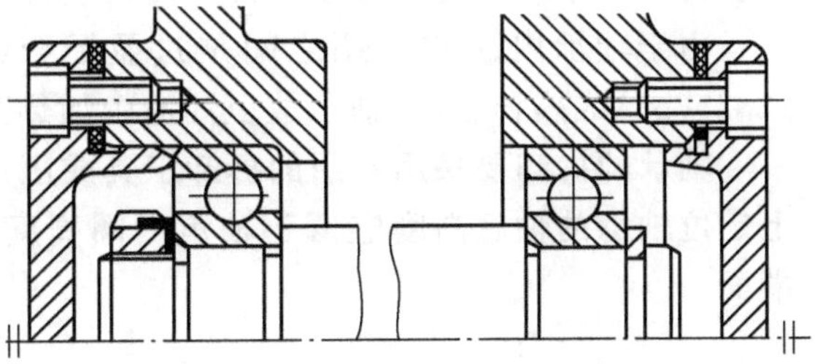

图12.21 一端固定、一端游动支撑

3. 两端游动

该结构用于能双向游动的轴，如人字齿轮轴，当一轴采用双向游动时，另一轴必须两端固定，以便两轴都能够双向定位，如图12.22所示。

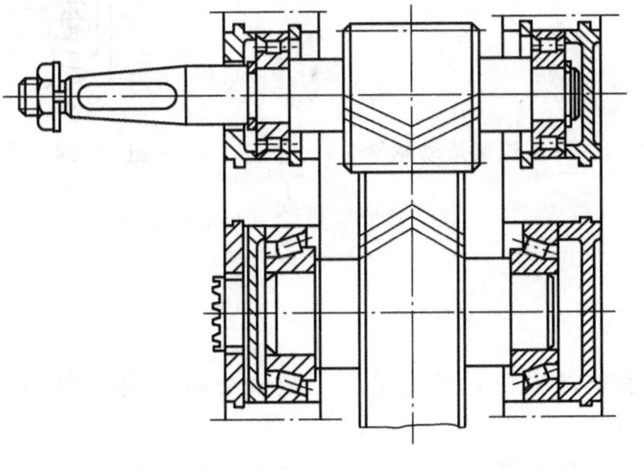

图12.22 两端游动

12.8.2 配合与装拆

1. 滚动轴承的配合

轴承的配合是指内圈与轴、外圈与座孔的配合。

滚动轴承在机器中的相对位置和旋转精度要靠配合来保证，配合的松紧直接影响其工作状态。配合过松会引起摩擦磨损、旋转精度降低等；配合过紧会使轴承转动不灵活。因而轴承内、外圈都要规定适当的配合。

滚动轴承是标准件。因此轴承内圈与轴的配合采用基孔制，外圈与座孔的配合采用基轴制。轴承配合种类的选取应根据载荷的大小、方向、性质、工作温度、旋转精度和装拆等因素来确定。对于转动的套圈(内、外圈)采用较紧的配合，固定的套圈采用较松的配合。一般当转速越高、载荷越大、振动越大、旋转精度越高、工作温度越高时，应采用较紧的配合；经常拆卸或游动的套圈采用较松的配合。

在具体选择轴承与轴、座孔的配合时，可参阅相关设计手册。

2. 滚动轴承的装拆

滚动轴承是精密组件，装拆方法需规范，否则会降低轴承精度，损坏轴承和其他零部件。设计轴承装置时，必须装拆方便，装拆时滚动体不受力。

由于轴承内圈与轴颈之间是过盈配合，安装时可以采用冷压法(图 12.23(a)和图 12.23(b))或热套法(将轴承放至油池中加热至 80～100℃，然后套装到轴颈上)装配。

轴承的拆卸要采用专用的拆卸工具或压力机进行，如图 12.24 所示。为方便拆卸，轴上定位轴承的轴肩高度应低于轴承内圈高度，否则拆卸时拆卸工具的钩头无法钩住内圈端面。

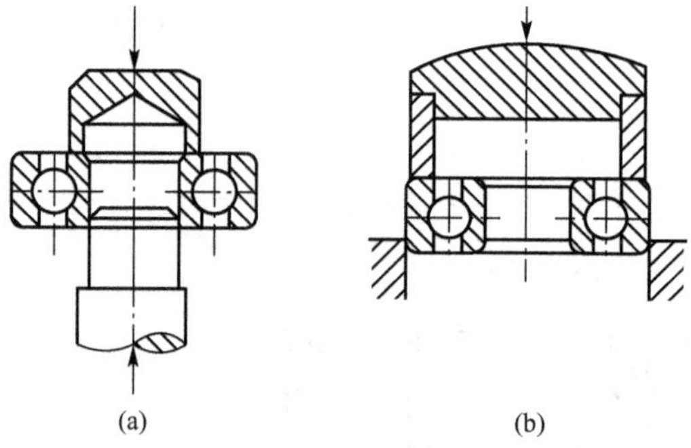

图 12.23 冷压法装滚动轴承

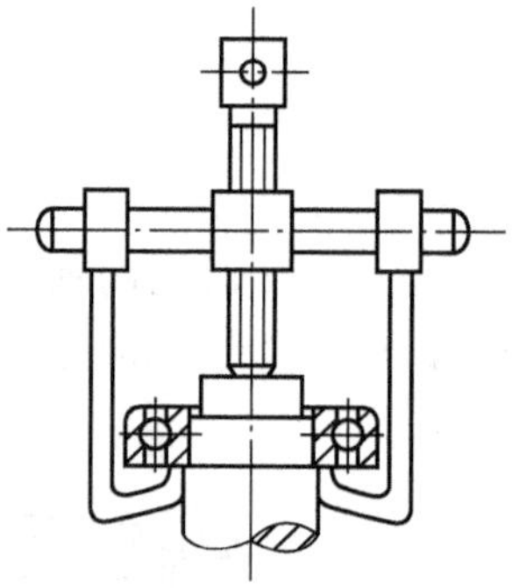

图 12.24 滚动轴承拆卸

12.8.3 润滑和密封

1. 润滑

润滑对于滚动轴承非常重要，目的是为了减少摩擦、减轻磨损，同时还具有吸振、冷却、防锈及减噪的作用。

常用润滑剂有润滑油和润滑脂两种。一般轴承采用润滑脂润滑。具体润滑方式可根据

dn 值(d 为滚动轴承内径，mm；n 为轴承转速，r/min)确定。表 12-12 列出来适用于脂润滑和油润滑的 dn 值，可作为选择润滑方式的参考。

表 12-12 滚动轴承润滑方式的选择

轴承类型	dn/(mm·r/min)				
	脂润滑	浸油、飞溅润滑	滴油润滑	喷油润滑	油雾润滑
深沟球轴承 角接触球轴承 圆柱滚子轴承	$\leqslant 1.6\times10^5$	$\leqslant 2.5\times10^5$	$\leqslant 4\times10^5$	$\leqslant 6\times10^5$	$>6\times10^6$
圆锥滚子轴承	$\leqslant 1\times10^5$	$\leqslant 1.6\times10^5$	$\leqslant 2.3\times10^5$	$\leqslant 3\times10^5$	—
推力球轴承	$\leqslant 0.4\times10^5$	$\leqslant 0.6\times10^5$	$\leqslant 1.2\times10^5$	$\leqslant 1.5\times10^5$	—

2. 密封

密封的目的是防止灰尘、水分和其他杂物进入轴承，并可阻止轴承内润滑剂的流失。轴承的密封方式很多，通常分为接触式和非接触式两大类。

接触式密封有毛毡圈密封和密封圈密封。毛毡圈密封装入轴承端盖上的梯形断面槽内，与轴在接触处径向压紧达到密封的目的，如图 12.25(a)所示。毛毡圈密封结构简单，但摩擦较大，适用于接触处轴的圆周速度 $v<4\sim5$m/s，温度低于 90°的脂润滑。

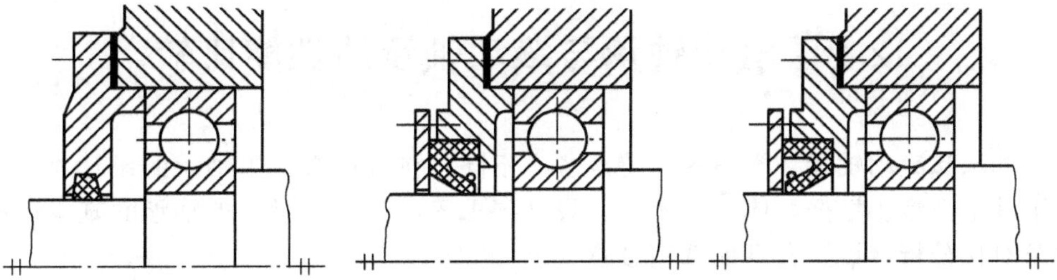

(a) (b) (c)

图 12.25 接触式密封

密封圈密封由耐油橡胶或皮革制成。使用方便，密封可靠，适用于接触处轴的圆周速度 $v<7$m/s，工作温度为$-40\sim100$℃的脂或油润滑。使用时应注意密封唇方向朝向密封部位。如密封唇朝向轴承，用于防止润滑剂泄出，如图 12.25(b)所示；如密封唇背向轴承，用于防止灰尘和杂物侵入，如图 12.25(c)所示。必要时可以同时安装两个密封，以提高密封效果。接触式密封要求轴颈接触处的表面粗糙度 $Ra<1.6\sim1.8\mu$m。

非接触式密封有间隙密封和迷宫式密封。这类轴承中转动件和固定件之间不接触，可避免接触处产生滑动摩擦，故常用于速度较高的场合。

间隙密封中在轴和轴承端盖间留有细小的径向间隙(0.1～0.3mm)，如图 12.26(a)所示。间隙愈小愈长，密封效果愈好。另外为增加密封效果，可在端盖上制出几个环形槽，并在间隙中填充润滑脂，如图 12.26(b)所示。

迷宫式密封在转动的与固定的零件之间组成曲折的缝隙来实现密封，如图 12.27 所示，缝隙中填充润滑剂，可提高密封效果。这种密封形式对脂、油润滑都有较好的密封效果，但结构较复杂，制造、安装不太方便。

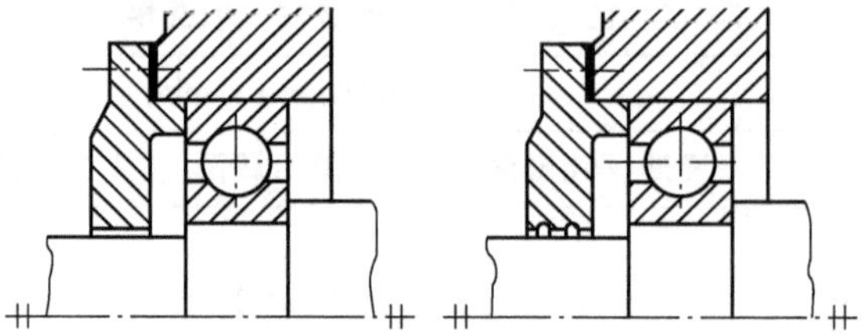

(a) (b)

图 12.26 间隙密封

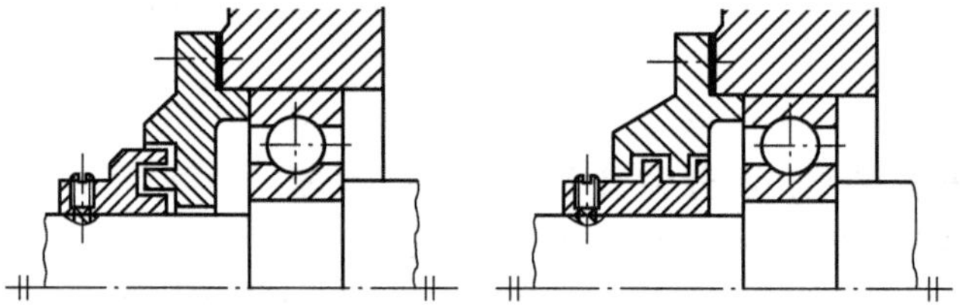

(a) (b)

图 12.27 迷宫式密封

12.9 滑动轴承与滚动轴承的性能比较

滑动轴承和滚动轴承种类很多，特点各有不同。在进行机器中轴承的设计时，首要问题是选用轴承类型。根据具体工作条件、设计要求等，并结合对各类轴承的基本性能的充分了解及对比分析，恰当合理地选用轴承。

表 12－13 为滑动轴承和滚动轴承的性能和特点，以供选择轴承时参考。

表 12－13 滑动轴承和滚动轴承的性能对比

性能	滑动轴承		滚动轴承
	非液体摩擦轴承	液体摩擦轴承	
摩擦特性	边界摩擦或混合摩擦	液体摩擦	滚动摩擦
启动摩擦阻力	大	大	小
功率损失	较大	较小	较小
效率	0.97	0.995	0.99
旋转精度	较低	较高	较高
使用转速	低速	中、高速	中、低速
受冲击、振动能力	较高	高	低

（续）

性能		滑动轴承		滚动轴承
		非液体摩擦轴承	液体摩擦轴承	
外廓尺寸	径向	小	小	大
	轴向	大	大	小
润滑剂		油、脂或固体	润滑油	润滑油或润滑脂
维护		需定期补充润滑油	油质要洁净	维护方便、润滑简单
其他		一般自行加工，消耗有色金属		一般为标准件

小　　结

1. 内容归纳

本章内容归纳如图 12.28 所示。

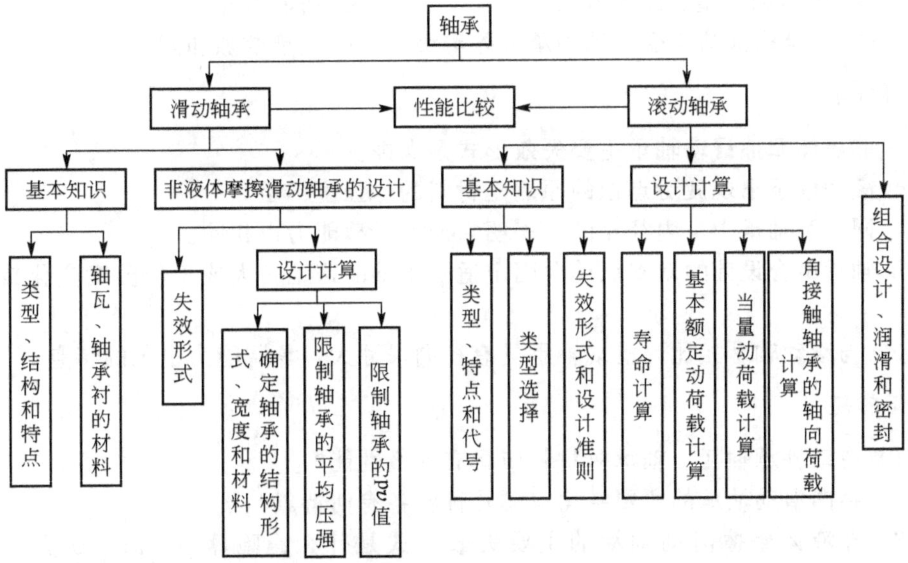

图 12.28　本章内容归纳

2. 重点和难点

重点：①滑动轴承的结构和材料；②非液体摩擦滑动轴承的设计计算；③滚动轴承的类型、特点和代号；④滚动轴承的选择计算；⑤滚动轴承组合设计。

难点：①角接触轴承的轴向载荷计算；②轴承装置的组合设计。

习　题

一、单项选择题

12.1　滑动轴承设计计算时，对压强与轴颈线速度之积 pv 进行计算主要是检验轴承的______。

A. 挤压强度　B. 挤压强度以及离心力
C. 摩擦发热温升黏附磨损　D. 轴瓦工作面的压强

12.2　轴承合金通常用于做滑动轴承的______。

A. 轴套　B. 轴承衬　C. 含油轴瓦　D. 轴承座

12.3　______只能承受轴向载荷。

A. 圆锥滚子轴承　B. 推力球轴承　C. 滚针轴承　D. 调心球轴承

12.4　滚动轴承的额定寿命是指同一批轴承中______的轴承能达到的寿命。

A. 99%　B. 90%　C. 95%　D. 50%

12.5　滚动轴承的代号由前置代号、基本代号和后置代号组成，其中基本代号表示______。

A. 轴承的类型、结构和尺寸　B. 轴承组件
C. 轴承内部结构变化和轴承公差等级　D. 轴承游隙和配置

二、判断题

12.6　非液体摩擦滑动轴承主要失效形式是点蚀。　(　　)

12.7　滚动轴承出现疲劳点蚀的原因是材料的静强度不足。　(　　)

12.8　同一类轴承中，内径相同，表明它们的承载能力也相同。　(　　)

12.9　轴承组合设计的双支点单向固定适用于轴的跨距较大或工作温度变化较高的场合。　(　　)

12.10　与滚动轴承相比，滑动轴承具有径向尺寸大，承载能力也大的特点。　(　　)

三、简答题

12.11　滑动轴承轴瓦、轴承衬材料应具有什么性能？

12.12　径向滑动轴承的主要结构有哪几种？各有何特点？

12.13　非液体摩擦滑动轴承的主要失效形式是什么？验算 p、pv、v 值的目的是什么？

12.14　选择滚动轴承类型应考虑哪些因素？

12.15　试说明下列各轴承代号的意义？

7210C　30310/P6　N2208　6215/P5

12.16　滚动轴承的主要失效形式有哪些？

12.17　滚动轴承组合设计时，应考虑哪些方面的问题？

12.18　为什么向心角接触轴承要成对使用？

12.19　试按滚动轴承寿命计算公式分析：

(1) 转速一定的 7207 轴承，其额定动载荷从 C 增为 $2C$ 时，寿命是否增加一倍？

(2) 转速一定的 7207 轴承，当量动载荷从 P 增为 $2P$ 时，寿命是否由 L_h 下降为 $L_h/2$？

(3) 当量动载荷一定的 7207 轴承，当工作转速由 n 增为 $2n$ 时，其寿命有何变化？

12.20 滚动轴承内圈和轴、外圈和机座孔的配合采用基孔制还是基轴制？转动圈与固定圈选择配合性质是否相同？

四、计算题

12.21 试设计一非液体摩擦径向滑动轴承。已知径向载荷 $F_r=19250\text{N}$，轴颈直径为 $d=55\text{mm}$，转速 $n=30\text{r/min}$。

12.22 如图 12.29 所示为一对 7209AC 轴承承受径向载荷 $F_{r1}=8000\text{N}$，$F_{r2}=5000\text{N}$，试求当轴上作用的轴向载荷为 $F_A=2000\text{N}$ 时，轴承所受的轴向载荷 F_{a1} 与 F_{a2}？

12.23 某机器中使用单列深沟球轴承，其所受径向力为 $F_r=1500\text{N}$，轴向力为 $F_a=450\text{N}$，转速为 $n=1300\text{r/min}$，轴颈 $d=45\text{mm}$，预期使用寿命为 5000h，常温工作，载荷有中等冲击。试确定轴承型号。

12.24 图 12.30 所示的轴系采用一对 7209AC 轴承支承，轴上载荷 $F_R=7000\text{N}$，$F_A=890\text{N}$，转速 $n=970\text{r/min}$，常温工作，载荷系数 $f_p=1.2$，试计算轴承的基本额定寿命。

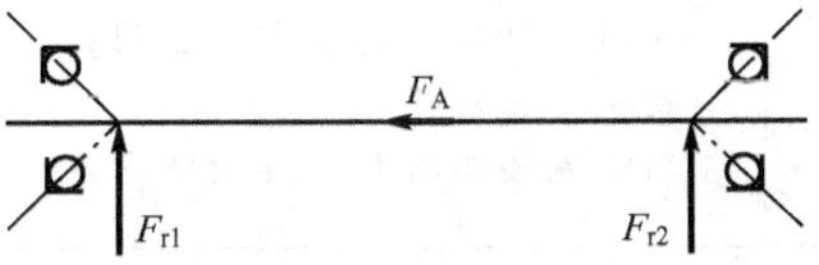

图 12.29 题 12.22 图

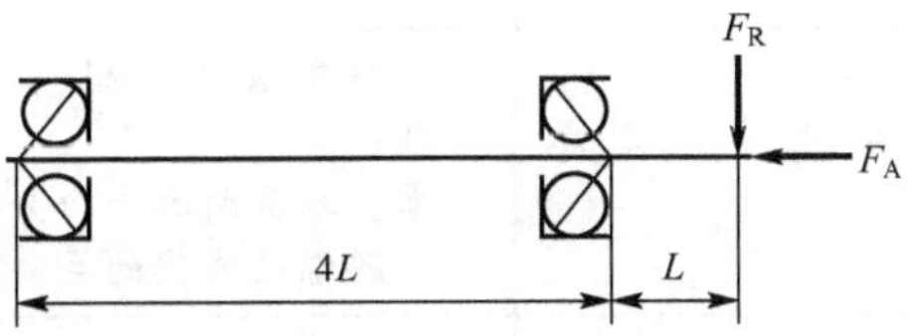

图 12.30 题 12.24 图

12.25 如图 12.31 所示，分析该斜齿轮轴系中的结构错误并改正之。齿轮用油润滑，轴承用脂润滑。

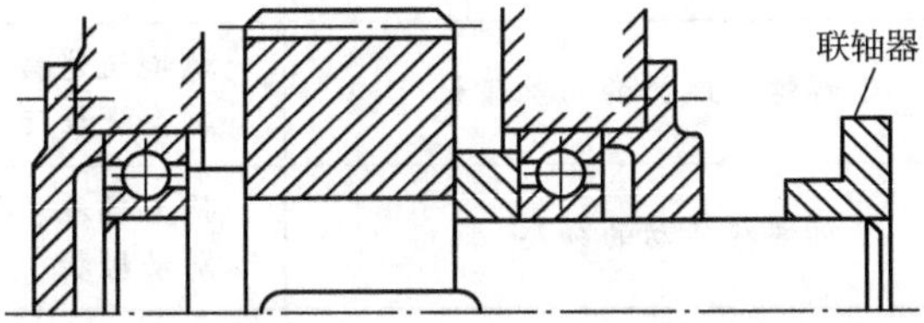

图 12.31 题 12.25 图

第13章 螺纹连接

本章教学要点

知识要点	掌握程度	相关知识
螺纹连接的基本知识	了解螺纹的类型、特点与主要参数； 掌握螺旋副的受力分析； 了解螺纹连接的主要类型	常用五种螺纹的特点和应用； 效率及自锁； 螺纹连接四种基本类型特点及应用
螺纹连接的预紧与防松	理解螺纹连接的预紧与防松	拧紧力矩的计算； 常用防松方法
螺纹连接的强度计算	掌握螺纹连接的强度计算	松螺栓连接强度计算； 紧螺栓连接强度计算； 铰制孔用螺栓强度计算
螺纹连接结构设计	了解螺纹连接的结构设计	螺栓组连接的结构设计； 单个螺栓连接的结构设计
螺旋传动	了解螺旋传动的分类	传力螺旋、传导螺旋、调整螺旋； 滑动螺旋、滚动螺旋、静压螺旋

导入案例

国内发明了一种自适应变导程螺旋传动机构。当驱动伸出物与滑套之间刚性连接时，构成滑动摩擦螺旋副；当驱动伸出物与滑套之间是转动连接时，构成滚动摩擦螺旋副。该机构仅依靠螺杆导程的变化，就可实现变速传动、非自锁传动与自锁传动相互切换等多种运动的组合，且只要是螺旋传动的场合就能适用，广泛应用于轨道车辆门系统的锁闭机构中。

13.1 螺纹连接的基础知识

13.1.1 螺纹的形成

如图 13.1 所示，将直角三角形(直角底边长为 πd_2)绕于直径为 d_2 的圆柱体上，其斜边即在圆柱体上形成螺旋线。使通过圆柱体轴线的平面型(三角形、矩形、梯形等)沿螺旋线运动，其在空间形成的轨迹即为螺纹。

现以圆柱普通螺纹的外螺纹为例说明螺纹的主要几何参数(图 13.2 所示)。

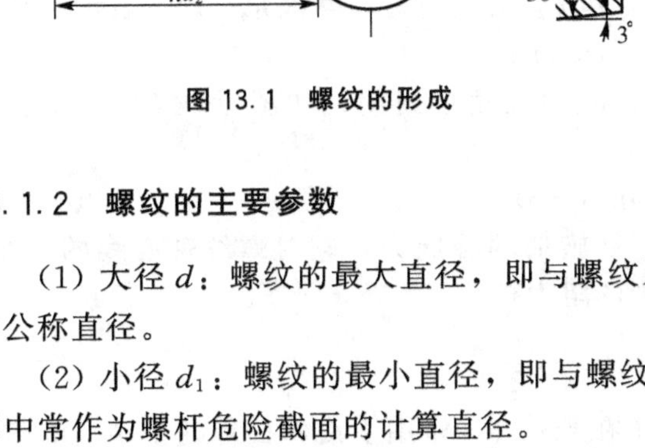

图 13.1 螺纹的形成

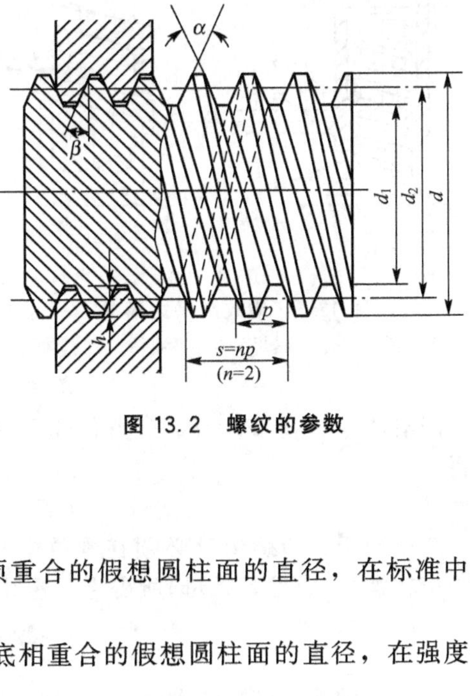

图 13.2 螺纹的参数

13.1.2 螺纹的主要参数

(1) 大径 d：螺纹的最大直径，即与螺纹牙顶重合的假想圆柱面的直径，在标准中定为公称直径。

(2) 小径 d_1：螺纹的最小直径，即与螺纹牙底相重合的假想圆柱面的直径，在强度计算中常作为螺杆危险截面的计算直径。

(3) 中径 d_2：通过螺纹轴向界面内牙型上的沟槽和凸起宽度相等处的假想圆柱面的直径。

(4) 线数 n：螺纹的螺旋线数目。图 13.2 所示为双线螺纹。

(5) 螺距 P：螺纹相邻两个牙型上对应点间的轴向距离。

(6) 导程 S：螺纹上任一点沿同一条螺旋线转一周所移动的轴向距离。单线螺纹 $S=P$，多线螺纹 $S=nP$。

(7) 螺纹升角 λ：螺纹中径圆柱面上螺旋线的切线与垂直于螺纹轴线的平面间的夹角。由图 13.1 可得

$$\lambda=\arctan\frac{S}{\pi d_2}=\arctan\frac{nP}{\pi d_2} \tag{13-1}$$

(8) 牙型角 α：螺纹轴向截面内，螺纹牙型两侧边的夹角。螺纹牙型的侧边与螺纹轴线的垂直平面的夹角称为牙侧角 β，对称牙型的牙侧角 $\beta=\alpha/2$。

(9) 螺纹接触高度 h：内外螺纹旋合后的接触面的径向高度。

(10) 螺纹的旋向：螺纹旋向可分为左旋和右旋，顺着螺纹轴线看，可见侧左边高的为左旋，右边高的为右旋。螺纹常用的旋向为右旋，如图 13.2 所示。

13.1.3 螺旋副的受力分析、效率和自锁

1. 矩形螺纹(牙侧角 $\beta=0°$)

图 13.3(a)所示为一矩形螺纹螺旋千斤顶。螺杆 4 不动，螺母 2 上装有手柄 3，当转动手柄使螺母上移时，升起托盘 1 上的重物 $\boldsymbol{F}_Q$。假设螺纹间的力集中作用在中径 d_2 处，则螺母可简化为沿螺旋面中径向上滑动的滑块(图 13.3(b))。将螺旋面沿中径展开得如图 13.4(a)所示的斜面，此时螺母的运动相当于一滑块在水平推力 $\boldsymbol{F}_t$ 和轴向载荷 $\boldsymbol{F}_Q$ 作用下沿斜面匀速移动。斜面的升角即为螺纹中径处的螺纹升角 λ。

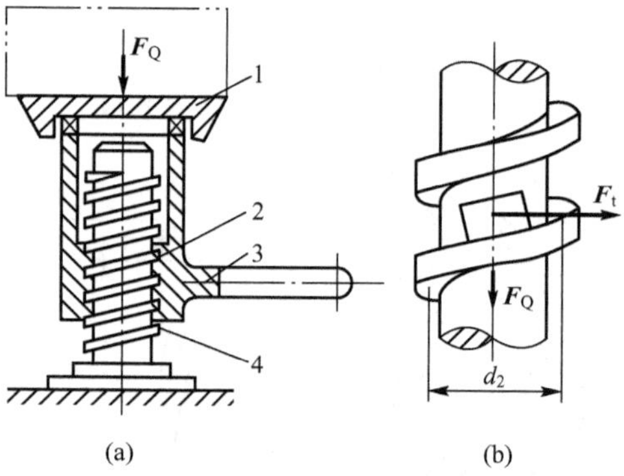

图 13.3 螺纹副受力情况

1—托盘；2—螺母；3—手柄；4—螺杆

作用于螺母的力有轴向载荷 $\boldsymbol{F}_Q$、水平力 $\boldsymbol{F}_t$、法向反力 $\boldsymbol{F}_N$ 和摩擦力 $\boldsymbol{F}_f$($\boldsymbol{F}_f=fN$，f 为摩擦因数)，$\boldsymbol{F}_N$ 和 $\boldsymbol{F}_f$ 的合力 $\boldsymbol{F}_R$ 称为总反力，F_R 和 F_N 的夹角称为摩擦角，用 ρ 表示，且有 $\rho=\arctan f$。

因滑块在 $\boldsymbol{F}_Q$、$\boldsymbol{F}_t$、$\boldsymbol{F}_R$ 三力作用下平衡，故力三角形封闭，如图 13.4(a)所示。由此得

$$F_t=F_Q\tan(\lambda+\rho) \tag{13-2}$$

$\boldsymbol{F}_t$ 相当于旋转螺母时必须在螺纹中径 d_2 处施加的圆周力，它对螺纹轴心线的力矩，即为旋转螺母(或拧紧螺母)所需克服螺纹副中的阻力矩

$$T=F_Q\tan(\lambda+\rho)\frac{d_2}{2} \tag{13-3}$$

当螺母做等速松退转动时，则相当于滑块在载荷 $\boldsymbol{F}_Q$ 作用下沿斜面等速下滑(图 13.4(b))，摩擦力 $\boldsymbol{F}_f$ 沿斜面向上，由力封闭三角形可知

$$F_t=F_Q\tan(\lambda-\rho) \tag{13-4}$$

作用在螺旋副上的相应力矩

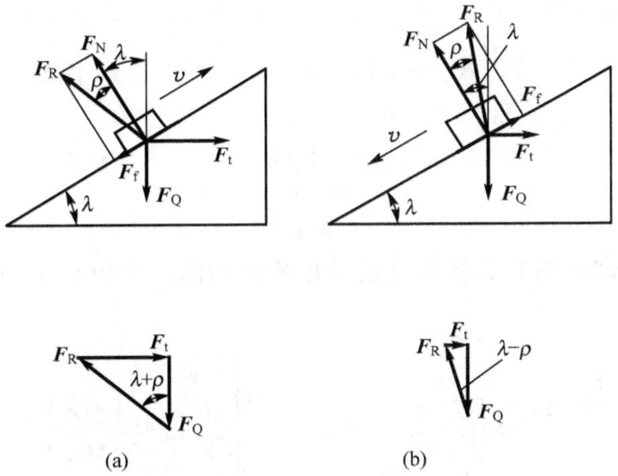

图 13.4 滑块沿斜面等速滑动的受力分析

$$T=F_Q\tan(\lambda-\rho)\frac{d_2}{2} \tag{13-5}$$

由式(13-4)、式(13-5)可见，若 $\lambda<\rho$，则 $F_t(T)$为负值，这就表明要使滑块(螺母)沿斜面下滑(松退)，就必须给滑块(螺母)施加一个驱动力(驱动力矩)，否则，无论轴向载荷 F_Q有多大，滑块(螺母)都不会在其作用下自行下滑(松退)，这种现象称为自锁。由此，可得出螺纹副的自锁条件为

$$\lambda\leqslant\rho \tag{13-6}$$

螺纹副的效率是有效功与输入功的比值。若按螺旋副转动一周计算，输入功为 $W_1=2\pi T$，有效功为 $W_2=F_QS$(S 为螺旋副的导程)，则可得螺旋副的效率为

$$\eta=\frac{W_2}{W_1}=\frac{F_QS}{2\pi T}=\frac{F_Q\pi d_2\tan\lambda}{2\pi F_Q\tan(\lambda+\rho)\frac{d_2}{2}}=\frac{\tan\lambda}{\tan(\lambda+\rho)} \tag{13-7}$$

将式(13-7)绘成曲线(图 13.5)，当 $\lambda\approx40°$时效率最高，但过大的升角使制造困难。由曲线图可见：当 $\lambda>25°$之后，效率的增长不明显，故通常取 λ 不超过 25°。

2. 非矩形螺纹(牙侧角 $\beta\neq0°$)

非矩形螺纹是指牙型斜角 $\beta\neq0°$的三角形螺纹、梯形螺纹和锯齿形螺纹等非矩形螺纹。

对比图 13.6(a)和(b)可知，若忽略螺纹升角的影响，在相同的轴向载荷 $\boldsymbol{F}_Q$ 作用下，非矩形螺旋副的法向力 $\boldsymbol{F}_n$ 比矩形螺纹大，$F_n=F_Q/\cos\beta$。若把法向力的增加看成摩擦因数的增大，则非矩形螺旋副的摩擦力可写为

$$F_nf=\frac{F_Qf}{\cos\beta}=F_Qf_v \tag{13-8}$$

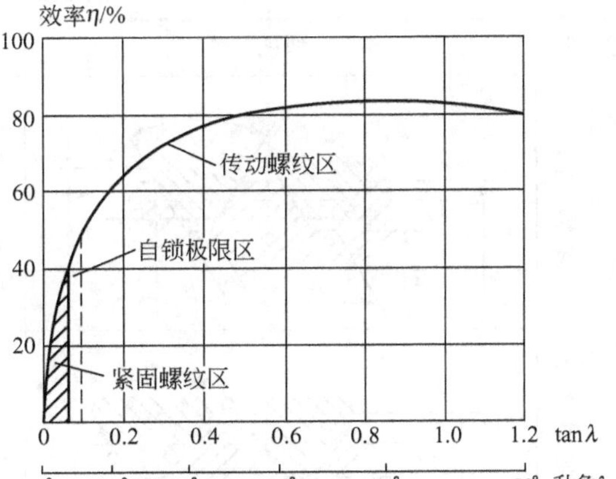

图 13.5 螺旋的效率曲线

式中：f_v——当量摩擦因数，$f_v=\frac{f}{\cos\beta}=\tan\rho_v$。$\rho_v$ 为当量摩擦角，$\rho_v=\arctan f_v$。

将式(13－3)、式(13－6)、式(13－7)中的 f、ρ 用 f_v、ρ_v 代替，即可得出非矩形螺纹副的效率和自锁条件

$$\eta=\frac{\tan\lambda}{\tan(\lambda+\rho_v)} \tag{13-9}$$

$$\lambda\leqslant\rho_v \tag{13-10}$$

［**思考题 13.1**］ 试证明具有自锁性能的螺旋传动的效率恒小于 50%？

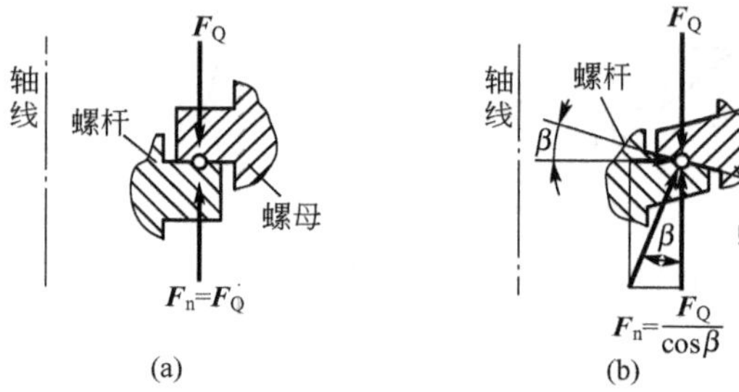

图 13.6　矩形螺纹与非矩形螺纹的法向力

13.2　螺纹的分类、特点及应用

螺纹有外螺纹和内螺纹之分，共同组成螺纹副。起连接作用的螺纹称为连接螺纹，起传动作用的螺纹称为传动螺纹。此外，螺纹又分为米制和英制两类，我国除管螺纹外，一般都采用米制螺纹。我国国家标准中，把牙型角 $\alpha=60°$的三角形米制螺纹称为普通螺纹，以大径 d 为公称直径。同一公称直径可以有多种螺距的螺纹，其中螺距最大的称为粗牙螺纹，其余都称为细牙螺纹。常用螺纹的类型、特点和应用参见表 13－1，除矩形螺纹外其他均已标准化。普通螺纹的基本尺寸见表 13－2，其余标准螺纹的基本尺寸可查阅有关手册。

表 13－1　常用螺纹的类型、特点和应用

类型		型图	特点和应用
连接螺纹	普通螺纹	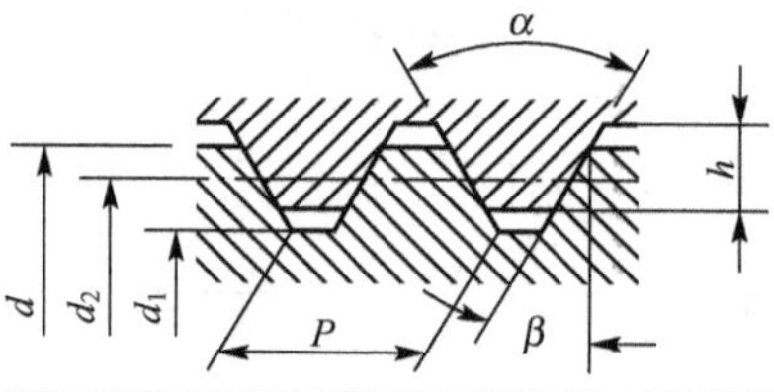	牙型角 $\alpha=60°$，当量摩擦因数大，自锁性能好。螺牙根部较厚，强度高，应用广泛，常用粗牙。细牙的螺距和升角小，自锁性能较好，但不耐磨易滑扣，常用于薄壁零件，或受动载荷和要求紧密性的连接
	圆柱管螺纹	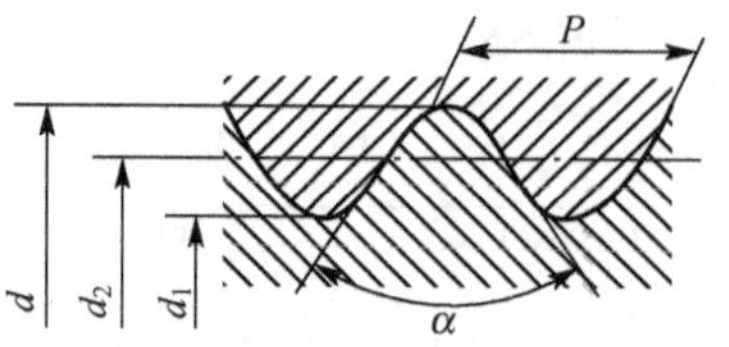	牙型角 $\alpha=55°$。公称直径近似为管子孔径，以英寸为单位，螺距以每英寸的牙数表示。牙顶牙底呈圆弧，牙高较小。螺纹副的内外螺纹间没有间隙，连接紧密，常用于低压的水、煤气、润滑或电线管路系统中的连接

（续）

类型		型图	特点和应用
传动螺纹	矩形螺纹	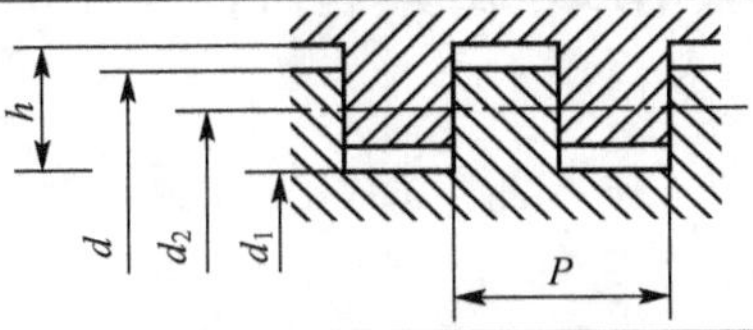	螺纹牙的剖面多为正方形，牙厚为螺距的一半，牙根强度较低。因其摩擦因数较小，效率较其他螺纹为高，故多用于传动。但难于精确加工，磨损后松动、间隙难以补偿，对中性差，常用梯形螺纹代替
	梯形螺纹	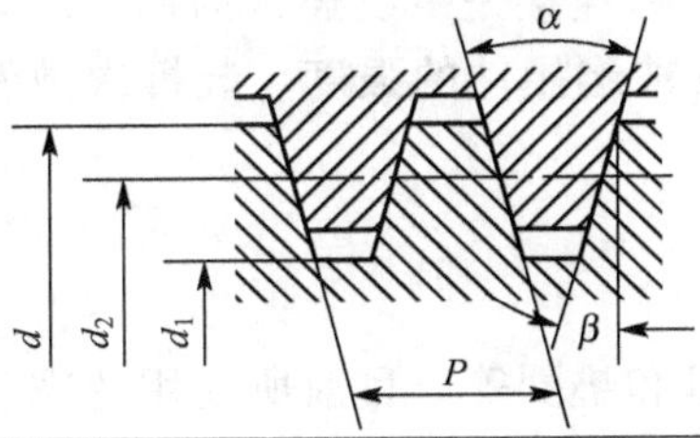	牙型角 $\alpha=30°$，效率虽较矩形螺纹低，但加工较易，对中性好，牙根强度较高，用剖分螺母时，磨损后可以调整间隙，故多用于传动
	锯齿形螺纹	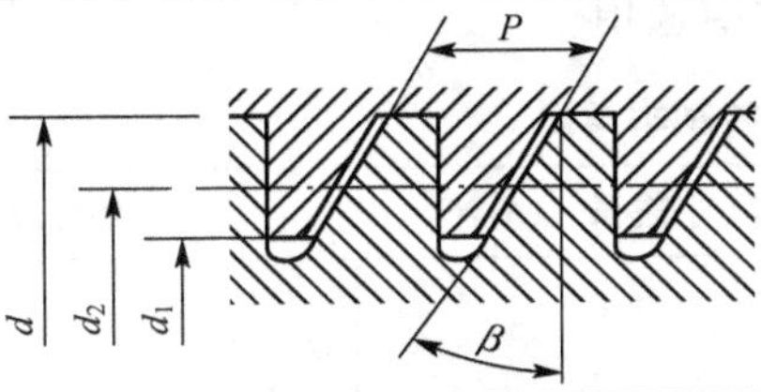	工作面的牙边倾斜角为3°，便于铣制；另一边为30°，以保证螺纹牙有足够的强度。它兼有矩形螺纹效率高和梯形螺纹牙强度高的优点，但只能用于承受单向载荷的传动

表13-2 普通螺纹基本尺寸优选系列(摘自GB/T 196—2003、GB/T 9144—2003)

单位：mm

公称直径 D、d		螺距 P	中径	小径	公称直径 D、d		螺距 P	中径	小径
第一选择	第二选择	粗牙	D_2、d_2	D_1、d_1	第一选择	第二选择	粗牙	D_2、d_2	D_1、d_1
3		0.5	2.675	2.459	24		3	22.051	20.752
	3.5	0.6	3.110	2.850		27		25.051	23.752
4		0.7	3.545	3.242	30		3.5	27.727	26.211
5		0.8	4.013	3.688		33		30.727	29.211
6		1	4.480	4.134	36		4	33.402	31.670
	7		5.350	4.917		39		36.402	34.670
8		1.25	7.188	6.647	42		4.5	39.077	37.129
10		1.5	9.026	8.376		45		42.077	40.129
12		1.75	10.863	10.106	48		5	44.752	42.587
	14	2	12.701	11.835		52		48.752	46.587
16			14.701	13.835	56		5.5	52.428	50.046
	18	2.5	16.376	15.294		60		56.428	54.046
20			18.376	17.294	64		6	60.103	57.505
	22		20.376	19.294					

注：细牙螺纹有关数据参见GB/T 196—2003。

13.3 螺纹连接的类型和螺纹紧固件

13.3.1 螺纹连接的基本类型

螺栓连接、双头螺柱连接、螺钉连接和紧定螺钉连接是螺纹连接的四种基本类型。它们的结构、特点和应用列于表13－3。设计时可按被连接件的强度、装拆次数及被连接件的厚度、结构尺寸等具体条件选用。

13.3.2 螺纹连接件

常见的螺纹连接件有螺栓、螺钉、螺柱、螺母和垫圈等，目前所使用的螺纹连接件基本已经标准化，设计时可按螺纹公称直径从标准中选用。

表13－3 螺纹连接基本类型

类型	结构图		尺寸关系	特点与应用
螺栓连接	普通螺栓连接	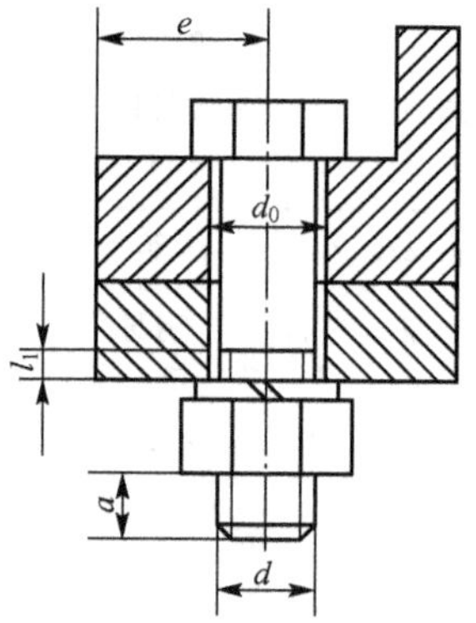	普通螺栓的螺纹余留长度 l_1 为 静载荷：$l_1 \geqslant (0.3 \sim 0.5)d$ 变载荷：$l_1 \geqslant 0.75d$ 铰制孔用螺栓的连接： $l_1 \approx d$ 螺纹伸出长度： $a=(0.2 \sim 0.3)d$ 螺纹轴线到边缘的距离： $e=d+(3 \sim 6)\mathrm{mm}$ 螺栓孔直径 d_0 普通螺栓：$d_0=1.1d$ 铰制孔用螺栓：d_0 按 d 查有关标准	被连接件无需切制螺纹，结构简单、装拆方便，应用广泛，通常用于被连接件不太厚和便于加工通孔的场合
	铰制孔用螺栓连接	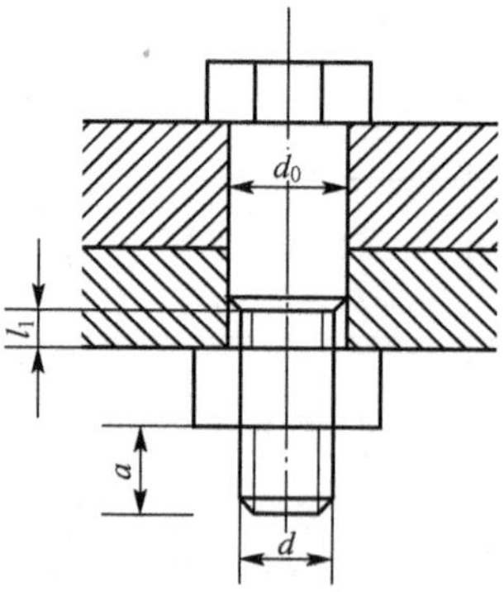		孔与螺栓杆之间没有间隙，采用基孔制过渡配合。用螺栓杆承受横向载荷或者固定被连接件的相对位置

（续）

类型	结构图	尺寸关系	特点与应用
螺钉连接	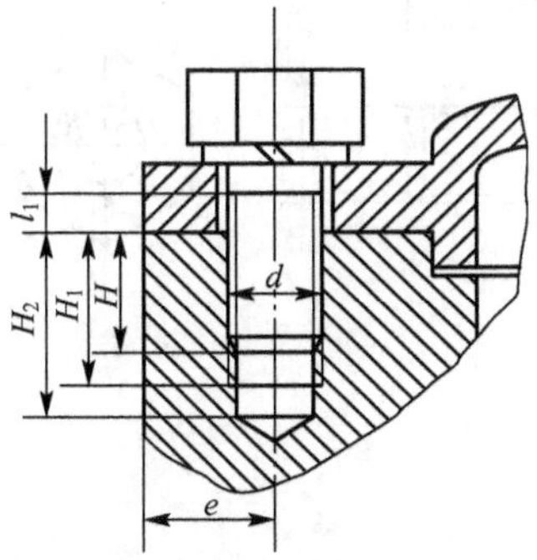	螺纹拧入深度 H： 钢或青铜：　$H \approx d$ 铸铁：$H=(1.25 \sim 1.5)d$ 铝合金：$H=(1.5 \sim 2.5)d$ 螺纹孔深度： $H_1=H+(2 \sim 2.5)P$（P 为螺距） 钻孔深度： $H_2=H_1+(0.5 \sim 1)d_1$ L_1、a、e 值与普通螺栓连接相同	不用螺母，直接将螺钉的螺纹部分拧入被连接件之一的螺纹孔中构成连接。其连接结构简单，用于被连接件之一较厚不便加工通孔的场合，但如果经常装拆时，易使螺纹孔产生过度磨损而导致连接失效
双头螺栓连接	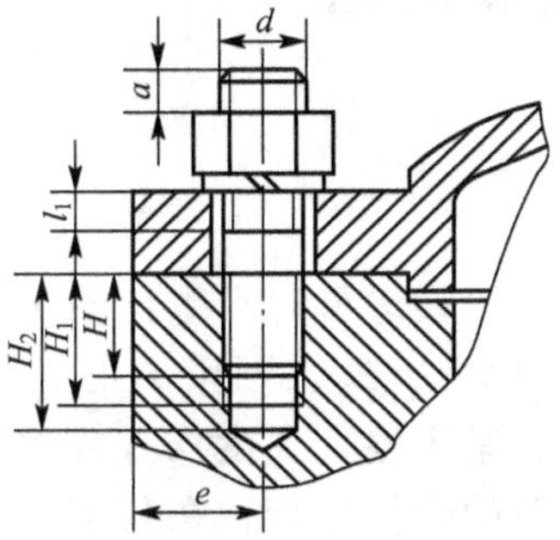		螺栓的一端旋紧在一被连接件的螺纹孔中，另一端则穿过另一被连接件的孔，通常用于被连接件之一太厚不便穿孔、结构要求紧凑或者经常装拆的场合
紧定螺钉连接	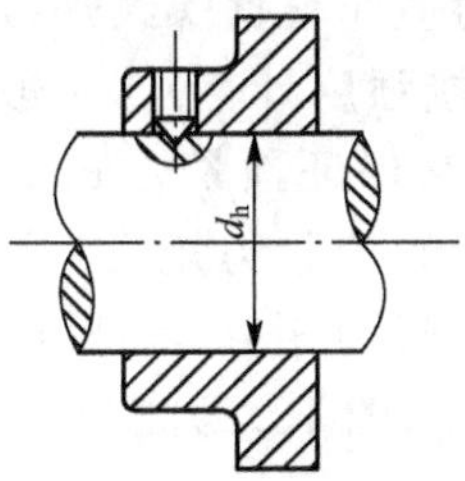	紧定螺钉直径 $d=(0.2 \sim 0.3)d_h$，当力和转矩较大时取较大值	螺钉的末端顶住零件的表面或者顶入该零件的凹坑中，将零件固定；它可以传递不大的载荷

(1) 螺栓：常用螺栓的头部形状为六角形，称为六角螺栓(图 13.7(a))。除此之外，还有内六角螺栓、方头螺栓等。

(2) 双头螺柱：双头螺柱(图 13.7(b))上旋入被连接件螺纹孔的一端称为旋入端或座端，另一端与螺母旋合，称为紧固端或螺母端。

(3) 螺钉、紧定螺钉：螺钉、紧定螺钉的头部有内六角头、十字槽头等多种形式(参看螺钉国家标准或有关手册)，以适应不同的拧紧程度和机械结构上的需求。紧定螺钉末端要顶住被连接件之一的表面或相应的凹坑(表 13－3 中紧定螺钉连接)，其末端有平端、锥端、圆尖端等各种形状。

(4) 螺母：螺母的形状有六角形(图 13.7(c))、圆形等，最常用的为六角形，它又分为厚型和薄型，薄螺母用于尺寸受到限制的地方，厚螺母用于经常装拆易于磨损之处。圆螺母常用于轴上零件的轴向固定。

(5) 垫圈：垫圈常放在螺母与被连接件之间，其作用是增加被连接件的支承面积以减小接触处的压强(尤其当被连接件材料强度较差时)和避免拧紧螺母时擦伤被连接件的表面或起防松作用。

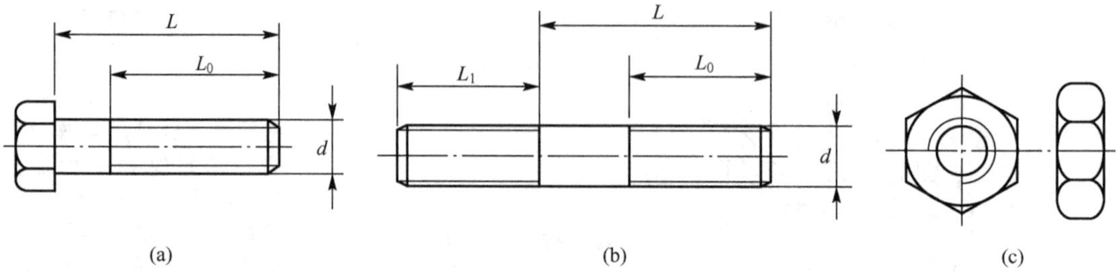

(a) (b) (c)

图 13.7 螺纹连接件

13.4 螺纹连接的预紧和防松

13.4.1 螺纹连接的预紧

在实用中，绝大多数螺纹连接在装配时都需要拧紧。拧紧螺母时沿螺栓轴线方向产生的力称为预紧力 F_0。预紧力的大小对连接的可靠性、紧密性、强度均有较大影响。因此，对重要的螺纹连接，在装配时要控制预紧力。预紧力值应根据螺纹连接工作要求确定(见螺纹连接强度计算)，一般是通过控制拧紧力矩 T_P 来保证预紧力 F_0。

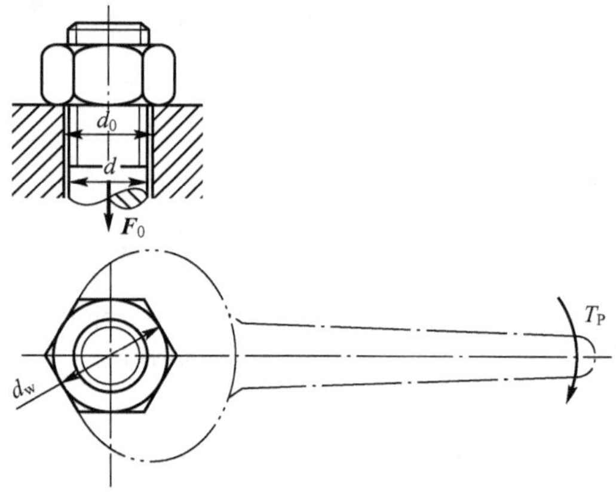

图 13.8 螺旋副的拧紧力矩

螺纹连接的拧紧力矩 T_P 等于克服螺纹副相对转动的阻力矩 T_1 和螺母支承面上的摩擦阻力矩 T_2(图 13.8)之和，即

$$T_P = T_1 + T_2 = F_0 \tan(\lambda + \rho_v)\frac{d_2}{2} + f_c F_0 r_f \tag{13-11}$$

式中：d_2——螺纹中径；

f_c——螺母与被连接件支承面之间的摩擦因数，无润滑时可取 $f_c=0.15$；

r_f——支承面摩擦半径，$r_f \approx \frac{d_w+d_0}{4}$，其中 d_w 为螺母支承面的外径，d_0 为螺栓孔直径(图 13.8)。

对于 M10～M68 的普通粗牙螺纹，若取 $f_v=\tan\rho_v=0.15$ 及 $f_c=0.15$，则式(13-11)可简化为

$$T_P \approx 0.2F_0 d \tag{13-12}$$

式中：d——螺纹公称直径(mm)。

为了充分发挥螺栓的工作能力和保证预紧可靠，螺栓的预紧应力一般可达材料屈服点的 50%～70%。

小直径的螺栓装配时应施加小的拧紧力矩，否则就容易将螺栓杆拉断。对重要的有强

度要求的螺栓连接，如无控制拧紧力矩的措施，不宜采用小于 M12 的螺栓。

通常螺纹连接拧紧的程度是凭工人经验来决定的。为了能保证质量，重要的螺纹连接应按计算值控制拧紧力矩，用测力矩扳手(图 13.9)或定力矩扳手(图 13.10)来获得所要求的拧紧力矩。对于一些更为重要的或大型的螺栓连接，可用控制螺栓在拧紧前后发生的伸长变形量来达到更精确的预紧力控制。

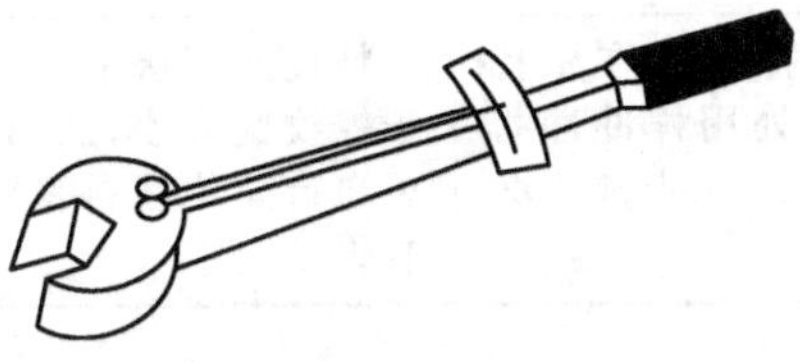

图 13.9 测力矩扳手

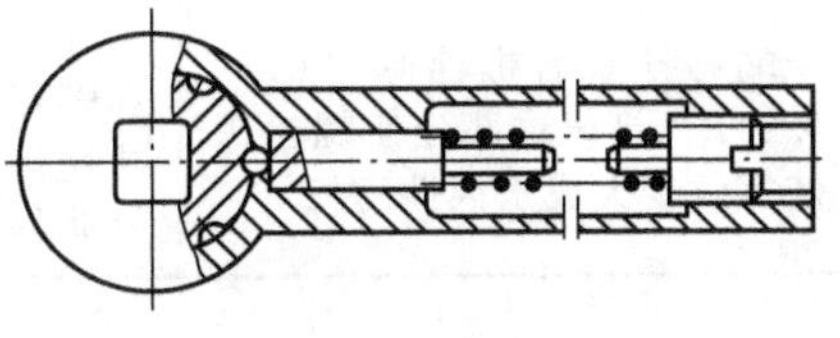

图 13.10 定力矩扳手

13.4.2 螺纹连接的防松

螺纹连接一般都能满足自锁条件不会自动松脱，但在冲击、振动或变载荷作用下，或在高温或温度变化较大的情况下，螺纹连接中的预紧力和摩擦力会逐渐减小或可能瞬时消失，导致连接失效。

防松的根本问题在于防止螺旋副相对转动。按工作原理的不同，防松方法分为摩擦防松、机械防松等，此外还有一些特殊的防松方法，常用的防松方法见表 13-4。

表 13-4 常用的防松方法

利用附加摩擦力防松		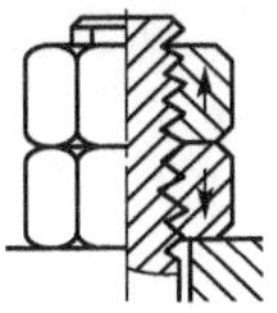	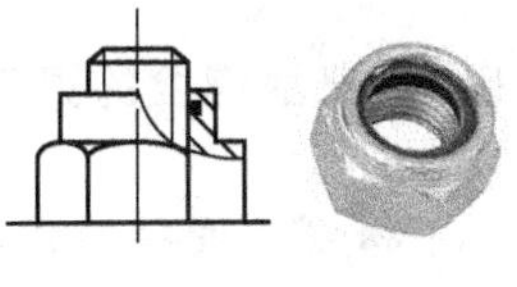
	弹簧垫圈式材料为弹簧钢，装配后垫圈被压平，靠错开的刃口分别切入螺母和被连接件，以及弹力保持的预紧力防松	对顶螺母利用两螺母对顶预紧使螺纹旋合部分(此处在工作中几乎不变型)始终受到附加的预拉力及摩擦力而防松	自锁螺母螺母尾部做得弹性较大(开槽或镶弹性材料)且螺纹中径比螺杆稍小，旋合后产生附加径向压力而防松
用专门防松元件防松	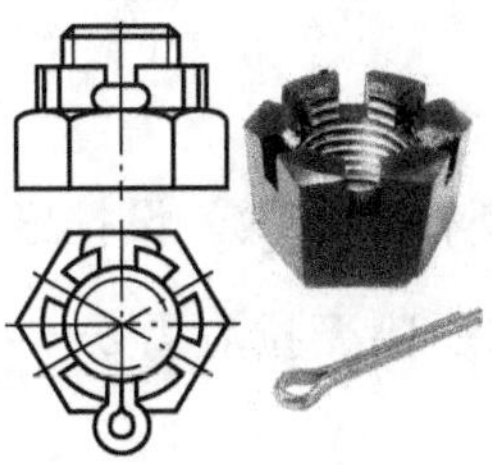	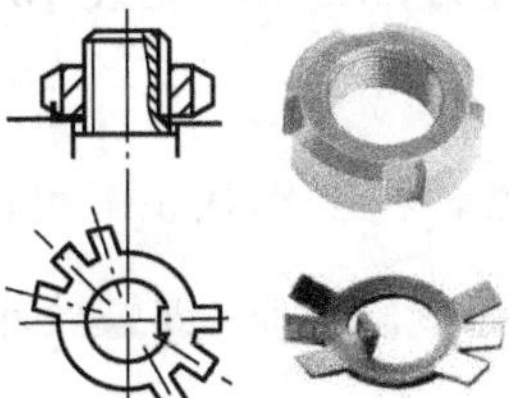	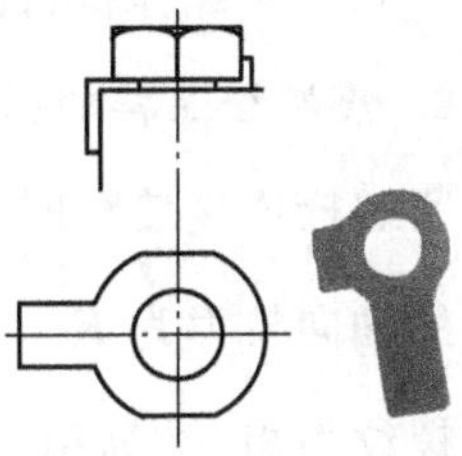
	槽型螺母与开口销螺母尾部开槽，拧紧后用开口销穿过螺母槽和螺栓的径向孔而可靠防松	圆螺母与止动垫圈垫圈内舌嵌入螺栓的轴向槽内，拧紧螺母后将垫圈外舌之一褶嵌入螺母的一个槽内	单耳止动垫圈在螺母拧紧后将垫圈一端褶起扣压到螺母的侧平面上，另一端褶下扣紧被连接件

（续）

其他方法防松	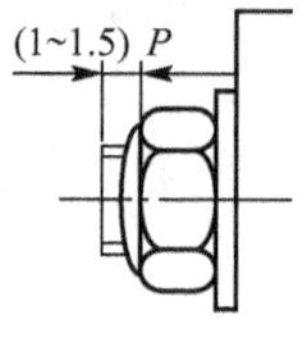	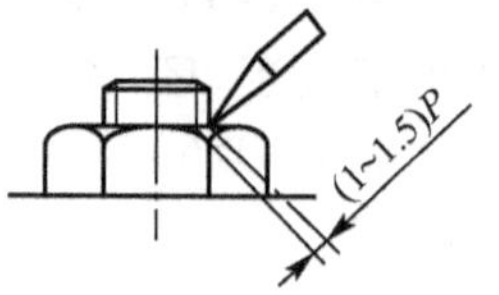	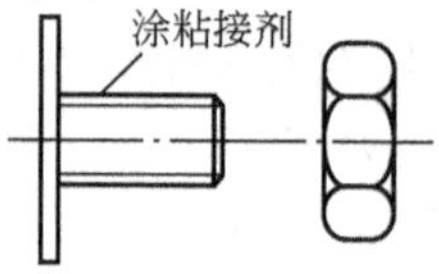
	端铆拧紧后螺栓露出(1～1.5)P，打压这部分使螺栓头使螺纹变大成永久性防松	冲点、焊点拧紧后在螺栓和螺母的骑缝处用样冲冲打或用焊具点焊2～3点成永久性防松	粘接剂用厌氧性粘接剂涂于螺纹旋合表面，拧紧螺母后自行固化获得良好的防松效果

13.5 螺纹连接强度计算

螺纹连接的强度计算主要以螺栓为例进行，螺栓连接的失效形式主要是指螺纹连接件的失效。对于受拉螺栓，其失效形式主要是螺纹部分的塑性变形和螺杆的疲劳断裂。对于受剪螺栓，其失效形式可能是螺栓杆被剪断或螺栓杆和孔壁的贴合面被压溃。

螺栓连接的强度计算主要是确定或验算最危险截面的尺寸(一般是螺纹小径 d_1)，其他尺寸按标准选择，与螺栓相配的螺母、垫圈等的结构尺寸是按等强度原则确定的，一般直接按螺栓的公称尺寸由标准选取。本节主要讨论单个螺栓连接的强度计算，它也适用于双头螺柱和螺钉连接。

13.5.1 普通螺栓的强度计算

1. 松螺栓连接的强度计算

松螺栓连接即螺母、螺栓和被连接件不需要拧紧的连接形式，图 13.11 所示起重吊钩为松螺栓连接的典型实例。如已知螺杆所受最大拉力为 F_a，则螺纹部分的强度条件为

$$\sigma=\frac{F_a}{\pi d_1^2/4}\leqslant[\sigma] \tag{13-13}$$

式中：d_1——螺纹小径(mm)；

$[\sigma]$——螺栓材料的许用应力(MPa)，见表 13-6、表 13-7。

2. 紧螺栓连接的强度计算

紧螺栓连接装配时需要拧紧，在工作状态下可能还需要补充拧紧。设拧紧螺栓时螺杆承受的轴向拉力为 F_a。这时螺栓危险截面(即螺纹小径 d_1 处)除受拉应力 $\sigma=\frac{F_a}{\pi d_1^2/4}$外，还受到螺纹力矩 T_1 所引起的扭切应力

$$\tau=\frac{T_1}{\pi d_1^3/16}=\frac{F_a\tan(\lambda+\rho_v)\cdot d_2/2}{\pi d_1^3/16}=\frac{2d_2}{d_1}\tan(\lambda+\rho_v)\frac{F_a}{\pi d_1^2/4}$$

对于 M10～M68 的普通螺纹，取 d_2/d_1 和 λ 的平均值，并取 $\tan\rho_v=f_v=0.15$，得 $\tau\approx 0.5\sigma$。按第四强度理论(最大变形能理论)，当量应力 σ_e 为

$$\sigma_e=\sqrt{\sigma^2+3\tau^2}=\sqrt{\sigma^2+3(0.5\sigma)^2}\approx1.3\sigma$$

故螺栓螺纹部分的强度条件为

$$\frac{1.3F_a}{\pi d_1^2/4}\leqslant[\sigma] \tag{13-14}$$

或

$$d_1\geqslant\sqrt{\frac{5.2F_a}{\pi[\sigma]}} \tag{13-15}$$

式中：$[\sigma]$——螺栓材料的许用应力(MPa)，见表13-6、表13-7、表7-8。

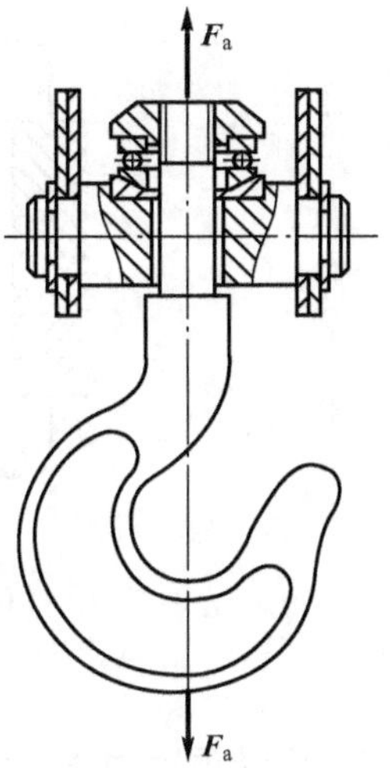

图13.11 吊钩的螺纹连接

1) 仅承受预紧力 F_0 的紧螺栓连接

图13.12中靠摩擦力传递横向载荷 F_R 的紧螺栓连接和图13.13中靠摩擦力传递转矩 T 的紧螺栓连接都属于这一类，螺栓与孔之间留有间隙。预紧力 F_0(不承受轴向工作载荷的螺栓，$F_a=F_0$)的大小可根据保证连接的接合面不发生相对滑移的条件来确定，亦即接合面间所产生的最大摩擦力(或摩擦力矩)必须大于或等于横向载荷 F_R(或转矩 T)，即

$$zfmF_0\geqslant CF_R \tag{13-16}$$

或

$$zfF_0\frac{D_0}{2}\geqslant CT \tag{13-17}$$

由式(13-16)得到

$$F_0\geqslant\frac{CF_R}{zfm} \tag{13-18}$$

或由式(13-17)得

$$F_0\geqslant\frac{2CT}{zfD_0} \tag{13-19}$$

式中：f——接合面间摩擦因数。对于钢铁零件，干燥表面 $f=0.10\sim0.16$，有油的表面 $f=0.06\sim0.10$；对钢结构件，$f=0.3\sim0.55$。

m——接合面数；

z——螺栓数目；

C——可靠性系数，一般为1.1～1.5。

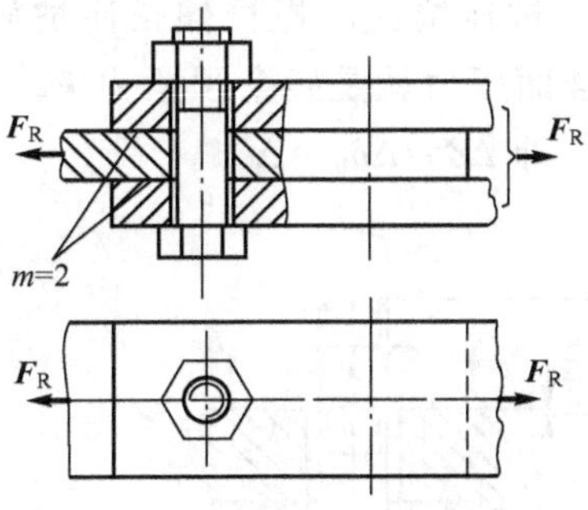

图13.12 受横向载荷的螺栓连接

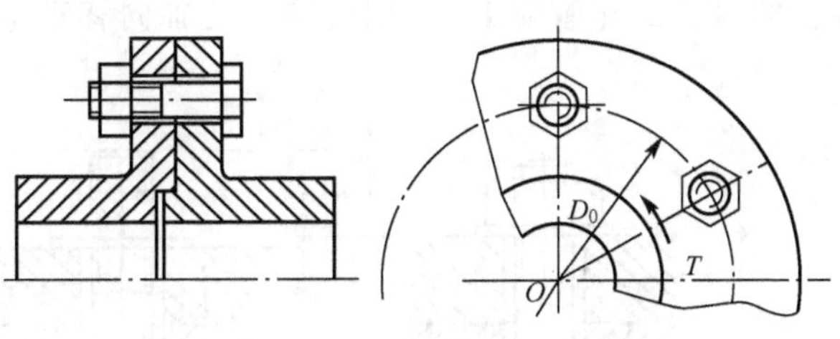

图13.13 受旋转矩的螺栓连接

这种靠摩擦力来承担横向工作载荷时，要求保持较大的预紧力，结果必然使螺栓的尺寸增加。此外，有振动、冲击时，由于摩擦力的不稳定，有可能出现松脱。为了避免上述缺陷，可以用各种减载装置来承担横向工作载荷(图13.14)。

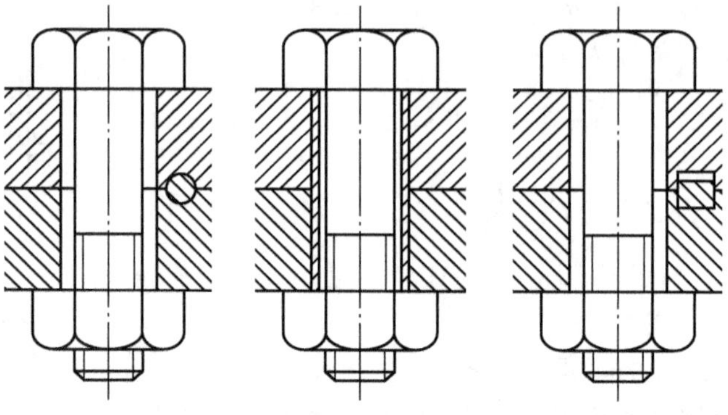
(a) 减载健　　(b) 减载套筒　　(c) 减载销

图 13.14　减载装置

2）承受预紧力 $\boldsymbol{F}_0$ 和工作拉力 $\boldsymbol{F}_E$ 的紧螺栓连接

图 13.15 所示的压力容器盖螺栓组连接，是螺栓既受预紧力又受工作拉力的典型结构。为保证容器的密封性，螺栓首先要预紧，即受预紧力 $\boldsymbol{F}_0$ 作用。设容器工作压力为 p，螺栓个数为 z，则缸体周围每个螺栓处平均承受的工作载荷为 $F_E=\frac{p\pi D^2}{4z}$。

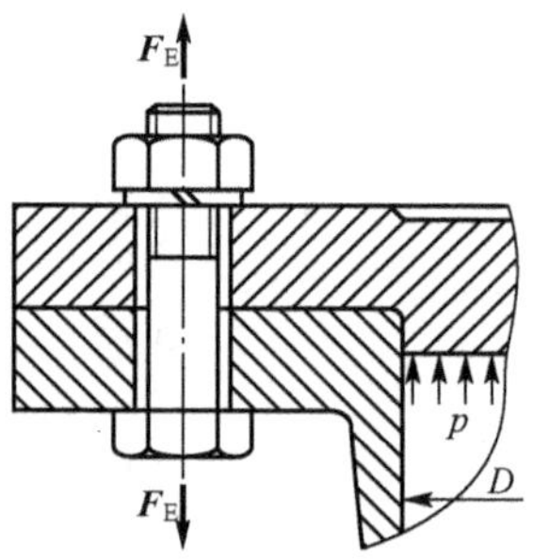

图 13.15　压力容器螺栓

这种紧螺栓连接承受工作拉力 $\boldsymbol{F}_E$ 后，螺栓实际承受的总拉力 $\boldsymbol{F}_a$ 并不等于预紧力 $\boldsymbol{F}_0$ 与 $\boldsymbol{F}_E$ 之和。现取其中一个螺栓分析总拉力 $\boldsymbol{F}_a$ 的大小。

图 13.16 所示为单个螺栓连接在承受工作拉力前后的受力及变形情况。图 13.16(a)所示是螺母刚好拧到和被连接件接触，此时，螺栓和被连接件都不受力，没有变形。图 13.16(b)所示是按规定的预紧力 $\boldsymbol{F}_0$ 安装，但尚未承受工作拉力 $\boldsymbol{F}_E$。此时，螺栓受预紧力 $\boldsymbol{F}_0$ 作用，其伸长量为 δ_b。相反，被连接件在 $\boldsymbol{F}_0$ 的压缩作用下，其压缩量为 δ_m。图 13.16(c)所示是承受工作拉力后的情况。当螺栓受工作拉力 $\boldsymbol{F}_E$ 后，其伸长量增加 $\Delta\delta_b$，总伸长量为 $\delta_b+\Delta\delta_b$，相应的拉力就是螺栓所受的总拉力 $\boldsymbol{F}_a$。与此同时，被连接件因螺栓伸长而被放松，其压缩量随之减少 $\Delta\delta_m$ 而成为 $\delta_m-\Delta\delta_m$，与此相应的接合面压力就是残余预紧力 $\boldsymbol{F}_R$。$\Delta\delta_b$ 和 $\Delta\delta_m$ 均等于工作载荷 $\boldsymbol{F}_E$ 作用时螺母的轴向移动量 $\Delta\delta$，即 $\Delta\delta=\Delta\delta_b=\Delta\delta_m$。

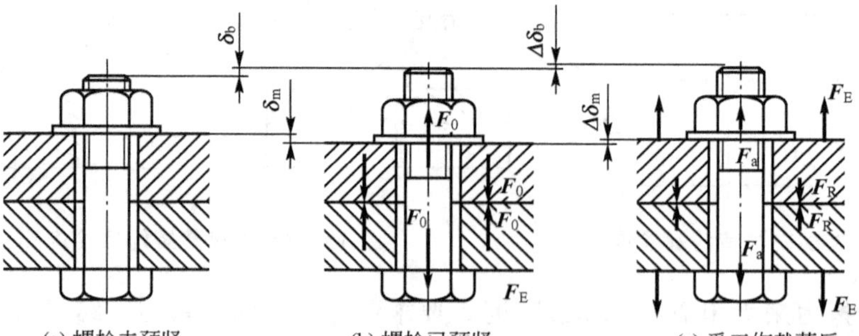

(a) 螺栓未预紧　　(b) 螺栓已预紧　　(c) 受工作载荷后

图 13.16　螺栓和被连接件的受力和变形

由于力的相互作用，残余预紧力 $\boldsymbol{F}_R$ 和工作拉力 $\boldsymbol{F}_E$ 一起作用在螺栓上，所以螺栓所受的总拉力 $\boldsymbol{F}_a$ 为

$$F_a = F_E + F_R \tag{13-20}$$

从上述分析可知，在这种受载状态下，压力容器的密封性或连接的紧密性取决于残余预紧力 F_R。推荐采用的 F_R 为：对于有密封性要求的连接，$F_R=(1.5\sim1.8)F_E$；对于一般连接，工作载荷稳定时，$F_R=(0.2\sim0.6)F_E$；工作载荷不稳定时，$F_R=(0.6\sim1.0)F_E$；对于地脚螺栓连接，$F_R \geqslant F_E$。

设计计算时，可先根据连接的工作要求选定残余预紧力 F_R，然后按式(13-20)求出螺栓所受的总拉力 F_a，按式(13-15)确定螺栓直径。

确定出螺栓直径后，安装时施加多大的预紧力 F_0，才能保证在工作拉力 F_E 作用下残余预紧力 F_R 符合选定值？这就要求建立预紧力 F_0 和残余预紧力 F_R 之间的关系。

螺栓的预紧 F_0 与残余预紧力 F_R 的关系可由螺栓连接受力和变形关系推出。

若零件的变形在弹性范围内，则图 13.17(a)、(b)分别表示螺栓和被连接件的预紧力 F_0 与 δ_b 和 δ_m 的关系。从图可知，螺栓刚度 $k_b=F_0/\delta_b$，被连接件刚度 $k_m=F_0/\delta_m$。在连接没受工作拉力 F_E 之前，螺栓和被连接件同受预紧力 F_0。当受工作拉力 F_E 后，螺栓和被连接件的变形协调，所以可将图 13.17(a)、(b)两图合并为图 13.17(c)。由图 13.17(c)可得

$$F_0 = F_R + \Delta F_m = F_R + k_m \Delta\delta$$
$$F_a = F_0 + \Delta F_b = F_0 + k_b \Delta\delta$$

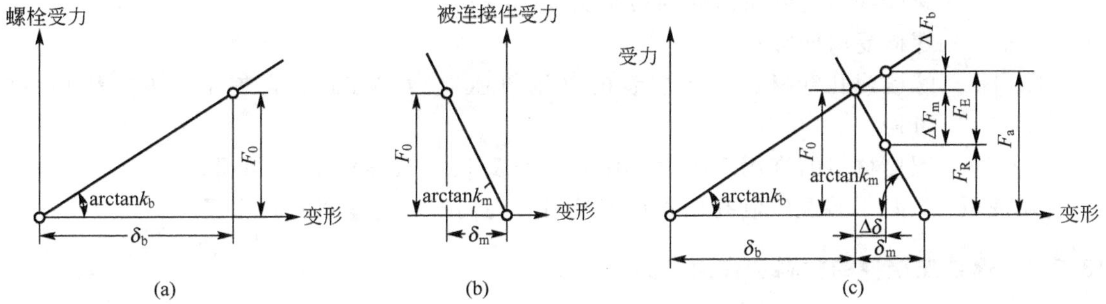

图 13.17 紧连接螺栓连接的受力变形线图

而 $F_E=\Delta\delta(k_b+k_m)$，即 $\Delta\delta=F_E/(k_b+k_m)$，代入上式得

$$F_0 = F_R + \frac{k_m}{k_b+k_m}F_E = F_R + \left(1-\frac{k_b}{k_b+k_m}\right)F_E \tag{13-21}$$

从而也可得出螺栓总拉力 F_a 的另一种表达式

$$F_a = F_0 + \frac{k_b}{k_b+k_m}F_E \tag{13-22}$$

式中：$\dfrac{k_b}{k_b+k_m}$——螺栓连接的相对刚度，见表 13-5。

表 13-5 螺栓连接的相对刚度

被连接钢板间所用垫片类别	金属垫片(或无垫片)	皮革垫片	铜皮石棉垫片	橡胶垫片
$k_b/(k_b+k_m)$	0.2～0.3	0.7	0.8	0.9

根据式(13－21)可求出安装时的预紧力 F_0，再按式(13－12)求出拧紧力矩 T_P。

[思考题 13.2] 受到轴向外载荷作用的紧螺栓连接在什么情况下 $F_a=F_E+F_0$？

[思考题 13.3] 紧螺栓连接与松螺栓连接相比，受到的应力有何区别？

13.5.2 铰制孔用螺栓连接的强度计算

图 13.18 所示为受横向载荷的铰制孔用螺栓连接形式，这种连接的受力形式为：在被连接件的接合面处螺栓杆受剪切；螺栓杆表面与孔壁之间受挤压。因此，应分别按挤压强度和抗剪强度计算。

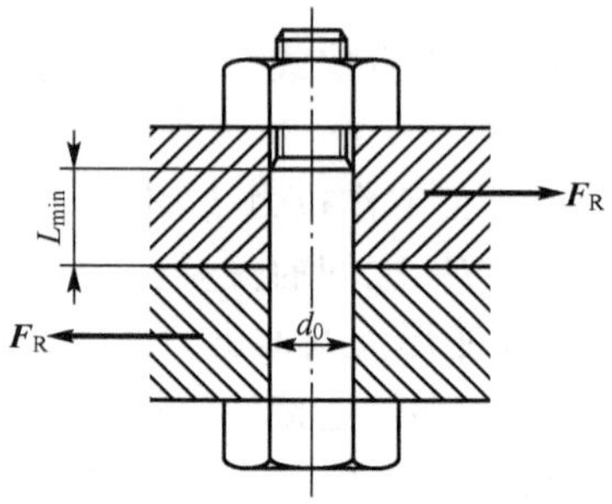

图 13.18 铰制孔用螺纹连接

螺栓杆与孔壁的挤压强度条件为

$$\sigma_P=\frac{F_R}{d_0 L_{min}}\leqslant[\sigma_P] \tag{13-23}$$

螺栓杆的抗剪强度条件为

$$\tau=\frac{F_R}{m\pi d_0^2/4}\leqslant[\tau] \tag{13-24}$$

式中：F_R——横向载荷(N)；

d_0——螺栓剪切面的直径(mm)；

L_{min}——螺栓杆与孔壁挤压面的最小高度(mm)；

m——螺栓受剪面数；

$[\sigma_P]$——螺栓或孔壁材料中较弱者的许用挤压应力(MPa)，查表 13－6、表 13－7 可得；

$[\tau]$——螺栓材料的许用切应力(MPa)，查表 13－6、表 13－7 可得。

[思考题 13.4] 装配铰制孔用螺栓连接时，为何不必将螺母拧得很紧？

13.5.3 螺纹连接件的材料和许用应力

螺纹连接件的常用材料为碳钢和合金钢。国家标准规定螺纹连接件按材料的机械性能分级，螺栓性能等级代号由点隔开的两部分数字组成，“·”之前的数字表示螺栓材料的公称抗拉强度(R_m)的 1/100，“·”之后的数字表示公称屈服强度(R_{eL})与公称抗拉强度(R_m)比值的 10 倍。

表 13－6 所示为螺纹连接件力学性能等级，螺栓连接的许用应力和安全系数可从表 13－7 和表 13－8 中查取。

表 13－6 螺栓、螺钉和螺柱的力学性能等级(摘自 GB/T 3098.1—2010)

机械或物理性能		性能等级									
		4.6	4.8	5.6	5.8	6.8	8.8 $d\leqslant$M16	8.8 $d>$M16	9.8 $d\leqslant$M16	10.9	12.9
抗拉强度 R_m/MPa	公称值	400		500		600	800		900	1000	1200
屈服强度 R_{eL}/MPa	公称值	240	320	300	400	480	640		720	900	1080

（续）

机械或物理性能	性能等级									
	4.6	4.8	5.6	5.8	6.8	8.8 $d\leqslant$M16	8.8 $d>$M16	9.8 $d\leqslant$M16	10.9	12.9
布氏硬度/HBW	114	124	147	152	181	245	250	286	316	380
材料和热处理	碳钢或添加元素的碳钢					添加元素的碳钢、碳钢、合金钢淬火并回火				添加元素的碳钢、合金钢淬火并回火

表 13-7 螺纹连接的许用应力

连接情况	受载情况	许用应力和安全系数
松连接	轴向静载荷	$[\sigma]=R_{eL}/S$，$S=1.2\sim1.7$
紧连接	轴向载荷 横向载荷	$[\sigma]=R_{eL}/S$，S 取值：控制预紧力时 $S=1.2\sim1.5$，不控制预紧力时 S 查表 13-8
铰制孔用螺栓连接	横向静载荷	$[\tau]=R_{eL}/2.5$ 被连接件为钢时 $[\sigma_P]=R_{eL}/1.25$，被连接件为铁时 $[\sigma_P]=R_m/2\sim2.5$
	横向变载荷	$[\tau]=R_{eL}/(3.5\sim5)$ $[\sigma_P]$ 按横向静载荷的 $[\sigma_P]$ 值降低 20%～30%

表 13-8 不控制预紧力时紧螺栓连接的安全系数 S

材料	静载荷			变载荷	
	M6～M16	M16～M30	M30～M60	M6～M16	M16～M30
碳钢	5～4	4～2.5	2.5～2	12.5～8.5	8.5
合金钢	5.7～5	5～3.4	3.4～3	10～6.8	6.8

由表 13-8 可知，不控制预紧力的紧螺栓连接的许用应力与螺栓直径有关。在设计时，通常螺栓的直径是未知的，因此要用试算法：先假定一个公称直径 d，根据这个直径查出许用应力，按式(13-15)计算出螺栓的小径 d_1，由 d_1 查取公称直径 d，若该公称直径与原先假定的公称直径相差较大，应重新计算，直到两者相近。

13.5.4 螺栓组设计计算实例

[例 13.1] 图 13.19(a)所示为一钢板采用两个普通螺栓固定在钢制立柱上，已知载荷 $F=4800$N，载荷作用位置和连接尺寸如图所示，试设计此螺栓组连接。

解：1. 螺栓连接的受力分析

首先将载荷 P 移至螺栓组连接的对称中心，根据力等效作用原理，相当于螺栓组连接受载荷 P 和转矩 T 作用(图 13.19(b))。载荷 P 和转矩 T 都使被连接件在垂直螺栓轴线平面上产生位置错动，对螺栓连接都产生横向载荷(图 13.19(c))。

由载荷 P 产生的横向载荷 F_P

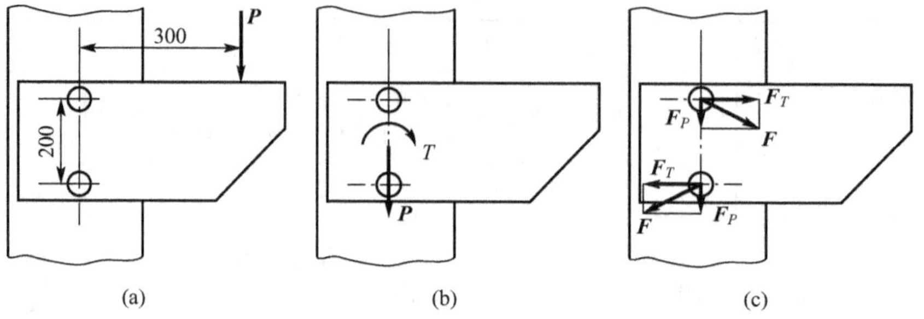

(a) (b) (c)

图 13.19 例 13.1 图

$$F_P=\frac{P}{2}=2400\text{N}$$

由转矩 T 产生的横向载荷 F_T

$$F_T=\frac{T}{2\times100}=\frac{4800\times300}{2\times100}\text{N}=7200\text{N}$$

单个螺栓连接所受横向载荷 F

$$F=\sqrt{F_P^2+F_T^2}=\sqrt{2400^2+7200^2}\text{N}=7589\text{N}$$

因选用的是普通螺栓连接，靠预紧力 F_0 产生摩擦力平衡横向载荷 F。求螺栓预紧力 F_0。

2. 螺栓预紧力

由式（13-18）得连接不滑移条件 $fF_0\geqslant CF$，取 $C=1.2$，$f=0.3$，得

$$F_0\geqslant\frac{CF}{f}=\frac{1.2\times7589}{0.3}\text{N}=30356\text{N}$$

3. 确定螺栓直径

螺栓材料按表 13-6 选择性能等级为 4.6 级，材料屈服强度 $R_{eL}=240\text{MPa}$；由表 13-7 按静载荷控制预紧力，取安全系数 $S=1.5$，故螺栓材料的许用应力 $[\sigma]=\frac{R_{eL}}{S}=\frac{240}{1.5}\text{MPa}=160\text{MPa}$。根据式(13-15)求得螺栓小径为

$$d_1\geqslant\sqrt{\frac{5.2F_0}{\pi[\sigma]}}=\sqrt{\frac{5.2\times30356}{\pi\times160}}\text{mm}=17.72\text{mm}$$

在表 13-2 中查出：粗牙普通螺纹公称直径 $d=24\text{mm}$，螺纹小径 $d_1=20.752\text{mm}>17.72\text{ mm}$，选用 M24 普通螺栓合适。

4. 安装时预紧力矩

$$T_P\approx0.2F_0d=0.2\times30356\times24=145708\text{N}\cdot\text{mm}=145.7\text{N}\cdot\text{m}$$

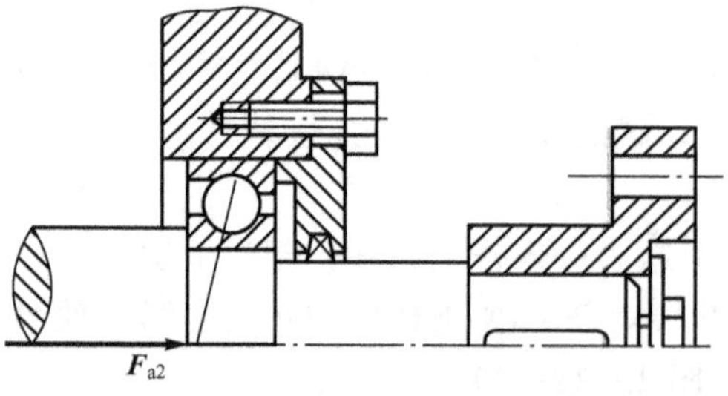

图 13.20 例 13.2 图

由设计结果可知，当横向载荷较大时，用普通螺栓连接需要的尺寸较大，可以考虑用铰制孔用螺栓连接。

[例 13.2] 图 13.20 所示为例 12.4 中一级齿轮减速器输出轴轴承端盖的螺钉连接。按例 12.4，已知轴承轴向载荷 $F_{a2}=8340\text{N}$，试设计此螺钉组连接。

解： 按端盖尺寸，初选用 6 个螺钉连接。

1）求螺钉工作拉力 F_E

$$F_E=\frac{F_{a2}}{z}=\frac{8340}{6}\text{N}\approx 1390\text{N}$$

2）求螺钉总拉力 F_a

按端盖与箱体之间有密封性要求，选 $F_R=1.5F_E$，则

$$F_a=F_R+F_E=1.5F_E+F_E=2.5F_E=2.5\times 1390\text{N}\approx 3475\text{N}$$

3）求螺钉小径

螺钉材料按表 13－6 选择性能等级为 6.8 级，材料屈服强度 $R_{eL}=480\text{MPa}$，采用碳钢；由表 13－7 考虑减速器的启动和停车等，按变载荷且安装时不控制预紧力，按表 13－8 暂取安全系数 $S=9.5$，故螺栓材料的许用应力 $[\sigma]=\frac{R_{eL}}{S}=\frac{480}{9.5}\text{MPa}\approx 50.5\text{MPa}$。根据式(13－15)求得螺栓小径为

$$d_1\geqslant\sqrt{\frac{5.2F_0}{\pi[\sigma]}}=\sqrt{\frac{5.2\times 3475}{\pi\times 50.5}}\text{mm}\approx 10.67\text{mm}$$

在表 13－2 中查出：粗牙普通螺纹公称直径 $d=14\text{mm}$，螺纹小径 $d_1=11.835\text{mm}>10.67\text{mm}$，按照表 13－8 可知选用安全系数 $S=9.5$ 是正确的。选用 M14 普通螺钉合适。

13.6 螺纹连接结构设计

1. 螺栓组连接的结构设计

绝大多数螺栓都是成组使用的。设计螺栓组连接结构时，力求各螺栓和连接接合面间受力均匀，便于加工和装配。具体应考虑以下几方面的问题。

(1) 连接接合面的几何形状通常都应设计成轴对称的简单几何形状，如图 13.21 所示。这样不但便于加工制造，而且便于对称布置螺栓，使螺栓组的对称中心和连接接合面的形心重合，从而保证接合面受力比较均匀。

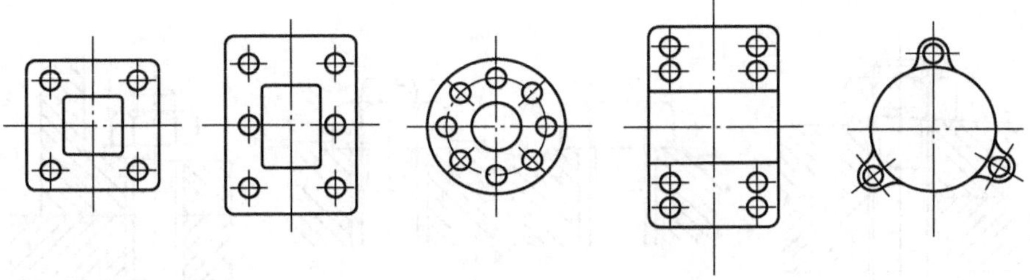

图 13.21 螺栓组连接接合面几何形状

(2) 螺栓的布置应使各螺栓的受力合理。对于铰制孔用螺栓连接，不要在平行于工作载荷的方向上成排地布置八个以上的螺栓，以免载荷分布过于不均。当螺栓连接承受弯矩或转矩时，应使螺栓的位置适当靠近连接接合面的边缘，以减小螺栓的受力(图 13.22)。

(3) 螺栓布置应留有合理的间距、边距，以便扳手转动。扳手空间的尺寸 A、B、C(图 13.23)可查阅有关标准。对于压力容器等紧密性要求较高的重要连接，螺栓的间距 t_0

不得大于表 13－9 所推荐的数值。

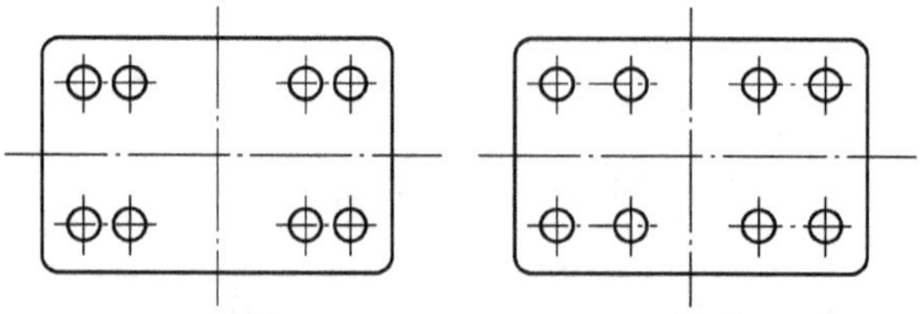

(a) 合理　　(b) 不合理

图 13.22　接合面受弯矩或转矩时螺栓的布置

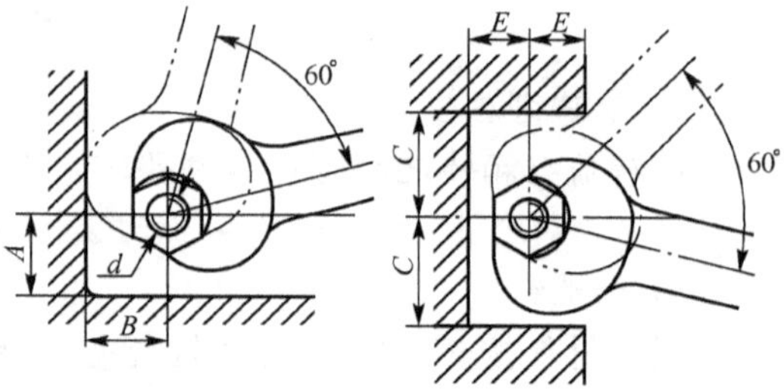

图 13.23　扳手空间尺寸

表 13－9　紧密连接的螺栓间距

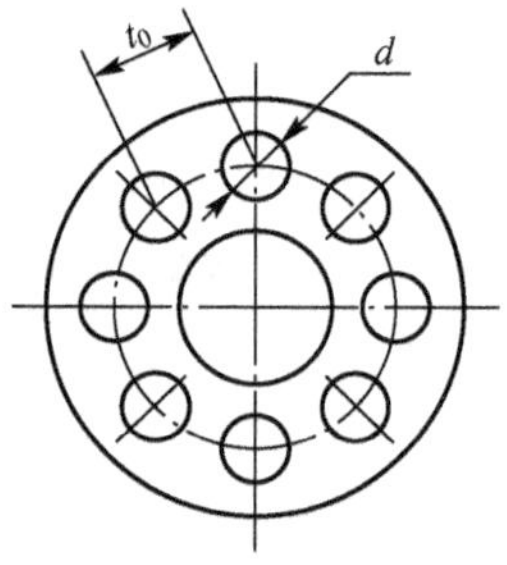	工作压力/MPa					
	≤1.6	1.6～4	4～10	10～16	16～20	20～30
	t_0/mm					
	7d	4.5d	4.5d	4d	3.5d	3d

(4) 分布在同一圆周上的螺栓数目，应取成 4、6、8 等偶数，以便在圆周上钻孔时的分度和画线。同一螺栓组中螺栓的材料，直径和长度均应相同。

2. 单个螺栓连接的结构设计

(1) 避免螺栓承受附加的弯曲载荷。如图 13.24(a)所示，若被连接件支承面不平，会使螺栓受附加弯曲应力。为减小附加弯曲应力，在铸、锻件等的粗糙表面上安装螺栓时，应制成凸台或沉头座(图 13.24(b)、(c))。当支承面为倾斜表面时，应采用斜面垫圈(图 13.24(d))。

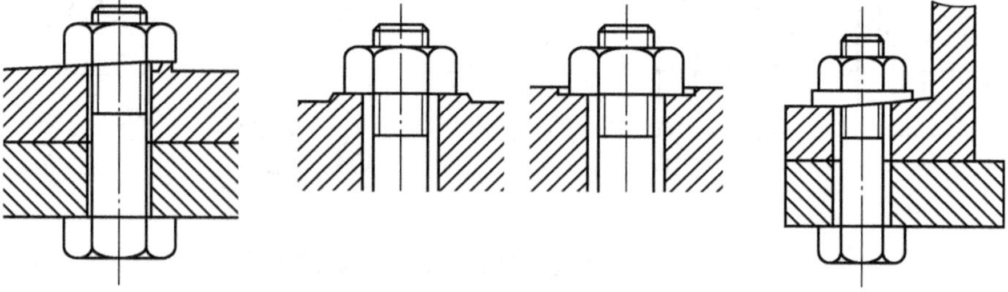

(a)　(b)　(c)　(d)

图 13.24　避免附加弯曲应力

(2) 采用均载螺母。采用普通螺母时，轴向载荷在旋合螺纹各圈间的分布是不均匀的，如图 13.25 (a)所示。从螺母支承面算起，第一圈受载最大，以后各圈递减。理论分析和试验证明，旋合圈数越多，载荷分布不均的程度也越显著，到第 8～10 圈以后，螺纹几乎不受载荷。所以，采用圈数多的厚螺母，并不能提高连接强度。若采用图 13.25(b)的悬置受拉螺母，则螺母锥形悬置段与螺栓杆均为拉伸变形，有助于减少螺母与螺栓杆的螺距变化差，从而使载荷分布比较均匀。图 13.25(c)为环槽螺母，其作用和悬置螺母相似。

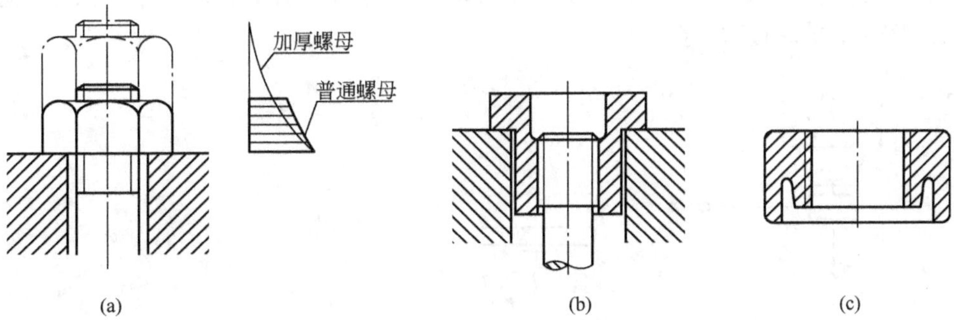

图 13.25 螺纹牙间的载荷分布情况

(3) 采用低刚度螺栓，提高被连接件刚度。当螺栓所受的工作拉力在 $0\sim F_E$ 之间变化时，由式(13-22)可知，螺栓的总拉力 F_a 将在 $F_0\sim\left(F_0+\frac{k_b}{k_b+k_m}F_E\right)$之间变动，使螺栓受变应力作用，易产生疲劳破坏。采用低刚度螺栓和提高被连接件刚度，都可以减小总拉力 F_a 的变化范围，即减小了应力幅，可以明显地提高螺栓连接的疲劳强度，但预紧力则应增大。

减小螺栓刚度的措施有：适当增加螺栓的长度；部分减小螺栓杆直径或做成中空的结构，即柔性螺栓，如图 13.26(a)所示；在螺母下面安装弹性元件(图 13.26(b))也能起到柔性螺栓的效果。

增大被连接系统刚度的常用方法有：在被连接件间增加如图 13.26(c)所示的金属垫片和图 13.26(d)所示的 O 形密封圈过渡件。

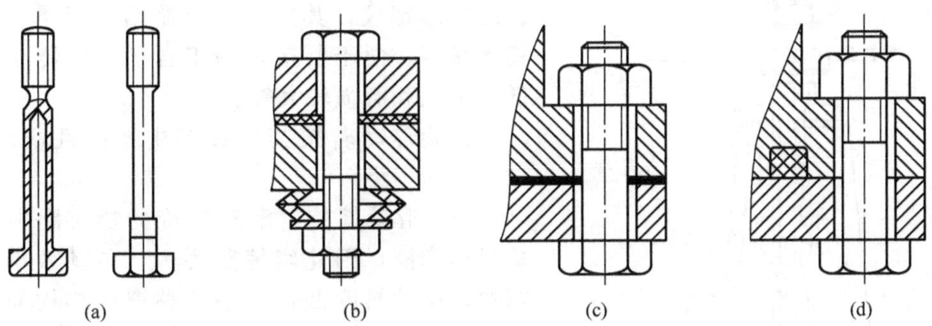

图 13.26 减小应力幅的措施

13.7 螺旋传动简介

螺旋传动由螺杆和螺母组成，主要用来将旋转运动变换为直线运动。螺旋传动按其用途和受力情况分为如下三类。

(1) 传力螺旋：主要用来传递轴向力，要求用较小的力矩转动螺杆(或螺母)而使螺母(或螺杆)产生直线移动和较大的轴向力，如螺旋千斤顶(图 13.27(a))和螺旋压力机(图 13.27(b))的螺旋等。

(2) 传导螺旋：主要用来传递运动，要求具有较高的传动精度，如车床刀架或工作台进给机构(图 13.28)的螺旋等。

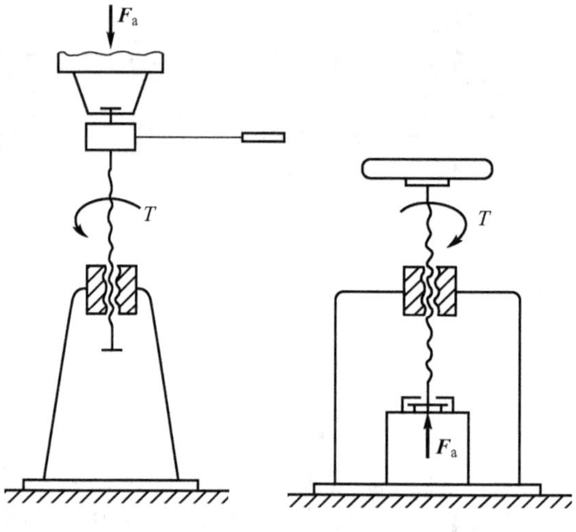

(a)　　(b)

图 13.27　传力螺纹

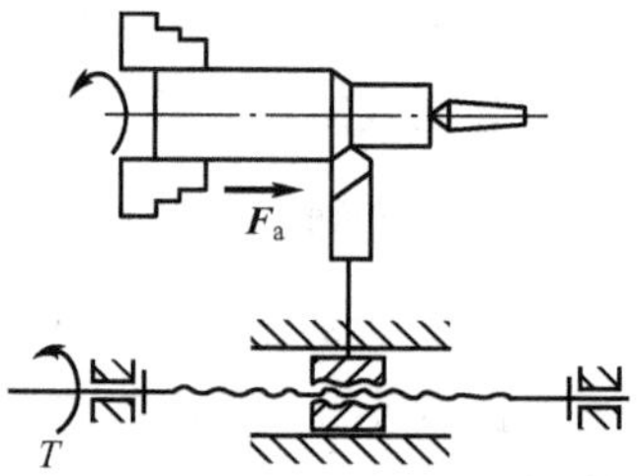

图 13.28　传导螺纹

(3) 调整螺旋：主要用来调整和固定零件或工件的相互位置，不经常传动，受力也不大，如车床尾座和卡盘头的螺旋等。

这些螺旋传动一般采用梯形螺纹、锯齿形螺纹或矩形螺纹，其主要特点是结构简单，运转平稳无噪声，便于制造，易于自锁，但传动效率较低，摩擦和磨损较大等。

螺旋传动若按其螺纹副中摩擦性质的不同，又可分为三类。

(1) 滑动螺旋：滑动螺旋的螺纹副中产生的是滑动摩擦，因此摩擦阻力大、传动效率低、磨损快、运动精度低，但是这种螺旋结构简单、制造方便、易于自锁，故是目前应用最广的一种螺旋传动。

滑动螺旋传动的结构主要是指螺杆和螺母的固定与支承结构形式。当螺杆短而粗且垂直布置时，如起重的传力螺旋，可以利用螺母本身作为支承(图 13.29)。而当螺杆细而长且水平布置时，如机床的丝杠，应在螺杆两端或中间附加支承，

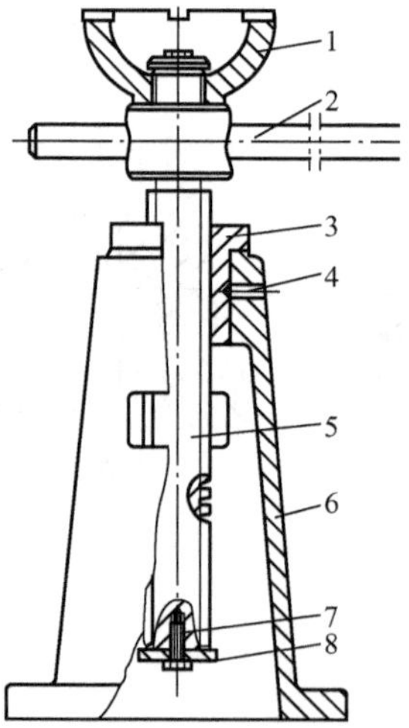

图 13.29　螺旋起重器

1—托杯；2—手柄；3—螺母；4—紧定螺钉；5—螺杆；6—底座；7—螺钉；8—挡圈

以提高螺杆的工作刚度，其支承结构和轴的支承结构基本相同。

螺母的结构有整体式螺母(图 13.29 中的螺母)、剖分式螺母(图 13.30)和组合式螺母(图 13.31)等形式。整体式螺母结构简单，但因磨损而产生的轴向间隙不能补偿，故只适用于精度要求不高的螺旋传动。剖分式螺母和组合式螺母能补偿旋合螺纹的磨损和消除轴向间隙，可以避免反向传动时的空行程，故广泛应用于经常正反转的传导螺旋中。

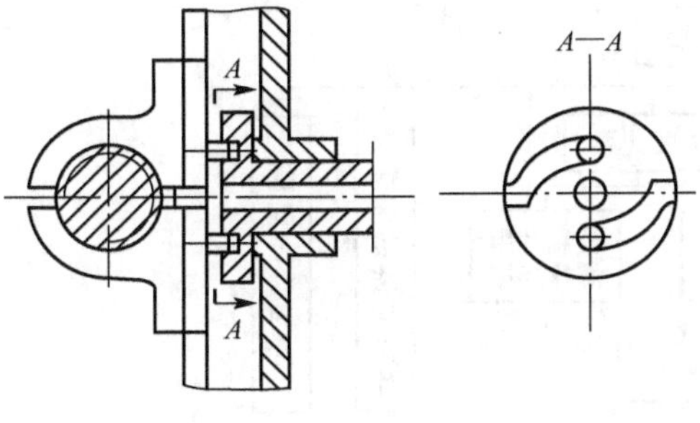

图 13.30 剖分式螺母

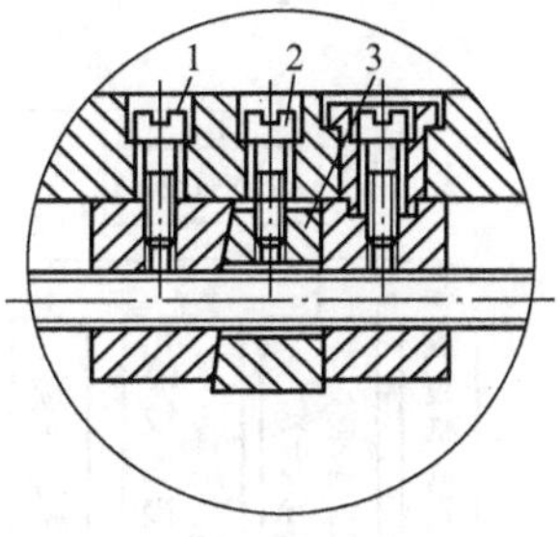

图 13.31 组合式螺母

1—固定螺钉；2—调整螺钉；3—调整楔块

滑动螺旋传动中多采用梯形或锯齿形螺纹，且常用右旋螺纹。传力螺旋和调整螺旋要求自锁时，应采用单线螺纹；对于传导螺旋，为了提高其传动效率和直线运动速度，可采用多线螺纹。

(2) 滚动螺旋：滚动螺旋的螺纹副中产生的是滚动摩擦。图 13.32 是滚动螺旋的一种结构形式。在螺杆和螺母之间设有封闭循环的滚道，在滚道内放满钢球，这样就使螺旋副的摩擦成为滚动摩擦。因此这种螺旋具有摩擦阻力小、传动效率高、传动平稳、运动精度高、使用寿命长等优点，故目前在机床、汽车和航空等制造业中应用较多，但这种螺旋也有结构复杂、制造困难、成本较高的缺点。

(3) 静压螺旋：静压螺旋的螺纹副中产生的是液体摩擦，其结构如图 13.33 所示。螺杆仍为一具有梯形螺纹的普通螺杆，但在螺母的每圈螺纹牙的两个侧面上各开有三四个油腔，压力油通过节流器进入油腔，靠油腔的压力差来承受外载荷。静压螺旋传动的摩擦阻力最小、传动效率最高(可达 99%)、工作平稳、寿命长，但是其结构复杂、制造精度要求高，需附加一套供油系统，使成本提高。因此，只有在高精度、高效率的重要传动中才宜采用，如在数控机床、精密机床中。

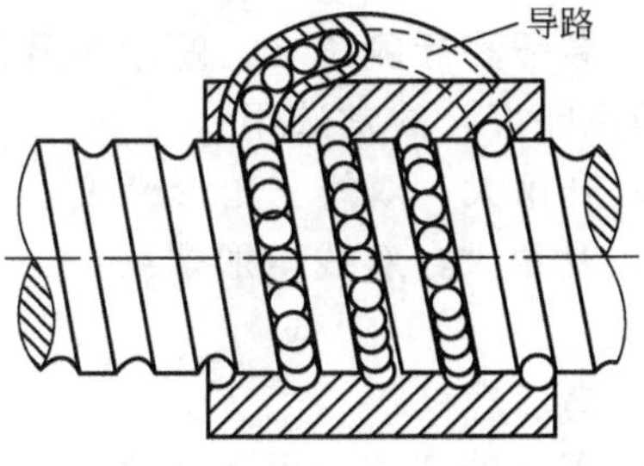

图 13.32 螺旋槽式外循环滚珠螺旋

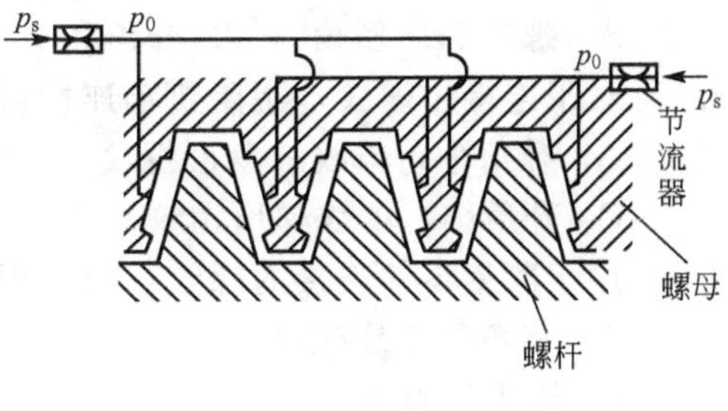

图 13.33 静压螺旋传动

小　　结

1. 内容归纳

本章内容归纳如图 13.34 所示。

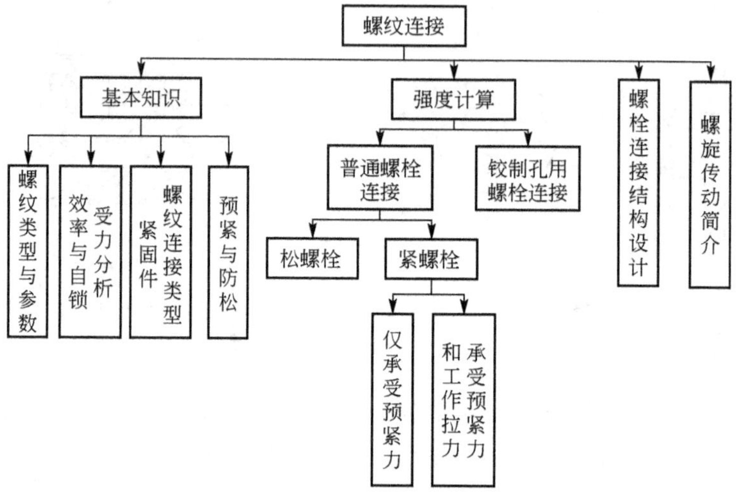

图 13.34　本章内容归纳

2. 重点和难点

重点：①螺纹的主要参数和受力分析；②螺纹连接的类型和预紧防松；③螺栓连接的设计和强度计算。

难点：同时承受预紧力和工作拉力的紧螺栓连接的强度计算。

习　　题

一、单项选择题

13.1　若螺纹的直径和螺旋副的摩擦因数一定，则拧紧螺母时的效率取决于螺纹的______。

A. 螺距和牙型角　B. 升角和头数　C. 导程和牙侧角　D. 螺距和升角

13.2　对于连接用螺纹，主要要求连接可靠，自锁性能好，故常选用______。

A. 升角小，单线三角形螺纹　B. 升角大，双线三角形螺纹

C. 升角小，单线梯形螺纹　D. 升角大，双线矩形螺纹

13.3　用于薄壁零件连接的螺纹，应采用______。

A. 三角形细牙螺纹　B. 梯形螺纹

C. 锯齿形螺纹　D. 多线的三角形粗牙螺纹

13.4　在螺栓连接设计中，若被连接件为铸件，则有时在螺栓孔处制作沉头座孔或凸台，其目的是______。

A. 避免螺栓受附加弯曲应力作用　　B. 便于安装

C. 安置防松装置　　D. 避免螺栓受拉力过大

13.5 设计螺栓组连接时，虽然每个螺栓的受力不一定相等，但对该组螺栓仍均采用相同的材料、直径和长度，这主要是为了______。

A. 外形美观　　B. 购买方便

C. 便于加工和安装　　D. 降低成本

二、判断题

13.6 只要螺纹副具有自锁性，即螺纹升角小于当量摩擦角，则在任何情况下都无需考虑防松。（　　）

13.7 受横向载荷的铰制孔用螺栓连接，螺栓的抗拉强度不需要进行计算。（　　）

13.8 一螺栓连接拧紧后预紧力为 F_0，工作时又受轴向工作拉力 F_E，被连接件上的残余预紧力为 F_R，$k_b/(k_b+k_m)$为螺栓的连接相对刚度，则螺栓所受总拉力 $F_a=F_R+k_b\times F_E/(k_b+k_m)$。（　　）

13.9 滑动螺旋传动的主要失效形式是螺纹磨损。（　　）

13.10 普通螺栓连接中，松螺栓和紧螺栓之间的主要区别是松螺栓的螺纹部分不承受拉伸作用。（　　）

三、简答题

13.11 常用螺纹按牙型分为哪几种？各有何特点？各适用于什么场合？

13.12 螺纹连接有哪些基本类型？各有何特点？各适用于什么场合？

13.13 为什么螺纹连接常需要防松？按防松原理，螺纹连接的防松方法可分为哪几类？试举例说明之。

13.14 已知螺栓材料力学性能等级为4.6，请说明该螺栓材料的抗拉强度极限和屈服强度各为多少？

13.15 有一刚性凸缘联轴器用普通螺栓连接以传递转矩。现欲提高其传递的转矩，但限于结构，不能增加螺栓的直径和数目，试提出三种能提高该联轴器传递的转矩的方法。

四、计算题

13.16 图13.35所示为一拉杆螺纹连接。已知拉杆受的载荷 $\boldsymbol{F}=50\text{kN}$，载荷稳定，拉杆螺栓材料性能等级选4.6级。试计算此拉杆螺栓的直径。

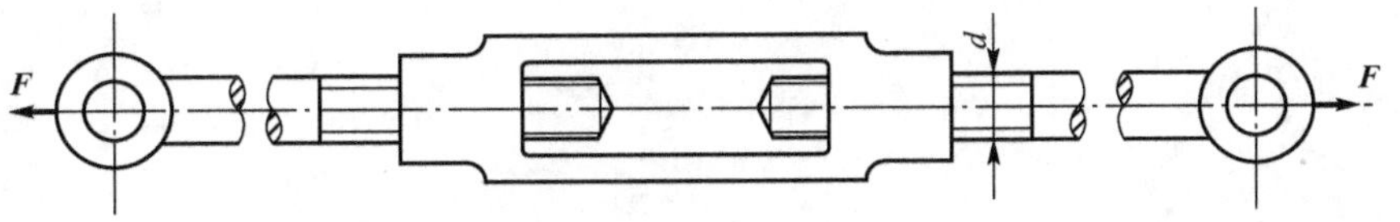

图13.35 题13.16图

13.17 图13.36所示螺栓连接用4个材料性能等级为4.6级M16的普通螺栓，不控制预紧力，接合面间摩擦因数 $f=0.165$，取可靠系数 $C=1.2$，试计算允许的静载荷 F_Σ。

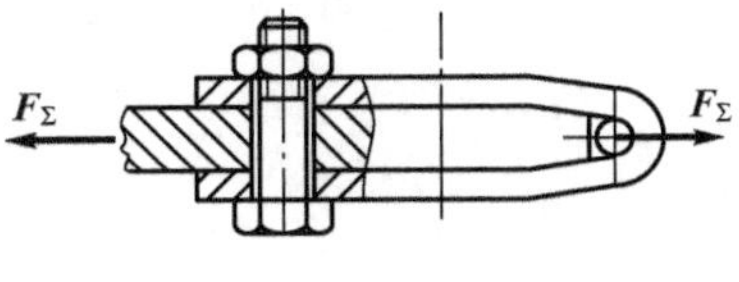

图13.36 题13.17图

13.18　图 13.37 所示凸缘联轴器(铸钢)用分布在直径为 $D_0=220\text{mm}$ 的圆上的六个性能等级为 4.6 级的普通螺栓，将两半联轴器紧固在一起，控制预紧力，接合面间摩擦因数 $f=0.15$，可靠性系数为 $C=1.2$。

(1) 试确定该联轴器能传递多大的转矩？

(2) 若用铰制孔用螺栓连接，传递同样的转矩，确定该螺栓的直径。

13.19　有一压力容器，已知容器内径 $D=400\text{mm}$，气体压强 $p=0.6\text{MPa}$，容器盖采用 16 个普通螺栓连接，为保证密封性，选用铜皮石棉垫片。试选择螺栓材料并确定螺栓的直径和安装时的预紧力(参考图 13.15)。

13.20　图 13.38 所示的托架用两个普通螺栓与立柱相连接。托架所承受的最大载荷 $P=20\ \text{kN}$，$H=150\text{mm}$，$L=140\text{mm}$，接合面间摩擦因数 $f=0.15$，可靠性系数为 $C=1.2$，试设计螺栓连接。

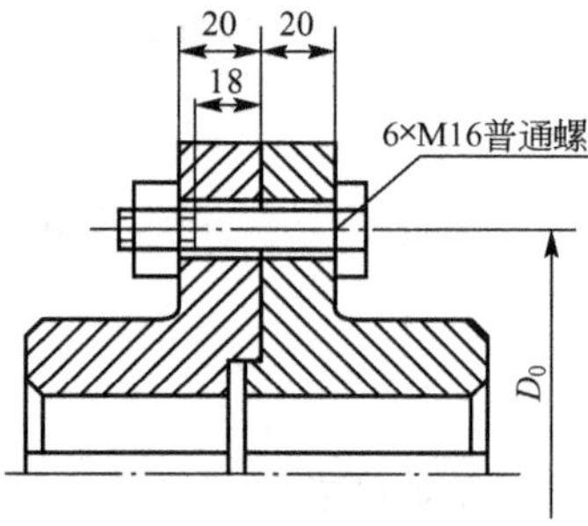

图 13.37　题 13.18 图

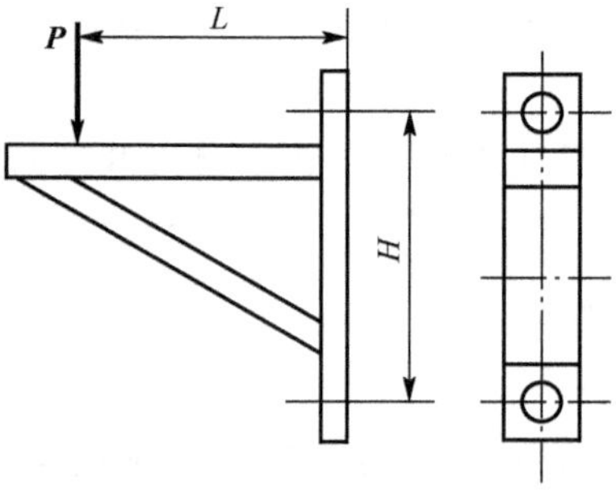

图 13.38　题 13.20 图

第 14 章
联轴器、离合器和制动器

本章教学要点

知识要点	掌握程度	相关知识
联轴器	掌握联轴器的种类与特点； 掌握联轴器类型选择方法	刚性联轴器； 无弹性元件的挠性联轴器； 有弹性元件的挠性联轴器
液力联轴器	了解液力联轴器的基本传动原理与特点	液力传动装置
离合器	了解离合器的种类与特点	牙嵌离合器； 摩擦离合器
制动器	了解制动器的功能与类型	带式制动器； 盘式制动器

导入案例

联轴器、离合器和制动器是机械中的常用部件，如图 14.1 所示卷扬机就有联轴器、离合器和制动器。电动机与减速器之间用联轴器连接，连接的两轴在工作时不能分离。减速器与卷筒之间用离合器连接，连接的两轴在工作时能根据需要，随时接合或分离，当卷筒暂停转动时，不用关电动机，可操纵离合器使之脱开。电动机轴端安装制动器，主要用来使机器迅速停止运转，或减低或调整机器的速度，它在关闭电动机后可使卷筒迅速停转。

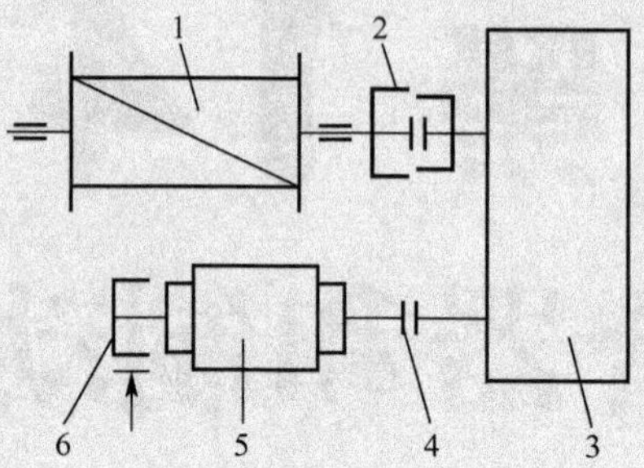

图 14.1　卷扬机示意图

1—卷筒；2—离合器；3—减速器；4—联轴器；5—电动机；6—制动器

14.1 联　轴　器

联轴器可连接主、从动轴，使其一同回转并传递转矩。用联轴器连接的两根轴，分与合只能在停机时进行。

联轴器所连接的两轴，由于制造及安装误差、承载后变形、温度变化和轴承磨损等原因，不能保证严格对中，使两轴线之间出现相对位移，如图 14.2 所示。如果这些位移得不到补偿，将会在轴、轴承及轴承座上产生附加动载荷，因此要求联轴器具有一定的补偿相对位移的能力。

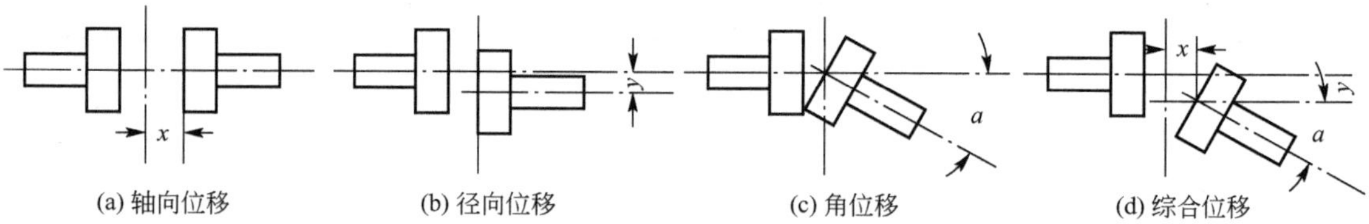

图 14.2　两轴间相对位移

根据联轴器是否具有补偿位移的能力，联轴器可分为刚性联轴器(无补偿位移能力)和挠性联轴器(有补偿位移能力)两大类。其中挠性联轴器又分为无弹性元件挠性联轴器和有弹性元件挠性联轴器。

14.1.1　刚性联轴器

凸缘联轴器是刚性联轴器中应用最广泛的一种，结构如图 14.3(a)所示，是由两个带凸缘的半联轴器用螺栓连接而成，与两轴之间用键连接。常用的结构形式有两种，其对中方法不同，图 14.3(b)所示为两半联轴器的凸肩与凹槽相配合而对中，用普通螺栓连接，依靠接合面间的摩擦力传递转矩。图 14.3(c)所示为两半联轴器用铰制孔螺栓连接，靠螺栓杆与螺栓孔配合对中，依靠螺栓杆的剪切及其与孔的挤压传递转矩。

凸缘联轴器结构简单，价格低廉，能传递较大的转矩，但不能补偿两轴线的相对位移，也不能缓冲减振，故只适用于连接的两轴能严格对中、载荷平稳的场合。

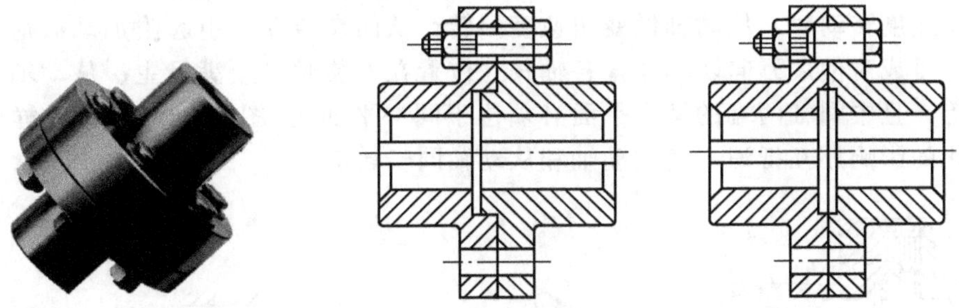

(a) (b) (c)

图 14.3 凸缘联轴器

14.1.2 无弹性元件的挠性联轴器

1. 滑块联轴器

滑块联轴器如图 14.4(a)所示，由两个端面开有凹槽的半联轴器 1、3，利用两面带有凸块的中间盘 2 连接，半联轴器 1、3 分别与主、从动轴连接成一体，实现两轴的连接。中间盘沿径向滑动补偿径向位移，并能补偿角度位移(图 14.4(b))。若两轴线不同心或偏斜，则在运转时中间盘上的凸块将在半联轴器的凹槽内滑动；转速较高时，由于中间盘的偏心会产生较大的离心力和磨损，并使轴承承受附加动载荷，故这种联轴器适用于低速。为减少磨损，可由中间盘油孔注入润滑剂。

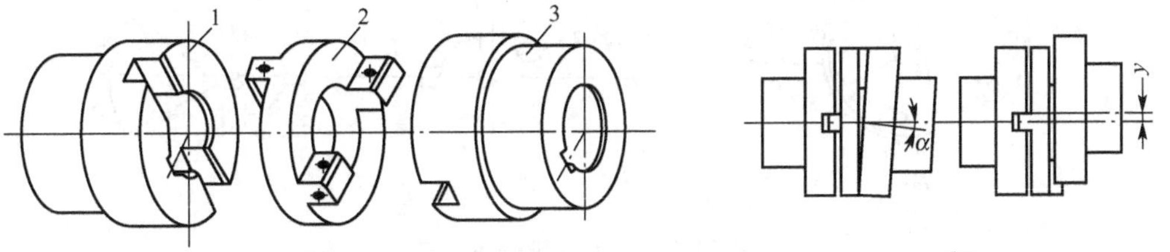

(a) (b)

图 14.4 滑块联轴器

1，3—半联轴器；2—中间盘

2. 齿式联轴器

齿式联轴器由两个有内齿的外壳 2、3 和两个有外齿的套筒 1、4 所组成(图 14.5(a))。套筒与轴用键相连，两个外壳用螺栓 5 连成一体，外壳与套筒之间设有密封圈 6。内齿轮齿数和外齿轮齿数相等。工作时靠啮合的轮齿传递转矩。由于轮齿间留有较大的间隙和外齿轮的齿顶制成球形(图 14.5(b))，所以能补偿两轴的不对中和偏斜(图 14.5(c))。为了减小轮齿的磨损和相对移动时的摩擦阻力，在外壳内贮有润滑油。

3. 万向联轴器

万向联轴器如图 14.6(a)所示，由两个叉形接头 1、2 和十字轴 3 组成，利用中间连接件十字轴连接的两叉形半联轴器均能绕十字轴的轴线转动，从而使联轴器的两轴线能成任意角度 α，一般 α 最大可达 45°，α 角越大，传动效率越低。万向联轴器单个使用时，当主动轴以等角速度转动时，从动轴做变角速度回转，从而在传动中引起附加动载荷。为避免这种现象，可成对使用万向联轴器，各轴相互位置在安装时必须满足主、从动轴与中间轴的夹角相等，且中间轴两端的叉形平面必须位于同一平面内(图 14.6(b))。这样可使两次角速度变化的影响相互抵消，使主动轴和从动轴同步转动。

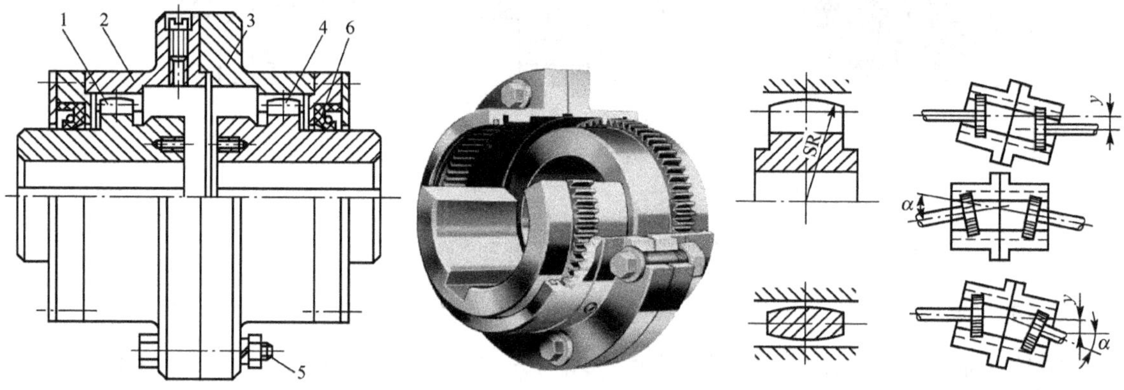

(a) (b) (c)

图 14.5 齿式联轴器

1，4—套筒；2，3—外壳；5—螺栓；6—密封圈

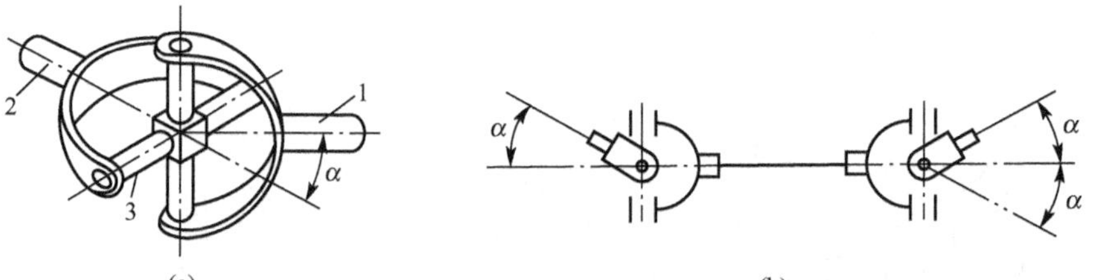

(a) (b)

图 14.6 万向联轴器示意图

1，2—叉形接头；3—十字轴

图 14.7 所示为 WS 型十字轴万向联轴器。由于万向联轴器能补偿较大的角位移，结构紧凑，使用、维护方便，所以广泛用于汽车、工程机械等的传动系统中。

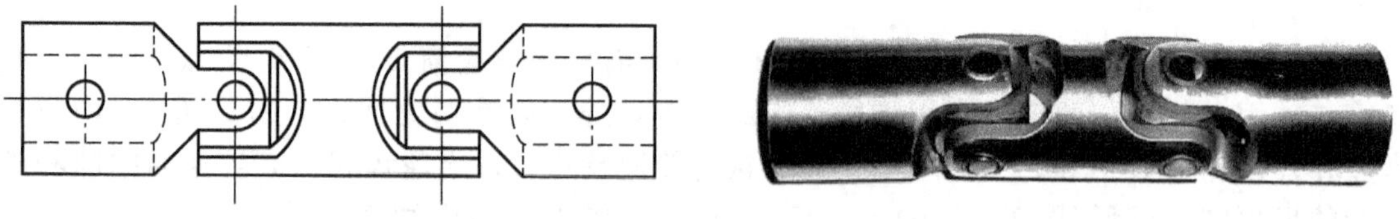

图 14.7 WS 型十字轴万向联轴器

14.1.3 有弹性元件的挠性联轴器

1. 弹性套柱销联轴器

弹性套柱销联轴器的结构与凸缘联轴器相似，如图 14.8 所示。不同之处是用带有弹性圈的柱销代替了螺栓连接，弹性圈一般用耐油橡胶制成，剖面为梯形以提高弹性。柱销材料多采用 45 钢。为补偿较大的轴向位移，安装时在两轴间留有一定的轴向间隙 c。

弹性套柱销联轴器制造简单，装拆方便，但寿命较短，适用于连接载荷平稳，需正反转或启动频繁的小转矩轴，多用于电动机轴与工作机械的连接上。

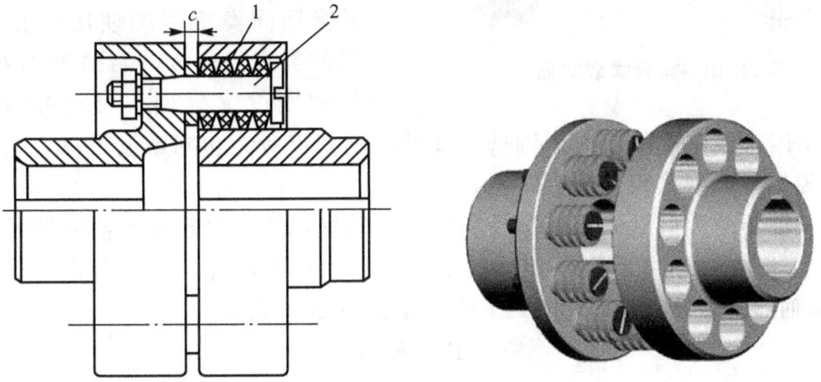

图 14.8 弹性套柱销联轴器

1—弹性套；2—柱销

2. 弹性柱销联轴器

弹性柱销联轴器与弹性套柱销联轴器结构也相似(图 14.9)，只是柱销材料为尼龙，柱销形状一端为柱形，另一端制成腰鼓形，以增大角度位移的补偿能力。为防止柱销脱落，柱销两端装有挡板，用螺钉固定。弹性柱销联轴器结构简单，能补偿两轴间的相对位移，并具有一定的缓冲、吸振能力，应用广泛，可代替弹性套柱销联轴器。但因尼龙对温度敏感，使用时受温度限制，一般在－20～70℃之间使用。

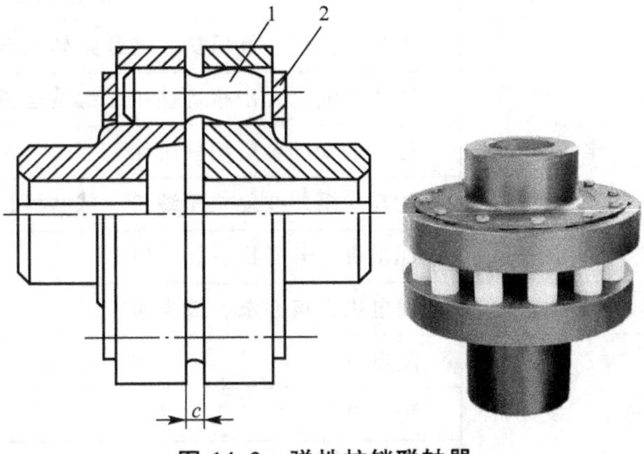

图 14.9 弹性柱销联轴器

1—弹性柱销；2—挡环

3. 轮胎式联轴器

轮胎式联轴器的结构如图 14.10 所示，中间为橡胶制成的轮胎环，用止退垫板与半联轴器连接。它的结构简单可靠，易于变形，因此它允许的相对位移较大。轮胎式联轴器适用于启动频繁、正反向运转、有冲击振动、两轴间有较大的相对位移量，以及潮湿多尘之处。它的径向尺寸庞大，但轴向尺寸较窄，有利于缩短串接机组的总长度。

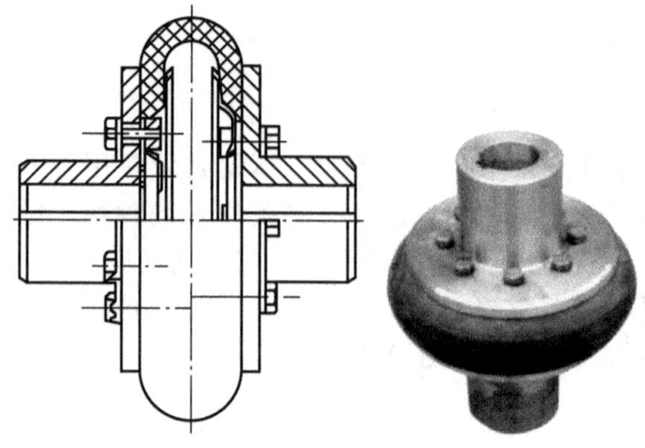

图 14.10 轮胎式联轴器

14.1.4 联轴器的选用

联轴器多已标准化，选用联轴器时，通常先根据使用要求和工作条件确定合适的类型，再按转矩、轴径和转速选择联轴器的型号，必要时应校核其薄弱件的承载能力。

选择类型的原则是根据机器的工作特点和要求，结合各类联轴器的性能，并参照同类机器的使用经验来选择联轴器的类型。通常，当两轴的对中要求高、轴的刚度又大时，可选用刚性联轴器；当两轴的对中困难或刚度较小时，则选用挠性联轴器；对大功率重型机械，选用齿式联轴器；当两轴相交时，则选用万向联轴器。

当选定联轴器的类型后，再根据计算转矩、转速和轴径确定联轴器的型号。

(1) 转矩。考虑工作机启动、制动、变速时的惯性力和冲击载荷等因素，应按计算转矩 T_c 选择联轴器。计算转矩 T_c 和工作转矩 T 之间的关系为

$$T_c = K_A T \tag{14-1}$$

应使

$$T_c \leqslant T_n \tag{14-2}$$

式中：K_A——工作情况系数，见表 14-1；

T_n——联轴器公称转矩(见附表 3、附表 4 或查设计手册)(N·m)。

表 14-1 工作情况系数 K_A

原动机	工作机械	K_A
电动机	皮带运输机、鼓风机、连续运转的金属切削机床	1.25～1.5
	链式运输机、刮板运输机、螺旋运输机、离心泵、木工机械	1.5～2.0
	往复运动的金属切削机床	1.5～2.0
	往复式泵、往复式压缩机、球磨机、破碎机、冲剪机	2.0～3.0
	起重机、升降机、轧钢机	3.0～4.0
涡轮机	发电机、离心泵、鼓风机	1.2～1.5
往复式发动机	发电机	1.5～2.0
	离心泵	3～4
	往复式工作机	4～5

注：刚性联轴器、无弹性元件挠性联轴器选用较大的值，有弹性元件挠性联轴器选用较小的值。

(2) 转速。所选型号联轴器必须满足：

$$n \leqslant [n] \tag{14-3}$$

式中：$[n]$——联轴器许用转速(见附表 3、附表 4 或查设计手册)(r/min)。

(3) 轴径。所选型号联轴器左、右孔径必须与主、被动轴安装段轴径匹配。

[**例 14.1**] 试选择齿轮减速器的输入轴与电动机连接的联轴器。电动机型号为 Y200L2－6，额定功率 $P=22\mathrm{kW}$，$n=980\mathrm{r/min}$，电动机轴径 $d_1=55\mathrm{mm}$，减速器输入轴径 $d_2=50\mathrm{mm}$，工作机为刮板输送机，载荷有中等冲击。

解：1. 选择联轴器的类型

为缓和冲击和减轻振动，选用弹性套柱销联轴器。

2. 计算转矩

由表 14－1 查得工况系数 $K_A=1.5$，由式(14－1)得

$$T_c=K_AT=1.5\times9550\times\frac{22}{980}\mathrm{N\cdot m}\approx321.6\mathrm{N\cdot m}$$

3. 确定联轴器的型号

由附表 4 选用 LT7 型，$T_n=500\mathrm{N\cdot m}$，大于 T_c，但其适用轴孔直径最大为 48mm，因此只有选 LT8 型，其 $T_n=710\mathrm{N\cdot m}$，更大于 T_c，其轴孔直径范围 $d=45\sim63$ mm，因此合适。

TL8 型的 $[n]=3000\mathrm{r/min}$，大于工作转速 $n=980\mathrm{r/min}$，合适。

联轴器标记：

主动端：Y 型轴孔，A 型键槽孔，$d_1=55\mathrm{mm}$，$L=112\mathrm{mm}$。

从动端：J 型轴孔，A 型键槽孔，$d_2=50\mathrm{mm}$，$L=112\mathrm{mm}$。

TL8 弹性套柱销联轴器 $\frac{\mathrm{YA}55\times112}{\mathrm{JA}50\times112}$ GB/T 4323—2002

14.2 液力联轴器简介

液力联轴器，又称为液力耦合器，是一种利用液体动能和势能来传递动力的液力传动装置，是和机械联轴器具有不同传动原理的另一种联轴方式。

液力联轴器的类型有普通型、限矩型和调速型，其基本传动原理相同。图 14.11 所示为液力联轴器结构示意图，主要由主动轴 1、泵轮 2、旋转外壳 3、涡轮 4、导管 5 及从动轴 6 等构件组成。其中，泵轮 2 装在与原动机相连的主动轴 1 上，涡轮 4 装在与工作机相连的从动轴 6 上，两轮一般沿轴向相对布置，彼此不直接接触，其间有几毫米的轴向间隙，泵轮与涡轮形状相似，均为具有径向直线叶片的叶轮；旋转的外壳 3 与泵轮 2 用螺栓连接，以防工作液体泄漏；导管 5 用以调节腔内液量的大小。

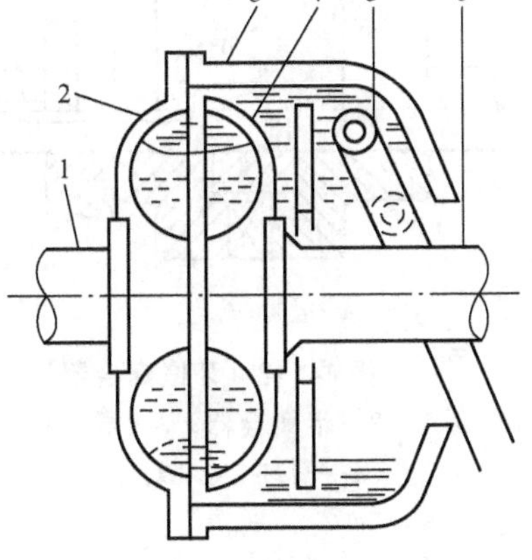

图 14.11 液力联轴器结构示意图

1—主动轴；2—泵轮；3—旋转外壳；4—涡轮；5—导管；6—从动轴

当主动轴 1 在原动机驱动下旋转时，被泵轮叶片带动旋转的液体，将在惯性离心力作用下，从泵轮半径较小的流道进口处，被加速抛向半径较大的流道出口处，使工作液体的能量增大。上述过程完成了输入

的机械能向工作液体能的转化，增大了能量的工作液体将冲向涡轮外围的叶片，然后沿涡轮流道做向心运动，涡轮因此受到力矩作用，并以略低于泵轮的转速与泵轮同向转动做功，完成液体能向涡轮转动机械能的转化。此时，释放能量后的液体由涡轮流出，重新进入泵轮，又开始下一个能量转换的循环流动。液力联轴器就是在封闭腔内液体如此不断的循环中，完成功率传递的。

液力联轴器与机械联轴器比较，具有如下优点：①可实现空载启动，从而减少原动机的装机容量，改变了“大马拉小车”的现象，降低了功率消耗，节能性好；②液力联轴器为柔性传动，缓冲减振性好，对原动机和工作机均有良好的过载保护作用；③采用不同方式调节充液量，在驱动电机转速恒定下可实现无级调节工作机的转速，易于远控和自控，这一优点十分便于电厂单元机组的集中控制；④液力联轴器工作十分可靠，可以长期无检修运行，使用、维护方便。因此，液力联轴器在电力、冶金、矿山、化工、纺织和轻工等行业中，都得到了广泛的应用。

14.3 离合器和制动器

14.3.1 离合器

使用离合器是为了按需要随时分离和接合机器的两轴，如汽车临时停车时不必熄火，只要操纵离合器使变速器的输入轴与汽车发动机输出轴分离。离合器要求分离与接合迅速而平稳，操纵方便。离合器按工作原理分为牙嵌式和摩擦式两种基本类型，控制离合的方式可以有操纵式和自动式。

1. *牙嵌离合器*

牙嵌离合器如图 14.12 所示，由两端面上带牙的半离合器 1、2 组成。半离合器 1 用平键固定在主动轴上，半离合器 2 用导向键 3 或花键与从动轴连接。在半离合器 1 上固定有对中环 5，从动轴可在对中环中自由转动，通过滑环 4 的轴向移动操纵离合器的接合和分离。

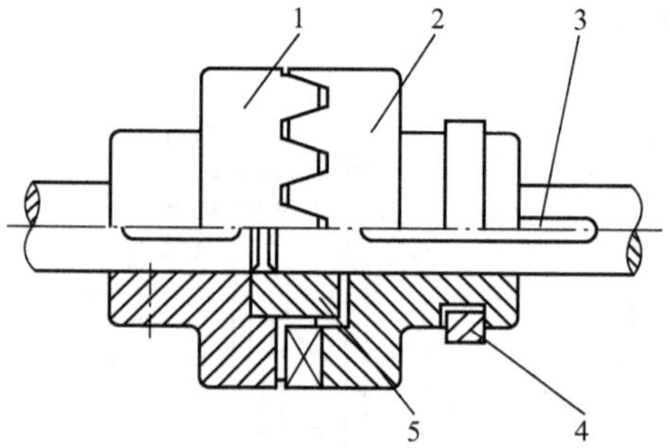

图 14.12 牙嵌离合器

1，2—半离合器；3—导向键；4—滑环；5—对中环

如图 14.13 所示，离合器牙的形状有三角形、梯形和锯齿形。三角形牙传递中、小转矩，牙数为 15～60；梯形、锯齿形牙可传递较大的转矩，牙数为 3～15。梯形牙可以补偿磨损后的牙侧间隙。锯齿形牙只能单向工作，反转时由于有较大的轴向分力，会迫使离合器自行分离。各牙应精确等分，以使载荷均布。

牙嵌离合器可以借助电磁线圈的吸力来操纵，称为电磁牙嵌离合器。电磁牙嵌离合器通常采用嵌入方便的三角形细牙。它依据信息而动作，所以便于遥控和程序控制。

牙嵌离合器结构简单，外廓尺寸小，能传递较大的转矩，故应用较多。但牙嵌离合器只宜在两轴不回转或转速差很小时进行接合，否则牙齿可能会因受撞击而折断。

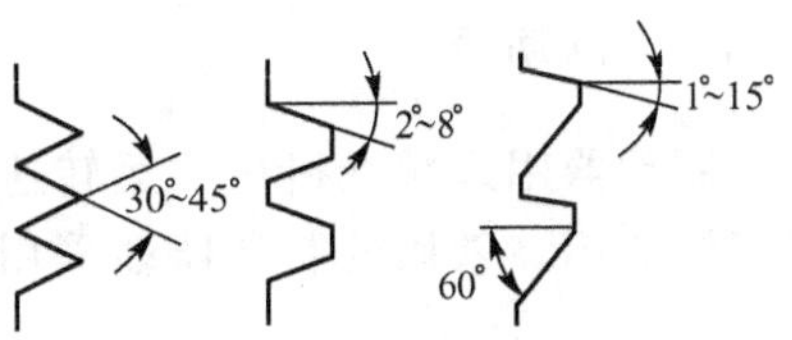

图 14.13 牙嵌离合器牙型

2. 摩擦离合器

摩擦离合器依靠两接触面间的摩擦力来传递运动和动力。按结构形式不同，可分为圆盘式、圆锥式、块式和带式等类型，最常用的是圆盘摩擦离合器。圆盘摩擦离合器分为单盘式和多盘式两种。

最简单的单盘摩擦离合器如图 14.14 所示，由摩擦圆盘 3、4 和滑环 5 组成。圆盘 3 与主动轴 1 连接，圆盘 4 通过导向键与从动轴 2 连接并可在轴上移动。操纵滑环 5 可使两圆盘接合或分离。轴向压力 Q 使两圆盘接合，并在工作表面产生摩擦力，以传递转矩。单盘式摩擦离合器结构简单，但径向尺寸较大，只能传递不大的转矩。

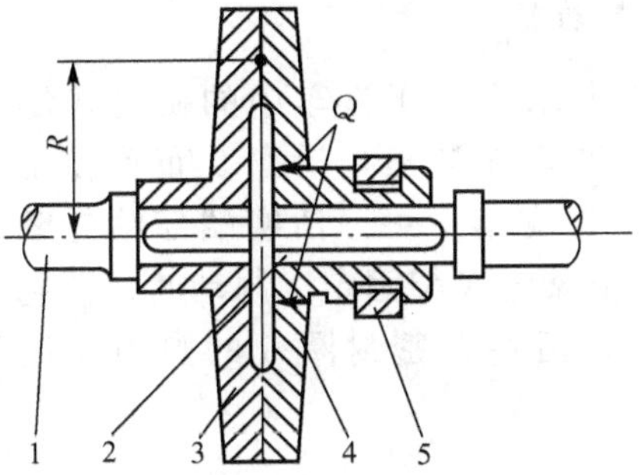

图 14.14 单盘摩擦离合器

1—主动轴；2—从动轴；

3，4—摩擦圆盘；5—滑环

当传递转矩较大时，常采用多盘摩擦离合器。如图 14.15(a)所示，外壳 2、套筒 4 通过平键、图 14.14 单盘摩擦离合器导向键分别与轴 1、3 连接，外壳 2 通过花键与一组外摩擦片 5(图 14.15(b))连接，套筒 4 也通过花键与一组内摩擦片 6(图 14.15(c))连接。工作时，向左移动滑环 7，通过杠杆 8、压板 9 使两组摩擦片压紧，离合器便处于接合状态。向右移动滑环时，摩擦片被松开，离合器即分离。螺母 10 可调节摩擦片之间的压力。由于有多个摩擦片接合，所以传递转矩大。

可以通过机械、电磁、液力或气动等方式，控制上述操纵式离合器的离合。

摩擦离合器与牙嵌离合器比较，其优点是两轴能在不同速度下离合，离合过程平稳，过载时将产生打滑，避免其他零件受损；缺点是产生滑动时不能保证两轴同步传动。

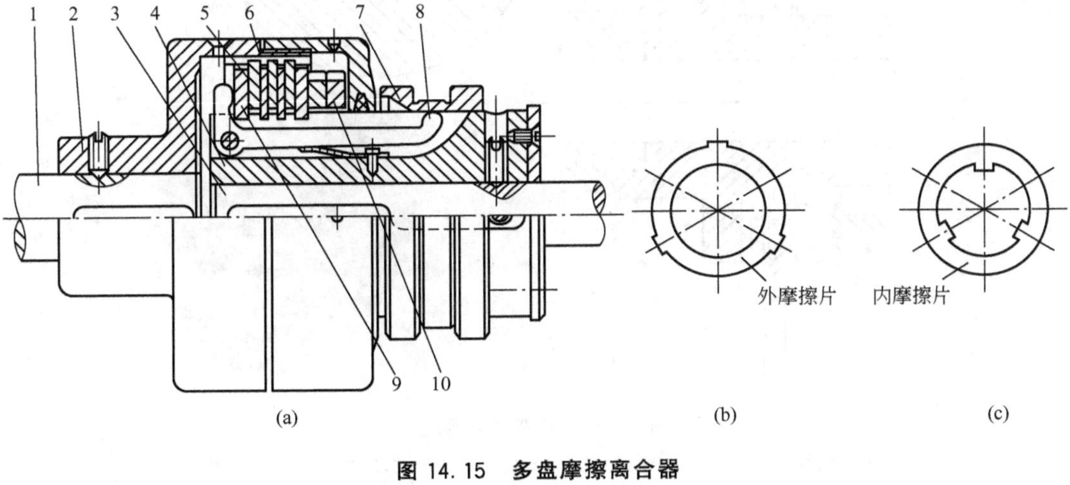

图 14.15 多盘摩擦离合器

1，3—轴；2—外壳；4—套筒；5—外摩擦片；6—内摩擦片；

7—滑环；8—杠杆；9—压板；10—螺母

14.3.2 制动器

制动器用来减低机械的运转速度或迫使机器停止运动，在车辆、机床和起重机等机械中广泛应用。常用的制动器多采用摩擦制动器，以下介绍几种已经标准化的摩擦制动器。

1. 带式制动器

图 14.16 所示为带式制动器原理图。当制动力 $\boldsymbol{F}_Q$ 作用在制动杠杆上时，通过杠杆作用，制动带便抱住制动轮，靠带与轮之间的摩擦力矩实现制动。为了增加制动效果，制动带材料一般为钢带上覆以石棉或夹铁砂帆布。这类制动器适合于中、小载荷的机械及人力操纵的场合。制动力矩可按柔韧体摩擦欧拉公式计算。

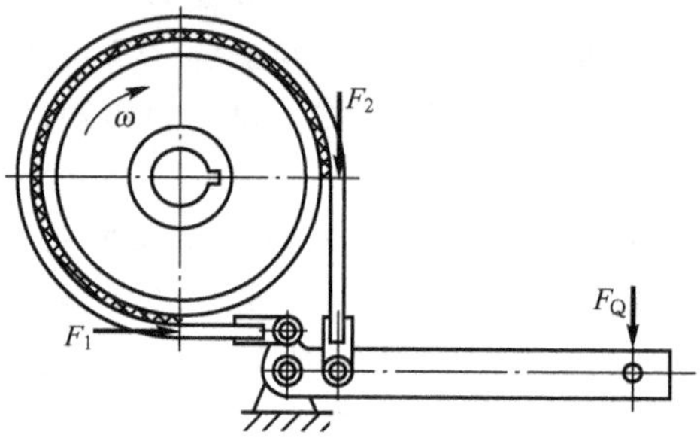

图 14.16 带式制动器

2. 盘式制动器

图 14.17 所示为用于汽车中的钳盘式制动器，制动盘 4 与车轮连接，活塞 3 布置在制动盘两侧的制动钳支架 1 中，活塞端部粘有摩擦片 2，制动钳支架与车架固定。制动时，活塞在油压的作用下夹紧制动盘，对车轮制动。解除制动后，活塞在密封圈 5 的弹力作用下回位。

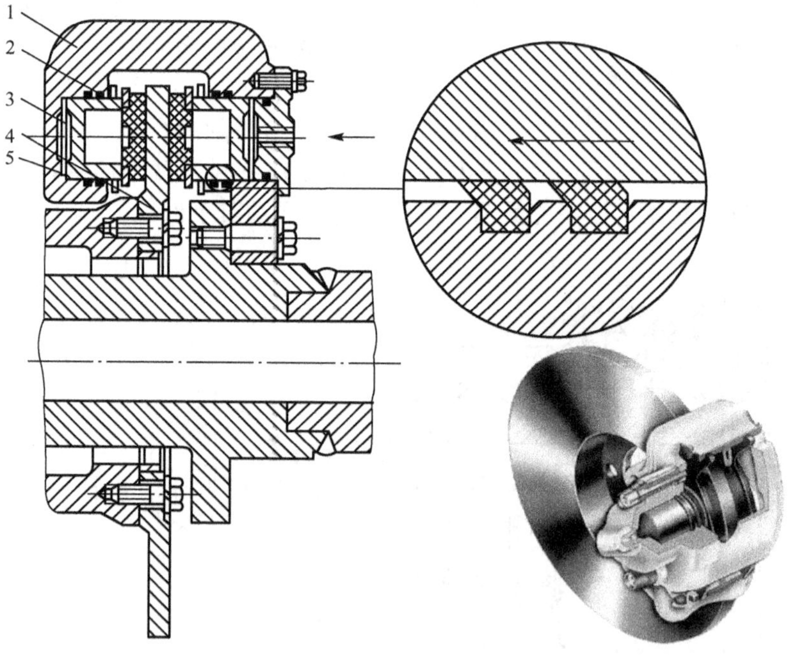

图 14.17 钳盘式制动器

1—制动钳支架；2—摩擦片；3—活塞；4—制动盘；5—密封圈

盘式制动器中，制动钳的结构和控制方式很多，适用的范围也非常广泛，在车辆、起重运输、冶金、矿山等机械中都有应用。

离合器和制动器的选择及有关设计计算可参考设计手册。

小　结

1. 内容归纳

本章内容归纳如图 14.18 所示。

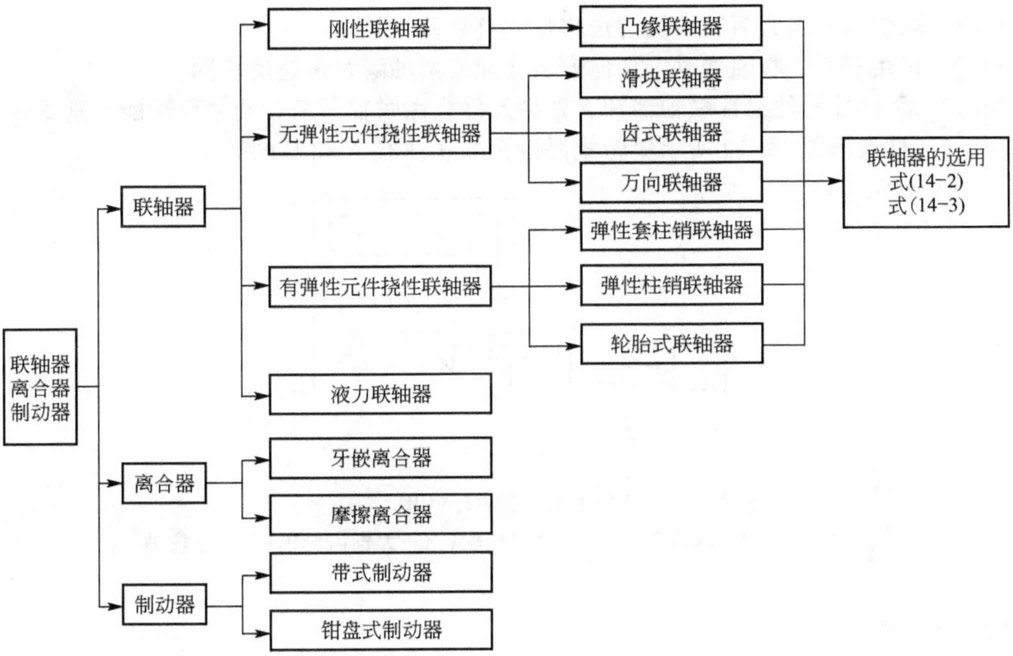

图 14.18　本章内容归纳

2. 重点和难点

重点：①理解各类联轴器的性能特点与使用场合；②联轴器的选择计算。

习　题

一、单项选择题

14.1　在低速、冲击较小、对中较好的轴与轴联结，可选用______。

A. 刚性联轴器　　B. 十字滑块联轴器

C. 万向联轴器

14.2　牙嵌离合器中，对中环的作用是______。

A. 保证两轴同心　　B. 允许两轴倾斜一个角度

C. 允许两轴平移一段距离

二、判断题

14.3 凸缘联轴器要求两轴严格对中。 ( )

14.4 无弹性元件挠性联轴器可以补偿两轴之间的偏移。 ( )

14.5 三角形齿牙嵌离合器接合和分离容易。 ( )

14.6 弹性套柱销联轴器具有缓和吸振作用。 ( )

三、简答题

14.7 试述联轴器、离合器和制动器三者功用上的差别。

14.8 联轴器所连的两轴轴线的位移形式有哪些？

14.9 采用双万向联轴器时，如何安装才能使两轴瞬时角速度相同？

14.10 无弹性元件挠性联轴器和有弹性元件挠性联轴器两者的主要性能差别是什么？

14.11 试选择图 14.19 所示辗轮式混砂机的联轴器 A 和 B 的类型。

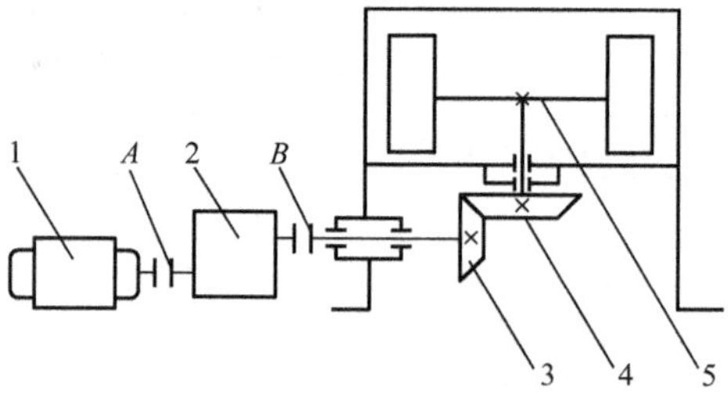

图 14.19 题 14.11 图

1—电动机；2—减速器；3—小锥齿轮轴；4—大锥齿轮轴；5—辗轮轴

四、计算题

14.12 电动机经减速器驱动水泥搅拌机工作。已知电动机的功率 $P=11\mathrm{kW}$，转速 $n=970\mathrm{r/min}$，电动机轴的直径和减速器输入轴的直径均为 42mm。试选择电动机与减速器之间的联轴器。

14.13 某增压油泵根据工作要求选用一电动机，其功率 $P=7.5\mathrm{kW}$，转速 $n=970\mathrm{r/min}$，电动机外伸端轴的直径 $d=38\mathrm{mm}$，油泵轴的直径 $d=42\mathrm{mm}$，试选择电动机和增压油泵间用的联轴器。

第15章 弹 簧

本章教学要点

知识要点	掌握程度	相关知识
弹簧的类型、结构和材料	了解常用弹簧的类型； 了解圆柱螺旋弹簧的结构； 了解弹簧的材料	圆柱螺旋压缩(拉伸)弹簧； 弹簧的结构尺寸； 弹簧材料的许用切应力
圆柱螺旋压缩（拉伸)弹簧的设计计算	掌握圆柱螺旋压缩（拉伸）弹簧的设计计算	特性曲线； 强度计算； 刚度计算； 圆柱螺旋压缩弹簧的稳定性计算

导入案例

弹簧是利用材料的弹性变形进行工作的一种常用的弹性零件，其功用有很多：测量力的大小(如弹簧秤)、缓冲吸振(如汽车减振弹簧)、控制运动(如内燃机中的阀门控制弹簧)、储能或释能(如钟表发条)等。因此在各种机械设备中和仪器仪表中得到广泛应用。图 15.1 为某型汽车为提高舒适性采用的空气弹簧悬挂示意图，图 15.2 为汽车悬挂用空气弹簧局部示意图。空气弹簧可以获得弹性可变的弹性系数，使舒适性大幅上升；并且空气弹簧的长度和行程也可以通过压缩空气量的多少来控制，使得底盘可以升降，以通过复杂路面。

图 15.1　某型汽车悬挂

图 15.2　汽车悬挂用空气弹簧

15.1　弹簧的类型、结构和材料

15.1.1　弹簧的类型

在机械设备和仪器仪表中，因弹簧的功能不同，其结构类型有很多。常用弹簧的基本类型见表 15－1。

表 15－1　弹簧的基本类型

按载荷分 / 按形状分	拉伸	压缩	扭转	弯曲
螺旋形	圆柱螺旋拉伸弹簧 	圆柱螺旋压缩弹簧　圆锥螺旋压缩弹簧 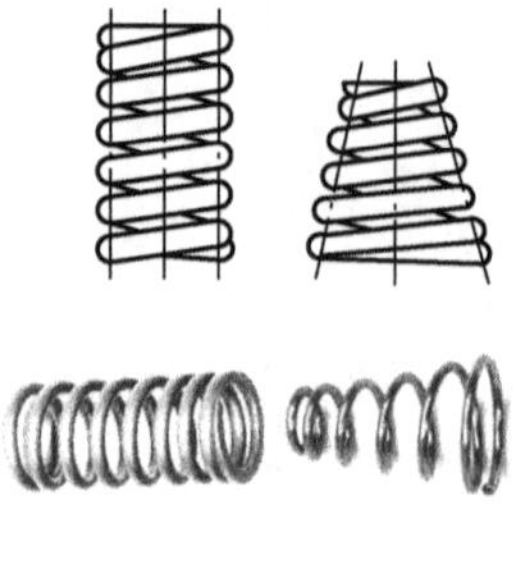	圆柱螺旋扭转弹簧 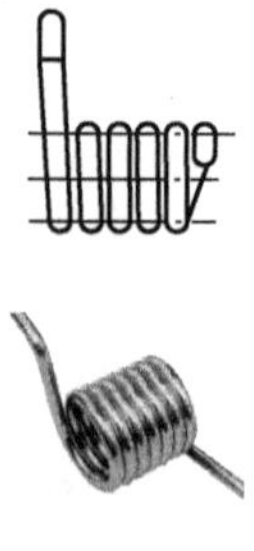	—

（续）

按载荷分 \ 按形状分	拉伸	压缩	扭转	弯曲
其他型	—	环形弹簧 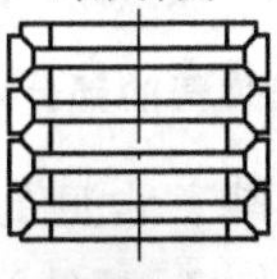  碟形弹簧 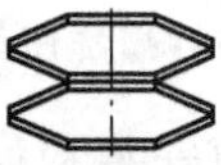 	盘簧 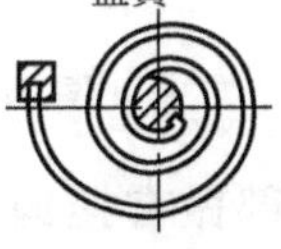 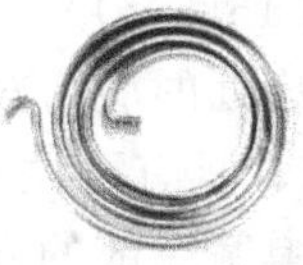	板簧  

螺旋弹簧是用弹簧丝按螺旋线卷绕而成的，由于制造简便，故应用广泛。本章主要介绍圆柱螺旋压缩(拉伸)弹簧的结构形式、基本参数和计算方法。

15.1.2 圆柱螺旋弹簧的结构

1. 圆柱螺旋压缩弹簧的结构

图 15.3(a)所示为圆柱螺旋压缩弹簧。在自由状态下，弹簧长度为 H_0，螺旋升角为 α，节距为 t，各圈之间留有间隙 δ，以便弹簧受压时，产生变形。为使弹簧在压缩后仍能保持一定的弹性，设计时还应考虑在最大载荷作用下，各圈之间仍需保留一定的间隙 δ_1，一般 $\delta_1=0.1d$。弹簧的两端通常有 0.75～1.25 圈与邻圈并紧，它只起支承作用，工作时不参与变形，称为死圈或支承圈，支承圈 n_z 与端部结构型式有关。端部结构型式(图 15.4)有冷卷弹簧(或热卷)两端圈并紧磨平为 YI 型(或 RYI 型)，如图 15.4(a)所示；冷卷弹簧(或热卷)两端圈并紧不磨平为 YⅡ型(或 RYⅡ型)，如图 15.4(b)所示；冷卷弹簧两端圈不并紧为 YⅢ型，如图 15.4(c)所示；热卷弹簧两端圈制扁、并紧磨平为 RYⅢ型；热卷弹簧两端圈制扁、并紧不磨为 RYⅣ型。两端圈并紧且磨平的弹簧往往用于较重要的场合，以保证两支承面与弹簧的轴线垂直，使弹簧受压时不致产生歪斜。

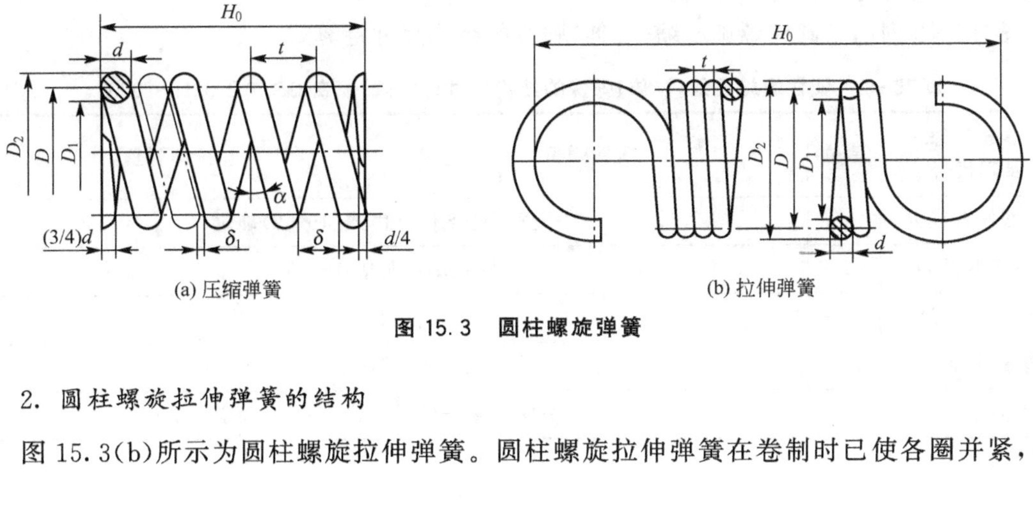

(a) 压缩弹簧　　(b) 拉伸弹簧

图 15.3 圆柱螺旋弹簧

2. 圆柱螺旋拉伸弹簧的结构

图 15.3(b)所示为圆柱螺旋拉伸弹簧。圆柱螺旋拉伸弹簧在卷制时已使各圈并紧，即

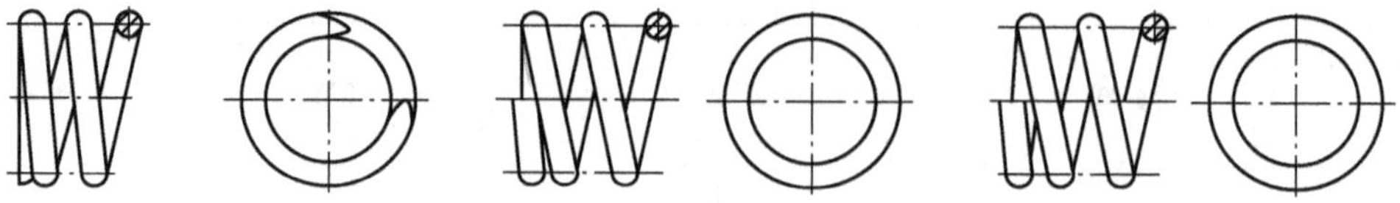

(a) (a) (c)

图 15.4 圆柱螺旋压缩弹簧的部分端面结构

$\delta=0$。拉伸弹簧端部做有挂钩，以便安装和加载。常见的挂钩形式有多种(图 15.5)：其中半圆钩环 L Ⅰ型(图 15.5(a))和圆钩环 LⅢ型(图 15.5(b))结构简单，制造方便，应用较为广泛，但工作时过渡处的应力较大，适用于中小载荷和不重要的载荷；具有可调式拉环的 LⅦ型(图 15.5(c))、具有可调式钩环为 LⅧ型(图 15.5(d))的可以转到任意方向，便于安装，且挂钩下端和弹簧端部的弯曲应力小，适用于受力较大的场合。

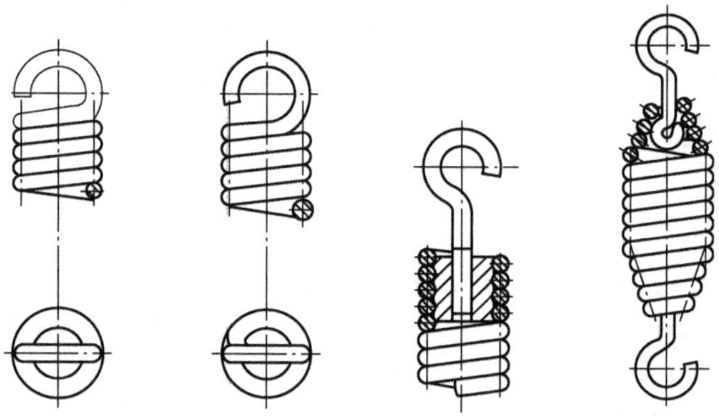

(a) (b) (c) (d)

图 15.5 圆柱螺旋拉伸弹簧的部分端部结构

3. 圆柱螺旋压缩(拉伸)弹簧的结构尺寸

圆柱螺旋压缩(拉伸)弹簧的主要结构尺寸有弹簧丝直径 d、弹簧中径 D、弹簧外径 D_2、弹簧内径 D_1、螺旋升角 α(一般为右旋)、节距 t、自由高度(压缩弹簧)或长度(拉伸弹簧)H_0 等，如图 15.3 所示。

表 15-2 列出了圆柱螺旋压缩(拉伸)弹簧的结构尺寸计算式。

表 15-2 圆柱螺旋压缩(拉伸)弹簧的结构尺寸计算式(摘自 GB/T 23935—2009)

参数名称及其代号	单位	压缩弹簧	拉伸弹簧
弹簧丝直径 d	mm	根据强度条件，由式(15-2)确定	
弹簧中径 D	mm	$D=cd$(C 见表 15-5)	
弹簧内径 D_1	mm	$D_1=D-d$	
弹簧外径 D_2	mm	$D_2=D+d$	
有效圈数 n		根据刚度条件，由式(15-7)确定	

（续）

参数名称及其代号	单位	压缩弹簧	拉伸弹簧	
总圈数 n_1		$n_1=n+n_z$ ①	$n_1=n$	
节距 t	mm	$t=d+\frac{f_n}{n}+\delta_1\approx(0.25\sim0.5)D_2$ ②	$t=d+\delta$	
螺旋升角 α	(°)	$\alpha=\arctan\frac{t}{\pi D}$（对压缩弹簧，推荐 $5°\leqslant\alpha<9°$）		
间距 δ	mm	$\delta=t-d$	$\delta=0$	
弹簧展开长度 L	mm	$L=\frac{\pi Dn_1}{\cos\alpha}\approx\pi Dn_1$	$L\approx\pi Dn$＋钩环展开长度	
弹簧自由高度 H_0	mm	两端圈磨平：$H_0=tn+(n_z-0.5)d$ 两端圈不磨平：$H_0=tn+(n_z+1)d$	半圆钩环	$H_0=(n+1)d+D_1$
			圆钩环	$H_0=(n+1)d+2D_1$
			圆钩环压中心	$H_0=(n+1.5)d+2D_1$

注：① $n_z=1.5\sim2.5$。两端圈磨平 $n_z=1.5$，2，2.5；两端圈不磨平 $n_z=2$，2.5。

② f_n——弹簧最大变形量，由式(15－5)确定；

δ_1——余隙，是在最大工作载荷 F_n 作用下，有效圈相互之间应保留的间隙，一般取 $\delta_1\geqslant0.1d$。

15.1.3 弹簧的材料

弹簧在机械中常受冲击性的交变载荷，所以弹簧材料应具有较高的弹性极限、疲劳极限、一定的冲击韧性、塑性和良好的热处理性能。工程上常用的弹簧材料有碳素弹簧钢、合金弹簧钢、不锈弹簧钢及铜合金等。选择弹簧材料时应充分考虑弹簧的工作条件、功用、重要性和经济性等因素。例如，碳素弹簧钢价格较低，常用作制造尺寸较小的一般用途的弹簧；合金弹簧钢主要用于制造承受较大变载荷或冲击载荷的弹簧；在潮湿或酸碱等化学腐蚀介质中的弹簧应选用不锈弹簧钢或铜合金材料。表 15－3 为常用弹簧材料及其力学性能。

表 15－3 压缩(拉伸)常用弹簧材料及其力学性能(摘自 GB/T 23935—2009)

材料及其代号	许用切应力 [τ]/MPa			切变模量 G /MPa	弹性模量 E /MPa	推荐使用温度 /℃	特性及用途
	动负荷		静负荷				
	无限疲劳寿命	有限疲劳寿命					
碳素弹簧钢丝（B、C、D级）	$(0.33\sim0.38)R_m$	$(0.38\sim0.45)R_m$	$0.45R_m$	78.5×10^3	206×10^3	$-40\sim150$	强度高，性能好，B 组用于低应力弹簧，C 组用于中应力弹簧，D 组用于高应力弹簧

（续）

材料及其代号			许用切应力 [τ]/MPa			切变模量 G /MPa	弹性模量 E /MPa	推荐使用温度 /℃	特性及用途
			动负荷		静负荷				
			无限疲劳寿命	有限疲劳寿命					
弹簧用不锈钢丝		A组	(0.3～0.34) R_m	(0.34～0.38) R_m	0.38R_m	70×10^3	185×10^3	−200～290	耐腐蚀性、耐高温、耐低温，用于腐蚀或高、低温工作条件下的弹簧
		B组 C组				73×10^3	195×10^3		
合金钢丝	50CrVA 60Si2MnA 55CrSi	压	426～534	568～712	710～890	78.5×10^3	206×10^3	−40～250 (50CrVA：−40～210)	强度高，较高的疲劳性，用于普通机械的弹簧
		拉	356～447	405～507	475～596				

注：1. 按受力循环次数 N 的不同，弹簧分为三类：无限疲劳寿命为 $N>2\times10^6$（合金钢丝）或 $N\geqslant10^7$（碳素弹簧钢丝、不锈钢丝）；有限疲劳寿命为 $N\geqslant10^4\sim10^5$（合金钢丝）或 $N\geqslant10^4\sim10^6$（碳素弹簧钢丝、不锈钢丝）；静负荷为 $N<10^4$ 或恒定不变静载荷的弹簧。

2. 碳素弹簧钢丝、弹簧用不锈钢丝用作拉伸弹簧时，许用切应力取表中数值的80%。

3. 合金弹簧钢丝用作拉伸弹簧时许用切应力一般取表中数值的下限值。

4. 动负荷作用下的弹簧，当应力变化幅度小时，许用切应力取大值；当应力变化幅度大时，许用切应力取小值。

5. 碳素弹簧钢丝和弹簧用不锈钢丝的 R_m 见表15-4。

表 15-4　弹簧钢丝的抗拉强度 R_m（摘自 GB/T 23935—2009）　　单位：MPa

<table>
<tr><th colspan="4">碳素弹簧钢丝</th><th colspan="4">弹簧用不锈钢丝</th></tr>
<tr><th>钢丝直径 d/mm</th><th>B级（用于低应力弹簧）</th><th>C级（用于中应力弹簧）</th><th>D级（用于高应力弹簧）</th><th>钢丝直径 d/mm</th><th>A组 1Cr18N9 0Cr19Ni10 0Cr17Ni12Mo2</th><th>B组 1Cr18Ni9 0Cr18Ni10</th><th>C组 0Cr17Ni8Al</th></tr>
<tr><td>0.20</td><td>2150</td><td>2400</td><td>2690</td><td>0.20</td><td>1618</td><td>2157</td><td>1961</td></tr>
<tr><td>0.50</td><td>1860</td><td>2200</td><td>2550</td><td>0.50</td><td>1569</td><td>1961</td><td>1814</td></tr>
<tr><td>0.80</td><td>1710</td><td>2010</td><td>2400</td><td>1.80</td><td rowspan="2">1471</td><td rowspan="2">1863</td><td rowspan="2">1765</td></tr>
<tr><td>1.00</td><td>1660</td><td>1960</td><td>2300</td><td>1.00</td></tr>
<tr><td>1.20</td><td rowspan="2">1620</td><td>1910</td><td>2250</td><td>1.20</td><td rowspan="2">1373</td><td rowspan="3">1765</td><td rowspan="2">1667</td></tr>
<tr><td>1.40</td><td>1860</td><td>2150</td><td>1.40</td></tr>
<tr><td>1.60</td><td>1570</td><td>1810</td><td>2110</td><td>1.60</td><td rowspan="3">1324</td><td rowspan="3">1569</td></tr>
<tr><td>1.80</td><td>1520</td><td>1760</td><td>2010</td><td>1.80</td><td rowspan="3">1667</td></tr>
<tr><td>2.00</td><td>1470</td><td>1710</td><td>1910</td><td>2.00</td></tr>
<tr><td>2.20</td><td rowspan="2">1420</td><td rowspan="2">1660</td><td>1810</td><td>2.20</td><td rowspan="2">—</td><td rowspan="2">—</td></tr>
<tr><td>2.50</td><td>1760</td><td>2.50</td><td>1569</td></tr>
</table>

（续）

<table>
<tr><th colspan="4">碳素弹簧钢丝</th><th colspan="4">弹簧用不锈钢丝</th></tr>
<tr><th>钢丝直径 d/mm</th><th>B 级（用于低应力弹簧）</th><th>C 级（用于中应力弹簧）</th><th>D 级（用于高应力弹簧）</th><th>钢丝直径 d/mm</th><th>A 组 1Cr18N9 0Cr19Ni10 0Cr17Ni12Mo2</th><th>B 组 1Cr18Ni9 0Cr18Ni10</th><th>C 组 0Cr17Ni8Al</th></tr>
<tr><td>2.80</td><td rowspan="2">1370</td><td>1620</td><td rowspan="2">1710</td><td>2.90</td><td>1177</td><td>1569</td><td>1373</td></tr>
<tr><td>3.00</td><td rowspan="3">1570</td><td>3.00</td><td>—</td><td>1471</td><td>—</td></tr>
<tr><td>3.20</td><td rowspan="5">1320</td><td rowspan="2">1660</td><td>3.20</td><td rowspan="3">1177</td><td></td><td rowspan="3">1373</td></tr>
<tr><td>3.50</td><td>3.50</td><td rowspan="3">1471</td></tr>
<tr><td>4.00</td><td rowspan="2">1520</td><td rowspan="2">1620</td><td>4.00</td></tr>
<tr><td>4.50</td><td>4.50</td><td rowspan="4">1079</td><td rowspan="4">1275</td></tr>
<tr><td>5.00</td><td rowspan="2">1470</td><td rowspan="2">1570</td><td>5.00</td><td rowspan="3">1373</td></tr>
<tr><td>5.50</td><td>1270</td><td>5.50</td></tr>
<tr><td>6.00</td><td>1220</td><td>1420</td><td>1520</td><td>6.00</td></tr>
<tr><td>8.00</td><td>1170</td><td>1370</td><td>—</td><td>8.00</td><td>981</td><td>1275</td><td>—</td></tr>
<tr><td>10.00</td><td>1130</td><td>1320</td><td>—</td><td>10.00</td><td>—</td><td>1128</td><td>—</td></tr>
<tr><td>12.00</td><td>1080</td><td>1270</td><td>—</td><td>12.00</td><td>—</td><td>883</td><td>—</td></tr>
</table>

注：表列抗拉强度 R_m 为材料标准的下限值。

15.2 圆柱螺旋压缩(拉伸)弹簧的设计计算

弹簧的设计主要是确定合理的几何参数，使其具有足够的强度和适宜的刚度及良好的稳定性，以满足工作要求。

15.2.1 圆柱螺旋压缩(拉伸)弹簧的特性曲线

弹簧的载荷-变形曲线称为弹簧的特性曲线。它是设计和制造弹簧的过程中检验或试验的重要依据。对于等节距的圆柱压缩(拉伸)螺旋弹簧，其受载与变形成正比关系，因而其特性线为一直线。

压缩弹簧的特性曲线如图 15.6 所示。图中 F_1 是弹簧安装时所预加的初始负荷，为最小负荷。在 F_1 的作用下，弹簧产生最小变形 f_1，其高度由自由高度 H_0 压缩到 H_1。F_n 为最大负荷，在 F_n 的作用下，弹簧变形为 f_n，其高度压缩到 H_n。F_s 为弹簧允许承受的最大负荷，在其作用下，弹簧丝的应力达到材料的屈服点，这时弹簧变形量增加到 f_s，弹簧高度为 H_s。

拉伸弹簧的特性曲线如图 15.7 所示。根据卷绕方法不同，分为无初拉力和有初拉力两种情况。无初拉力的拉伸弹簧，其特性曲线与压缩弹簧完全相同。有初拉力的拉伸弹簧其初拉力 F_0 是由于卷制时使各弹簧圈并紧和回弹而产生的。弹簧工作时，只有工作载荷

大于 F_0 时，拉伸弹簧才开始伸长。

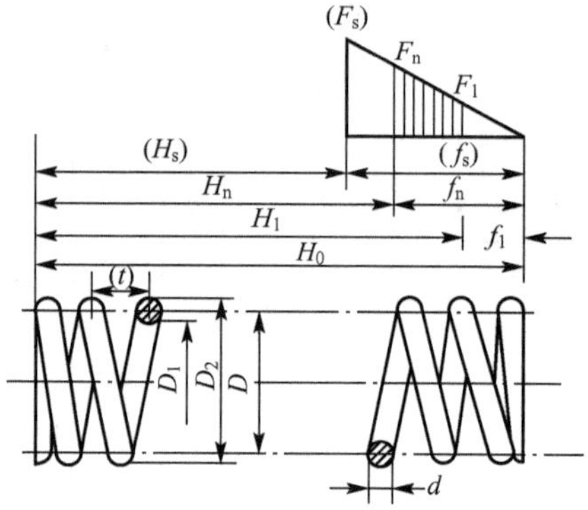

图 15.6　压缩弹簧的特性曲线

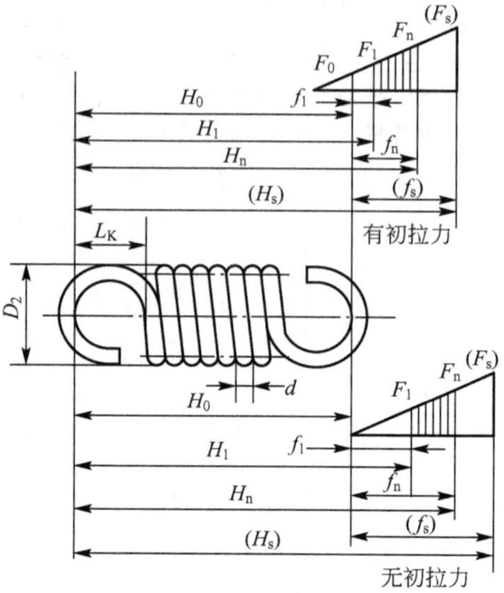

图 15.7　拉伸弹簧的特性曲线

15.2.2　圆柱螺旋压缩(拉伸)弹簧的设计计算

1. 强度计算

强度计算的目的是确定弹簧的中径 D 和弹簧丝的直径 d。由于弹簧的螺旋角 α 一般都不大，因此，在计算时略去螺旋角 α 的影响。当压缩弹簧受轴向载荷 $\boldsymbol{F}_n$ 时，作用在弹簧丝截面上的载荷有切向力(大小为 F_n)和转矩(其值 $T=F_nD/2$)，最大切应力发生在弹簧丝截面的内侧，如图 15.8 给出的 m 点。因该处弯曲特别厉害，所以最易发生断裂，经理论推导，其强度条件为

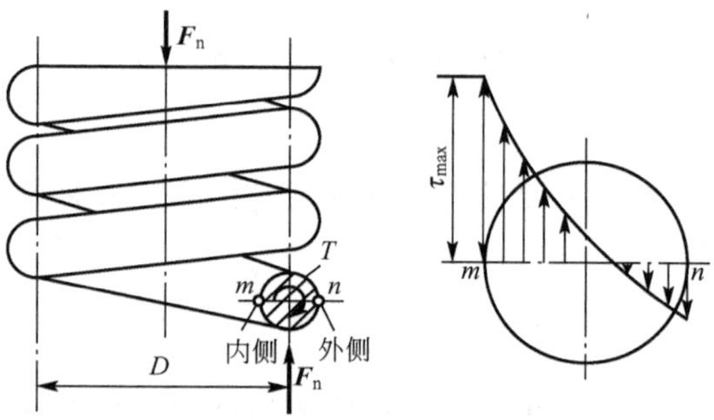

图 15.8　弹簧丝的应力分布

$$\tau_{max}=\frac{8KF_nC}{\pi d^2}\leqslant[\tau] \qquad (15-1)$$

则有弹簧丝直径的计算公式为

$$d\geqslant\sqrt{\frac{8KF_nC}{\pi[\tau]}} \qquad (15-2)$$

式中：C——弹簧旋绕比，为弹簧中径 D 与弹簧丝直径 d 之比，即 $C=D/d$，它的选取范围可参见表 15－5；

d——弹簧丝直径(mm)；

$[\tau]$——弹簧材料的许用切应力(MPa)，由表 15－3 和表 15－4 查取；

K——曲度系数，K 值按下式计算，是考虑到弹簧丝的升角和曲率对弹簧丝中应力的影响，静负荷时，K 值一般可以取为 1，当弹簧应力高时，亦考虑 K 值。

$$K=\frac{4C-1}{4C-4}+\frac{0.615}{C} \tag{15-3}$$

表 15-5 弹簧旋绕比 C 的选用范围(摘自 GB/T 23935—2009)

d/mm	0.2～0.5	>0.5～1.1	>1.1～2.5	>2.5～7.0	>7.0～16	>16
C	7～14	5～12	5～10	4～9	4～8	4～16

2. 刚度计算

刚度计算的目的是确定弹簧有效圈数 n。

由工程力学可知，弹簧变形量

$$f=\frac{8FD^3n}{Gd^4}=\frac{8FC^3n}{Gd} \tag{15-4}$$

式中：G——弹簧材料的切变模量(MPa)，由表 15-3 查取。

按工作要求，弹簧在最大负荷 F_n 作用下，将产生最大变形 f_n

$$f_n=\frac{8F_nC^3n}{Gd} \tag{15-5}$$

弹簧刚度是弹簧产生单位变形时所需的力。对等节距圆柱螺旋拉伸、压缩弹簧，弹簧的特性线为直线，由式(15-4)可得到弹簧刚度

$$F'=\frac{\Delta F}{\Delta f}=\frac{Gd}{8C^3n} \tag{15-6}$$

利用上述关系式可得弹簧有效圈数的计算公式为

$$n=\frac{Gd}{8C^3F'}=\frac{Gdf_n}{8C^3F_n} \tag{15-7}$$

式(15-7)计算的结果应使 $n\geqslant2$，以保障弹簧具有稳定的性能。对于拉伸弹簧，若 $n>20$，一般应圆整为整圈数；若 $n<20$，则可圆整为半圈。对于压缩弹簧，n 的尾数宜取 1/4、1/2 或整圈数。

对于有初拉力 F_0 的拉伸弹簧，应用式(15-5)、式(15-7)计算有关参数时，应以 (F_n-F_0) 代替公式中的 F_n。

[思考题 15.1] 在其他条件一定时，旋绕比 C 的取值对弹簧刚度有什么影响？

3. 圆柱螺旋压缩弹簧的稳定性计算

当压缩弹簧的圈数较多时，还应校验其稳定性指标，即高径比 $b=H_0/D$。在高径比 b 值较大的情况下，当压力达到一定值时，弹簧会突然发生侧向弯曲的现象，使弹簧刚度突然降低，这种现象称为弹簧的失稳，这是弹簧正常工作所不允许的。

压缩弹簧的稳定性与弹簧两端的支承方式有关。为了保证弹簧不失稳，一般需要满足以下条件：弹簧两端均为回转端时 $b\leqslant2.6$；当弹簧一端固定，一端回转时 $b\leqslant3.7$；当弹簧两端均固定时 $b\leqslant5.3$。当 b 大于上列数值时，要进行稳定性校核，当 b 仍不能满足要求时，应重新改变弹簧参数，以保证弹簧工作的稳定性。如设计结构受限制，不能改变参数时，应在弹簧外侧加导向套或在弹簧内侧加导向杆。

[例 15.1] 设计一结构型式为 YI 的阀门弹簧，要求弹簧外径 $D_2\leqslant34.8$mm，阀门关闭时 $H_1=43$mm，负荷 $F_1=270$N，阀门全开时，$H_n=32$mm，负荷 $F_n=540$N，循环次数

$N>10^7$ 次。

解：1. 选择弹簧材料和许用应力

根据工作要求选用C级碳素弹簧钢丝，试选材料直径为 $d=4.5\text{mm}$，根据循环次数 $N>10^7$ 次，由表15-3查得许用切应力 $[\tau]=(0.33\sim0.38)R_m$，取 $[\tau]=0.37R_m$，材料切变模量 $G=78.5\times10^3\text{MPa}$，由表15-4查得 $R_m=1520\text{MPa}$，得 $[\tau]=0.37R_m=0.37\times1520\text{MPa}=562\text{MPa}$。

2. 计算弹簧丝直径

$D_2\leqslant34.8\text{mm}$，考虑公差的影响，假设中径 $D=29.5\text{mm}$。

根据弹簧旋绕比

$$C=\frac{D}{d}=\frac{29.5}{4.5}=6.56$$

根据式(15-3)计算曲度系数

$$K=\frac{4C-1}{4C-4}+\frac{0.615}{C}=\frac{4\times6.56-1}{4\times6.56-4}+\frac{0.615}{6.56}=1.23$$

将 $K=1.23$ 带入式(15-2)得

$$d\geqslant\sqrt{\frac{8KF_nC}{\pi[\tau]}}=\sqrt{\frac{8\times1.23\times540\times6.56}{\pi\times562}}\text{mm}=4.44\text{mm}$$

取 $d=4.5\text{mm}$。与原假设相符。

弹簧中径 $D=Cd=6.56\times4.5\text{mm}=29.52\text{mm}$

弹簧外径 $D_2=D+d=(29.52+4.5)\text{mm}=34.02\text{mm}<34.8\text{mm}$，符合结构设计要求。

弹簧内径 $D_1=D-d=(29.52-4.5)\text{mm}=25.02\text{mm}$

3. 确定工作圈数

弹簧所需刚度按式(15-6)计算

$$F'=\frac{F_n-F_1}{H_1-H_n}=\frac{(540-270)\text{N}}{(43-32)\text{mm}}=24.55\text{N/mm}$$

按式(15-7)计算有效圈数

$$n=\frac{Gd}{8C^3F'}=\frac{78.5\times10^3\times4.5}{8\times6.56^3\times24.55}\text{圈}\approx6.37\text{ 圈}$$

取 $n=6.5$ 圈。取支承圈 $n_z=2$ 圈，则总圈数 $n_1=n+n_2=(6.5+2)$圈$=8.5$ 圈。

4. 计算弹簧其他尺寸(表15-2)

由式(15-5)计算变形量

$$f_n=\frac{8F_nC^3n}{Gd}=\frac{8\times540\times6.56^3\times6.5}{78.5\times10^3\times4.5}\text{mm}\approx22.44\text{mm}$$

节距 $$t=d+\frac{f_n}{n}+0.1d=\left(4.5+\frac{22.44}{6.5}+0.1\times4.5\right)\text{mm}\approx8.4\text{mm}$$

螺旋升角 $$\alpha=\arctan\frac{t}{\pi D}=\arctan\frac{8.4}{\pi\times29.52}\approx5.18^\circ$$

弹簧自由高度 $H_0=tn+(n_z-0.5)d=[8.4\times6.5+(2-0.5)\times4.5]\text{mm}=61.35\text{mm}$

弹簧丝展开长度 $L=\dfrac{\pi Dn_1}{\cos\alpha}=\dfrac{\pi\times29.52\times8.5}{\cos5.18^\circ}\text{mm}\approx791.5\text{mm}$

5. 稳定性计算

此弹簧为两端固定，其高径比为

$$b=\frac{H_0}{D}=\frac{61.35}{29.52}\approx 2.08<5.3$$

满足稳定性要求。

6. 绘制弹簧零件工作图(略)

小　结

1. 内容归纳

本章内容归纳如图 15.9 所示。

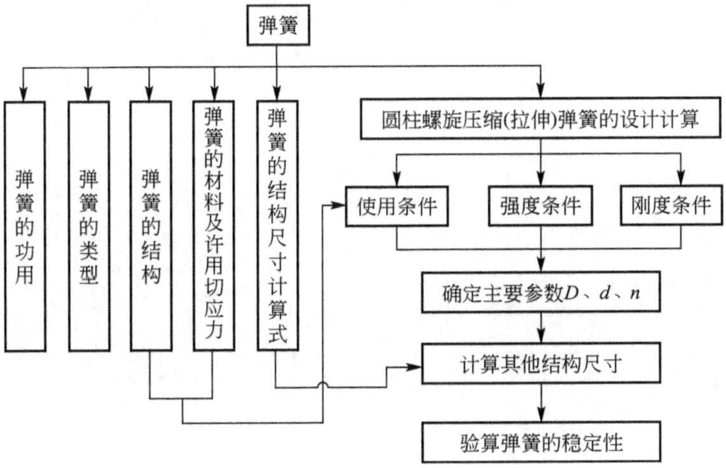

图 15.9　本章内容归纳

2. 重点和难点

重点：圆柱螺旋压缩(拉伸)弹簧的设计计算。

难点：圆柱螺旋压缩(拉伸)弹簧的设计计算。

习　题

一、单项选择题

15.1　在圆柱形螺旋拉伸(压缩)弹簧中，旋绕比 C 是指______。

A. 弹簧外径与弹簧直径之比值　　B. 弹簧内径与弹簧直径之比值

C. 弹簧自由长度与弹簧直径之比值　　D. 弹簧中径与弹簧直径之比值

15.2　当弹簧直径 d 一定时，圆柱形螺旋弹簧的旋绕比 C 如取的太小，则______。

A. 弹簧尺寸大、结构不紧凑　　B. 弹簧的刚度太小

C. 弹簧卷绕有困难　　D. 弹簧的长度和重量较大

二、简答题

15.3　按形状和受载情况分类，弹簧有哪些类型？

15.4　弹簧的材料应具备哪些性质？

15.5　圆柱螺旋弹簧的旋绕比 C 对弹簧性能有何影响？设计时如何选取？

三、计算题

15.6　某圆柱螺旋压缩弹簧的碳素弹簧丝直径 $d=6\text{mm}$，中径 $D=39\text{mm}$，有效圈数 $n=10$，当受最大工作载荷 $F_n=100\text{N}$ 时，弹簧的变形量 f_n 和应力 τ_{max} 分别是多少？

15.7　一普通溢流阀中使用圆柱螺旋压缩弹簧，已知弹簧的预调压力 $F_1=300\text{N}$，变形量 $f_1=10\text{mm}$，溢流阀的工作行程 $h=2\text{mm}$，弹簧中径 $D=15\text{mm}$，循环次数 $N<10^4$ 次，试设计该弹簧。

第16章 机械的调速与平衡

本章教学要点

知识要点	掌握程度	相关知识
机械运转速度波动的调节	了解机械周期性速度波动调节的目的和方法； 掌握飞轮设计的近似方法； 了解非周期性速度波动调节	不均匀系数概念； 飞轮转动惯量计算； 最大盈亏功概念
机械的平衡	了解机械平衡的目的和类型； 了解刚性转子的静平衡原理和方法； 了解刚性转子的动平衡原理和方法	质径积概念； 静平衡实验

导入案例

飞轮是安装在机器回转轴上的具有较大转动惯量的轮状蓄能器。当机器转速增高时，飞轮的动能增加，把能量储蓄起来；当机器转速降低时，飞轮动能减少，把能量释放出来。在20世纪60～70年代，美国宇航局(NASA)Glenn研究中心首次把飞轮作为蓄能电池应用在卫星上。飞轮储能系统是一种机电能量转换的储能装置，突破了化学电池的局限，用物理方法实现储能。通过电动/发电互逆式双向电机，电能与高速运转飞轮的机械动能之间相互转换与储存，并通过调频、整流、恒压与不同类型的负载接口。

16.1 机械运转速度波动的调节

机械系统是在外力(包括驱动力和阻力)的作用下运转的。如果驱动力所做的功 W_d 等于阻力所做的功 W_r，则机械的主轴将保持匀速运转。但是，大多数机械系统工作时并不能保证驱动功 W_d 与阻力功 W_r 时时相等。当 $W_d > W_r$ 时，驱动力做功有盈余，出现盈功，使机械系统的动能增加，系统会增速运转；反之，会出现亏功，机械系统的动能减少，导致系统减速。机械系统运转速度的波动导致运动副产生动压力，带来振动、噪声，降低了机器的效率，影响机器的工作性能。所以，必须对机械系统速度波动进行调节，使上述影响限制在允许的范围内。

机械系统运转速度波动可以分为周期性速度波动和非周期性速度波动。

16.1.1 周期性速度波动的调节

1. 周期性速度波动及其调节原理

周期性速度波动是由于机械系统动能增减呈周期性变化，造成主轴角速度 ω 随之做周期性波动，如图16.1所示。主轴角速度 ω 从某一数值变回到原值所经历的时间为一个运动周期 T。随机器的不同，运动周期 T 可能是主轴回转一转(如冲床)、两转(如四冲程内燃机)或数转(如轧钢机)所用的时间。

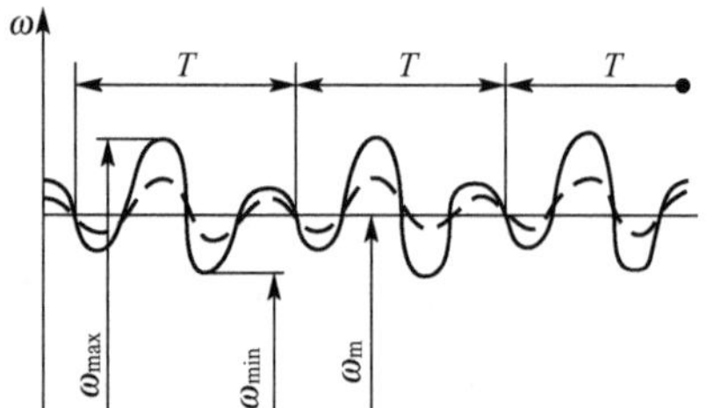

图16.1 周期性速度波动

机器做周期运转时的平均角速度 ω_m 可根据主轴角速度变化规律来求得，但受到速度变化规律复杂性的限制，所以在一般情况下，工程上以算术平均角速度代替实际的平均角速度(即机器铭牌上标出的额定转速或角速度)，即

$$\omega_m = \frac{1}{2}(\omega_{max} + \omega_{min}) \tag{16-1}$$

式中：ω_{max}、ω_{min}——分别表示主轴最大角速度和最小角速度。

机器速度波动的相对程度通常用不均匀系数 δ

表示，即

$$\delta=\frac{\omega_{\max}-\omega_{\min}}{\omega_{m}} \tag{16-2}$$

由上述可知，δ越小，机器运转越平稳。不同的机器对运转的平稳性要求不一样，表16－1列出了常用机械的速度不均匀系数δ的限定范围。

表16－1 常用机械运转速度不均匀系数的许用值δ

机械的名称	δ	机械的名称	δ
碎石机	0.10～0.20	减速器	0.015～0.020
冲床、剪床	0.05～0.15	内燃机	0.066～0.125
水泵、鼓风机	0.02～0.03	交流发电机	0.002～0.003

对于周期性速度波动，其调节方法是在机械中安装一个转动惯量很大且起储存动能作用的回转构件——飞轮。飞轮结构如图16.2所示，飞轮相当于一个储能器，当出现盈功时，飞轮的转速随之略增，将多余的能量储存起来，抑制主轴角速度上升；反之，出现亏功时，飞轮的转速略降，便可将储存的能量释放出来，以补亏功，从而抑制主轴角速度的下降，这样通过飞轮就起到了减少速度波动和调速的目的。例如，图16.1中实线所示为没有安装飞轮时主轴的速度波动，虚线所示为安装飞轮后速度的波动，可见安装飞轮能起到明显的调速效果。此外，由于飞轮能够利用储蓄的能量克服短时间过载，故在确定原动机功率时，只需考虑它的平均功率，而不必考虑高峰负荷所需的瞬时最大功率。例如，有一压力机，在没有安装飞轮时，需600kW的电动机才能满足高峰转矩的需要，而装上飞轮后，则只需50kW的电动机即可满足需要。由此可见，安装飞轮不仅可以避免机械运转速度发生过大的波动，而且可以选择功率较小的原动机。这就是某些载荷大而集中，且对运转均匀性要求不高的机械(如破碎机(图1.3)、冲压机和轧钢机)要安装飞轮的主要原因。

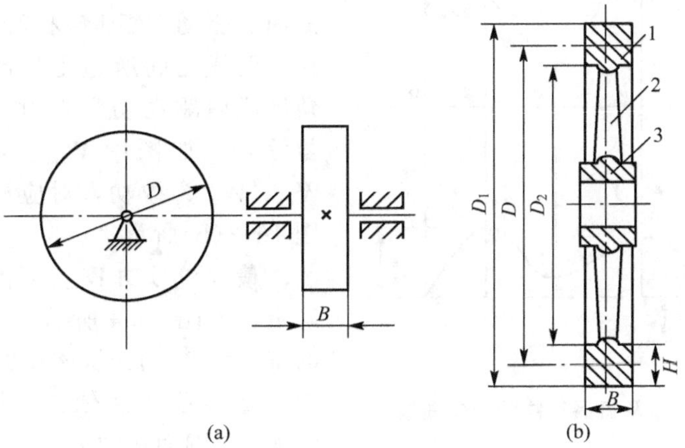

图16.2 飞轮及其结构

1—轮缘；2—轮辐；3—轮毂

2. 飞轮设计的近似方法

飞轮设计的基本问题是确定其转动惯量 J。

对于一般机器来讲，飞轮的转动惯量比其他构件要大得多，因此在计算时，可忽略其他构件的转动惯量，近似认为飞轮所具有的动能就是整个机器所具有的动能。这样，当飞轮处于最大角速度 ω_{max}时，机器具有最大的动能 E_{max}；当飞轮处于最小角速度 ω_{min}时，机器具有最小的动能 E_{min}。E_{max}与 E_{min}之差表示机器在一个运动周期动能的最大变化量，称为最大盈亏功 W_{max}，即

$$W_{max}=E_{max}-E_{min}=\frac{1}{2}J\omega_{max}^2-\frac{1}{2}J\omega_{min}^2 \tag{16-3}$$

由式(16－1)、式(16－2)，可得 $\omega_{max}^2-\omega_{min}^2=2\delta\omega_m^2$。设飞轮转速为 n_m(r/min)，则 $\omega_m=\frac{\pi n_m}{30}$(rad/s)。代入式(16－3)得飞轮的转动惯量

$$J=\frac{W_{max}}{\omega_m^2\delta}=\frac{900W_{max}}{\pi^2 n_m^2\delta} \tag{16-4}$$

由式(16－4)可知：

(1) 当 W_{max}和 δ 一定时，J 与 n_m^2 成反比。为减小飞轮转动惯量，宜将飞轮安装在高速轴上。

(2) 当 W_{max}和 n_m 一定时，δ 值小，飞轮转动惯量就大。当 δ 值已很小时，再略微减小 δ 值，则飞轮转动惯量要增大很多。因此，过分追求机器运转的均匀性，将使飞轮过于笨重。

从式(16－4)也可以看出，只要有盈亏功，无论用多大的飞轮，不均匀系数 δ 都不可能为零。这表明，机器的速度波动总是存在的，飞轮只能起着减小速度波动的作用。

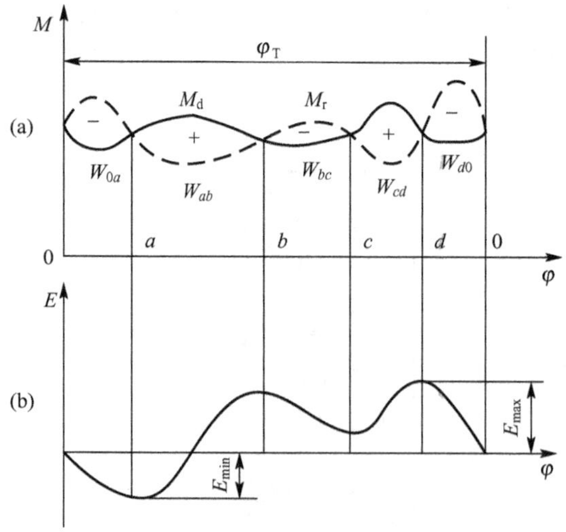

图 16.3 M_d、M_r 及机器动能的变化曲线

当机器的 n_m 和速度不均匀系数 δ 已定时，计算飞轮转动惯量的关键是确定机器的最大盈亏功 W_{max}。

设图 16.3(a)所示为机器在运转一个周期内的驱动力矩 M_d 和阻力矩 M_r 的变化曲线，两线之间所包围的面积，应是相应转角区段内驱动功和阻力功差值的大小，即盈亏功。如图中 W_{0a}、W_{bc}、W_{d0} 为亏功，W_{ab}、W_{cd} 为盈功，对应机器动能的变化如图 16.3(b)所示。

最大盈亏功 W_{max}可借助能量指示图来确定。如图 16.4 所示，任取一个能量为零的基准线 0—0，从该线出发，按一定比例，用矢量线段长度依次表明相应位置处 M_d 和 M_r 所围面积的大小。盈功为正，箭头向上；亏功为负，箭头向下，各矢量首尾相接。由于机器在一个运转周期内起始与终了位置动能相等，所以该能量指示图的首、尾应当封闭。能量指示图上最高点机器具有最大动能 E_{max}，对应主轴产生最大角速度 ω_{max}；最低点机器具有最小的动能 E_{min}，对应主轴出现最

小角速度 $\omega_{\min}$。例如，图 16.4 中最大盈亏功 $W_{\max}$ 出现在 a 和 d 之间，$W_{\max}=W_{ab}+W_{bc}+W_{cd}$，也可以表示为 $W_{\max}=|W_{d0}+W_{0a}|$。

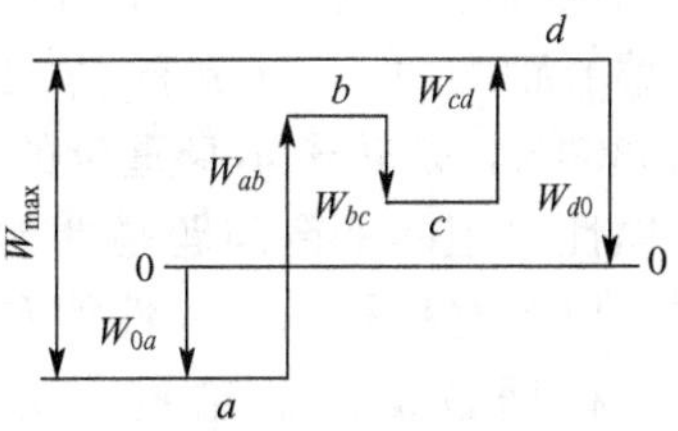

图 16.4 能量指示图

由以上分析可知，只要能用实验方法测定 M_d 和 M_r 的变化曲线，任何机器运转时的最大盈亏功 $W_{\max}$ 都可以用这种方法求出，从而确定飞轮的转动惯量。

[**思考题 16.1**] 安装飞轮后能否得到绝对匀速转动？为什么？

16.1.2 非周期性速度波动的调节

机器在运转过程中，若在很长一段时间内驱动力所做的功 W_d 总是大于阻力所做的功 W_r，则机器将越转越快，直至超越机械强度所允许的极限转速而导致机器破坏；反之，机械又会越转越慢，直至停车。例如，供气量不变的汽轮发电机组，当驱动的工作机械的用电量突然大幅度增减时，就会出现这种情况。这种速度波动是随机的、不规则的，没有周期性，称为非周期性的速度波动。

非周期性的速度波动产生的原因是 W_d 总是大于或小于 W_r，故不能用依靠飞轮来调节。既然机器稳定运转的条件是 W_d 等于 W_r，或在一个周期内两者相等，所以对非周期性的速度波动，就要采用其他方法维持 W_d 与 W_r 的平衡，以获得机器的稳定运转。

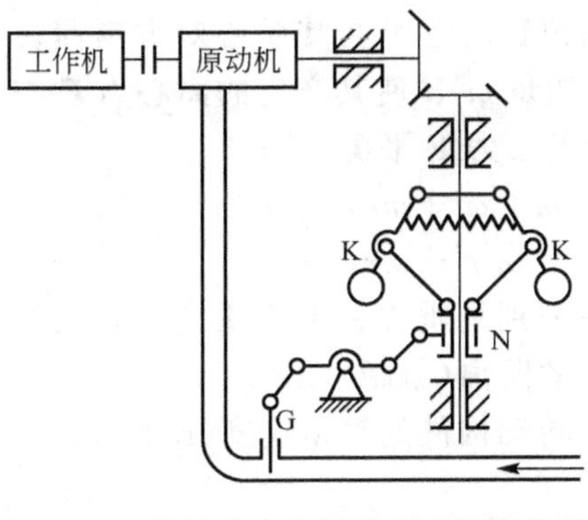

图 16.5 机械式离心调速器工作原理图

图 16.5 所示为一常见的柴油机用机械式离心调速器的工作原理图。当工作机的载荷突然减少时，柴油机转速就会突然升高。由于离心力的作用，调速器两重球 K 因离心力增大而飞向上方，带动圆桶 N 上升，通过连杆机构关小节流阀 G，减小供油量，从而降低速度。如果工作机的载荷突然增加，则调速器工作过程相反。通过这种方法，使 W_d 与 W_r 保持平衡，从而保持速度稳定。

机械式离心调速器灵敏度低，已逐渐被电子控制调速装置所取代。对于没有自调性的原动机，如柴油机(内燃机)、汽轮机，就必须用调速器调节非周期性速度波动。

16.2 机械的平衡

16.2.1 机械平衡的目的与类型

在各类机械中，普遍存在着质量分布不均匀，质心做变速运动的构件。这类构件运动时，都产生惯性力。构件的惯性力会在运动副中引起附加压力，这种附加压力会增加运动副中的摩擦力和缩短构件的寿命。此外，由于惯性力的大小和方向做周期变化，还会引起机械及其基础发生振动，因而影响机械的工作质量，并且其周围的设备及建筑物也会受到影响或破坏。例如，一个质量为180kg的燃气轮机的转子，在转速为16000r/min、转子质量偏心距为0.25 mm的情况下，由理论力学可知，所产生的离心惯性力 $F=mr\omega^2=126300\text{N}$，是转子本身重量的700倍左右。因此，研究机械尤其是现代高速机械的惯性力和惯性力矩的平衡问题是非常重要的。为了完全地或部分地消除惯性力和惯性力矩的影响，以改善机械的工作性能和延长其使用寿命，就是研究机械平衡的目的。

根据各构件的结构及运动形式的不同，机械平衡可分为转子的平衡和机构的平衡。

绕固定轴回转的构件，常统称为转子。例如，汽轮机、发电机、电动机等机器，都以转子作为工作主体。转子平衡又分为刚性转子平衡和柔性转子平衡。刚性转子平衡包括刚性转子静平衡和动平衡。

本节只讨论刚性转子平衡计算，柔性转子平衡和机构平衡请参阅有关书籍。

[思考题 16.2] 调速与平衡都能减小机构的动载荷，但两者有何本质区别?

16.2.2 刚性转子的平衡

1. 刚性转子的静平衡

对于沿轴向宽度很小的回转构件(通常指其直径 D 与轴向宽度 b 的比值，$D/b>5$ 的构件)，如齿轮、飞轮、带轮等，其质量的分布可近似地认为在同一回转平面内。如图16.6所示的单缸发动机曲轴，当已知其不平衡质量 m 的大小和质心 C 的位置时，可在其质心对方离回转中心 r' 处加一平衡质量 m'，使其产生的离心力 $\boldsymbol{F}'$ 与不平衡质量产生的离心力 $\boldsymbol{F}$ 平衡，即

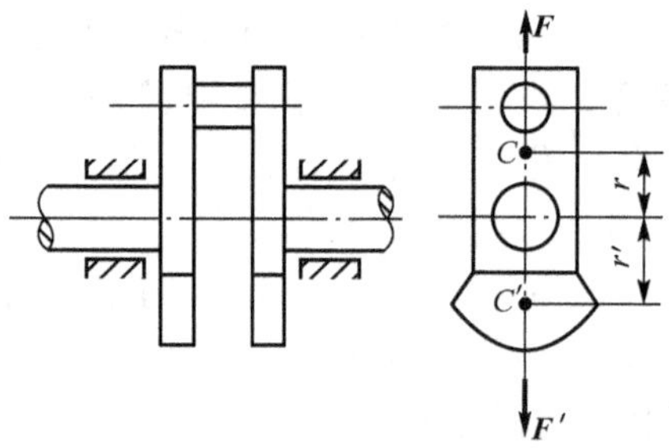

图 16.6 转子静平衡计算

$$m'r'\omega^2+mr\omega^2=0$$

或

$$m'r'+mr=0 \tag{16-5}$$

式中：r、r'——分别是质心和平衡质量到转动轴线的距离(偏距)(m)；

ω——转动构件的等角速度(rad/s)。

质量与偏距的乘积称为质径积。

式(16-5)表明，要平衡沿轴向宽度很小的回转构件的离心力，只要使所加平衡重量的质径积与原不平衡质量的质径积之和等于零即可。这种平衡称为静平衡。

虽然这类回转构件可以根据质量的分布情况进行平衡计算，加上或减去平衡质量之后理论上能做到完全平衡，但由于制造和装配的误差，以及材料内部的不均匀等原因，实际上回转件并不完全平衡，因此，有时还应当用静平衡试验方法加以平衡。

在静平衡试验时，可将回转件放在平衡架上，由于回转件质心偏离回转轴线，故将产生一静力矩，从而可找出回转件的不平衡质径积的大小和方向，通过补偿，使其质心移到回转轴线上以达到静平衡。

常用的静平衡架如图16.7所示，其主要部分为两条互相平行的用淬硬的钢料制成的刀口形导轨(也有用棱柱和圆柱形的)，这两条导轨固定在机架上，并使纵向和横向均处于水平。试验时，将回转件的轴架在刀口上，任其自由滚动，如回转件质心 C 不在回转轴的轴线上，则由于重量对回转轴线有一力矩作用，回转件将在导轨上左右来回摆

动，直到其质心处于最低位置。实际上因为接触处有摩擦力影响，故总有些误差，要精确测定，可以用反向滚动再确定质心位置的方法来校正。然后在质心的相反方向加一平衡质量（如橡皮泥之类的物体）再做试验，直至该回转件达到静平衡为止。这时所加的平衡质量与其至回转轴线距离之乘积，即为该回转件达到静平衡所需加的质径积的大小。按试验所得的质径积，我们可以在结构允许的回转件径向位置上焊上、铆上一块金属，或者在其相反方向去掉一块材料，以使该回转件达到完全静平衡。

图 16.7　导轨式静平衡架

2. 刚性转子的动平衡

对于轴向宽度很大的回转件，如多缸发动机的曲轴、电机转子及一些机床主轴等，其质量分布不能再近似地认为是在同一回转面内，而应该看作分布于沿轴向的许多互相平行的回转面内。如图 16.8 所示的回转件，它们的不平衡质量分布于两个相距为 l 的回转面内，分别以 m_1、m_2 和 r_1、r_2 表示其质量和回转半径。如果 $m_1=m_2$，$r_1=r_2$，这一回转件的质心应该在回转轴线上（离心惯性力 $\boldsymbol{F}_1+\boldsymbol{F}_2=0$），满足了静平衡条件。但由于 m_1、m_2 并不在同一回转面内，当回转时在平行平面内的一对离心惯性力 $\boldsymbol{F}_1$、$\boldsymbol{F}_2$ 仍然可以形成不平衡的力偶矩，引起机械的振动。所以对于这种类型的回转构件欲得到平衡，除了满足离心惯性力之和等于零外，其惯性力偶矩之和也必须等于零，即

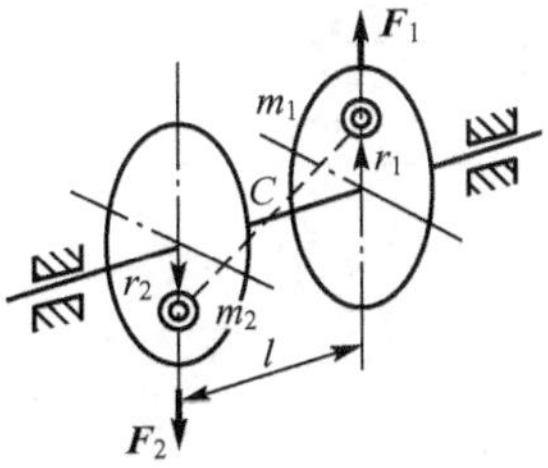

图 16.8　动不平衡转子

$$\left.\begin{aligned}\sum \boldsymbol{F}=0\\ \sum M=0\end{aligned}\right\} \tag{16-6}$$

能够同时满足上述两条件所得到的平衡，称为动平衡。

如上所述，这类转动构件的质量应该看作分布于沿轴向的若干互相平行的回转面内，因此它们产生的离心力构成一空间力系。这个空间力系可简化为两个平面的汇交力系，即将各力向任意选定的两个垂直于转动轴线的平面分解。例如，图 16.9 所示的回转构件在两个互相平行的回转面内各有一个不平衡质量（m_1、m_2），它们所产生的离心惯性力 $\boldsymbol{F}_1$、$\boldsymbol{F}_2$ 可分解到两个任意选定的平面 A、B 上，从而简化成两个平面汇交力系，可以用上述静平衡的方法分别在 A、B 平面上加（或在相反方向去掉）一适当的平衡质量 m_b'、m_b'' 而加以平衡。这样，构件便达到理论上的动平衡，即满足了式（16－6）中的要求。

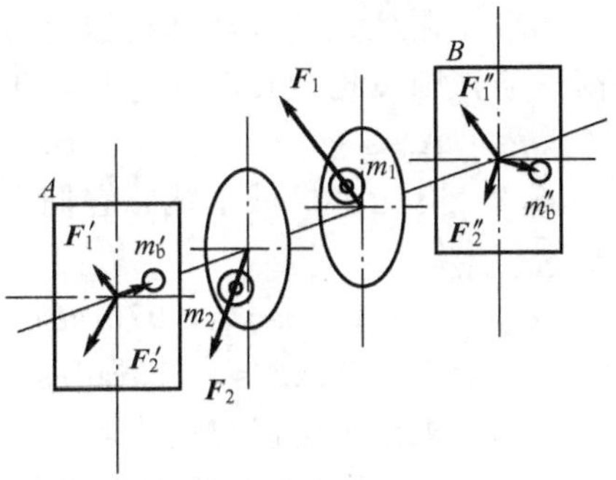

图 16.9　刚性转子的动平衡

实际上，和静平衡时一样，由于制造、安装等误差的影响，构件一般不能完全平衡。对平衡要求较高的高速回转构件，仍需在动平衡机上做动平衡试验，使构件的不平衡量降低到允许的

范围内。

小　　结

1. 内容归纳

本章内容归纳如图 16.10 所示。

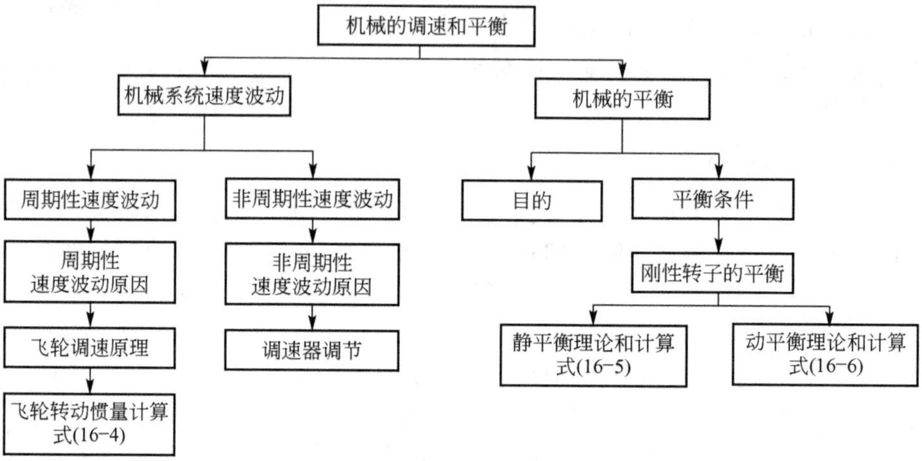

图 16.10　本章内容归纳

2. 重点和难点

重点：①飞轮转动惯量的计算；②刚性转子的平衡计算。

难点：飞轮调速原理和最大盈亏功的计算。

习　　题

一、单项选择题

16.1　在最大盈亏功和机器运转速度不均匀系数不变的前提下，将飞轮安装轴的转速提高一倍，则飞轮的转动惯量将等于原飞轮转动惯量的______。

A. 2　　B. 1/2　　C. 1/4　　D. 1/8

16.2　有三个机械系统，它们主轴的 ω_{max} 和 ω_{min} 分别是下列几种，其中运转最不均匀的是______。

A. 1025rad/s，975rad/s　　B. 512.5rad/s，487.5rad/s

C. 525rad/s，475rad/s　　D. 970rad/s，900rad/s

16.3　机械平衡研究的内容是______。

A. 驱动力与阻力间的平衡　　B. 各构件作用力的平衡

C. 惯性力系间的平衡　　D. 输入功率与输出功率间的平衡

16.4　对于结构尺寸为 $b/D<0.2$ 的不平衡刚性转子，需进行______。

A. 静平衡　　B. 动平衡　　C. 不用平衡

二、判断题

16.5　机器稳定运转的含义是指原动件(机器主轴)做等速转动。　(　　)

16.6　为了使机器稳定运转，机器中必须安装飞轮。　(　　)

16.7　为了调节机器运转的速度波动，在一台机器中可能需要既安装飞轮，又安装调速器。　(　　)

16.8　若刚性转子满足动平衡条件，这时我们说该转子也满足静平衡条件。　(　　)

三、简答题

16.9　在机器中安装飞轮的目的是什么？为什么有些机器要安装调速器？

16.10　为什么通常把飞轮安装在机器的高速轴上？

16.11　机械平衡的目的是什么？在什么情况下转动构件可以只进行静平衡？在什么情况下应该进行动平衡？转动构件达到动平衡的条件是什么？

16.12　静平衡试验是如何进行的？

16.13　什么是机械运转速度不均匀系数？

四、计算题

16.14　某电动机驱动的剪床，在一个运动周期内，主轴上阻力矩 M_r 变化曲线如图16.11所示。若主轴上驱动力矩 M_d 为常数，主轴平均角速度 $\omega_m=20\text{rad/s}$，取不均匀系数 $\delta=0.02$，求：①驱动力矩 M_d；②安装在主轴上的飞轮的转动惯量 J_F。

16.15　如图16.12所示的盘状回转构件，存在有2个偏心质量。已知 $m_1=6\text{kg}$，$m_2=4\text{kg}$，$r_1=80\text{mm}$，$r_2=120\text{mm}$，方位见图。设偏心质量分布在同一回转面内。试求：①在什么方位加多大平衡质径积 $m_b r_b$，回转构件可处于静平静？②若取 $r_b=100\text{mm}$，平衡质量 m_b 等于多少？

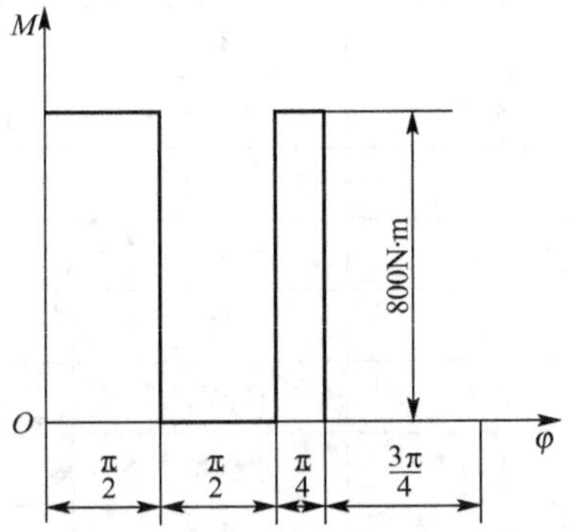

图 16.11　题 16.14 图

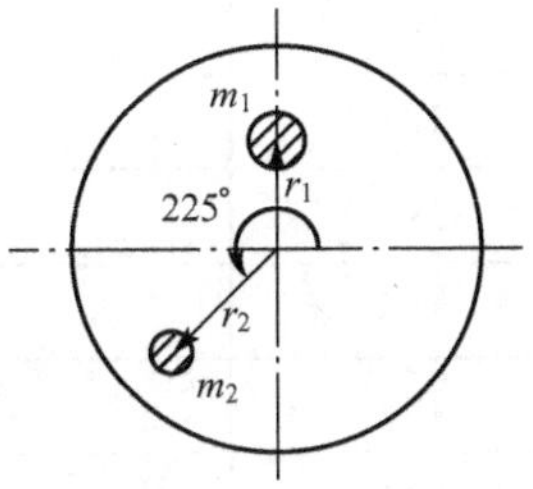

图 16.12　题 16.15 图

附　　录

附表 1　布氏、洛氏和维氏硬度值换算表

维氏硬度 HV	布氏硬度 HBW	洛氏硬度 HRC	维氏硬度 HV	布氏硬度 HBW	洛氏硬度 HRC
110	105	—	250	238	22.2
115	109	—	255	242	23.1
120	114	—	260	247	24.0
125	119	—	265	252	24.8
130	124	—	270	257	25.6
135	128	—	275	261	26.4
140	133	—	280	266	27.1
145	138	—	285	271	27.8
150	143	—	290	276	28.5
155	147	—	295	280	29.2
160	152	—	300	285	29.8
165	156	—	310	295	31.0
170	162	—	320	304	32.2
175	166	—	330	314	33.3
180	171	—	340	323	34.4
185	176	—	350	333	35.5
190	181	—	360	342	36.6
195	185	—	370	352	37.7
200	190	—	380	361	38.8
205	195	—	390	371	39.8
210	199	—	400	380	40.8
215	204	—	410	390	41.8
220	209	—	420	399	42.7
225	214	—	430	409	43.6
230	219	—	440	418	44.5
235	223	—	450	428	45.3
240	228	20.3	460	437	46.1
245	233	21.3	470	447	46.9

（续）

维氏硬度 HV	布氏硬度 HBW	洛氏硬度 HRC	维氏硬度 HV	布氏硬度 HBW	洛氏硬度 HRC
480	(456)	47.7	620	(589)	56.3
490	(466)	48.4	630	(599)	56.8
500	(475)	49.1	640	(608)	57.3
510	(485)	49.8	650	(618)	57.8
520	(494)	50.5	660	—	58.3
530	(504)	51.1	670	—	58.8
540	(513)	51.7	680	—	59.2
550	(523)	52.3	690	—	59.7
560	(532)	53.0	700	—	60.1
570	(542)	53.6	720	—	61.0
580	(551)	54.1	740	—	61.8
590	(561)	54.7	760	—	62.5
600	(570)	55.2	780	—	63.3
610	(580)	55.7	800	—	64.0

附表 2　部分滚动轴承基本参数

轴承代号	基本尺寸/mm			基本额定载荷/kN		轴承代号	基本尺寸/mm			基本额定载荷/kN		轴承代号	基本尺寸/mm			基本额定载荷/kN	
60000型	内圈直径 d	外圈直径 D	轴承宽度 B	C_r	C_{0r}	30000型	内圈直径 d	外圈直径 D	轴承宽度 B	C_r	C_{0r}	70000型 (C/AC)	内圈直径 d	外圈直径 D	轴承宽度 B	C_r	C_{0r}
6004	20	42	12	9.38	5.02	32004	20	42	15	25.0	28.2	7005C	25	47	12	11.5	7.45
6204		47	14	12.8	6.65	30204		47	14	28.2	30.5	7005AC		47	12	11.2	7.08
6304		52	15	15.8	7.88	30304		52	15	33.0	33.2	7205C		52	15	16.5	10.5
6404		72	19	31.0	15.2	32304		52	21	42.8	46.2	7205AC		52	15	15.8	9.88
6005	25	47	12	10.0	5.85	32005	25	47	15	28.0	34.0	7006C	30	55	13	15.2	10.2
6205		52	15	14.0	7.88	33005		47	17	32.5	42.5	7006AC		55	13	14.5	9.85
6305		62	17	22.2	11.5	30205		52	15	32.2	37.0	7206C		62	16	23.0	15.0
6405		80	21	38.2	19.2	33205		52	22	47.0	55.8	7206AC		62	16	22.0	14.2
6006	30	55	13	13.2	8.30	30305		62	17	46.8	48.0	7007C	35	62	14	19.5	14.2
6206		62	16	19.5	11.5	31305		62	17	40.5	46.0	7007AC		62	14	18.5	13.5
6306		72	19	27.0	15.2	32305		62	24	61.5	68.8	7207C		72	17	30.5	20.0
6406		90	23	47.5	24.5	33006	30	55	20	43.2	58.8	7207AC		72	17	29.0	19.2
6007	35	62	14	16.2	10.5	30206		62	16	43.2	50.5	7008C	40	68	15	20.0	15.2
6207		72	17	25.5	15.2	32206		62	20	51.8	63.8	7008AC		68	15	19.0	14.5
6307		80	21	33.4	19.2	33206		62	25	63.8	75.5	7208C		80	18	36.8	25.8
6407		100	25	56.8	29.5	30306		72	19	59.0	63.0	7208AC		80	18	35.2	24.5

（续）

轴承代号	基本尺寸/mm			基本额定载荷/kN		轴承代号	基本尺寸/mm			基本额定载荷/kN		轴承代号	基本尺寸/mm			基本额定载荷/kN	
60000型	内圈直径 d	外圈直径 D	轴承宽度 B	C_r	C_{0r}	30000型	内圈直径 d	外圈直径 D	轴承宽度 B	C_r	C_{0r}	70000型(C/AC)	内圈直径 d	外圈直径 D	轴承宽度 B	C_r	C_{0r}
6008	40	68	15	17.0	11.8	31306	30	72	19	52.5	60.5	7009C	45	75	16	25.8	20.5
6208		80	18	29.5	18.0	32306		72	27	81.5	96.5	7009AC		75	16	25.8	19.5
6308		90	23	40.8	24.0	30207	35	72	17	54.2	63.5	7209C		85	19	38.5	28.5
6408		110	27	65.6	37.5	30307		80	21	75.2	82.5	7209AC		85	19	36.8	27.2
6009	45	75	16	21.0	14.8	31307		80	21	65.8	76.8	7010C	50	80	16	26.5	22.0
6209		85	19	31.5	20.5	30208	40	80	18	63.0	74.0	7010AC		80	16	25.2	21.0
6309		100	25	52.8	31.8	30308		90	23	90.8	108	7210C		90	20	42.8	32.0
6409		120	29	77.5	45.5	31308		90	23	81.5	96.5	7210AC		90	20	40.8	30.5
6010	50	80	16	22.0	16.2	30209	45	85	19	67.8	83.5	7011C	55	90	18	37.2	30.5
6210		90	20	35.0	23.2	30309		100	25	109	130	7011AC		90	18	35.2	29.2
6310		110	27	61.8	38.0	31309		100	25	95.5	115	7211C		100	21	52.8	40.5
6410		130	31	92.2	55.2	32010	50	80	20	61.0	89.0	7211AC		100	21	50.5	38.5
6011	55	90	18	30.2	21.8	30210		90	20	73.2	92.0	7012C	60	95	18	38.2	32.8
6211		100	21	43.2	29.2	30310		110	27	130	158	7012AC		95	18	36.2	31.5
6311		120	29	71.5	44.8	31310		110	27	108	128	7212C		110	22	61.0	48.5
6411		140	33	100	62.5	30211	55	100	21	90.8	115	7212AC		110	22	58.5	46.2
6012	60	95	18	31.5	24.2	30311		120	29	152	188	7013C	65	100	18	40.0	35.5
6212		110	22	47.8	32.8	31311		120	29	130	158	7013AC		100	18	38.0	33.8
6312		130	31	81.8	51.8	30212	60	110	22	102	130	7213C		120	23	69.8	55.2
6412		150	35	109	70.0	30312		130	31	170	210	7213AC		120	23	66.5	52.5
6013	65	100	18	32.0	24.8	31312		130	31	145	178	7014C	70	100	20	48.2	43.5
6213		120	23	57.2	40.0	32013	65	100	23	82.8	128	7014AC		100	20	45.8	41.5
6313		140	33	93.8	60.5	30213		120	25	120	152	7214C		125	24	70.2	60.0
6413		160	37	118	78.5	32213		120	31	160	222	7214AC		125	24	69.2	57.5
6014	70	110	20	38.5	30.5	30313		140	33	195	242	7015C	75	115	20	49.5	46.5
6214		125	24	60.8	45.0	31313		140	33	165	202	7015AC		115	20	46.8	44.2
6314		150	35	105	68.0	32014	70	110	25	105	160	7215C		130	25	79.2	65.8
6414		180	42	140	99.5	30214		125	24	132	175	7215AC		130	25	75.2	63.0
6015	75	115	20	40.2	33.2	32214		125	31	168	238	7016C	80	125	22	58.5	55.8
6215		130	25	66.0	49.5	30314		150	35	218	272	7016AC		125	22	55.5	53.2
6315		160	37	113	76.8	31314		150	35	188	230	7216C		140	26	89.5	78.2
6415		190	45	154	115	32314		150	51	298	408	7216AC		140	26	85	74.5

注：C_{0r}为轴承径向基本额定静载荷。

附表 3　凸缘联轴器(GB/T 5843—2003)　　　单位：mm

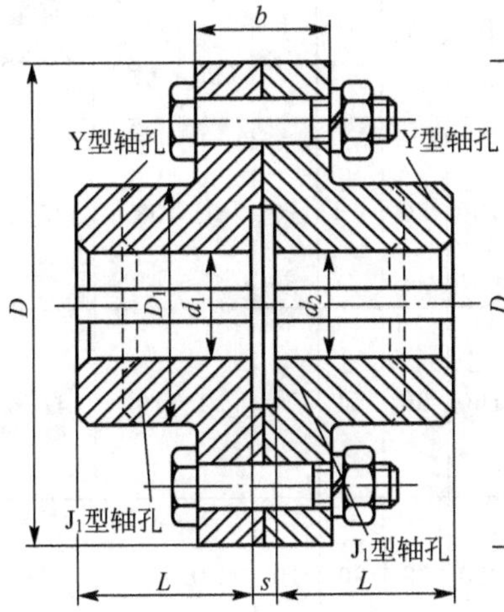

CY型凸缘联轴器

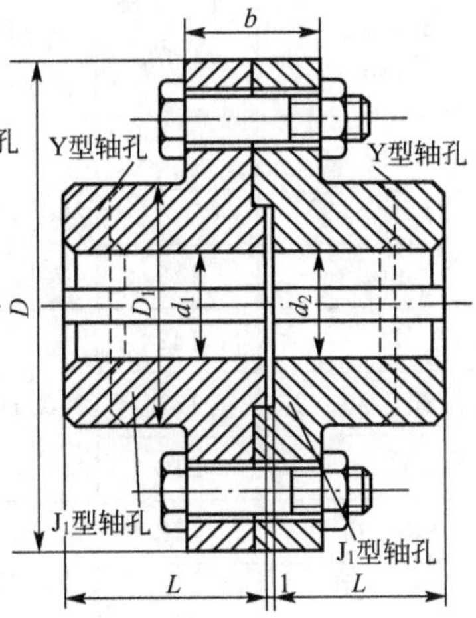

GYS型有对中榫凸缘联轴器

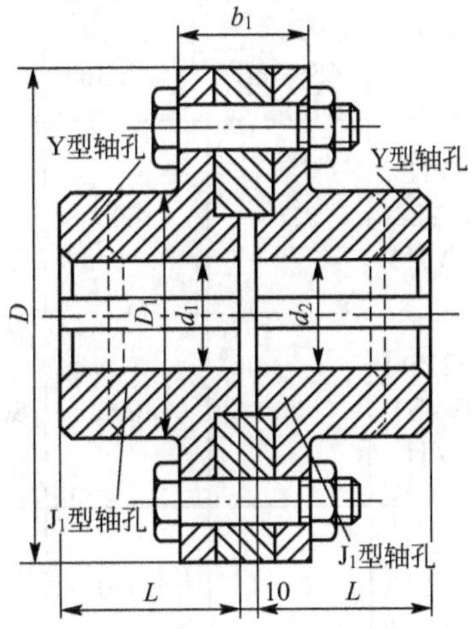

GYH型有对中环凸缘联轴器

标记示例：

GY5 凸缘联轴器 $\frac{Y30\times 82}{Y32\times 82}$ GB/T 5843—2003

主动端：Y 型轴孔、A 型键槽、$d_1=30$mm、$L=82$mm

从动端：Y 型轴孔、A 型键槽、$d_1=32$mm、$L=82$mm

型号	公称转矩 T_n/(N·m)	许用转速 [n]/(r/min)	轴孔直径 d_1、d_2/mm	轴孔长度 Y 型	D	D_1	b	b_1	s	转动惯量 J/(kg·m²)	质量 m/kg
GY3 GYS3 GYH3	112	9500	20、22、24	52	100	45	30	46	6	0.0025	2.38
			25、28	62							
GY4 GYS4 GYH4	224	9000	25、28	62	105	55	32	48	6	0.003	3.15
			30、32、35	82							
GY5 GYS5 GYH5	400	8000	30、32、35、38	82	120	68	36	52	8	0.007	5.43
			40、42	112							
GY6 GYS6 GYH6	900	6800	38	82	140	80	40	56	8	0.015	7.59
			40、42、45、48、50	112							
GY7 GYS7 GYH7	1600	6000	48、50、55、56	112	160	100	40	56	8	0.031	13.1
			60、63	142							

（续）

型号	公称转矩 T_n/(N·m)	许用转速 [n]/(r/min)	轴孔直径 d_1、d_2/mm	轴孔长度 Y型	D	D_1	b	b_1	s	转动惯量 J/(kg·m²)	质量 m/kg
GY8 GYS8 GYH8	3150	4800	60、63、65、70、71、75	142	200	130	50	68	10	0.103	27.5
			80	172							
GY9 GYS9 GYH9	6300	3600	75	142	260	160	66	84	10	0.319	47.8
			80、85、90、95	172							
			100	212							
GY10 GYS10 GYH10	10000	3000	90，95	172	300	200	72	90	10	0.72	82
			100，110，120，125	212							
GY11 GYS11 GYH11	25000	2500	120，125	212	380	260	80	98	10	2.278	162.2
			130，140，150	252							
			160	302							
GY12 GYS12 GYH12	50000	2000	150	252	460	320	92	112	12	5.923	285.6
			160，170，180	302							
			190，200	352							

注：1. GB/T 3582—2008 中取消 J_1 型轴孔。

2. 质量、转动惯量是按 GY 型联轴器 Y/J_1 轴孔组合型式和最小轴径计算的，因此仅供参考。

附表 4　弹性套柱销联轴器(GB/T 4323—2002)　　单位：mm

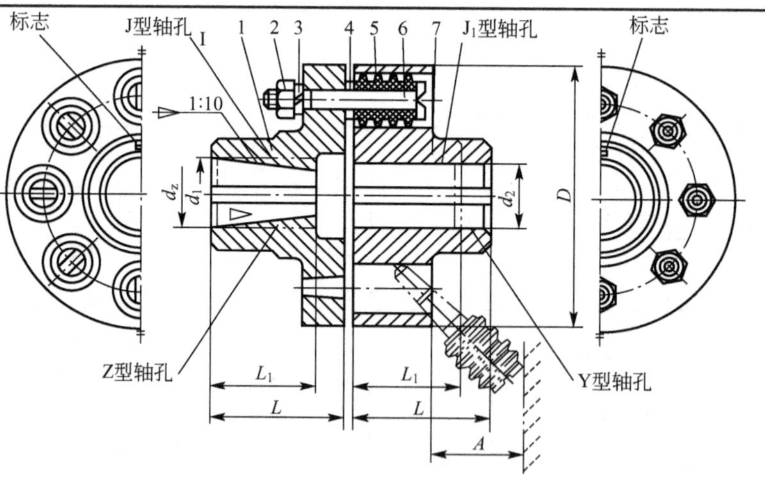

1、7—半联轴器；
2—螺母；
3—垫圈；
4—挡圈；
5—弹性套；
6—柱销

标记示例：LT3 弹性套柱销联轴器 $\frac{ZC16\times42}{JB18\times42}$GB/T 4323—2002

主动端：Z 型轴孔、C 型键槽、d_2=16mm、L=42mm

从动端：J 型轴孔、B 型键槽、d_2=18mm、L=42mm

（续）

型号	公称转矩 T_n/(N·m)	许用转速 $[n]$/(r/min)	轴孔直径 d_1，d_2，d_z	轴孔长度			$L_{推荐}$	D	A	质量 m/kg	转动惯量 J/kg·m²
				Y型	J、J_1、Z型						
				L	L_1	L					
LT1	6.3	8800	9	20	14	—	25	71	18	0.82	0.0005
			10，11	25	17						
			12，14	32	20						
LT2	16	7600	12，14				35	80		102	0.0008
			16，18，19	42	30	42					
LT3	31.5	6300	16，18，19				38	95	35	2.2	0.0023
			20，22	52	38	52					
LT4	63	5700	20，22，24，				40	106		2.84	0.0037
			25，28	62	44	62					
LT5	125	4600	25，28				50	130	45	6.05	0.0120
			30，32，35	82	60	82					
LT6	250	3800	32，35，38				55	160		9.57	0.0280
			40，42	112	84	112					
LT7	500	3600	40，42，45，48				65	190		14.01	0.0550
LT8	710	3000	45，48，50，55，56				70	224	65	23.12	0.1340
			60，63	142	107	142					
LT9	1000	2850	50，55，56	112	84	112	80	250		30.69	0.2130
			60，63，65，70，71	142	107	142					
LT10	2000	2300	63，65，70，71，75				100	315	80	61.4	0.6600
			80，85，90，95	172	132	172					
LT11	4000	1800	80，85，90，95				115	400	100	120.7	2.1220
			100，110	212	167	212					
LT12	8000	1450	100，110，120，125				135	475	130	210.3	5.3900
			130	252	202	252					
LT13	16000	1150	120，125	212	167	212	160	600	180	419.3	17.5800
			130，140，150	252	202	252					
			160，170	302	242	302					

注：1. GB/T 3582—2008 中取消 J_1 型轴孔。

2. 质量、转动惯量按材料为铸钢、无孔、$L_{推荐}$ 计算近似值。

习题答案

第 1 章

略

第 2 章

一、单项选择题

2.1 (D)　2.2 (B)　2.3 (C)　2.4 (C)　2.5 (B)

二、判断题

2.6 (F)　2.7 (F)　2.8 (T)　2.9 (T)

三、简答题

2.10～2.19(略)

第 3 章

一、单项选择题

3.1 (B)　3.2 (C)　3.3 (B)　3.4 (A)

二、判断题

3.5 (F)　3.6 (T)

三、简答题

3.7～3.10(略)

四、绘图计算题

3.11　(a) $F=1$；(b) $F=1$；(c) $F=1$；(d) $F=1$

3.12　(a) $F=1$；(b) $F=2$；(c) $F=1$；(d) $F=2$；(e) $F=1$；(f) $F=1$

第 4 章

一、单项选择题

4.1 (D)　4.2 (B)　4.3 (A)　4.4 (A)　4.5 (B)

二、判断题

4.6 (F)　4.7 (F)　4.8 (T)　4.9 (F)　4.10 (T)

三、简答题

4.11～4.12(略)

四、计算题

4.13　(a) 双曲柄机构(b) 曲柄摇杆机构(c) 双摇杆机构 (d) 双摇杆机构

4.14　(1) $l_{AB}\in(0, 15)$　(2) $l_{AB}\in(45, 55)$　(3) $l_{AB}\in(15, 45)\cup(55, 115)$

五、作图设计题

4.15～4.18(略)

第 5 章

一、单项选择题

5.1 (B)　5.2 (A)　5.3 (C)　5.4 (C)　5.5 (B)

二、判断题

5.6（T） 5.7（T） 5.8（F） 5.9（F）

三、简答题

5.10～5.14(略)

四、作图题

5.15～5.18(略)

第6章

一、单项选择题

6.1（B） 6.2（A）

二、判断题

6.3（F） 6.4（T）

三、简答题

6.5～6.8(略)

四、计算题

6.9 $\tau=\frac{1}{3}$

第7章

一、单项选择题

7.1（D） 7.2（B） 7.3（B） 7.4（A） 7.5（C）

二、判断题

7.6（T） 7.7（T） 7.8（F） 7.9（F） 7.10（T）

三、简答题

7.11～7.19(略)

四、计算题

7.20 $r=42.57\text{mm}$，$\rho=14.56\text{mm}$

7.21 $z=42$，基圆大

7.22 $z_1=38$，$m=2.5\text{mm}$，$d_1=95\text{mm}$，$d_{a1}=100\text{mm}$，$d_{f1}=88.75\text{mm}$。

7.23 短齿制，$m=4\text{mm}$

7.24 $i=2.48$，$d_1=57.5\text{mm}$，$d_2=142.5\text{mm}$，$d_{a1}=62.5\text{mm}$，$d_{a2}=147.5\text{mm}$，$d_{f1}=51.25\text{mm}$，$d_{f2}=136.25\text{mm}$，$d_{b1}=54.03\text{ mm}$，$d_{b2}=133.91\text{mm}$，$a=100\text{mm}$，$p_1=p_2=7.85\text{mm}$，$s_1=s_2=e_1=e_2=3.925\text{ mm}$，$\rho_1=19.67\text{mm}$，$\rho_2=48.74\text{mm}$，$\alpha_{a1}=30.18°$，$\alpha_{a2}=24.79°$

7.25 能够正确啮合

7.26 $a=150\text{mm}$，$\alpha_t=20.19°$，$z_{v1}=23.7$，$z_{v2}=78.33$，$d_1=69.7\text{mm}$，$d_2=230.3\text{mm}$，$d_{a1}=75.7\text{mm}$，$d_{a2}=236.3\text{mm}$，$d_{f1}=62.2\text{mm}$，$d_{f2}=222.8\text{mm}$。

7.27 $z_2=70$，$\beta=11°58'7''$，$d_1=40.89\text{mm}$，$d_2=143.11\text{mm}$，$d_{a1}=44.89\text{mm}$，$d_{a2}=147.11\text{mm}$，$d_{f1}=35.89\text{mm}$，$d_{f2}=138.11\text{mm}$

7.28 $\delta_2=63.4°$，$\delta_1=26.6°$，$d_1=75\text{mm}$，$d_2=150\text{mm}$，$R=83.9\text{mm}$，$d_{a1}=83.9\text{mm}$，$d_{a2}=154.5\text{mm}$，$d_{f1}=64.3\text{mm}$，$d_{f2}=144.6\text{mm}$。

7.29 (1)（略） (2) $\beta=8.3°$

7.30～7.32(略)

第 8 章

一、单项选择题

8.1（A） 8.2（B） 8.3（D） 8.4（B） 8.5（D）

二、判断题

8.6（F） 8.7（T） 8.8（T）

三、简答题

8.9～8.15(略)

四、计算题

8.16 $d_2=160$mm，$z_2=40$，$\gamma=11.3°$、$d_{a2}=168$mm，$d_{f2}=150.4$mm

8.17 (1)(略)；(2) $F_{t1}=-F_{a2}=800$N，$F_{a1}=-F_{t2}=3750$N，$F_{r1}=-F_{r2}=1365$N，方向略

8.18 (略)

8.19 (1) 下降；(2) $W=8000$N

8.20 (略)

第 9 章

一、单项选择题

9.1（A） 9.2（D） 9.3（B） 9.4（B） 9.5（C）

二、判断题

9.6（F） 9.7（T） 9.8（F） 9.9（T） 9.10（F）

三、简答题

9.11～9.18(略)

四、计算题

9.19 ① $z_2=20$，$z_4=20$ ② $i_{15}=9$

9.20 $i_{15}=200$，顺时针转动

9.21 $i_{SM}=60$，$i_{MH}=12$

9.22 $i_{SH}=10$

9.23 $i_{H1}=10$，$s=0.1$mm

9.24 $i_{15}=9$

9.25 $i_{14}=-\frac{9}{125}$

9.26 ① $i_{\text{I}\,\text{III}}=15.75$ ② $P_1=3.8$kW，$P_{\text{II}}=3.61228$kW，$P_{\text{III}}=3.4338$kW；
$n_{\text{I}}=960$r/min，$n_{\text{II}}=274.286$r/min，$n_{\text{III}}=22.857$r/min；$T_1=37.8$N·m，
$T_{\text{II}}=125.771$N·m，$T_{\text{III}}=1434.684$N·m

第 10 章

一、单项选择题

10.1（D） 10.2（A） 10.3（D） 10.4（B） 10.5（C）

二、判断题

10.6（T） 10.7（T） 10.8（F） 10.9（F） 10.10（T）

三、简答题

10.11～10.20(略)

四、计算题

10.21　$F=467.2N$　$F_1=662.4N$

10.22～10.23(略)

第 11 章

一、单项选择题

11.1 (A)　11.2 (A)　11.3 (C)　11.4 (B)　11.5 (D)

二、判断题

11.6 (F)　11.7 (T)　11.8 (T)　11.9 (F)　11.10 (F)

三、简答题

11.11～11.16(略)

11.17　Ⅰ轴是传动轴，Ⅲ轴是心轴，Ⅱ、Ⅳ轴是转轴

四、结构改错题

11.18(略)

五、计算题

11.19　$\sigma_{jy}=65MPa$，因此，强度不足。

11.20～11.21(略)

第 12 章

一、单项选择题

12.1 (C)　12.2 (B)　12.3 (B)　12.4 (B)　12.5 (A)

二、判断题

12.6 (F)　12.7 (F)　12.8 (F)　12.9 (F)　12.10 (F)

三、简答题

12.11～12.20(略)

四、计算题

12.21　(略)

12.22　$F_{a1}=5440N$，$F_{a2}=3440N$

12.23　(略)

12.24　740h

10.25　(略)

第 13 章

一、单项选择题

13.1 (C)　13.2 (A)　13.3 (A)　13.4 (A)　13.5 (C)

二、判断题

13.6 (F)　13.7 (T)　13.8 (F)　13.9 (T)　13.10 (F)

三、简答题

13.11～13.15(略)

四、计算题

13.16　若取 $S=1.4$，$d_1\geqslant 19.27mm$

13.17　$F_\Sigma\leqslant 7.63kN$

13.18 (1) 若取 $S=1.4$，$T=1635\text{N}\cdot\text{m}$ (2) $d_1\geqslant 0.86\text{mm}$

13.19～13.20(略)

第 14 章

一、单项选择题

14.1 (A) 14.2 (A)

二、判断题

14.3 (T) 14.4 (T) 14.5 (T) 14.6 (T)

三、简答题

14.7～14.11(略)

四、计算题

14.12～14.13(略)

第 15 章

一、单项选择题

15.1 (D) 15.2 (C)

二、简答题

15.3～15.5(略)

三、计算题

15.6 $f_n=4.66\text{mm}$，$\tau_{max}=56.6\text{MPa}$

15.7 (略)

第 16 章

一、单项选择题

16.1 (C) 16.2 (C) 16.3 (C) 16.4 (A)

二、判断题

16.5 (F) 16.6 (F) 16.7 (T) 16.8 (T)

三、简答题

16.9～16.13(略)

四、计算题

16.14 ① $M_d=300\text{N}\cdot\text{m}$ ② $J_F=98.17\text{kg}\cdot\text{m}^2$

16.15 ① 右下与水平线夹角 22.5°，$m_b r_b=367.4\text{kg}\cdot\text{mm}$ ② $m_b=3.674\text{kg}$

参 考 文 献

[1] 中华人民共和国国家质量监督检验检疫总局，中国国家标准化管理委员会. GB/T 231.1—2009 金属材料 布氏硬度试验 第1部分：试验方法 [S]. 北京：中国标准出版社，2010.
[2] 中华人民共和国国家质量监督检验检疫总局，中国国家标准化管理委员会. GB/T 1800.1—2009 产品几何技术规范(GPS)极限与配合 第1部分：公差、偏差和配合的基础 [S]. 北京：中国标准出版社，2009.
[3] 中华人民共和国国家质量监督检验检疫总局，中国国家标准化管理委员会. GB/T 1800.2—2009 产品几何技术规范(GPS)极限与配合 第2部分：标准公差等级和孔、轴极限偏差表 [S]. 北京：中国标准出版社，2009.
[4] 中华人民共和国国家质量监督检验检疫总局，中国国家标准化管理委员会. GB/T 1031—2009 产品几何技术规范（GPS）表面结构 轮廓法 表面粗糙度参数及其数值 [S]. 北京：中国标准出版社，2009.
[5] 中华人民共和国国家质量监督检验检疫总局，中国国家标准化管理委员会. GB/T 321—2005 优先数和优先数系 [S]. 北京：中国标准出版社，2005.
[6] 国家标准局. GB/T 4460—1984 机构制图 机构运动简图符号 [S]. 北京：中国标准出版社，1984.
[7] 中华人民共和国国家质量监督检验检疫总局，中国国家标准化管理委员会. GB/T 1357—2008 通用机械和重型机械用圆柱齿轮 模数 [S]. 北京：中国标准出版社，2009.
[8] 中华人民共和国国家质量监督检验检疫总局，中国国家标准化管理委员会. GB/T 3480.5—2008 直齿轮和斜齿轮承载能力计算 第5部分：材料的强度和质量 [S]. 北京：中国标准出版社，2009.
[9] 中华人民共和国国家质量监督检验检疫总局. GB/T 19406—2003 渐开线直齿和斜齿圆柱齿轮承载能力计算方法 工业齿轮应用 [S]. 北京：中国标准出版社，2004.
[10] 国家技术监督局. GB/T 3480—1997 渐开线圆柱齿轮承载能力计算方法 [S]. 北京：中国标准出版社，2004.
[11] 国家技术监督局. GB 12368—1990 锥齿轮模数 [S]. 北京：中国标准出版社，1990.
[12] 国家标准化管理委员会. GB/T 10085—1988 圆柱蜗杆传动基本参数 [S]. 北京：中国标准出版社，1988.
[13] 中华人民共和国国家质量监督检验检疫总局，中国国家标准化管理委员会. GB/T 13575.1—2008 普通和窄V带传动 第1部分：基准宽度制 [S]. 北京：中国标准出版社，2009.
[14] 中华人民共和国国家质量监督检验检疫总局，中国国家标准化管理委员会. GB/T 18150—2006 滚子链传动选择指导 [S]. 北京：中国标准出版社，2007.
[15] 中华人民共和国国家质量监督检验检疫总局，中国国家标准化管理委员会. GB/T 1243—2006 传动用短节距精密滚子链、套筒链、附件和链轮 [S]. 北京：中国标准出版社，2007.
[16] 中华人民共和国国家质量监督检验检疫总局，中国国家标准化管理委员会. GB/T 3098.1—2010 紧固件机械性能螺栓、螺钉和螺柱 [S]. 北京：中国标准出版社，2011.
[17] 中华人民共和国国家质量监督检验检疫总局. GB/T 3098.2—2000 紧固件机械性能 螺母 粗牙螺纹 [S]. 北京：中国标准出版社，2001.
[18] 中华人民共和国国家质量监督检验检疫总局，中国国家标准化管理委员会. GB/T 23935—2009 圆柱螺旋弹簧设计计算 [S]. 北京：中国标准出版社，2009.
[19] 朱玉. 机械综合课程设计 [M]. 北京：机械工业出版社，2012.
[20] 黄华梁，彭文生. 机械设计基础 [M]. 4版. 北京：高等教育出版社，2007.
[21] 赵洪志. 机械设计基础 [M]. 北京：高等教育出版社，2008.

[22] 刘江南，郭克希. 机械设计基础 [M]. 2 版. 长沙：湖南大学出版社，2009.
[23] 石固欧. 机械设计基础 [M]. 2 版. 北京：高等教育出版社，2008.
[24] 杨可桢，等. 机械设计基础 [M]. 5 版. 北京：高等教育出版社，2009.
[25] 王继焕. 机械设计基础 [M]. 武汉：华中科技大学出版社，2008.
[26] 孙恒，陈作模，葛文杰. 机械原理 [M]. 7 版. 北京：高等教育出版社，2006.
[27] 濮良贵，纪名刚. 机械设计 [M]. 8 版. 北京：高等教育出版社，2006.
[28] 杨晓兰，等. 机械设计基础 [M]. 北京：机械工业出版社，2012.
[29] 李继庆，李育锡. 机械设计基础 [M]. 北京：高等教育出版社，2012.
[30] 机械设计手册编委会. 机械设计手册：齿轮传动 [M]. 单行本. 北京：机械工业出版社，2007.
[31] 朱孝录. 齿轮传动设计手册 [M]. 2 版. 北京：化学工业出版社，2010.
[32] 张展. 实用齿轮设计计算手册 [M]. 北京：机械工业出版社，2011.

北京大学出版社教材书目

✧ 欢迎访问教学服务网站www.pup6.com，免费查阅已出版教材的电子书(PDF版)、电子课件和相关教学资源。

✧ 欢迎征订投稿。联系方式：010-62750667，童编辑，13426433315@163.com，pup_6@163.com，欢迎联系。

序号	书　名	标准书号	主　编	定价	出版日期
1	机械设计	978-7-5038-4448-5	郑　江，许　瑛	33	2007.8
2	机械设计(第2版)	978-7-301-28560-2	吕　宏　王　慧	47	2018.8
3	机械设计	978-7-301-17599-6	门艳忠	40	2010.8
4	机械设计	978-7-301-21139-7	王贤民，霍仕武	49	2014.1
5	机械设计	978-7-301-21742-9	师素娟，张秀花	48	2012.12
6	机械原理	978-7-301-11488-9	常治斌，张京辉	29	2008.6
7	机械原理	978-7-301-15425-0	王跃进	26	2013.9
8	机械原理	978-7-301-19088-3	郭宏亮，孙志宏	36	2011.6
9	机械原理	978-7-301-19429-4	杨松华	34	2011.8
10	机械设计基础	978-7-5038-4444-2	曲玉峰，关晓平	27	2008.1
11	机械设计基础	978-7-301-22011-5	苗淑杰，刘喜平	49	2015.8
12	机械设计基础	978-7-301-22957-6	朱　玉	38	2014.12
13	机械设计课程设计	978-7-301-12357-7	许　瑛	35	2012.7
14	机械设计课程设计(第2版)	978-7-301-27844-4	王　慧，吕　宏	42	2016.12
15	机械设计辅导与习题解答	978-7-301-23291-0	王　慧，吕　宏	26	2013.12
16	机械原理、机械设计学习指导与综合强化	978-7-301-23195-1	张占国	63	2014.1
17	机电一体化课程设计指导书	978-7-301-19736-3	王金娥　罗生梅	35	2013.5
18	机械工程专业毕业设计指导书	978-7-301-18805-7	张黎骅，吕小荣	22	2015.4
19	机械创新设计	978-7-301-12403-1	丛晓霞	32	2012.8
20	机械系统设计	978-7-301-20847-2	孙月华	39	2012.7
21	机械设计基础实验及机构创新设计	978-7-301-20653-9	邹旻	28	2014.1
22	TRIZ理论机械创新设计工程训练教程	978-7-301-18945-0	蒯苏苏，马履中	45	2011.6
23	TRIZ理论及应用	978-7-301-19390-7	刘训涛，曹　贺等	35	2013.7
24	创新的方法——TRIZ理论概述	978-7-301-19453-9	沈萌红	28	2011.9
25	机械工程基础	978-7-301-21853-2	潘玉良，周建军	34	2013.2
26	机械工程实训	978-7-301-26114-9	侯书林，张　炜等	52	2015.10
27	机械CAD基础	978-7-301-20023-0	徐云杰	34	2012.2
28	AutoCAD工程制图	978-7-5038-4446-9	杨巧绒，张克义	20	2011.4
29	AutoCAD工程制图	978-7-301-21419-0	刘善淑，胡爱萍	38	2015.2
30	工程制图	978-7-5038-4442-6	戴立玲，杨世平	27	2012.2
31	工程制图	978-7-301-19428-7	孙晓娟，徐丽娟	30	2012.5
32	工程制图习题集	978-7-5038-4443-4	杨世平，戴立玲	20	2008.1
33	机械制图(机类)	978-7-301-12171-9	张绍群，孙晓娟	32	2009.1
34	机械制图习题集(机类)	978-7-301-12172-6	张绍群，王慧敏	29	2007.8
35	机械制图(第2版)	978-7-301-19332-7	孙晓娟，王慧敏	38	2014.1
36	机械制图	978-7-301-21480-0	李凤云，张　凯等	36	2013.1
37	机械制图习题集(第2版)	978-7-301-19370-7	孙晓娟，王慧敏	22	2011.8
38	机械制图	978-7-301-21138-0	张　艳，杨晨升	37	2012.8
39	机械制图习题集	978-7-301-21339-1	张　艳，杨晨升	24	2012.10
40	机械制图	978-7-301-22896-8	臧福伦，杨晓冬等	60	2013.8
41	机械制图与AutoCAD基础教程	978-7-301-13122-0	张爱梅	35	2013.1
42	机械制图与AutoCAD基础教程习题集	978-7-301-13120-6	鲁　杰，张爱梅	22	2013.1
43	AutoCAD 2008 工程绘图	978-7-301-14478-7	赵润平，宗荣珍	35	2009.1
44	AutoCAD实例绘图教程	978-7-301-20764-2	李庆华，刘晓杰	32	2012.6
45	工程制图案例教程	978-7-301-15369-7	宗荣珍	28	2009.6
46	工程制图案例教程习题集	978-7-301-15285-0	宗荣珍	24	2009.6
47	理论力学(第2版)	978-7-301-23125-8	盛冬发，刘　军	49	2016.9
48	理论力学	978-7-301-29087-3	刘　军，阎海鹏	45	2018.1
49	材料力学	978-7-301-14462-6	陈忠安，王　静	30	2013.4
50	工程力学(上册)	978-7-301-11487-2	毕勤胜，李纪刚	29	2008.6
51	工程力学(下册)	978-7-301-11565-7	毕勤胜，李纪刚	28	2008.6
52	液压传动(第2版)	978-7-301-19507-9	王守城，容一鸣	38	2013.7
53	液压与气压传动	978-7-301-13179-4	王守城，容一鸣	32	2013.7

序号	书　　名	标准书号	主　编	定价	出版日期
54	液压与液力传动	978-7-301-17579-8	周长城等	34	2011.11
55	液压传动与控制实用技术	978-7-301-15647-6	刘　忠	36	2009.8
56	金工实习指导教程	978-7-301-21885-3	周哲波	30	2014.1
57	工程训练(第 4 版)	978-7-301-28272-4	郭永环，姜银方	42	2017.6
58	机械制造基础实习教程(第 2 版)	978-7-301-28946-4	邱　兵，杨明金	45	2017.12
59	公差与测量技术	978-7-301-15455-7	孔晓玲	25	2012.9
60	互换性与测量技术基础(第 3 版)	978-7-301-25770-8	王长春等	35	2015.6
61	互换性与技术测量	978-7-301-20848-9	周哲波	35	2012.6
62	机械制造技术基础	978-7-301-14474-9	张　鹏，孙有亮	28	2011.6
63	机械制造技术基础	978-7-301-16284-2	侯书林　张建国	32	2012.8
64	机械制造技术基础(第 2 版)	978-7-301-28420-9	李菊丽，郭华锋	49	2017.6
65	先进制造技术基础	978-7-301-15499-1	冯宪章	30	2011.11
66	先进制造技术	978-7-301-22283-6	朱　林，杨春杰	30	2013.4
67	先进制造技术	978-7-301-20914-1	刘　璇，冯　凭	28	2012.8
68	先进制造与工程仿真技术	978-7-301-22541-7	李　彬	35	2013.5
69	机械精度设计与测量技术	978-7-301-13580-8	于　峰	25	2013.7
70	机械制造工艺学	978-7-301-13758-1	郭艳玲，李彦蓉	30	2008.8
71	机械制造工艺学(第 2 版)	978-7-301-23726-7	陈红霞	45	2014.1
72	机械制造工艺学	978-7-301-19903-9	周哲波，姜志明	49	2012.1
73	机械制造基础(上)——工程材料及热加工工艺基础(第 2 版)	978-7-301-18474-5	侯书林，朱　海	40	2013.2
74	制造之用	978-7-301-23527-0	王中任	30	2013.12
75	机械制造基础(下)——机械加工工艺基础(第 2 版)	978-7-301-18638-1	侯书林，朱　海	32	2012.5
76	金属材料及工艺	978-7-301-19522-2	于文强	44	2013.2
77	金属工艺学	978-7-301-21082-6	侯书林，于文强	32	2012.8
78	工程材料及其成形技术基础(第 2 版)	978-7-301-22367-3	申荣华	58	2016.1
79	工程材料及其成形技术基础学习指导与习题详解(第 2 版)	978-7-301-26300-6	申荣华	28	2015.9
80	机械工程材料及成形基础	978-7-301-15433-5	侯俊英，王兴源	30	2012.5
81	机械工程材料(第 2 版)	978-7-301-22552-3	戈晓岚，招玉春	36	2013.6
82	机械工程材料	978-7-301-18522-3	张铁军	36	2012.5
83	工程材料与机械制造基础	978-7-301-15899-9	苏子林	32	2011.5
84	控制工程基础	978-7-301-12169-6	杨振中，韩致信	29	2007.8
85	机械制造装备设计	978-7-301-23869-1	宋士刚，黄　华	40	2014.12
86	机械工程控制基础	978-7-301-12354-6	韩致信	25	2008.1
87	机电工程专业英语(第 2 版)	978-7-301-16518-8	朱　林	24	2013.7
88	机械制造专业英语	978-7-301-21319-3	王中任	28	2014.12
89	机械工程专业英语	978-7-301-23173-9	余兴波，姜　波等	30	2013.9
90	机床电气控制技术	978-7-5038-4433-7	张万奎	26	2007.9
91	机床数控技术(第 2 版)	978-7-301-16519-5	杜国臣，王士军	35	2014.1
92	自动化制造系统	978-7-301-21026-0	辛宗生，魏国丰	37	2014.1
93	数控机床与编程	978-7-301-15900-2	张洪江，侯书林	25	2012.10
94	数控铣床编程与操作	978-7-301-21347-6	王志斌	35	2012.10
95	数控技术	978-7-301-21144-1	吴瑞明	28	2012.9
96	数控技术	978-7-301-22073-3	唐友亮　佘　勃	45	2014.1
97	数控技术(双语教学版)	978-7-301-27920-5	吴瑞明	36	2017.3
98	数控技术与编程	978-7-301-26028-9	程广振　卢建湘	36	2015.8
99	数控技术及应用	978-7-301-23262-0	刘　军	49	2013.10
100	数控加工技术	978-7-5038-4450-7	王　彪，张　兰	29	2011.7
101	数控加工与编程技术	978-7-301-18475-2	李体仁	34	2012.5
102	数控编程与加工实习教程	978-7-301-17387-9	张春雨，于　雷	37	2011.9
103	数控加工技术及实训	978-7-301-19508-6	姜永成，夏广岚	33	2011.9
104	数控编程与操作	978-7-301-20903-5	李英平	26	2012.8
105	数控技术及其应用	978-7-301-27034-9	贾伟杰	46	2016.4
106	数控原理及控制系统	978-7-301-28834-4	周庆贵，陈书法	36	2017.9
107	现代数控机床调试及维护	978-7-301-18033-4	邓三鹏等	32	2010.11
108	金属切削原理与刀具	978-7-5038-4447-7	陈锡渠，彭晓南	29	2012.5
109	金属切削机床(第 2 版)	978-7-301-25202-4	夏广岚，姜永成	42	2015.1
110	典型零件工艺设计	978-7-301-21013-0	白海清	34	2012.8
111	模具设计与制造(第 2 版)	978-7-301-24801-0	田光辉，林红旗	56	2016.1
112	工程机械检测与维修	978-7-301-21185-4	卢彦群	45	2012.9
113	工程机械电气与电子控制	978-7-301-26868-1	钱宏琦	54	2016.3

序号	书　　名	标准书号	主　　编	定价	出版日期
114	工程机械设计	978-7-301-27334-0	陈海虹，唐绪文	49	2016.8
115	特种加工(第 2 版)	978-7-301-27285-5	刘志东	54	2017.3
116	精密与特种加工技术	978-7-301-12167-2	袁根福，祝锡晶	29	2011.12
117	逆向建模技术与产品创新设计	978-7-301-15670-4	张学昌	28	2013.1
118	CAD/CAM 技术基础	978-7-301-17742-6	刘　军	28	2012.5
119	CAD/CAM 技术案例教程	978-7-301-17732-7	汤修映	42	2010.9
120	Pro/ENGINEER Wildfire 2.0 实用教程	978-7-5038-4437-X	黄卫东，任国栋	32	2007.7
121	Pro/ENGINEER Wildfire 3.0 实例教程	978-7-301-12359-1	张选民	45	2008.2
122	Pro/ENGINEER Wildfire 3.0 曲面设计实例教程	978-7-301-13182-4	张选民	45	2008.2
123	Pro/ENGINEER Wildfire 5.0 实用教程	978-7-301-16841-7	黄卫东，郝用兴	43	2014.1
124	Pro/ENGINEER Wildfire 5.0 实例教程	978-7-301-20133-6	张选民，徐超辉	52	2012.2
125	SolidWorks 三维建模及实例教程	978-7-301-15149-5	上官林建	30	2012.8
126	SolidWorks 2016 基础教程与上机指导	978-7-301-28291-1	刘萍华	54	2018.1
127	UG NX 9.0 计算机辅助设计与制造实用教程(第 2 版)	978-7-301-26029-6	张黎骅，吕小荣	36	2015.8
128	CATIA 实例应用教程	978-7-301-23037-4	于志新	45	2013.8
129	Cimatron E9.0 产品设计与数控自动编程技术	978-7-301-17802-7	孙树峰	36	2010.9
130	Mastercam 数控加工案例教程	978-7-301-19315-0	刘　文，姜永梅	45	2011.8
131	应用创造学	978-7-301-17533-0	王成军，沈豫浙	26	2012.5
132	机电产品学	978-7-301-15579-0	张亮峰等	24	2015.4
133	品质工程学基础	978-7-301-16745-8	丁　燕	30	2011.5
134	设计心理学	978-7-301-11567-1	张成忠	48	2011.6
135	计算机辅助设计与制造	978-7-5038-4439-6	仲梁维，张国全	29	2007.9
136	产品造型计算机辅助设计	978-7-5038-4474-4	张慧姝，刘永翔	27	2006.8
137	产品设计原理	978-7-301-12355-3	刘美华	30	2008.2
138	产品设计表现技法	978-7-301-15434-2	张慧姝	42	2012.5
139	CorelDRAW X5 经典案例教程解析	978-7-301-21950-8	杜秋磊	40	2013.1
140	产品创意设计	978-7-301-17977-2	虞世鸣	38	2012.5
141	工业产品造型设计	978-7-301-18313-7	袁涛	39	2011.1
142	化工工艺学	978-7-301-15283-6	邓建强	42	2013.7
143	构成设计	978-7-301-21466-4	袁涛	58	2013.1
144	设计色彩	978-7-301-24246-9	姜晓微	52	2014.6
145	过程装备机械基础(第 2 版)	978-301-22627-8	于新奇	38	2013.7
146	过程装备测试技术	978-7-301-17290-2	王毅	45	2010.6
147	过程控制装置及系统设计	978-7-301-17635-1	张早校	30	2010.8
148	质量管理与工程	978-7-301-15643-8	陈宝江	34	2009.8
149	质量管理统计技术	978-7-301-16465-5	周友苏，杨　飒	30	2010.1
150	人因工程	978-7-301-19291-7	马如宏	39	2011.8
151	工程系统概论——系统论在工程技术中的应用	978-7-301-17142-4	黄志坚	32	2010.6
152	测试技术基础(第 2 版)	978-7-301-16530-0	江征风	30	2014.1
153	测试技术实验教程	978-7-301-13489-4	封士彩	22	2008.8
154	测控系统原理设计	978-7-301-24399-2	齐永奇	39	2014.7
155	测试技术学习指导与习题详解	978-7-301-14457-2	封士彩	34	2009.3
156	可编程控制器原理与应用(第 2 版)	978-7-301-16922-3	赵　燕，周新建	33	2011.11
157	工程光学(第 2 版)	978-7-301-28978-5	王红敏	41	2018.1
158	精密机械设计	978-7-301-16947-6	田　明，冯进良等	38	2011.9
159	传感器原理及应用	978-7-301-16503-4	赵　燕	35	2014.1
160	测控技术与仪器专业导论(第 2 版)	978-7-301-24223-0	陈毅静	36	2014.6
161	现代测试技术	978-7-301-19316-7	陈科山，王　燕	43	2011.8
162	风力发电原理	978-7-301-19631-1	吴双群，赵丹平	33	2011.10
163	风力机空气动力学	978-7-301-19555-0	吴双群	32	2011.10
164	风力机设计理论及方法	978-7-301-20006-3	赵丹平	32	2012.1
165	计算机辅助工程	978-7-301-22977-4	许承东	38	2013.8
166	现代船舶建造技术	978-7-301-23703-8	初冠南，孙清洁	33	2014.1
167	机床数控技术(第 3 版)	978-7-301-24452-4	杜国臣	43	2016.8
168	工业设计概论(双语)	978-7-301-27933-5	窦金花	35	2017.3
169	产品创新设计与制造教程	978-7-301-27921-2	赵　波	31	2017.3